工业和信息化部普通高等教育“十二五”规划教材
21世纪高等学校计算机规划教材

COMPUTER

实用计算机技术
（Windows 7+Office 2013）

Practical Computer Skills (Windows 7 & Office 2013)

■ 杨宏 黄杰 施一飞 主编

高校系列

人 民 邮 电 出 版 社
北 京

图书在版编目（CIP）数据

实用计算机技术 : Windows 7+Office 2013 / 杨宏，黄杰，施一飞主编. -- 北京 : 人民邮电出版社，2014.9（2019.7 重印）
21世纪高等学校计算机规划教材. 高校系列
ISBN 978-7-115-35746-5

Ⅰ. ①实… Ⅱ. ①杨… ②黄… ③施… Ⅲ. ①Windows操作系统－高等学校－教材②办公自动化－应用软件－高等学校－教材 Ⅳ. ①TP316.7②TP317.1

中国版本图书馆CIP数据核字(2014)第143406号

内 容 提 要

本书以教授学生使用常用计算机办公软件，网络应用和工具软件的能力为核心。主要内容包括：个人计算机组成、计算机网络基础、Word 2013 实战、Excel 2013 实战、PowerPoint 2013 实战和其他常用计算机软件等。

本书以工作过程为导向，采用项目教学的方式组织课程内容。每个项目都取材于企业工作实践或生活实践，真实典型并兼具趣味性。每个项目的讲解都是按照实际操作的步骤手把手进行指导，并附有拓展提示，对操作过程中的重点或技巧进行补充。

本书可作为大学本科、高职高专、成人高等教育各专业计算机基础课程的教材，也可以作为计算机基础技能培训或技术人员自学的参考资料。

◆ 主　　编　杨 宏　黄 杰　施一飞
　责任编辑　刘盛平
　执行编辑　刘 佳
　责任印制　杨林杰

◆ 人民邮电出版社出版发行　　北京市丰台区成寿寺路 11 号
　邮编　100164　　电子邮件　315@ptpress.com.cn
　网址　http://www.ptpress.com.cn
　北京中石油彩色印刷有限责任公司印刷

◆ 开本：787×1092　1/16
　印张：15.5　　　　2015 年 9 月第 1 版
　字数：368 千字　　2019 年 7 月北京第 5 次印刷

定价：38.00 元

读者服务热线：(010)81055256　印装质量热线：(010)81055316
反盗版热线：(010)81055315

前言

计算机办公软件、常用工具软件和网络应用软件的使用，是各行各业不可或缺的计算机技能，尤其是在校学生，完成各科目作业、论文、制作个人简历、统计个人消费或网络提交、接收文件等，都离不开这些实用软件。计算机基础技能课程是高职院校各专业非常重要的一门基础课程。

编者于2011年编写的《实用计算机技术》一书自出版以来，已有超过万余人次使用，受到众多学生和老师的良好反响。为了配合计算机软件的更新换代，同时适应市场对人才技能的要求，编者结合近几年的教学改革实践和广大读者的反馈意见，在保留原书特色的基础上，对教材进行了全面修订，本次修订的主要内容如下：

- 增加了自助组装计算机的训练内容；
- 增加了使用 ghost 硬盘镜像软件对硬盘数据进行备份和恢复的训练；
- 将办公软件 Office 的版本由 2010 更新至 2013；
- 增加了对 Excel 2013 中新增的瞬间填充、新数据标签、数据透视图和迷你图等功能的介绍和训练；
- 增加了对 PowerPoint 中新增的主题变体、改进的工作路径和宽屏演示等功能的介绍和训练；
- 增加了软件操作时的技巧和重点提示内容，使学生在自行完成项目时更流畅，并达到触类旁通；
- 增加了实训教程，将近年来教学实践中新开发的实训项目独立成册，供学生在练习中演练技能。

在本书的修订过程中，编者始终以用人单位对员工计算机基础技术的要求为指导，采用项目化教学的方式组织内容，通过若干个典型并富有趣味性的项目对学生的计算机组装能力、计算机办公软件使用的能力以及常用计算机软件的使用能力进行培养，使学生善于发现问题并解决问题。修订后，教材比以前更具实用性，内容的叙述更准确、简洁。这样有利于教师教学和读者自学。另外，每章后还附有自测题，读者可以及时地检查自己的学习效果，巩固和加深对所学知识的理解。

全书参考总教学时数为64学时，建议采用理论和实践结合的模式进行教学。各单元学时分配建议如下表所示：

章	名称	建议学时
1	计算机组成与网络实战	6
2	Word 文字处理实战	20
3	Excel 电子表格实战	22
4	PowerPoint 演示文稿实战	12
5	常用软件应用	4
合计		64

全书由北京吉利大学理工学院杨宏、黄杰和施一飞担任主编。其中，第 1 章由李培培和施一飞编写，第 2 章由常俊萍、王颖和吴华编写，第 3 章由黄杰、王岩和施一飞编写，第 4 章由李翀和张彦美编写，第 5 章由曹芳编写。在此向所有关心和支持本书出版的人士表示衷心感谢！

由于编者水平有限，本书存在不妥之处在所难免，敬请专家、读者批评指正。

编　者

2014 年 5 月

目 录

第 5 章 常用软件应用 ······ 214

附录 1 别人都以为你已经会的知识 ······ 231

附录 2 认识 Office 2013 ······ 235

第 1 章 计算机组成与网络实战

计算机是我们工作和生活中的好伙伴好帮手，是我们每天都要接触的工具。想要更好地使用和维护计算机，我们需要对它有更多了解。计算机的组成结构、驱动计算机使之顺利工作的操作系统都是我们需要了解的知识。同时，计算机网络也是我们每天生活必不可少的一部分。不论是工作或是娱乐，我们都越来越依赖网络，享受网络互联给我们带来的便利和新体验。

本章通过选购个人计算机、安装和备份操作系统的实战任务，期望读者在实践中了解计算机硬件组成、Windows 7 操作系统的基本使用和维护，具备选购、组装计算机的基本常识。另外，我们安排了网络搭建和配置、互联网常用应用的实战任务，帮助读者了解 Windows 7 操作系统的网络配置方法，掌握常用的诸如电子邮件、FTP 文件传输、搜索引擎等互联网应用。

任务 1　个人计算机的选购

学习目标：

- ❖ 掌握计算机硬件系统的主要组成。
- ❖ 了解计算机核心硬件的主要参数。
- ❖ 了解互联网中组装计算机的实用工具。

教学注意事项：

- ❖ 教师在讲解时可自行添加选购主板、电源、机箱的主要指标。

个人计算机的发展日新月异，除了传统的台式电脑、笔记本电脑在不停升级换代，近年来，一体电脑、平板电脑等计算设备层出不穷。面对纷繁的产品和市场，我们应该如何选择适合自己的计算机，这是我们需要解决的问题。

选择个人计算机时，如果了解计算机的基本组成结构和参数，将颇有益处。我们通常所说的计算机是由计算机硬件系统和软件系统两部分组成。我们先来了解计算机硬件系统。计算机硬件系统通常包含运算器、控制器、输入设备、输出设备和存储设备五个主要部分，如图 1-1 所示。

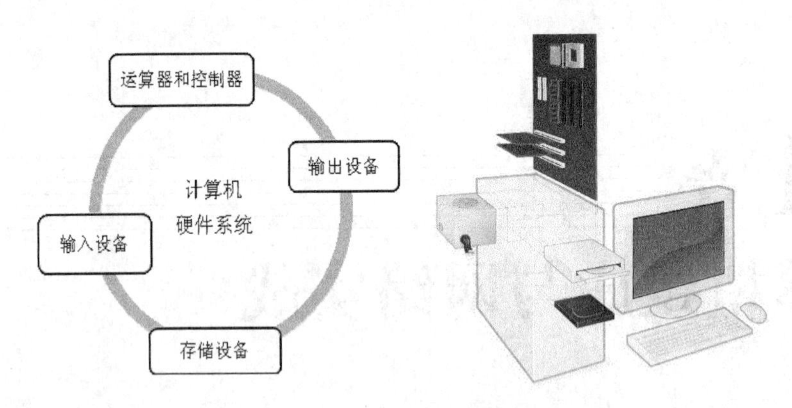

图 1-1　计算机硬件系统组成

个人计算机的运算器和控制器被制作在一块集成电路芯片中，称为中央处理器（缩写CPU，Central Processing Unit）。中央处理器是一台计算机的运算核心和控制核心，它负责整个计算机系统指令的执行、运算和各个部件的控制。其能力高低直接影响电脑的运行速度，是决定一台计算机性能好坏的核心部件之一。

另外一个影响电脑运行速度的核心部件是用来存储程序和数据的存储器。存储器分为内存和外存两大类。内存的工作速度比外存要快得多，主要用来存储正在运行的程序及所需数据，一般情况下断电后数据会被清除。外存是辅助存储设备，我们通常所说的硬盘就是典型的外存设备。外存设备断电后数据依旧保留，适合存储长期保存的大容量数据。内存造价较高，所以一般内存的容量要远远小于外存设备容量。

1.1.1　CPU 选购

◆　CPU 型号

针对台式电脑，目前 CPU 厂商主要有 Intel 和 AMD 两家。Intel 生产的 CPU 视频解码能力和应用程序运行能力优秀，重视数学运算。在纯数学运算、视频解码和视频编辑中，Intel 同档次 CPU 比 AMD 要快，但 3D 处理能力相对较弱。AMD 生产的 CPU 重视 3D 处理，比同档次 intel 生产的 CPU 3D 处理能力要好一些，更主要的是同档次 AMD 生产的 CPU 价格较低，性价比高，但稳定型略逊于 Intel 生产的 CPU。

总体来说：办公或家用，追求稳定性和低功耗，可以选择 Intel 生产的 CPU。若追求性价比，AMD 生产的 CPU 是首选。

不同厂商的 CPU 的档次：Intel 生产的 CPU 目前大致分为：赛扬双核系列、奔腾双核系列、酷睿双核/四核系列；AMD 生产的 CPU 目前大致分为：闪龙双核系列、速龙双核系列、速龙 II 系列、羿龙系列、羿龙 II 系列五大类。分别对应着低、中、高三个档次。

◆　CPU 频率

主频是 CPU 工作的时钟频率，单位是 MHz 或 GHz，是衡量 CPU 性能高低的一项重要指标。一般来说，主频越高，一个时钟周期里完成的指令数也越多，CPU 的运算速度也越快。

♦ 总线

前端总线频率直接影响 CPU 与内存数据交换的速度。前端总线频率越大，代表着 CPU 与内存之间的数据传输量越大，更能充分发挥出 CPU 的功能。

♦ 高速缓存

高速缓存可分为一级缓存（L1 Cache）、二级缓存（L2 Cache）和三级缓存（L3 Cache）。二级缓存和三级缓存用来弥补一级缓存容量上的不足，它们对 CPU 性能的影响很大，能够最大限度地减小主存对 CPU 运行造成的延缓。一级缓存的容量基本在 4KB 到 128KB 之间，各产品之间相差不大；二级缓存的容量则分为 128KB、256KB、512KB、1MB、2MB、4MB 等，二级缓存容量则是提高 CPU 性能的关键。

♦ 核心数

目前主流的双核（或多核）技术是由 Intel 提出，但最先被 AMD 应用于个人计算机上。该技术主要针对大量纯数据处理的用户，能很大限度地提高运算速度，其性能在同主频单核 CPU 的基础上可提升至少 15%～20%。但对于只考虑娱乐需求的用户来说并没有明显的性能优势。

♦ 制造工艺

制造工艺通常用连接线宽度来衡量，单位是 nm（纳米）。制造工艺越先进，连接线就越细，CPU 内部功耗和发热量就越小，在同样的材料中可以制造更多的电子元器件，集成度越高。目前市场主流 CPU 的制造工艺已经达到 22nm（纳米）。如酷睿的 Haswell 系列。

提示

选购 CPU 时，应遵循“不赶时髦、按需而取、适度超前”的原则。

1.1.2　存储设备选购

♦ 内存

内存（Memory）是与 CPU 进行沟通的桥梁。主要用于暂时存放 CPU 中的运算数据，以及与硬盘等外部存储器交换的数据。由于计算机中所有程序的运行都是在内存中进行的，因此内存的性能以及稳定运行对计算机的影响非常大。

目前桌面平台所采用的内存主要为 DDR、DDR2、DDR3 三种，如图 1-2 所示。其中 DDR 内存已经基本上被淘汰，而 DDR2 和 DDR3 内存是目前的主流产品。

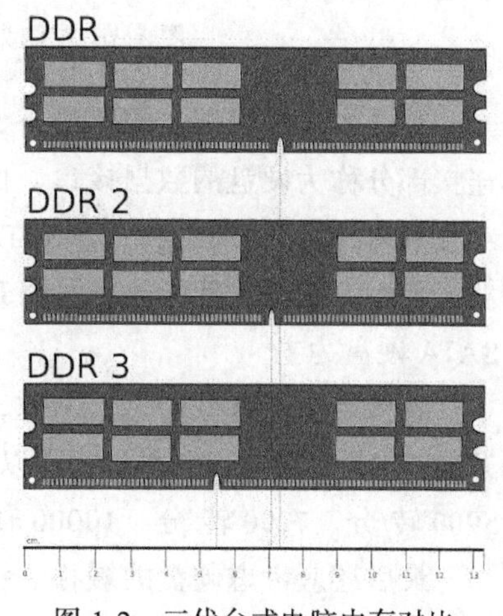

图 1-2　三代台式电脑内存对比

提示

三种类型的 DDR 内存，从内存控制器到内存插槽都互不兼容。即使是支持两种类型内存的 Combo 主板，两种规格的内存不能同时工作，只能使用其中一种。

内存容量是表示内存可以存放的数据总量，不但影响内存价格，同时也影响到整机系统性能。内存常用的单位有 GB。目前市面上常见的内存条容量有 1GB、2GB、4GB。

Windows 7 已经比较普及，没有 2GB 左右的内存不能保证操作系统的流畅运行。但内存容量不见得越大越好，要根据自己的需求来选择，以达到发挥内存的最大价值。

和 CPU 一样，内存也有自己的工作频率，内存的运行频率以 MHz（兆赫）为单位，该数字越大说明内存芯片的运行速度越快。目前最为主流的内存频率为 DDR3-1333。

♦ 硬盘

大容量硬盘是必然趋势。另外，还要考虑硬盘的接口、转速、缓存等因素。机械式硬盘与固态硬盘内部图，如图 1-3 所示。

图 1-3　左侧为机械式硬盘内部图，右侧为固态硬盘内部图

目前主流机械硬盘的容量有 500GB、640GB、750GB、1TB、2TB，等等。硬盘与主板的连接部分称为硬盘的数据接口，目前常见的数据接口有 ATA、SATA、SATAII 和 SCSI。其中 ATA（又被称为 IDE 接口）、SATA、SATAII 主要用于个人计算机，而 SCSI 则主要用于服务器。因为 SATA 硬盘传输速度比 IDE 硬盘快，价格却高不了多少，所以现在市场上基本上以 SATA 硬盘为主。

机械硬盘转速从理论上来说，转速越快，硬盘读取数据的速度也就越快，但是速度的提升会产生更大的噪声和热量，所以硬盘的转速是有一定限制的。目前的主流转速是 5400 转/分、5900 转/分、7200 转/分、10000 转/分。

最后还应考虑硬盘的缓存。缓存越大硬盘的性能通常会更好。目前主流硬盘的缓存主要有 8MB、16MB、32MB、64MB 几种，在价格差异不太大的情况下建议购买大缓存的硬盘。

近年来，固态硬盘也逐渐盛行。固态硬盘采用闪存作为存储介质，读取速度相对机械硬盘更快。固态硬盘不用磁头，寻道时间几乎为 0。固态硬盘厂商大多会宣称自家的固态硬盘持续读写速度超过了 500MB/s。

♦ 光驱

目前市场上，光驱可分为 DVD 刻录机、蓝光刻录机、DVD、蓝光、蓝光 COMBO、COMBO。COMBO 是一种特殊类型的光驱，它能读 CD 和 DVD 光盘，并能将数据以 CD 格式刻录到光盘中，与 DVD 光驱相比它价格低、更实用、性价比较高。目前蓝光光驱也开始占据市场。

选择光驱时除了考虑光驱的种类，还应考虑接口和缓存，目前市面上常见的光驱接口类型有 IDE、SATA、SATAII、SCSI、USB 等。刻录机的缓存很重要，一般来说缓存越大越好。

1.1.3　显卡选购

选购显卡时，理论上讲，显存容量越大，显卡性能越好。而在实际应用中，显存容量大小并不是显卡性能高低的决定性因素，显存速度和显卡位宽也是影响显卡性能的重要指标。显存芯片的速度越快，单位时间内交换的数据量就越大，在同等条件下，显卡性能也将会得到明显提升。显存位宽越大，数据的吞吐量就越大，性能也就越好。

1.1.4　显示器的选购

在选购显示器时，除了考虑尺寸、背光、面板外，点距和分辨率也是要考虑的因素。

点距是屏幕上相邻两个同色点的距离。显示器的点距越小，在高分辨率下的显示效果就越清晰。常见的点距规格有 0.28mm、0.25mm、0.22mm 和 0.20mm 等。

分辨率是屏幕上可以容纳像素点的总和。分辨率越高，屏幕上像素点就越多，图像就越精细，单位面积能显示的内容也越多。

任务 2　操作系统的安装、备份与还原

学习目标：

❖ 掌握 BIOS 启动项的设置。
❖ 能够安装 Windows 系列操作系统。
❖ 能够利用系统自带工具或 Ghost 进行系统备份和还原。

教学注意事项：

❖ 应注意讲解 Ghost 软件不同备份、还原方式的区别。

1.2.1　安装操作系统

未安装软件的计算机可以认为是一个“躯壳”，要让计算机“活过来”，还必须配置必要的软件环境。在计算机所有的软件中，操作系统是最重要也是最基础的，需要首先安装，然后才能在它的基础上安装其他软件。

1. 准备工作：设置 BIOS 启动项

BIOS（Basic Input/Output System，基本输入/输出系统）是计算机中最基本、最重要的“程

序”。若计算机系统没有 BIOS，那么所有的硬件设备都不能正常运行。它存储在一片不需要电源（掉电后不丢失数据）的存储体中，这片存储体位于主板上，常被称为 CMOS 芯片，由主板上的 CMOS 电池单独供电。因此 BIOS 设置又被称为 CMOS 设置。

接下来我们进入 CMOS 并设置计算机为光盘启动。

常见的启动方式有硬盘启动、光盘启动、U 盘启动等。当然，不管采用哪种启动方式，要想让计算机正常启动，必须保证该设备中已加载了具有启动系统能力的软件和数据。如采用光盘启动方式，则需在光驱中放入系统启动光盘；采用硬盘启动方式，则在硬盘的活动分区（如 C 盘）中必须已经安装操作系统软件，且保证其可以正常使用。

第 1 步：开机后按 DEL 键即可进入 CMOS 设置界面。

不同主板其进入 CMOS 的按键可能不同。通过观察屏幕提示选择相应按键。开机后当显示屏有显示信号出现时，按键盘上的 PAUSE 键，并仔细察看屏幕显示信息中关于进入 CMOS 的提示（如“Press DEL to Enter SETUP”），如还未出现，则可以按 Enter 键继续开机进程，并当 CMOS 提示出现时，随时按 PAUSE 键查看即可。

第 2 步：设置系统启动的引导顺序。

成功进入 CMOS 后，出现如图 1-4 的界面。

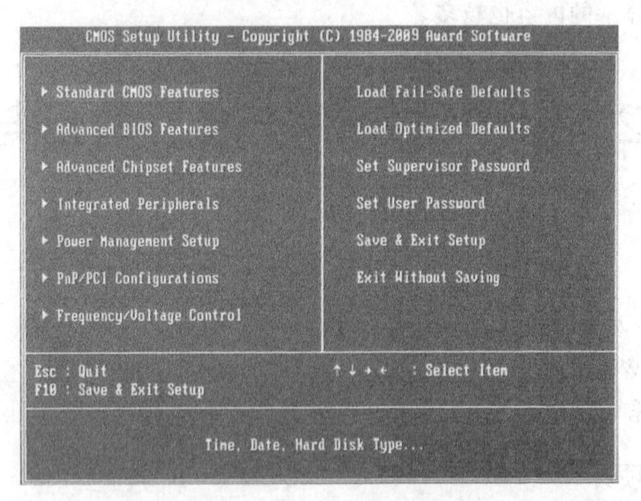

图 1-4　CMOS 设置主菜单

按键盘上的向下或向上箭头可以在各个菜单选项之间进行选择。此处应选择第二项“Advanced BIOS Features”（高级 BIOS 特性设置），并按回车键，出现如图 1-5 所示的界面。

在如图 1-5 所示的界面中找到“First Boot Device”菜单项，其含义是设置“第一启动盘选项”。如要将第一启动盘选项设置为“光盘”，只需按方向键移动光标到该菜单项，回车，用 PageUp 键或 PageDown 键控制，设定该项的值为 CD-ROM。

相应地，“Second Boot Device”菜单项为设置第二启动盘，将第二启动盘设定该项的值为 HDD-0（即硬盘主分区，通常为 C 盘）。

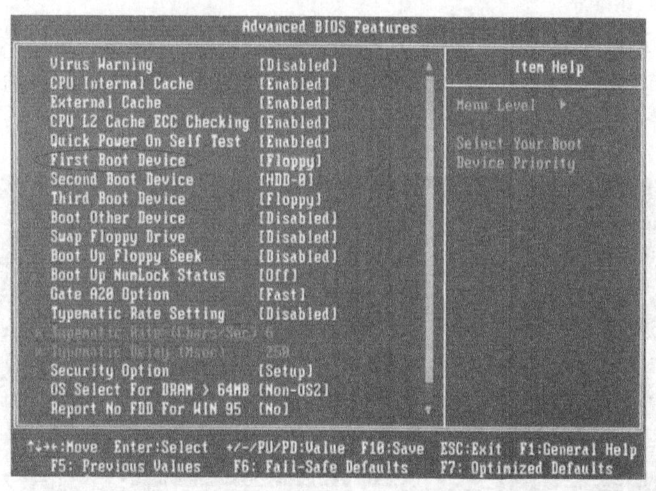

图 1-5　高级 BIOS 特性设置

“Third Boot Device”项设置第三启动盘。将该项的值设为“Floppy”，即软盘启动。

第 3 步：设置完成后，按 F10 键保存退出。

2. 安装 Windows 7 操作系统

第 1 步：放入光盘，重新启动电脑，当屏幕上出现“Press any key to boot from CD…”的字样，此时需要按键盘上的任意键以继续光驱引导，如图 1-6 所示。

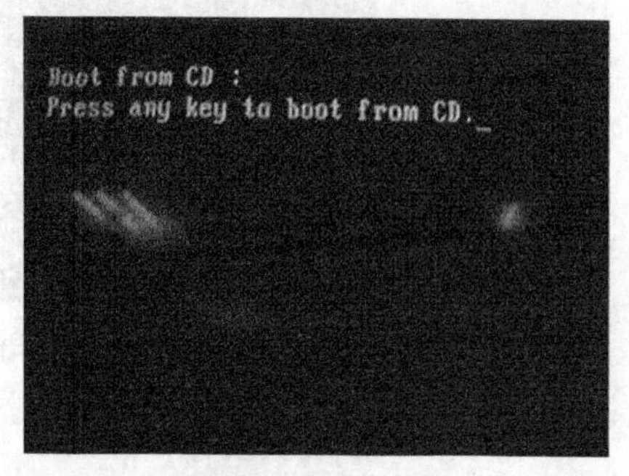

图 1-6　光盘引导图

第 2 步：引导成功后，会出现如下启动界面，如图 1-7 所示。

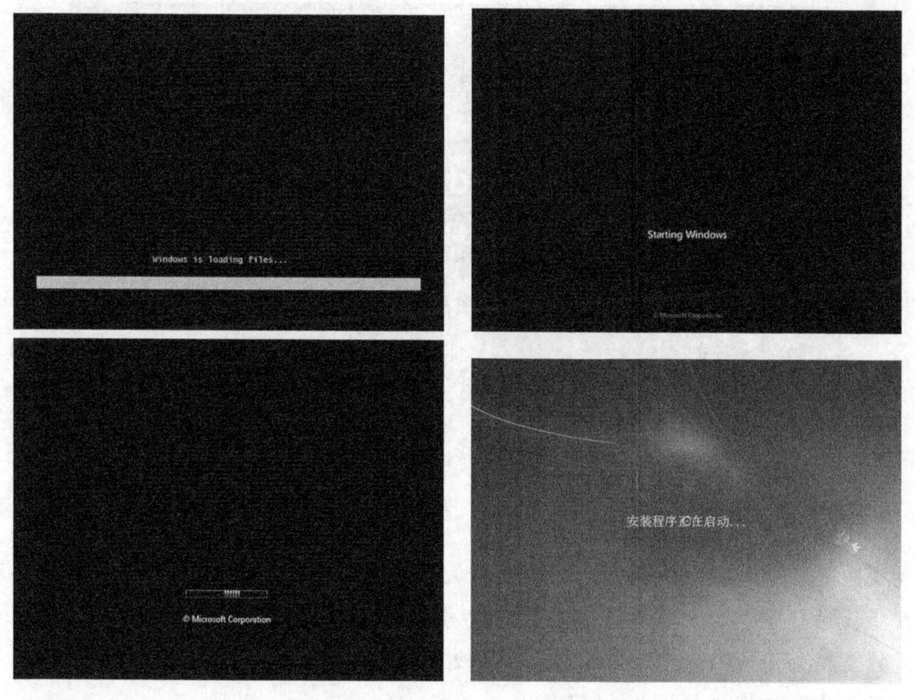

图 1-7　引导成功后，启动界面

第 3 步：选择安装语言、时间和货币格式、键盘和输入方法。“要安装的语言”选择“中文（简体）”，“时间和货币格式”选择“中文（简体，中国）”，“键盘和输入方法”选择“中文(简体)-美式键盘”，）单击“下一步”按钮，如图 1-8 所示。

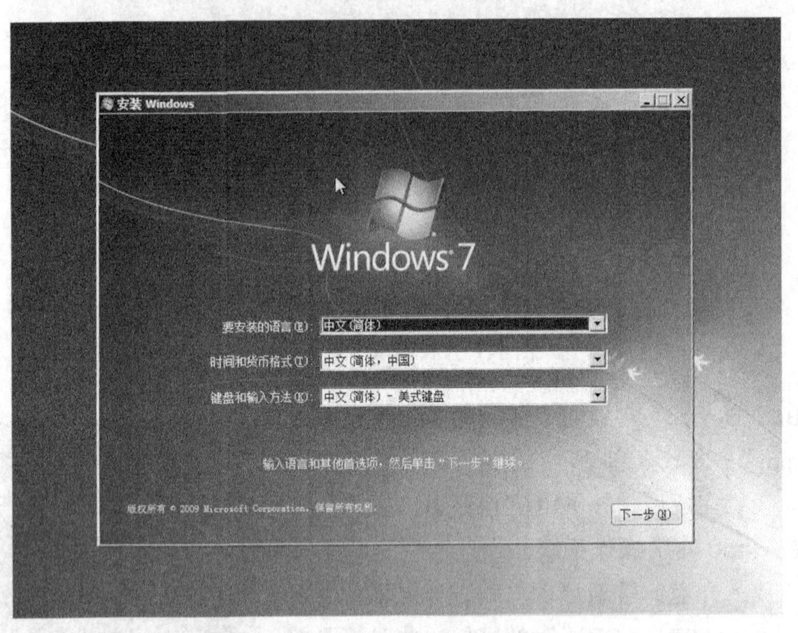

图 1-8　选择安装语言、时间和货币格式、键盘和输入方法界面

第 4 步：出现安装界面，如图 1-9 所示。单击现在开始安装即可，这里还有个重要用途，下图中左下角有个“修复计算机选项”，这在 Windows 7 的后期维护中，作用极大。

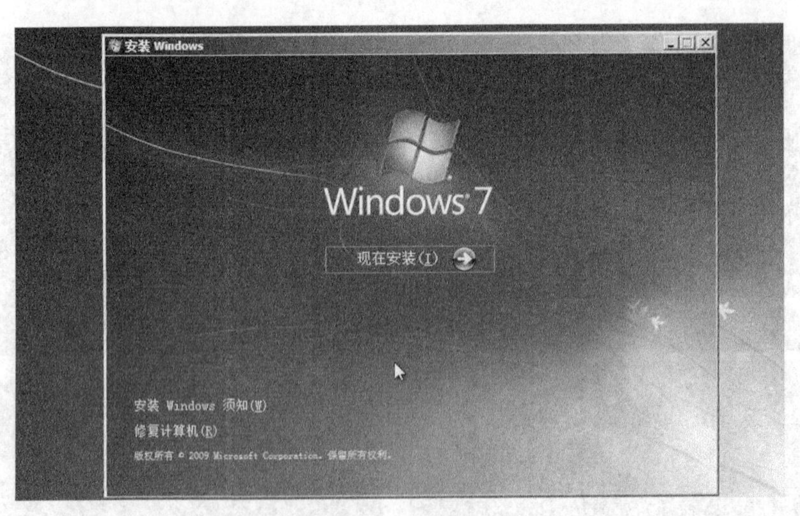

图 1-9　安装界面

第 5 步：在“我接受许可条款（A）”处打上对钩，单击“下一步”按钮继续，如图 1-10 所示。

第 6 步：选择安装模式，这个很重要，特别推荐大家选择 Custom 全新安装，Windows 7 升级安装只支持打上 SP1 补丁的 Vista，其他操作系统都不可以升级。选择“自定义（高级）”并单击“下一步”按钮，如图 1-11 所示。

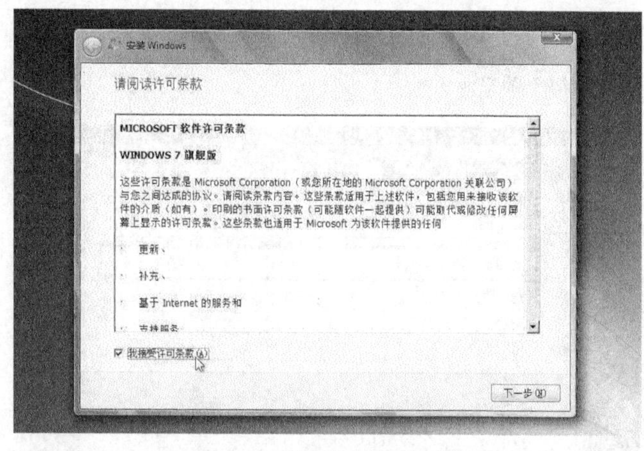

图 1-10　同意许可条款界面

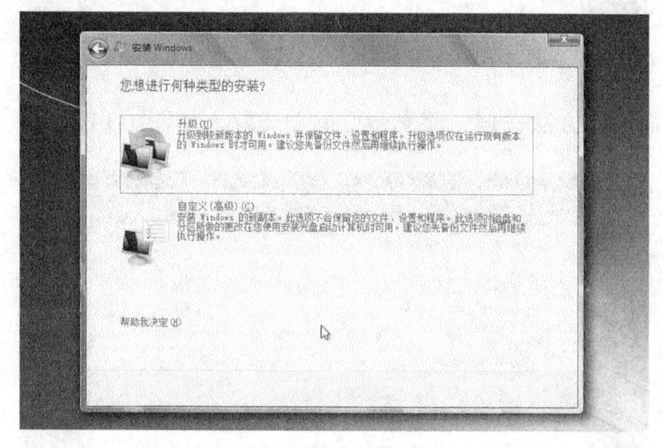

图 1-11　选择安装模式界面

第 7 步：选择安装磁盘，在全新硬盘，或删除所有分区后重新创建所有分区，Windows 7 系统会自动生成一个 100MB 的空间用来存放 Windows 7 的启动引导文件。如需对系统盘进行某些操作，比如格式化、删除驱动器等都可以在此操作，方法是单击驱动器盘符，然后单击下面的高级选项，如图 1-12 所示：分区大小不能超过该磁盘本身的容量。

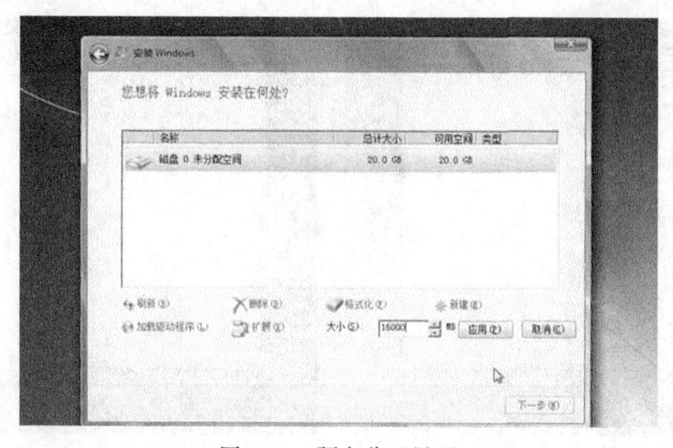

图 1-12　硬盘分区界面

创建好 C 盘后的磁盘状态，这时会看到，除了创建的 C 盘和一个未划分的空间，还有一个 100MB 的空间，如图 1-13 所示。

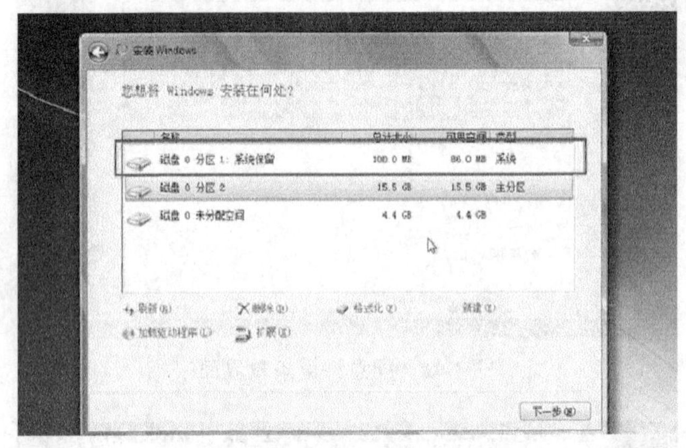

图 1-13　硬盘 C 设置分区大小

第 8 步：与上面创建方法一样，将剩余空间创建好，如图 1-14 所示。

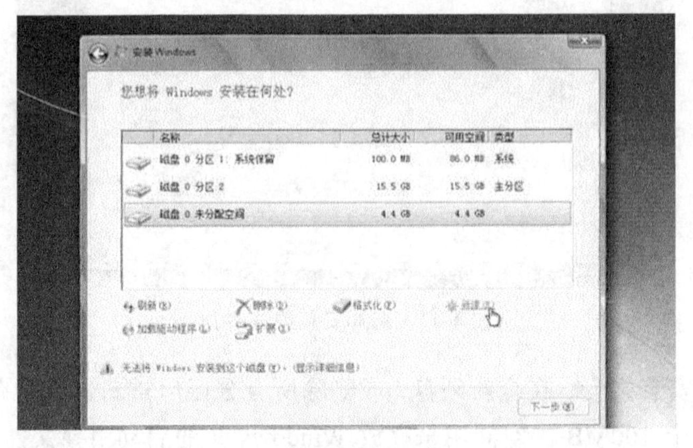

图 1-14　其他硬盘分区

第 9 步：开始自动安装系统，这个过程大概 15 分钟到 30 分钟，如图 1-15 所示。

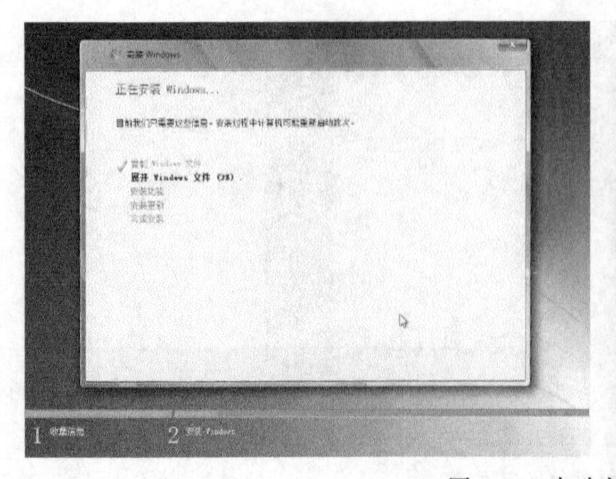

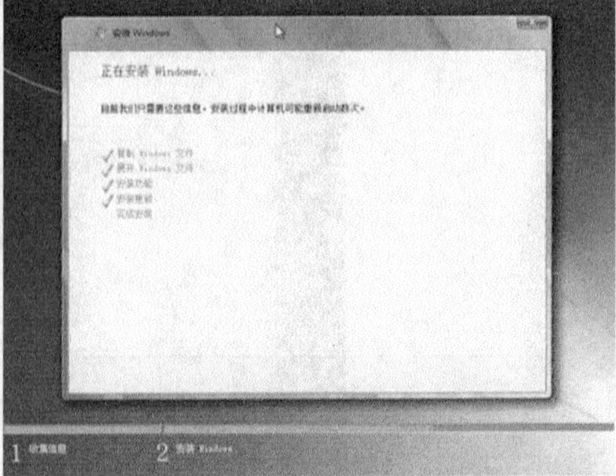

图 1-15　自动安装系统过程

第 10 步：完成“安装更新”后，会自动重启。重启完毕后，安装程序会自动继续进行安装，如图 1-16 所示。

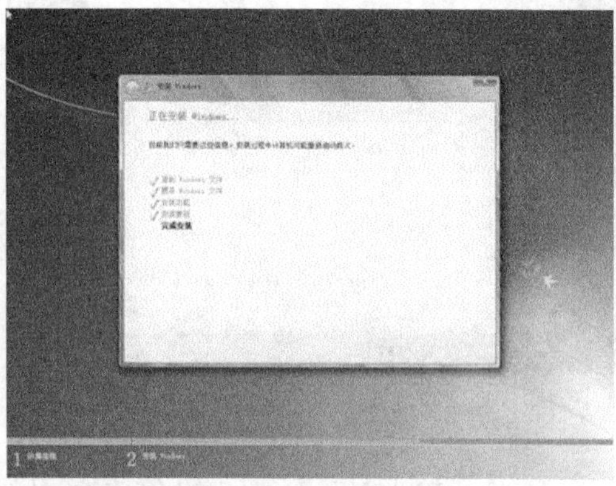

图 1-16　完成“安装更新”后系统自动重启

第 11 步，在安装过程中，安装程序会再次重启，并对主机进行一些检测，这些过程完全自动运行，如图 1-17 所示。

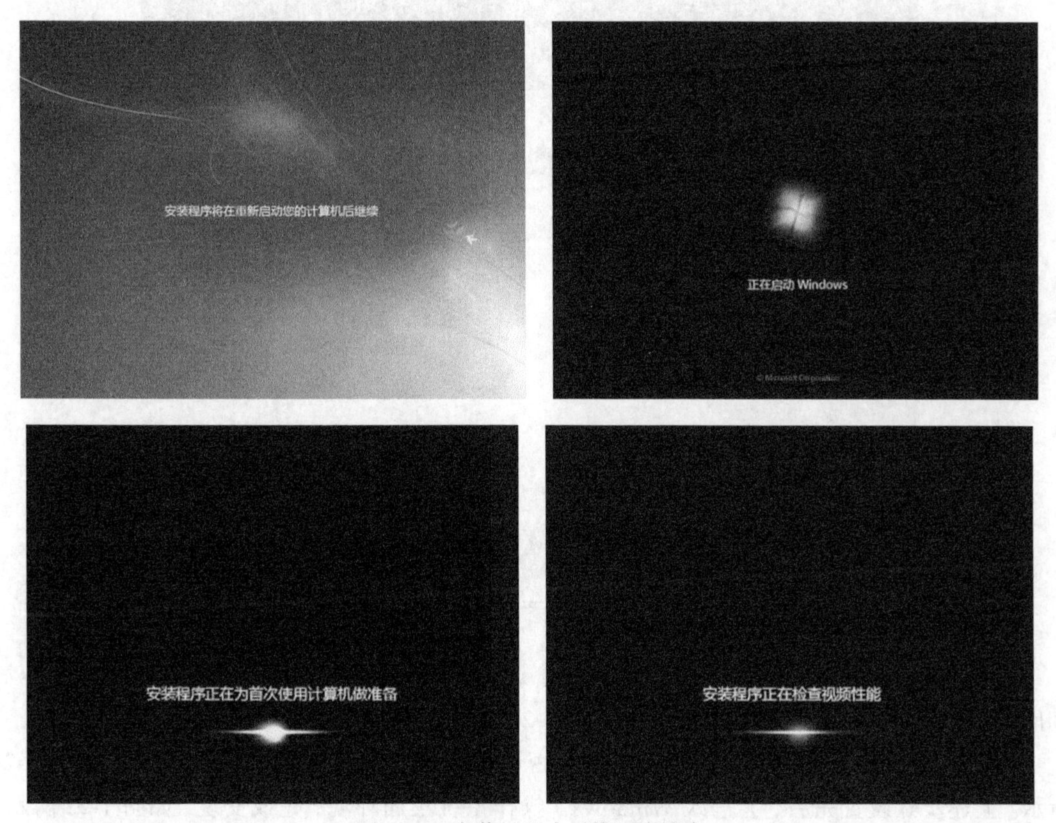

图 1-17　安装过程中系统再次重启

第 12 步：完成检测后，会进入用户名设置界面，设置用户账号及密码。需要注意的是，如果设置密码，那么密码提示也必须设置。如果觉得麻烦，也可以不设置密码，直接单击“下一步”按钮，进入系统后再到控制面板—用户账户中设置密码，如图 1-18 所示。

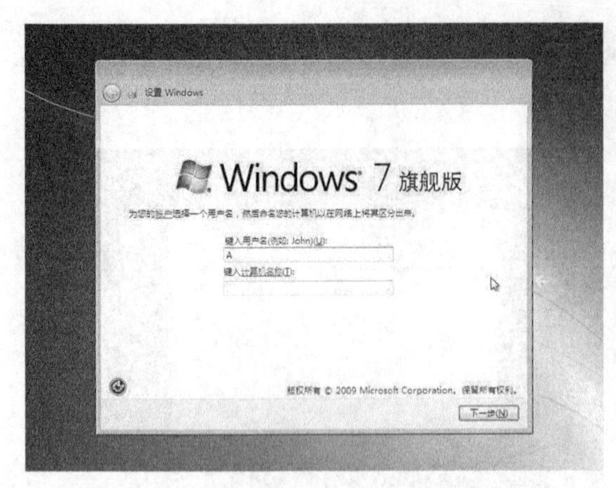

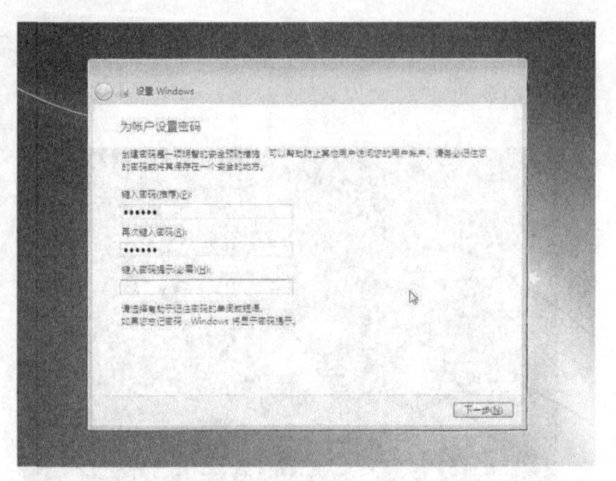

图 1-18　用户名设置界面

第 13 步：输入 Windows 7 的 25 位产品序列号，这个也可以暂时不输入，是否自动联网激活 Windows 选项，也没关系，可以在稍后进入系统之后进行激活也可以。单击“下一步”按钮，如图 1-19 所示。

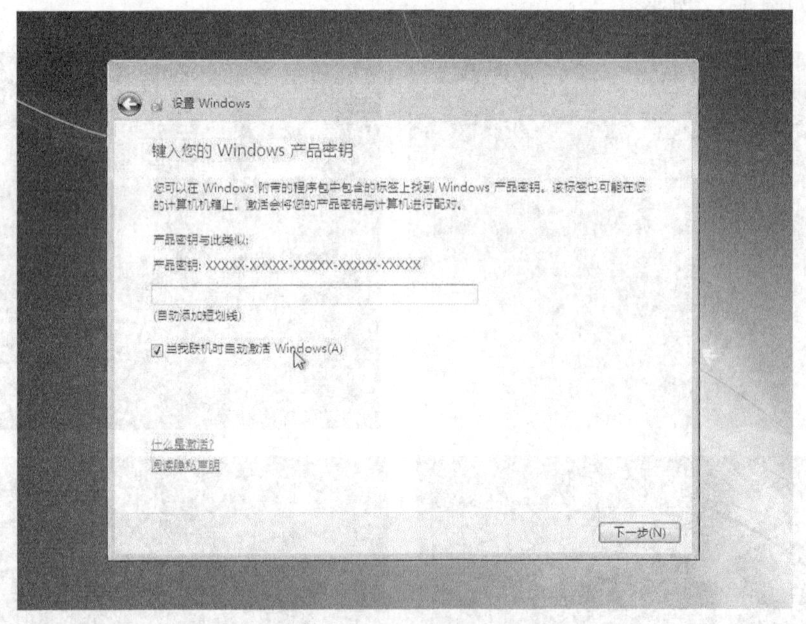

图 1-19　输入产品序列号界面

第 14 步：Windows 7 的更新配置，有三个选项：使用推荐配置、仅安装重要更新和以后询问我三个，我们选择使用推荐配置，如图 1-20 所示。

第 15 步：设置时间和日期，检查一下是否设置正确，并单击“下一步”按钮，如图 1-21 所示。上述步骤设置完后，会进入 Windows 7 操作系统桌面环境，完成安装，如图 1-22 所示。

第 16 步：安装完操作系统后，还需安装驱动程序才能保证各硬件运转正常。安装驱动的过程在此不详述，按照显卡驱动、声卡驱动、网卡驱动的顺序，并且要格外注意，每安装完一个驱动重启一次，便于提高系统整体性能。

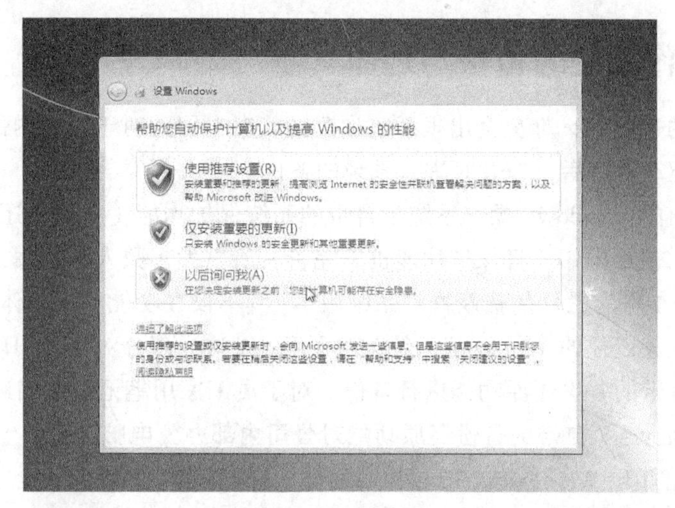

图 1-20　更新配置界面

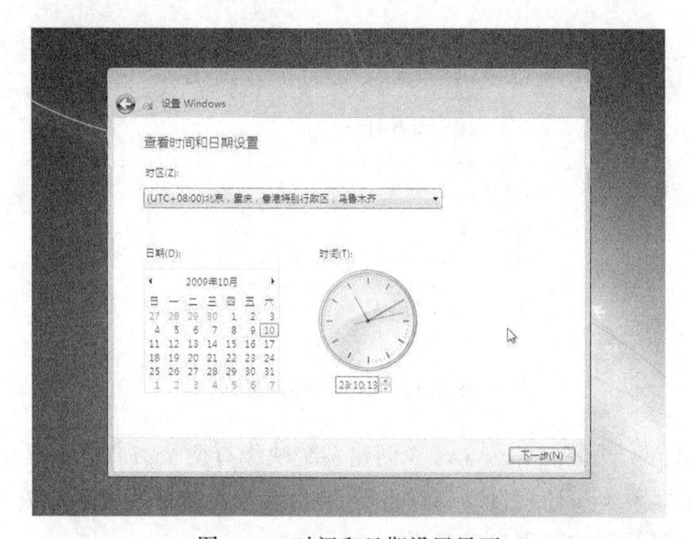

图 1-21　时间和日期设置界面

图 1-22　安装完操作系统完成

1.2.2 操作系统的备份与还原

在使用电脑的过程中，难免会出现系统崩溃的状况，因此对于公司内部的工作电脑在安装完操作系统及驱动程序后，应及时进行系统的备份。

以往微软推出的 Windows 操作系统中自带的系统保护功能（如备份还原等），由于设计的不够人性化、比较难操作，且保护功能也不完善，所以大多数人都使用 GHOST 备份还原系统。但 Windows 7 作为微软的最新操作系统版本，其不仅在功能和用户体验上做足了功夫，在系统保护方面也较以往的 Windows 系统改进了不少，这一部分对于公司内部办公电脑我们采用 Windows 7 自带的备份还原功能进行备份。对于员工家用笔记本电脑选择 Ghost 备份。

1. 利用 Windows 7 自带的备份还原功能对公司内部办公电脑进行备份

第 1 步：首先打开 Windows 7 的“控制面板”，然后在“系统和安全”类别里找到“备份和还原”功能板块，如图 1-23 所示。

图 1-23 备份和还原界面

第 2 步：创建备份映像。Windows 7 创建系统映像有两个方式：一是手动创建备份，二是自动创建备份（即系统按计划自动创建备份）。目前只有专业版、企业版、旗舰版支持自动备份。此处我们设置系统按计划自动备份。

在图 1-23 中，还没有启用计划备份，显示为“尚未设置 Windows 备份”，下面我们就来设置一下，单击图 1-24 中右侧的“设置备份”，选择保存位置，除了不可以保存到 DVD 之外（因为选择 DVD 选项需要刻录机同步保存映像，会涉及刻录成功率等问题，可以选择硬盘或网络位置存储后再刻录到 DVD）本地驱动器和网络驱动器都可以选择，选择后单击“下一步”按钮。

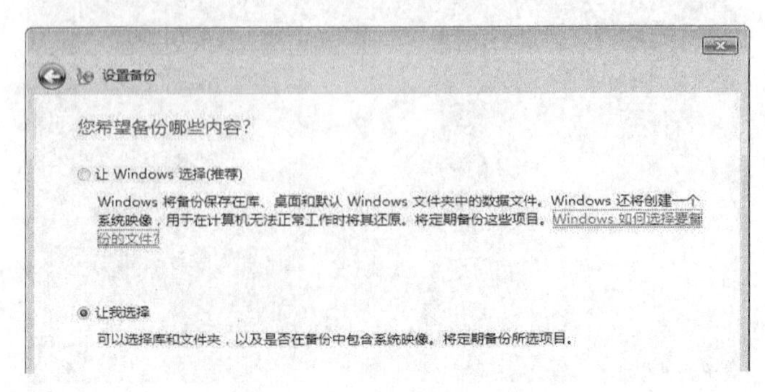

图 1-24 设置备份界面

在图 1-24 中的备份内容选择有两个选项，分别是“让 Windows 选择”和“让我选择”，这两个选项的意思分别介绍如下。

♦　让 Windows 选择：Windows 选择则只会备份自己的东西，备份内容包括系统映像、库、桌面和用户文件夹，由于在 Windows 7 上其他驱动器包括网络驱动器的文件或文件夹是可以包含到 Windows 7 的库中，所以如果这些文件处于网络驱动器或在非 NTFS 分区的驱动器上时，将不会被备份。还比如 FAT 文件系统分区下的文件、回收站中的文件以及小于 1GB 驱动器下的临时文件等，也不在备份范围。

♦　让我选择：这个选项将让用户自己选择备份内容，如备份个别文件夹、库或驱动器等，这个功能比较有用，尤其是对于日常或工作经常需要更新的文件，能让你随时回退到以前的文件版本。

此处我们选择“让我选择”，单击“下一步”按钮，选定好备份内容后，单击“下一步”查看备份设置，如图 1-25 所示。此时会出现备份过程界面，如图 1-26 所示。

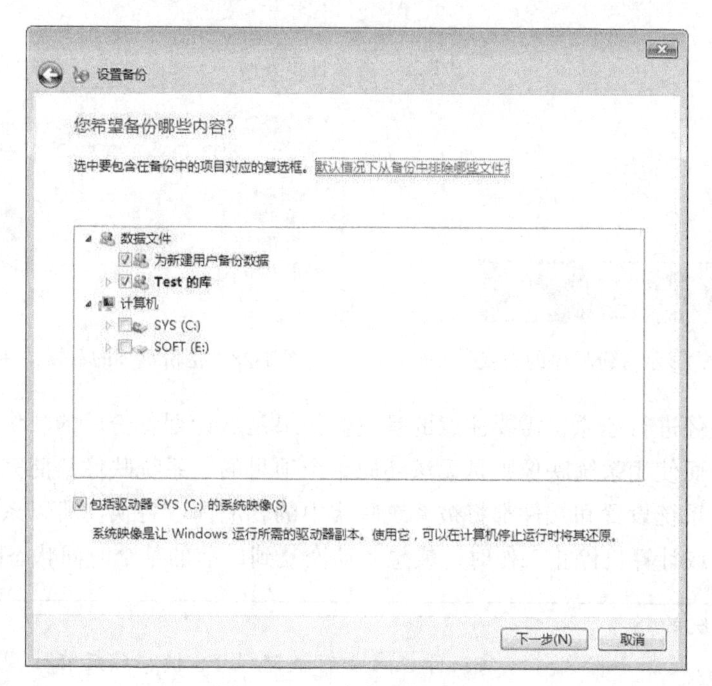

图 1-25　“让我选择”界面

第 3 步：修改计划。按照每天、每周、每月等方式进行自动备份，最后单击“保存”设置并运行备份，当然这些备份设置以后也可以随时更改。Windows 7 将显示备份的进度。即使您将界面最小化也没有问题，Windows 7 特有的任务栏同样能显示备份程序的进度，如图 1-27 所示。

第 4 步：备份结束后，可以通过在“备份和还原”界面中单击“管理空间”来查看磁盘上空间的使用情况。可以在备份盘下看到绿色箭头加光盘形式的图标，如图 1-28 所示（图中左侧 Test-PC 是数据文件备份结果，右侧 WindowsImageBackup 是映像备份结果），双击这个图标可进行还原操作，我们日常的还原文件可以在这里操作，也可以在备份的文件或文件夹上单击鼠标右键选择“以前的版本”进行还原。

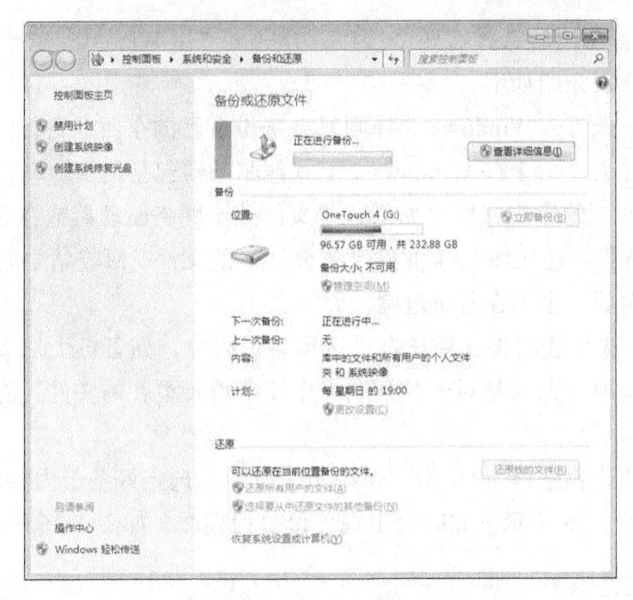

图 1-26　备份过程界面

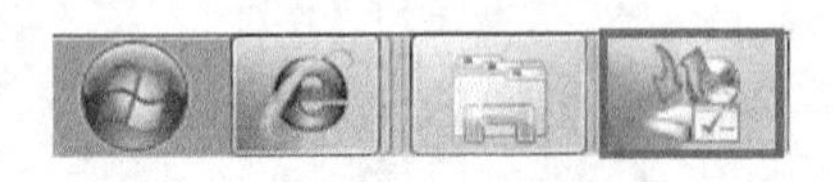

图 1-27　任务栏显示备份程序的进度

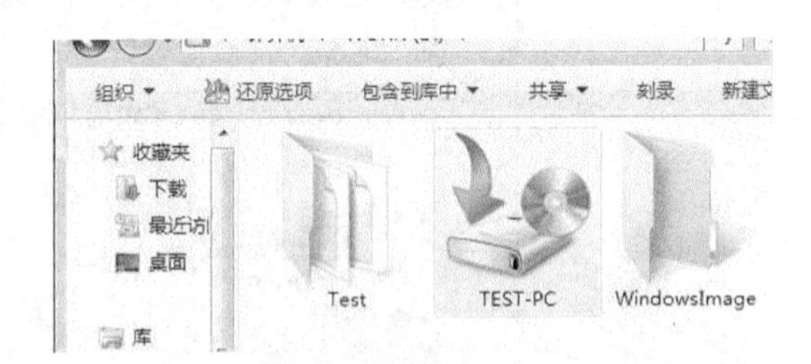

图 1-28　备份盘下的数据文件备份图标

使用备份映像进行还原，需要注意的是我们如果是从计划备份后的映像还原则是可以还原单个项目的，而使用系统映像则是无法还原单个项目的，系统映像只能完全覆盖还原，当前的所有程序、系统设置和文件都将被系统映像中的相应内容替换。所以系统映像一般是用于在硬盘驱动器或计算机停止工作时，或想主动恢复到以前的某个时间状态时才会使用。

提示

系统的还原

♦　还原备份文件方法：开机启动时快速按 F8 键，然后在出现的选项界面中选择“修复计算机”，单击“下一步”按钮，输入用户名和密码，在“系统恢复选项”菜单里选择“系统映像恢复”，然后系统会自动扫描驱动器下备份的系统映像并进入镜像恢复窗口，窗口中会列出该镜像的保存位置、日期和时间还有计算机名称，如果有多个系统映像，请选择下面的“选择系统映像”，选择某个时间点的映像进行恢复，这时候，还可以单击下面的高级按钮，去到网络上搜索系统映像，进行还原，选择镜像后，单击“下一步”按钮，进行确认后，即可开始还原。

♦　另外也可以通过单击“控制面板”——“恢复”，如图 1-29 单击“高级恢复方法”，单击“使用之前的系统映像恢复计算机”，如图 1-30 所示：图中的第一个选项就是使用映像恢复计算机，单击“下一步”按钮会提示您备份数据，因为从映像还原后，系统分区的个人文件如果没有备份，则可能会全部丢失。再次确认后重新启动计算机，启动后会自动进入镜像恢复窗口。

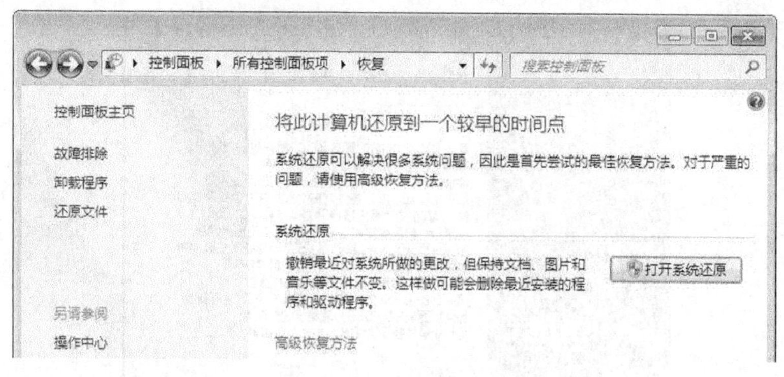

图 1-29　系统恢复界面

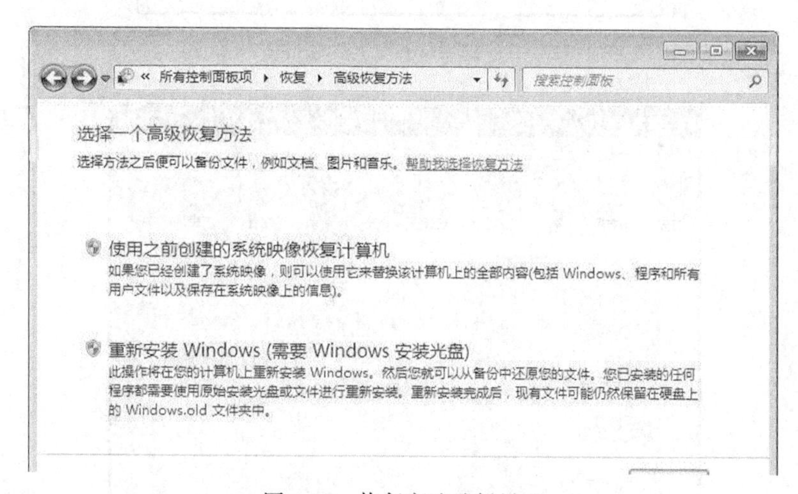

图 1-30　恢复方法选择界面

2. 利用 Ghost 为员工笔记本电脑进行系统备份

Ghost 是赛门铁克公司推出的一款用于系统、数据备份与恢复的工具。利用 Ghost 给 C 盘做一个备份（也称为镜像），并存放在其他逻辑盘上（如 E 盘）。当系统因为某些原因崩溃后，可以利用之前做好的这个备份将系统快速还原，让计算机回到制作备份时的状态。

第 1 步：安装“一键 Ghost”工具软件，首先将下载好的一键 Ghost 工具软件复制到笔记本电脑上，在软件图标上双击鼠标左键进行安装，如图 1-31 所示。

第 2 步：利用 Ghost 进行一键备份，启动“一键 Ghost”后，出现了如图所示的界面，选择“一键备份”选项即可，如图 1-32 所示。

启动“一键 Ghost”的方法主要有以下两种：

- 通过桌面或开始菜单中的快捷方式启动；
- 在开机菜单中选择启动“一键 Ghost”，注意：在开机菜单中如果由于误操作（如不小心按了方向键），误入“一键 Ghost”界面，只需在之后根据提示“取消”或“退出”，或者按下机箱上的重启键重新启动电脑。

也可对 Ghost 软件进行设置，如图 1-33 所示。

图 1-31　“一键 Ghost”工具软件安装界面

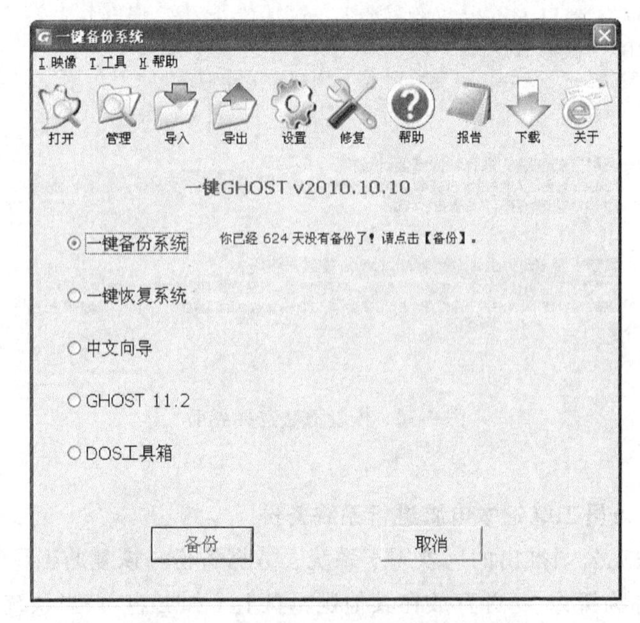

图 1-32　利用 Ghost 进行一键备份界面

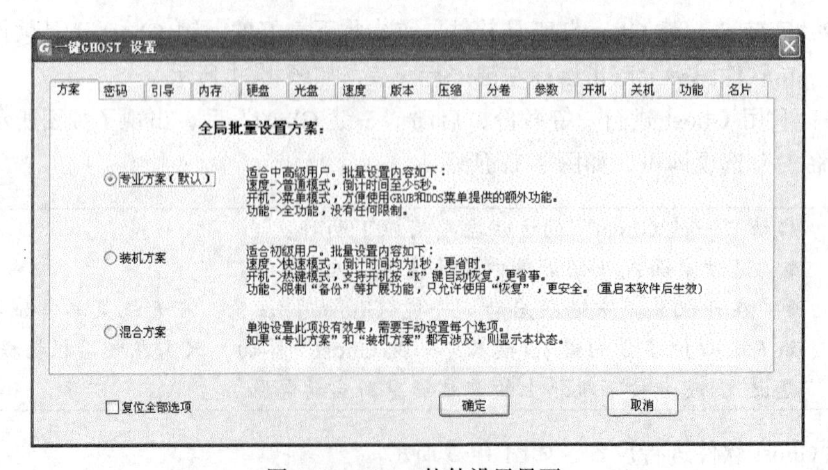

图 1-33　Ghost 软件设置界面

第 3 步：如在使用过程中出现了系统崩溃，则可以利用 Ghost 进行一键恢复。只需在启动“一键 Ghost”时，选项“一键恢复 C 盘”成为默认选项，单击“恢复”按钮即可开始还原，如图 1-34 所示。最后重启电脑即可。出现 GHOST 窗口，进度条加载完毕后，即完成恢复。如图 1-35 所示。

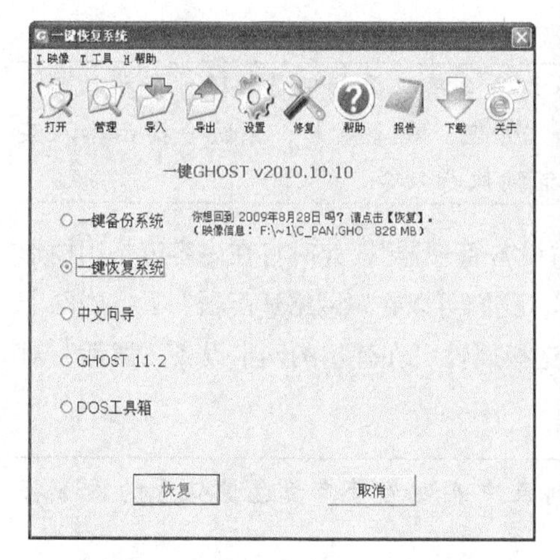

图 1-34　Ghost 软件“一键恢复”

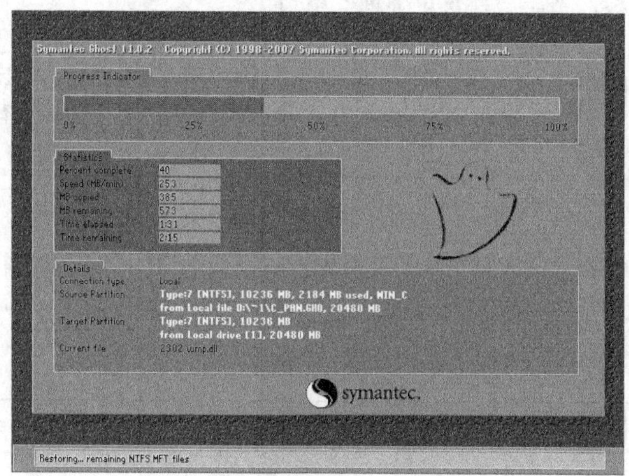

图 1-35　Ghost 软件恢复过程

任务 3　网络配置基础

学习目标：

❖ 学会用设备管理器查看计算机硬件的工作情况。
❖ 学会使用网络和共享中心管理网络。
❖ 学会设置网络连接。

教学注意事项：

❖ 在讲解网络和共享中心时，需讲清基本网络信息图示的含义。
❖ 需重点讲解 IP 地址的作用。

为了使计算机之间能够高效的交换和共享信息，我们往往将计算机通过传输媒质（一般是指各类线材或电磁波）、网络设备（一般是指路由、交换设备）连接起来，组成一个网络。

1.3.1　确认计算机网卡工作正常

有时候，在计算机安装 Windows 7 操作系统后，不是计算机中所有硬件都能够立即投入使用。如果 Windows 7 不能识别硬件，找不到合适的驱动程序，该硬件便无法正常工作。驱动程序就好比写给操作系统看的硬件使用说明，告诉操作系统如何与相关硬件“沟通”。

要将个人的电脑接入网络，我们需要计算机中用来连接网络的设备——网卡，能够正常工作。网卡全称为网络接口卡（NIC），又称为网络适配器。网卡将计算机连接到网络，以便这些计算机能进行通信。首先对网卡的工作状况进行检查。

第 1 步：单击开始菜单，在右侧窗格单击“计算机”项，在控制菜单中选择“管理”命令，单击“计算机管理”窗口。

“管理”命令项左侧的盾牌图标，意味该命令项需要管理员权限才能被执行。如果当前用户不是管理员组的账户，在选择“管理”命令项后，系统会提示输入某一管理员账户名和密码，只有输入正确才能继续执行命令。

第 2 步：在左侧导航窗格选择“系统工具”中的“设备管理器”，此时将在内容窗格用树形结构显示计算机中的所有硬件设备。如果网卡正常工作，我们可以在“网络适配器”下找到网卡相关项，如图 1-36 所示。右击网卡项，在控制菜单中选择属性。在弹出的网卡设备“属性”对话框中，可以查看硬件设备的详细“工作状态”。

不能被识别的设备在“设备管理器”列表中表现为带有黄色惊叹号的设备符号。

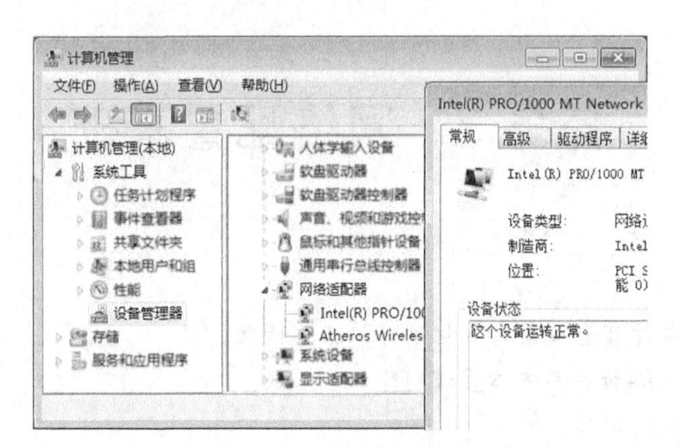

图 1-36　计算机管理窗口

1.3.2　设置有线网络连接

第 1 步：在确认硬件工作正常后，我们用网线将电脑的网卡和供应商提供的网络接口进行连接，如图 1-37 所示。

第 2 步：用网线将计算机和网络接口连接后，计算机还不能连入 Internet。接下来查看网络配置信息。在供应商那里申请上网时，会拿到类似下图的一张“网络配置说明”，需要在计算机中手工配置的内容有 4 项内容，IP 地址、子网掩码、网关地址和 DNS 服务器地址，如图 1-38 所示。

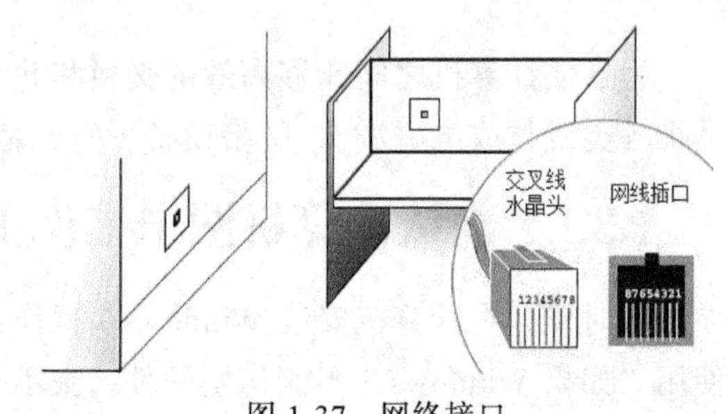

图 1-37　网络接口

拿到说明后，单击任务栏通知区域的“网

络连接”图标，选择“打开网络与共享中心”，如图 1-39 所示。

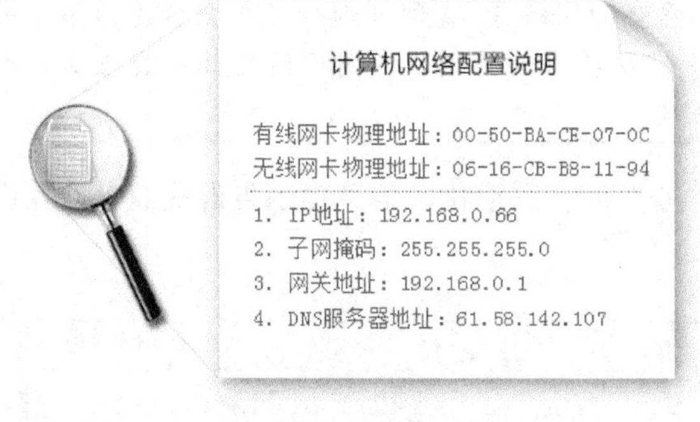

图 1-38　员工计算机网络配置说明

图 1-39　通知区域的网络连接图标

“网络和共享中心”提供了有关网络的实时状态信息。在此可以查看计算机是否连接在网络或 Internet 上、连接的类型以及您对网络上其他计算机和设备的访问权限级别。

在“网络和共享中心”窗口的左侧导航窗格选择“更改适配器设置”。在打开的“网络连接”窗口中，右击“本地连接”图标，选择“属性”。这里的“本地连接”对应着计算机的网卡，其中记录了网卡在连接网络时的配置信息。

第 3 步：打开“本地连接”属性对话框后，在“此连接使用下列项目”下方的列表中，单击“Internet 协议版本 4（TCP/IPv4）”，然后单击“属性”按钮。在打开的“Internet 协议版本 4（TCP/IPv4）属性”对话框中，按照配置说明，填写参数。默认情况下，Windows 7 中的网络连接都是自动获取 IP 地址和 DNS 服务器地址的。我们现在需要手工设定。点击“使用下面的 IP 地址”，在下方的三行输入框中依次填入 IP 地址、子网掩码地址和网关地址，最后单击“确定”，如图 1-40 所示。

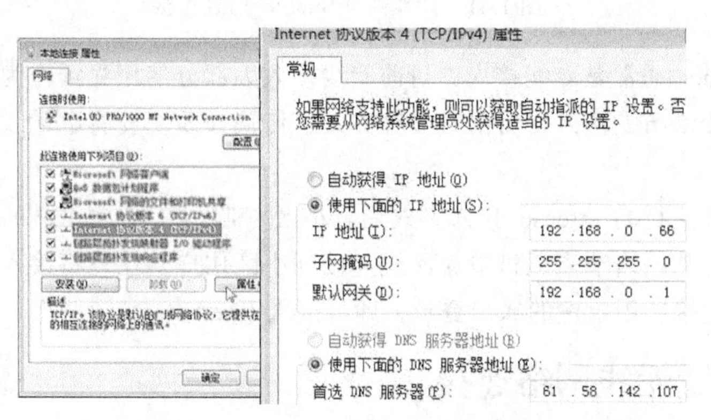

图 1-40　配置 Internet 协议版本 4（TCP/IPv4）参数

♦　网络协议是网络中的计算机或其他设备进行交互活动的规则（标准）。不同网络应用和服务，有专门的协议。只有都“懂得规则”的两台网络设备，才能进行交互。

◆ IP 地址是连接到网络中的计算机的标识，类似于电话号码。子网掩码的主要作用是对 IP 地址进行补充说明。如果把 IP 地址比作电话号码，子网掩码则是说明电话号码的哪一部分是区号（网络的网络号），哪一部分是电话号（网络中的主机号）。网关，顾名思义，起到一个网络关口的作用，不同网络之间的交互都以网关为入口和翻译器。

第 4 步：当我们回到“网络与共享中心”时，图形化的信息提示告诉我们，计算机已经连上了 Internet，如图 1-41 所示。

图 1-41　计算机与 Internet 已经连接

公司的 Internet 通常是专线接入，目前专线接入大部分使用光纤作为传输介质。小型公司或家庭用户的 Internet 接入，目前有多种方式，传输介质主要有电话线、同轴电缆、以太网线和光纤等。

目前国内比较流行的 Internet 接入方式还有小区宽带（FTTX），ISP 的高速光纤连接到住宅区的网络节点，从网络节点通过以太网线连接到小区住户，住户将接入到户内的以太网线与计算机网卡相连接，用申请的账户登录，即可接入 Internet。

1.3.3　设置无线网络连接

无线网络与有线网络最大的区别在于传输介质。有线网络使用的是线缆，无线网络使用的是电磁波。在 Windows 7 中，网络连接的操作被统一化，连接和管理无线网络的方法变得非常方便。现在我们来将电脑用无线的方式接入 Internet。

第 1 步：和之前进行有线连接一样，首先我们要检查无线网卡是否已经被 Windows 7 识别出来并工作正常，检查的步骤同 1.3.1 小节。

需要注意的是，如果用户使用的是笔记本电脑，其机器一般配有无线网卡的启用开关。如果无线网卡不能正常工作，注意检查笔记本电脑的无线网卡启用开关是否开启。

第2步：无线网卡作为无线电波信号的接收装置，能够检测到有限范围内的所有公开的无线接入点。我们只要选择我们想要连接的接入点即可。选择的方法是，单击任务栏通知区域的“网络连接”图标，在弹出的“网络连接列表”中，选中我们想连接的公司无线网络，单击“连接”按钮。

在连接无线网络接入点时，如果勾选“自动连接”选项，则当计算机系统检测到该无线信号，且计算机还没有网络连接时，会主动连接该无线接入点。

第3步：无线接入点一般是加密的，在连接时，需要输入密码才能真正登录Internet。如图1-42所示。

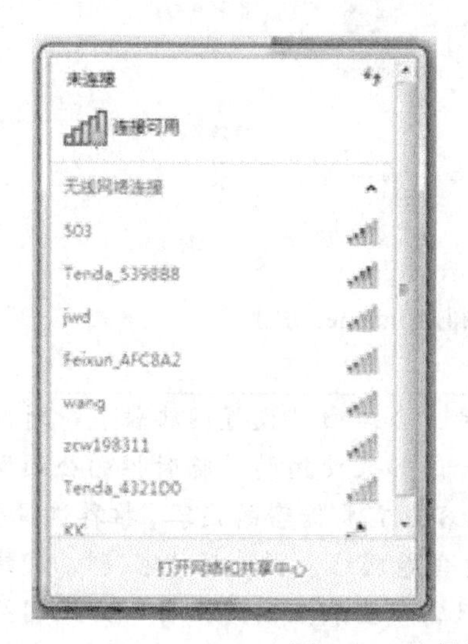

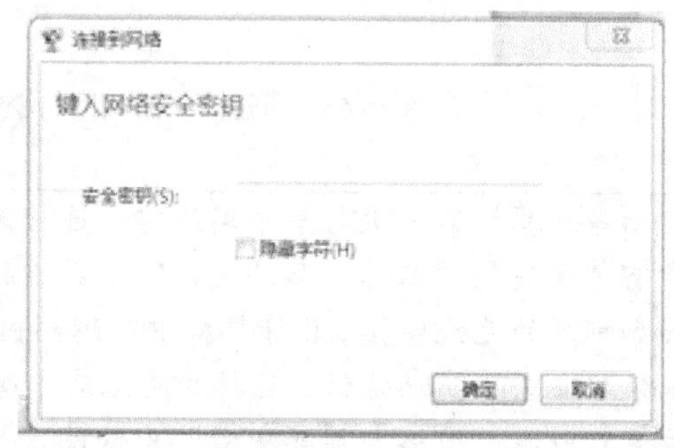

图1-42　选择想要连接的无线网络接入点

第4步：无线网络对接入到其中的设备是自动分配IP地址的，所以这里我们不需要手工去设定无线网卡的网络连接参数。我们单击任务栏的网络连接图标，选择“打开网络和共享中心”，单击左侧导航窗格的“更改适配器设置”。在网络连接窗口中，右击无线网络连接图标，在控制菜单中选择“状态”，查看无线网络连接的当前运行情况，如图1-43所示。

可以看到，计算机已经连接上了Internet，就能访问Internet。如果我们现在查看一下“网络和共享中心”的网络连接信息，就能清楚地了解这一关系，如图1-44所示。

有线网络在一定程度上，可以通过物理的方式限制对网络的访问。无线局域网安全问题如果没有慎重得到考虑，入侵者可能通过监听无线网络数据，来获得未授权的访问。大多数无线网络设备基于Wi-Fi认证的802.11 a/b/g标准，提供几种加密方式，如WEP、WPA/WPA2等。另外我国也推出了在安全方面经过改良的WAP1无线局域网国家标准，并成为国内所有2G/3G手机的强制支持的标准。

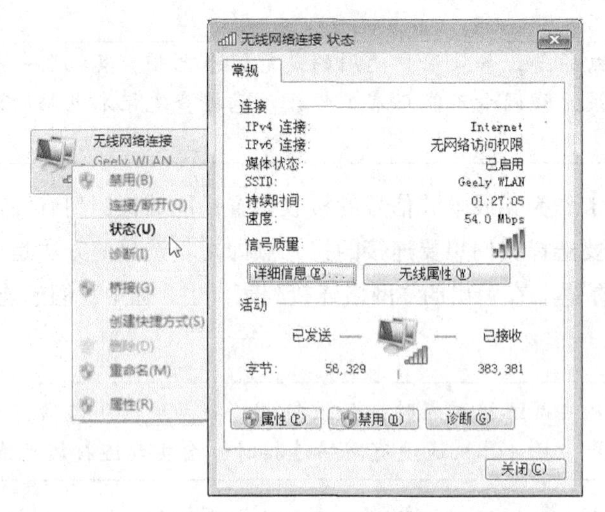

图 1-43　查看无线网络连接状态

图 1-44　通过接入无线网络获得对 Internet 访问

当计算机第一次与某个网络建立连接时，会弹出“设置网络位置”对话框，通常有“家庭”、“工作”和“公用”三种选择。如果使用的是临时性的公用网络，譬如咖啡厅的无线连接，且计算机中有隐私内容或需要保密的内容，推荐选择“公用”。如果对安全性要求较低，连接的是家庭、宿舍等网络，则选择“家庭”。网络连接的位置可以在“网络与共享中心”中修改，只需单击相应网络名称下方的网络位置链接即可进入“设置网络位置”选择界面重新选择。

任务 4　互联网应用

学习目标：

❖ 学会访问 FTP 服务器，学会 FTP 下载、上传文件，学会建立访问 FTP 的快捷方式。
❖ 学会注册电子邮箱，发送和接收电子邮件，学会添加联系人。
❖ 学会使用搜索引擎。

教学注意事项：

❖ 教会学生设置以文件夹的形式浏览 FTP 服务器内容。

❖　教会学生发送电子邮件时密送、抄送的区别。

1.4.1　登录 FTP 服务器下载上传文件

FTP 其实是文件传输协议（File Transfer Protocol）的意思，主要用作实现文件共享。用户使用 FTP 客户端，可以登录文件服务器，而且如果用户登录服务器的账户有足够权限的话，还能实现对存储于服务器上的文件进行下载、修改、执行等操作，还能将客户端的文件上传存储至文件服务器上。

FTP 服务器上，会存放我们所需的视频、音频、图片、软件等。登录 FTP 服务器，将所需的视频下载到自己的计算机中，并将自己计算机上的图片保存到 FTP 服务器中。

第 1 步：打开“Windows 资源管理器”或任意文件夹窗口。在窗口的地址栏输入 FTP 服务器地址，并在地址前标明使用 ftp 协议登录服务器，输入完后按回车键确认登录。书写的方式，如图 1-45 所示。

实际上，这是一种省略的写法，完整的写法，如图 1-46 所示。

图 1-45　匿名登录 ftp 服务器

ftp://用户名:密码@192.168.0.2:端口号

图 1-46　FTP 服务器登录完整写法

FTP 服务的默认端口号为 21，如果在登录服务器时不输入端口，则表示从默认端口登录。如果不输入用户名和密码，则默认会使用匿名账户登录。如果服务器没有开通匿名登录，则会提示用户输入用户名和密码。不同的用户在访问服务器时，可能具有不同的权限。

第 2 步：按回车键确认后，用匿名账户登录公司的 FTP 服务器。我们会看到文件夹的内容显示了 FTP 服务器中的文件。和在 Windows 7 操作文件的方式类似，我们选中视频文件，右击选中的所有文件中的任意一项，在控制菜单中选择“复制到文件夹……”，在弹出的对话框中选择“桌面”，然后单击“确定”按钮。将视频文件复制到自己计算机的 Windows 7 桌面，如图 1-47 所示。

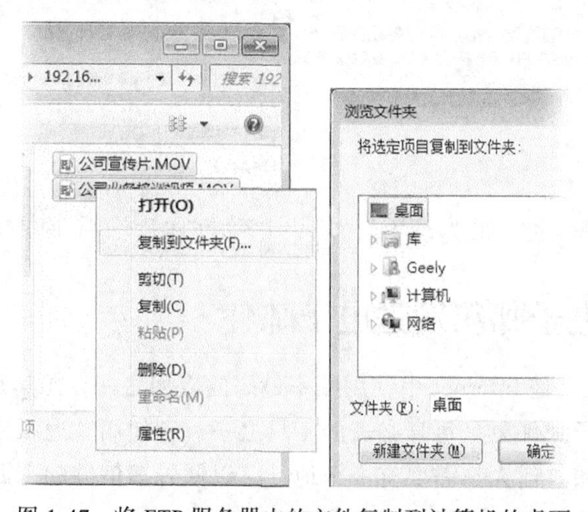

图 1-47　将 FTP 服务器中的文件复制到计算机的桌面

复制 FTP 服务器的文件到本地计算机需要一定时间，传输的速度与硬件规格、网络状况以及文件大小有关。当文件完成复制操作后，我们就可以在桌面看到视频文件。

如果登录 ftp 服务器后，服务器内容不是以文件夹的形式显示，而是以网页的方式在 Internet Explorer 浏览器中显示，则此时我们需要做一个简单的设置：打开“控制面板”窗口，选择“网络和 Internet”，然后在右侧窗格中单击“Internet 选项”。在 Internet 属性对话框中，选择“高级”标签，在设置选项列表中，勾选“启用 FTP 文件夹视图”选项，按后单击“确定”按钮。

第 3 步：将个人计算机中的图片保存到 FTP 服务器中。在文件夹窗口输入的 FTP 地址是包含了用户名和密码的地址：“ftp://zhangsan:zhangsan@192.168.0.2”。此时，用 zhangsan 这个 FTP 账户登录，具有将文件上传到服务器上进行保存的权利。我们建立好一个文件夹，将想要保存到 FTP 服务器中的图片复制或者剪切到此文件夹中，然后拖拽这个文件夹进入 FTP 文件夹窗口后松开鼠标，稍待片刻，文件夹便被存储在 FTP 服务器中。

第 4 步：最后，为了能够方便地登录 FTP 服务器，可以增加一个快速访问 FTP 服务器的途径。单击“开始”按钮，选择“计算机”，在“计算机”文件夹窗口中的空白区域右击，在控制菜单中选择“添加一个网络位置”。

第 5 步：在弹出的“添加网络位置向导”对话框的说明页单击“下一步”按钮，然后单击“选择自定义网络位置”并单击“下一步”按钮。在接下来的一页中，输入 FTP 服务器地址 ftp://192.168.0.2，单击“下一步”按钮。在询问是否需要使用“匿名”账户进行访问时，勾选“匿名登录”，再单击“下一步”按钮。给网络位置命名后，单击“下一步”，在最后一页的确认页面单击“完成”按钮。此时，在“计算机”文件夹窗口中便可以看到我们刚刚新建的 FTP 服务器的图标。我们还可以将其发送到桌面快捷方式，如图 1-48 所示。

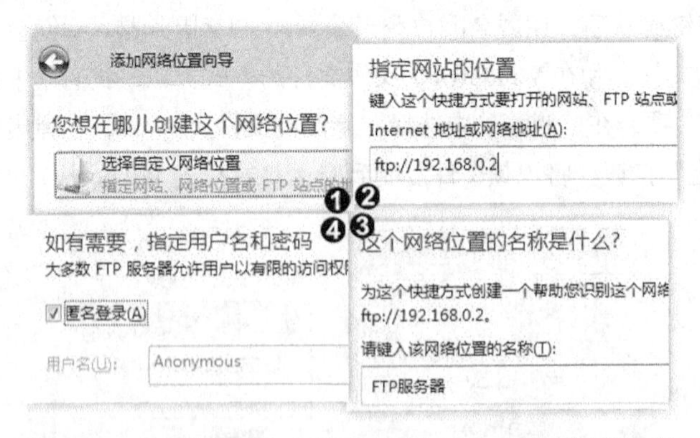

图 1-48　在“计算机”文件夹中添加 FTP 服务器访问链接

1.4.2　申请电子邮箱发送电子邮件

电子邮件（E-mail）是 Internet 中使用频率最高的应用之一，尤其是在倡导低碳环保、无纸化办公的今天，电子邮件更是每日必需的工具之一。和使用普通纸质信件交流一样，要发送电子邮件，发信人和收信人都需要有一个地址，以便告知信件的来源和目的地，方便接下来的沟通。电子邮件的地址，采用如下的固定格式：

账户名@域名

例：zhangsan@126.com

邮箱地址通常需要注册申请，现在我们来注册申请张三的公司邮箱地址：

第 1 步：打开浏览器，在地址栏输入想要注册的邮箱的网址，访问电子邮件地址注册页面。我们以 126 邮箱为例。

第 2 步：按照注册页面的提示，依次在页面中输入想要使用的账户名、密码。邮箱地址中的“@”符号代表英文单词“at”，在的意思，后面承接主机域名。在设定邮箱登录密码时，为防止密码被偷看，密码一般显示为圆点号或者*号，所以需要输入两遍以检查确认，如图 1-49 所示。

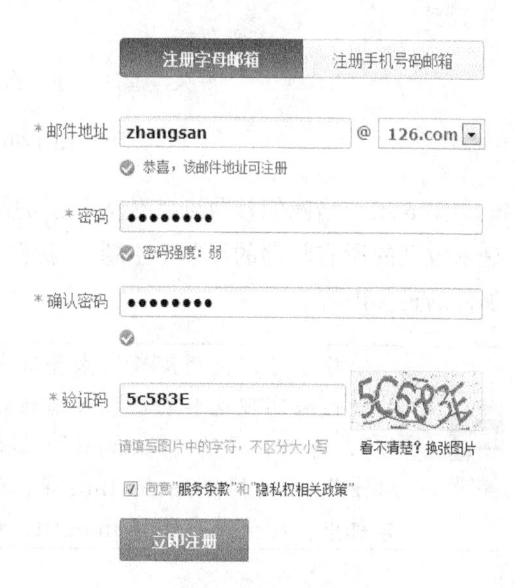

图 1-49　邮箱地址注册页面

第 3 步：为了防止恶意用户使用黑客程序对电子邮件系统进行破坏，比如大批量创建新的邮箱账户而浪费系统资源，阻塞服务器带宽，通常邮箱的注册系统会设置“验证码”，系统会随机显示一张包含字母或文字的图片，用户需要把这张图片显示的内容填入“验证码”输入框，以确认当前正在注册邮箱账户的是一个活生生的人，而不是程序。而且，这张包含验证码的图片为了防止被高级黑客程序自动识别，还经常涂满了各种干扰识别的画面杂点。

第 4 步：填写完注册信息后，单击“立即注册”按钮，稍等片刻后，便会提示注册成功，有时会直接进入电子邮箱的使用界面。当注册完成，便拥有了一个邮箱地址。张三的电子邮件地址是 zhangsan@126.com。当其他人想发送邮件给张三时，需要使用这个地址，和普通纸质邮件发送类似。

在邮箱注册页面中，不是所有内容都要填写。通常在必须填写的项目上，会标记有红色的星号*，没有标记的则可以不填写。

第 5 步：将自己的近照用电子邮箱发送给一位久未见面的朋友。登录进入电子邮箱使用界面后，单击“写信”按钮，便会出现写信的界面。在该页面中，通常需要填写“收件人”、“主题”和“信件内容”，将照片以附件形式发送给对方，如图 1-50 所示。

发送邮件的界面一般还有“抄送”和“密送”功能，“抄送”是指将邮件同时发给其他的邮箱地址，所有收到邮件的人可以看到这封邮件所有接收者的邮箱地址信息。如果是采用“密送”发送给其他邮箱地址，当收到邮件时，所有这封邮件的收件人无法得知这封邮件，是否也同时寄发给其他人。

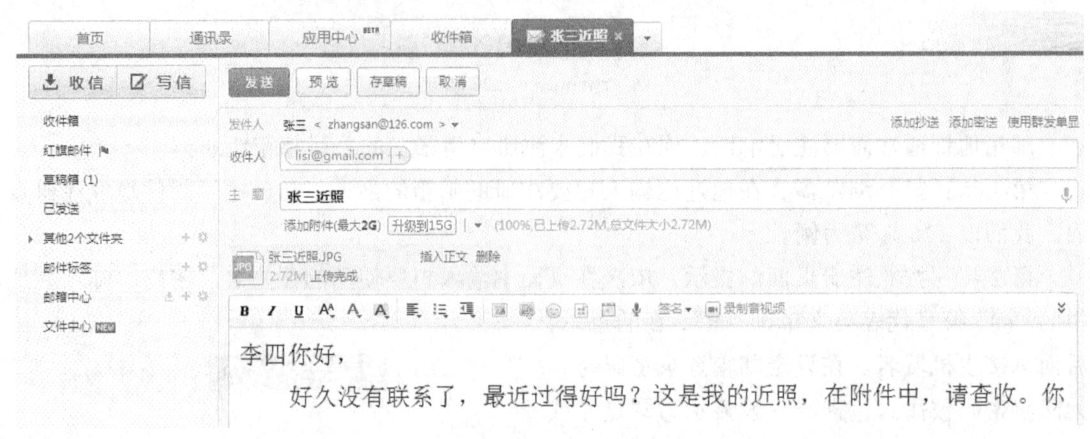

图 1-50　发送电子邮件

第 6 步：当我们接收到其他人发送的邮件时，邮箱系统会在“收件夹”中以列表的方式显示收到的所有邮件的标题（主题）。我们只要点击相应标题，就能打开邮件阅读界面，阅读邮件的正文内容。

除了可以使用浏览器来登陆电子邮箱，接收和发送电子邮件外，还可以安装相关软件来实现这些功能。目前比较流行的邮件客户端软件有网易公司开发的“闪电邮”，腾讯公司的“Foxmail”，微软公司开发的“Outlook”、“Live Mail”，开源组织 Mozilla 开发的 Thunder Bird 等，利用这些软件可以将电子邮箱的邮件复制下载到计算机中，即使没有连接 Internet，也能离线阅读邮件。

1.4.3　利用搜索引擎搜索资料

Internet 犹如信息的海洋，要在浩瀚的资源海洋中准确地找到某一个资源是比较困难的，搜索引擎就是解决快速有效地找到所需要的信息的工具。搜索引擎（Search Engines）是对互联网上的信息进行搜集整理，然后供用户查询的系统。

常用搜索引擎

搜索引擎名	网站	Logo
百度	http://www.baidu.com	Bai百度
谷歌	http://www.google.com	Google
雅虎	http://www.yahoo.cn	YAHOO! 中国雅虎
必应	http://cn.biying.com	必应 bing
搜狗	http://www.sogou.com	Sogou 搜狗
搜搜	http://www.soso.com	SOSO 搜搜
即刻	http://www.jike.com	Jike 即刻
美国在线	http://www.aol.com	AOL

利用百度搜索引擎搜索 office2013 软件：

第 1 步：打开浏览器，在浏览的地址栏中输入百度的地址，在显示的百度搜索栏中输入“office”，单击“百度一下”按钮，会搜索出很多与 office 有关的信息，如图 1-51 所示。

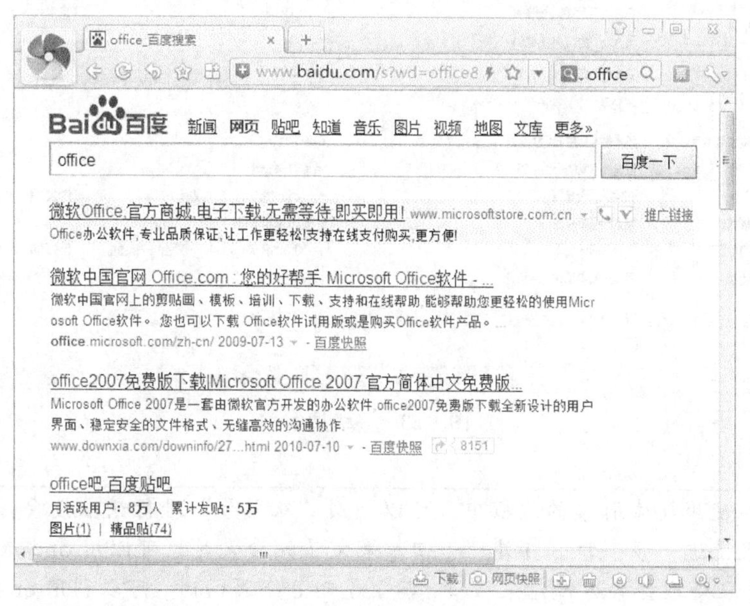

图 1-51　搜索结果

第 2 步：利用空格技巧在 office 后面输入空格 2013，即“office 2013”，搜索出来的结果比较接近想要结果，如图 1-52 所示。

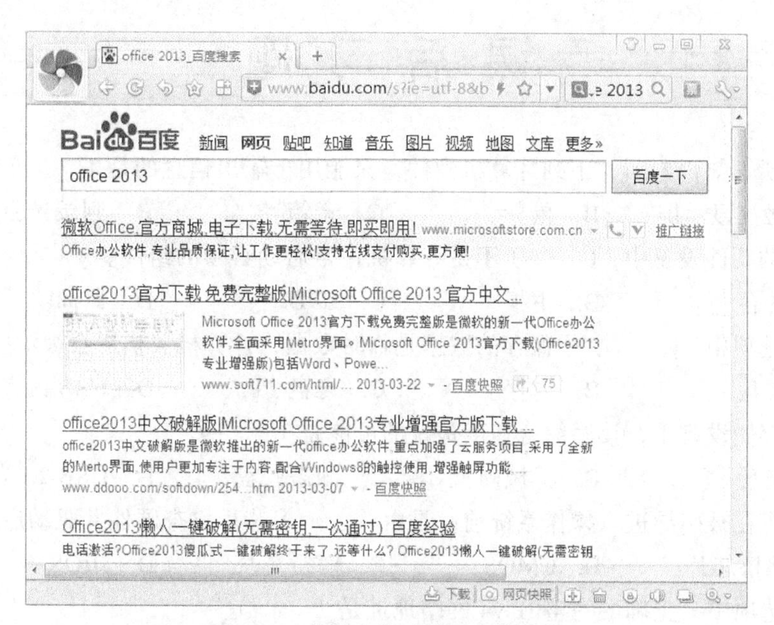

图 1-52　使用空格后搜索出的结果

第 3 步：如果想搜索更加准确的信息，可以利用百度搜索引擎最下方的高级搜索，输入更详细的搜索信息，如图 1-53 所示。

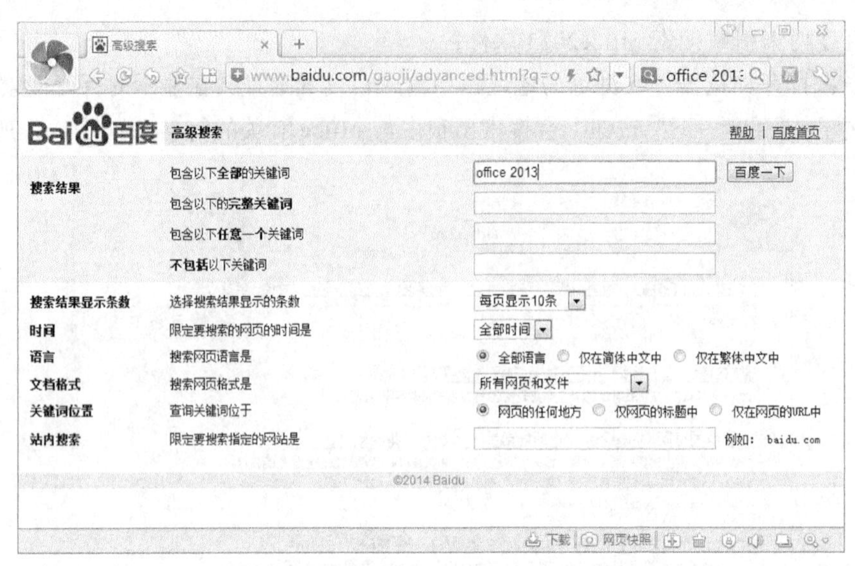

图 1-53　高级搜索

在使用搜索引擎的过程中，可以利用“双引号”进行精准搜索，或者在原有搜索结果上进一步查找。在处理返回结果太多的搜索时，可以用 and 或 not 限制搜索范围。在处理搜索返回结果极少，甚至返回 0 个页面时，可以利用 or 扩大搜索范围。

大多数搜索引擎都提供分类检索功能，例如，查找新闻类的信息、图片类、音乐类、视频类等。

课 后 习 题

1. 根据所学知识判断，下列计算机硬件，只能用于输出信息的是（　　）。
   A. 触控显示屏　　B. 鼠标　　C. 音箱　　D. 刻录光驱
2. 下列的硬件设备中，（　　）不是计算机正常启动必须的组件。
   A. 内存　　B. 主板　　C. CPU　　D. 鼠标
3. 下列选项中，（　　）中保存的数据是临时数据，计算机关机后会被清空。
   A. 硬盘　　B. 内存　　C. 光盘　　D. USB 闪存盘
4. 下列存储设备中，读写综合速度最快的可能是（　　）。
   A. 光盘　　B. 机械硬盘　　C. 固态硬盘　　D. USB 2.0 闪存盘
5. 计算机在被引导进入操作系统前，是由（　　）芯片检查硬件并驱动启动的。
   A. 北桥芯片　　B. CMOS　　C. 南桥芯片　　D. BIOS
6. 下列选项中，正确的完整 IP v4 网络地址是（　　）。
   A. 192.168.1.256　　B. 192.168.1.2.0
   C. 192.168.0.1　　D. 192.168.1
7. 在 Windows 7 资源管理器中，选中一个文件图表后，按键盘上的（　　）按键可以开始对文件进行重命名的工作。

A. F1　　B. F2　　C. F3　　D. F4

8. 使用用户名 user，密码 123 来访问 FTP 文件服务器 172.16.1.15 的正确完整的路径是（　　）。

A. ftp:/user:123@172.16.1.15　　B. ftp://user:123#172.16.1.15

C. ftp://user:123@172.16.1.15　　D. ftp:/user:123#172.16.1.15

9. 下面选择项中（　　）能够搜索关键字“计算机”，同时从搜索结果中去除包含“培训”关键字的搜索结果。

A. 计算机 培训　　B. 计算机_培训

C. 计算机——培训　　D. 计算机（培训）

10. 下面选择项中（　　）能够搜索关键字“计算机培训”，且只搜索“计算机培训”完整字符串，而不会分拆为“计算机”和“培训”两个关键字进行搜索。

A. 计算机：培训　　B. (计算机培训)

C. 计算机培训　　D. “计算机培训”

第2章 Word文字处理实战

人力资源部通常要负责招聘、工资保险管理、绩效考核、档案管理等工作。现在XX公司人力资源部需要制作下年度的招聘计划，面临的任务有：制作招聘计划书（封面、扉页、详细计划），制作招聘海报。要完成这些任务，请启动Word软件一起来操作吧！后面的实战操作中请将“××公司”替换成自己的公司名称。

如果是初识Word 2013，需要学习启动与退出Word 2013软件的方法、认识Word 2013的工作界面、掌握Word 2013中的视图切换和修改视图缩放比例，请参考本书最后的附录部分。

任务1　制作招聘计划书封面和扉页

学习目标：

❖ 学会新建与保存文件，掌握页面设置，学会背景图片、水印、封面的添加方法，掌握页眉页脚的设置及分页符的使用。

❖ 学会文本的录入方法，熟悉分段、强制换行、特殊符号录入、全角半角、中英文标点、生僻字录入，了解插入改写状态设置的技巧，了解查找和替换的使用。

❖ 学会文本及段落的选定，掌握字符及段落格式的设置，了解格式刷及清除格式的使用方法，学会对文档进行加密。

教学注意事项：

❖ 学习插入页眉页脚时，要明白首页不同、奇偶页不同、插入页码的方式、起始页码的设置。

❖ 讲解分页符时，对程度较好的学生可以讲解分节符的不同。

❖ 学习文本录入时，要重点讲解特殊符号、生僻字、全角半角、中英文标点录入的方法。

❖ 段落格式中的“制表符”的使用可以加以补充。

下面我们就来完成××公司人力资源部招聘工作的第一个任务——制作人力资源部下年度招聘计划书的封面和扉页。要完成这个任务，我们在 Word 2013 中需要进行页面设置、文本录入、文本编辑、格式排版等操作，先来看看我们要完成的任务成品效果图吧！如图 2-1 所示。

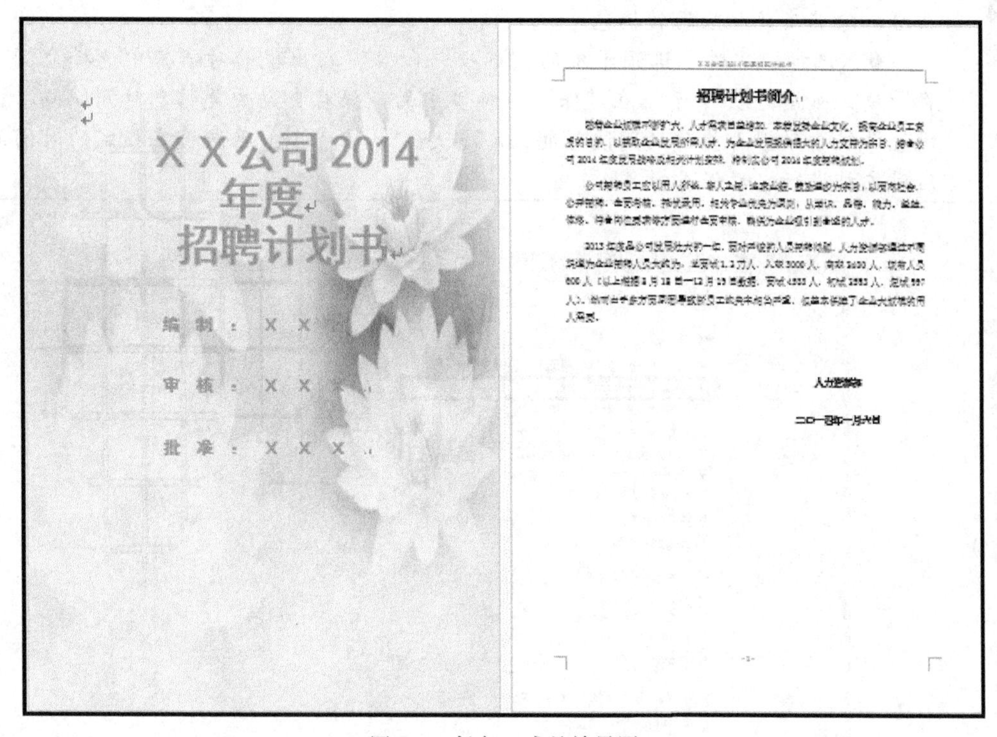

图 2-1　任务 1 成品效果图

2.1.1　招聘计划书封面和扉页的页面编排及内容录入

1. 新建及保存文件

要想完成一份文档，必须先打开 Word 程序，将文档新建好。

第 1 步：单击桌面左下角“开始”菜单，选择“所有程序”—“Microsoft Office Word 2013”，启动 Word 2013 程序，选择“空白文档”新建一个空白文档。新建文件的默认主文件名为“文档 1”，“文档 2”…，扩展名为“. docx”。

不打开 Word 程序我们也可以新建 Word 文档，右键单击桌面空白处，在弹出的快捷菜单中选择“新建”中的“Microsoft Word 文档”，将文件名改为“××公司招聘计划书封面和扉页.docx”，回车确认，双击打开文档即可继续编辑。

编辑 Word 文档内容时，如果不及时保存文件，机器断电之后编辑的内容都会丢失，现在我们就来把文件保存好。

第 2 步：选择“文件”选项卡，单击“保存”命令，选择保存位置为“桌面”，在弹出的“另存为”对话框的“文件名处”修改文档名为“××公司招聘计划书封面和扉页.docx”进行保存。在后续操作过程中，可使用 Ctrl+ S 快捷键不时地执行保存操作。

◆ Word 2013 在保存文档的时候可以选择文档类型，如 Word 97-2003 类型，这时保存的是以 doc 为后缀名 Word 2003 版本也可以打开的文档，还可以保存为 PDF 格式的文件。

◆ Word 2003 不能打开后缀名为 docx 的 Word 2007、Word 2010 和 Word 2013 文档，除非安装相应的转换包。

◆ 选择“文件”选项卡中的“选项”命令，在出现的对话框中选择左侧“保存”项，如图 2-2 所示，在“保存”标签中的“保存自动恢复信息时间间隔”框中设置系统自动保存操作的间隔时间，系统默认为 10 分钟，系统将在指定的时间间隔后对文档进行自动保存操作。

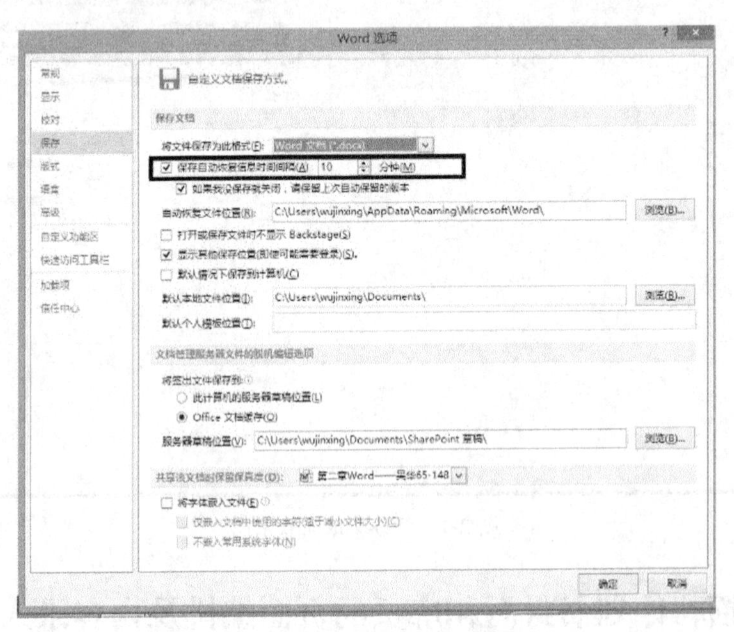

图 2-2　系统自动保存操作的间隔时间

2. 页面设置

第 1 步：打开“页面布局”选项卡，选择“页面设置”组中的“文字方向”按钮，选择“水平”，如图 2-3 所示。

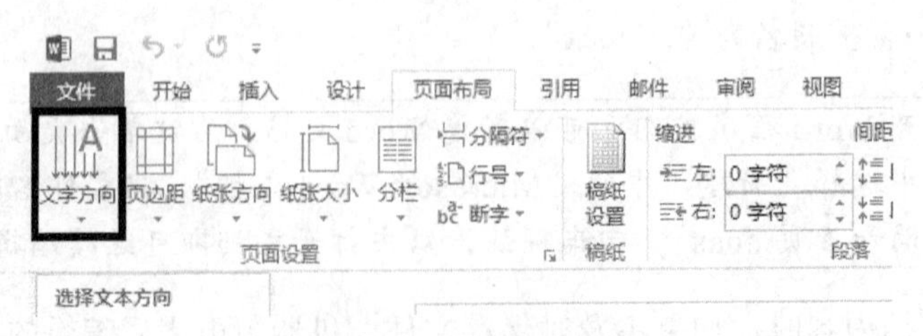

图 2-3　“页面设置”组

第 2 步：选择“页面布局”选项卡“页面设置”组中的“页边距”按钮，选择最下方的“自定义边距”，在打开的“页面设置”对话框“页边距”标签中设置上、下、左、右页边距均为 2.5 厘米，“纸张方向”为“纵向”，如图 2-4 所示。

第 3 步：选择“页面布局”选项卡“页面设置”组中的“纸张大小”按钮，或者在第 2 步打开的“页面设置”对话框“纸张”标签中设置纸张大小为 A4（宽 21 厘米，高 29.7 厘米），如图 2-5 所示。

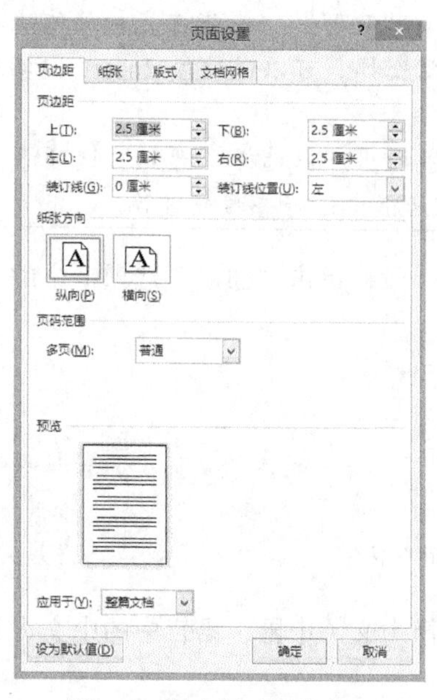

图 2-4　页边距及纸张方向

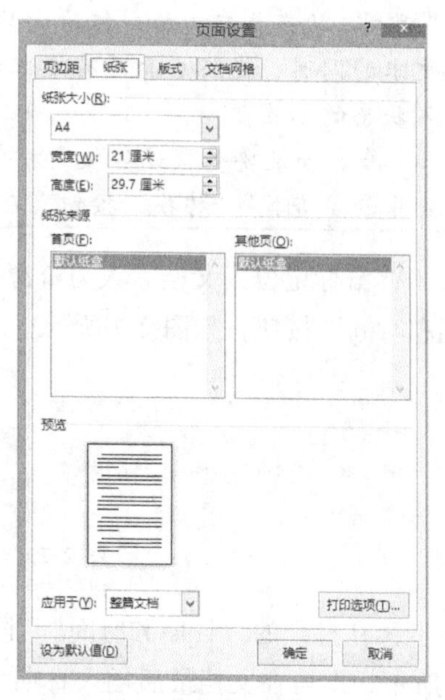

图 2-5　纸张大小

3. 文本录入

第 1 步：采用 Windows 自带的或自己安装的任意一种中文输入法，在上面建好的“××公司招聘计划书封面和扉页.docx”空白文档的“编辑窗口”中直接录入如图 2-6 所示的文本内容。

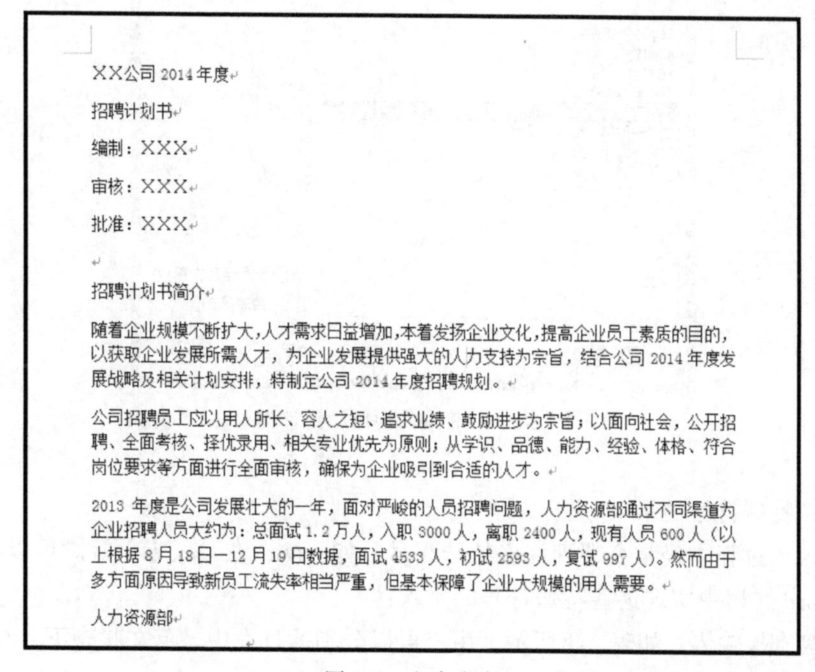

XX公司 2014 年度

招聘计划书

编制：XXX

审核：XXX

批准：XXX

招聘计划书简介

随着企业规模不断扩大，人才需求日益增加，本着发扬企业文化，提高企业员工素质的目的，以获取企业发展所需人才，为企业发展提供强大的人力支持为宗旨，结合公司 2014 年度发展战略及相关计划安排，特制定公司 2014 年度招聘规划。

公司招聘员工应以用人所长、容人之短、追求业绩、鼓励进步为宗旨；以面向社会，公开招聘、全面考核、择优录用、相关专业优先为原则；从学识、品德、能力、经验、体格、符合岗位要求等方面进行全面审核，确保为企业吸引到合适的人才。

2013 年度是公司发展壮大的一年，面对严峻的人员招聘问题，人力资源部通过不同渠道为企业招聘人员大约为：总面试 1.2 万人，入职 3000 人，离职 2400 人，现有人员 600 人（以上根据 8 月 18 日—12 月 19 日数据，面试 4533 人，初试 2593 人，复试 997 人）。然而由于多方面原因导致新员工流失率相当严重，但基本保障了企业大规模的用人需要。

人力资源部

图 2-6　文本内容

◆ 在录入文本时，可按 Enter 键结束当前段落，强制换行录入下一段内容；按 Shift+Enter 组合键，只是强制换行，不增加新段落。

◆ 在文本录入时，注意底部状态栏中“插入”、“改写”两种输入状态。其中，“插入”状态指在光标处依次向后录入文本；“改写”状态指在光标处依次向后录入文本的同时，光标后面原有文本会依次被删除掉。可以通过按 Insert 键实现两种输入状态的切换。

◆ 如果要查找或替换文档中的某些字词，可以选择“开始”选项卡“编辑”组中的“查找”“替换”按钮，在打开的对话框中进行查找或替换。

第 2 步：鼠标定位到文档“人力资源部”下面一段，单击“插入”选项卡中的“文本”组“日期和时间”按钮，如图 2-7 所示。

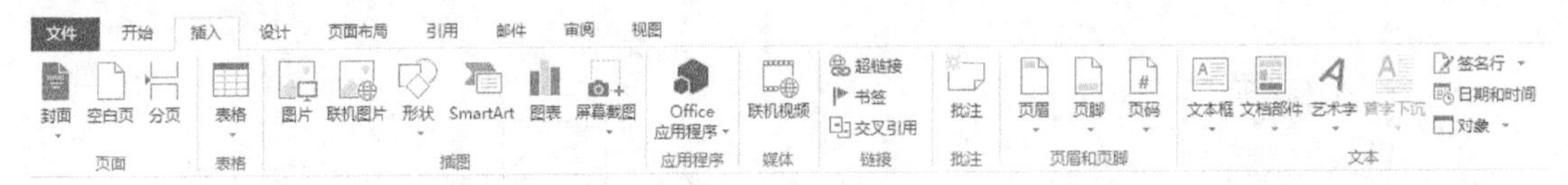

图 2-7 “日期和时间”按钮

第 3 步：在打开的“日期和时间”对话框中选择中文（中国）语言中的中文大写格式，如图 2-8 所示，即可在文档最后插入日期。

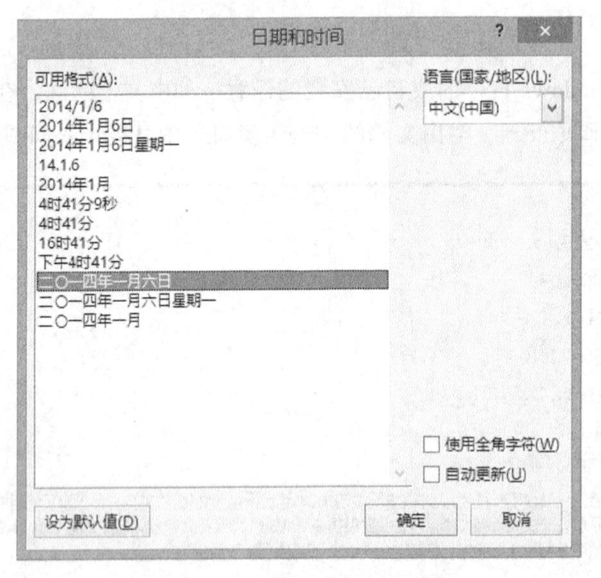

图 2-8 “日期和时间”对话框

第 4 步：特殊符号的录入方法。

在文本录入过程中经常会遇到许多特殊符号，如：@、√、※、【 】等。可以参考以下四种方法在 Word 文档中实现这些特殊符号的录入：

（1）键盘直接输入：如表 2-1 所示，用户可以分别通过在中、英文状态下，与 Shift 键相结合，按下相应的数字或字符键直接录入。

表 2-1　　　　　　　　　　　　特殊符号及对应键位

符号	键位及操作	举例
!	英文输入法状态：Shift+按键 1	祖国多美好!
@	英文输入法状态：Shift+按键 2	xxx@sina.com
#	英文输入法状态：Shift+按键 3	#DIV/0!
$	英文输入法状态：Shift+按键 4	$2000
%	英文输入法状态：Shift+按键 5	80%
^	英文输入法状态：Shift+按键 6	e^2
&	英文输入法状态：Shift+按键 7	You&me
*	英文输入法状态：Shift+按键 8	3*4=12
、	中文输入法状态：按键\	科技、创新
《	中文输入法状态：按键<	《计算机应用基础》
》	中文输入法状态：按键>	
……	中文输入法状态：Shift+按键 6	啦、啦……
·	中文输入法状态：Shift+按键 2	冯·诺依曼
￥	中文输入法状态：Shift+按键 4	￥2000

（2）选择“插入”选项卡中“符号”组中的“符号”按钮，选择“其他符号”，在打开的“符号”对话框中选择相应符号后单击“插入”按钮，如图 2-9 所示。

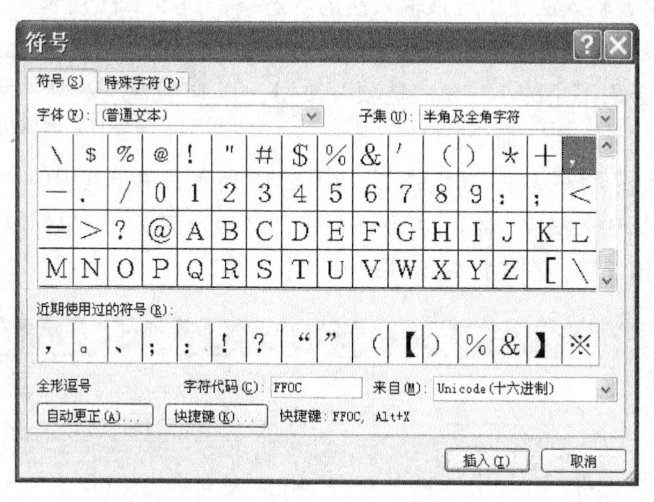

图 2-9　“符号”对话框

（3）利用中文输入法状态条，如图 2-10 所示。

方法：（以“智能 ABC 中文输入法”为例）

① 启动智能 ABC 中文输入法。

② 右键单击输入法状态条上的软键盘按钮。

③ 在右键快捷菜单中选择特殊符号、数学符号等，利用键盘或鼠标输入相应符号。

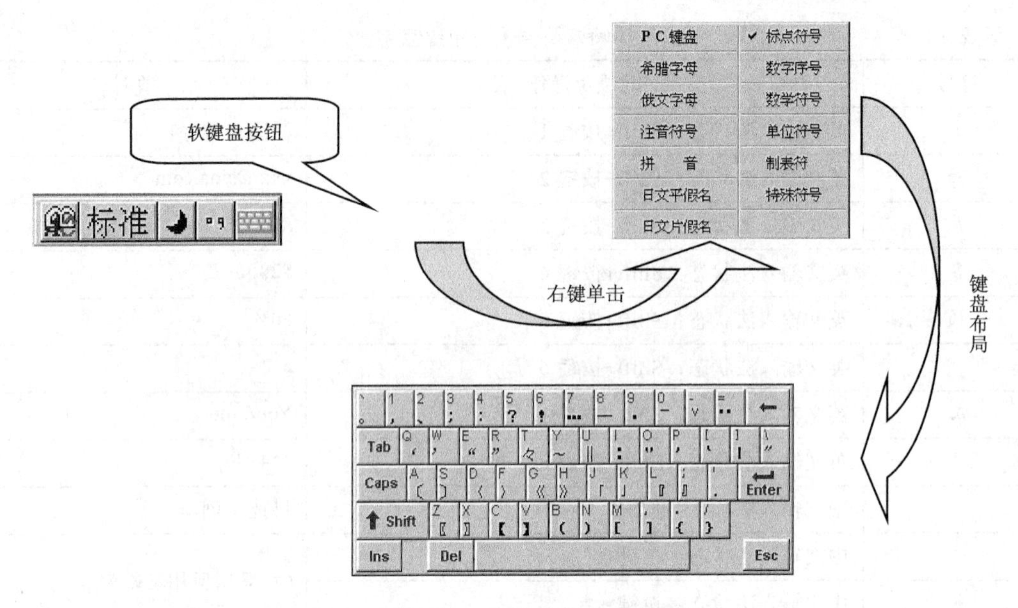

图 2-10　利用输入法状态条输入特殊符号

（4）键盘组合键：在中文输入法状态下，按键盘上的 V+1 组合键，翻页输入相应的特殊符号。

（5）疑难字、生僻字的录入方法

利用现有的中文输入法，如使用微软拼音输入法中的手写输入板、智能 ABC 笔形输入法等进行疑难字、生僻字的录入。

① 启动微软拼音输入法，出现该输入法的状态条，如图 2-11 所示。

② 选择单击该状态条中的“输入板”按钮，如果没有，单击该状态条右下角的小三角“选项”按钮，在快捷菜单中选择“输入板”命令。

图 2-11　微软拼音输入法状态条

③ 出现“输入板-手写识别”对话框，如图 2-12 所示，单击其中的“清除”按钮，在左侧的面板中利用鼠标输入汉字“雒”，右侧面板中即会出现该汉字，鼠标放到该汉字上即可显示汉语拼音，单击该汉字，在光标处即可录入汉字“雒”。

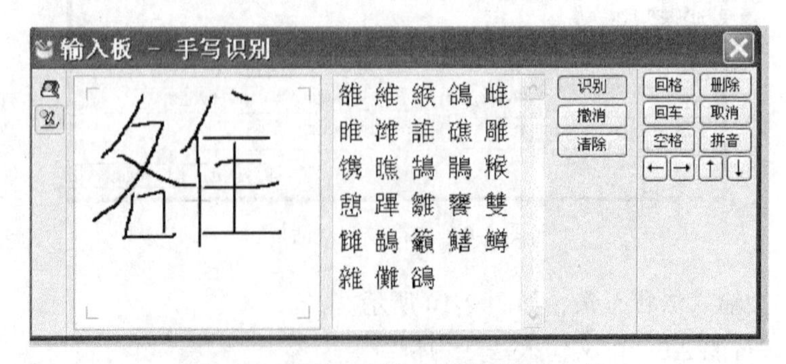

图 2-12　微软拼音输入法的手写输入板

4．插入分页符

第 1 步：鼠标单击“批准：×××”下面空段处。

第 2 步：按 Ctrl+Enter 组合键，或者选择“插入”选项卡“页面”组中的“分页”按钮，或者“页面布局”选项卡“页面设置”组中“分隔符”下拉按钮中“分页符”，如图 2-13 所示。

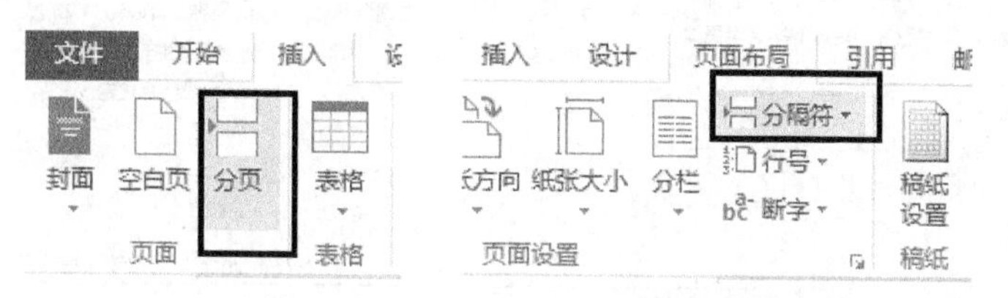

图 2-13　插入“分页”或“分隔符”

分隔符中还有一类是分节符，分节符用于在部分文档中实现版式或格式更改。您可以更改单个节的下列元素：页边距、纸张大小或方向、打印机纸张来源、页面边框、页面上文本的垂直对齐方式、页眉和页脚、列、页码编号、行号、脚注和尾注编号。

5．插入页眉页脚

第 1 步：设置页眉页脚首页不同，选择“页面布局”选项卡“页面设置”组“页边距”下拉按钮中的“自定义边距”，打开“页面设置”对话框“版式”标签，勾选“首页不同”。如图 2-14 所示。

第 2 步：鼠标定位第二页，选择“插入”选项卡“页眉和页脚”组中的“页眉”下拉按钮，如图 2-15 所示，选择内置的第一种格式。

第 3 步：在第二页页眉中输入“××公司 2014 年度招聘计划书”，如图 2-16 所示。

第 4 步：双击文档编辑区，或者选择“设计”选项卡“关闭”组“关闭页眉页脚”按钮，退出页眉页脚编辑状态，如图 2-16 所示。

第 5 步：鼠标定位第二页，选择“插入”选项卡“页眉和页脚”组中的“页码”下拉按钮，选择“页面底端”中的“普通数字 2”格式页码，第二页底端将插入格式为“-2-”的页码，如图 2-17 所示。

第 6 步：退出页眉页脚编辑状态。

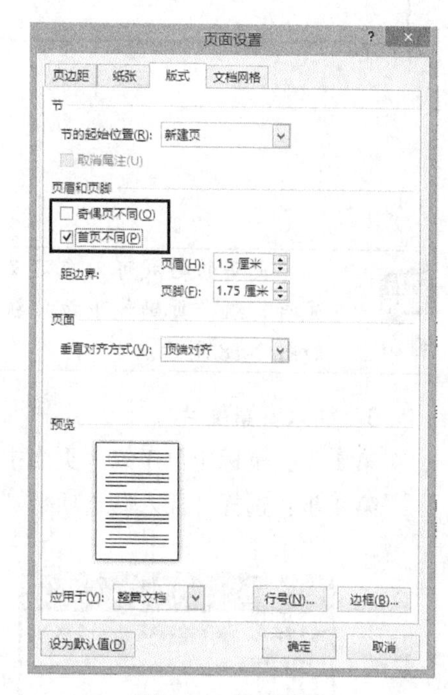

图 2-14　首页不同

图 2-15　选择页眉的格式

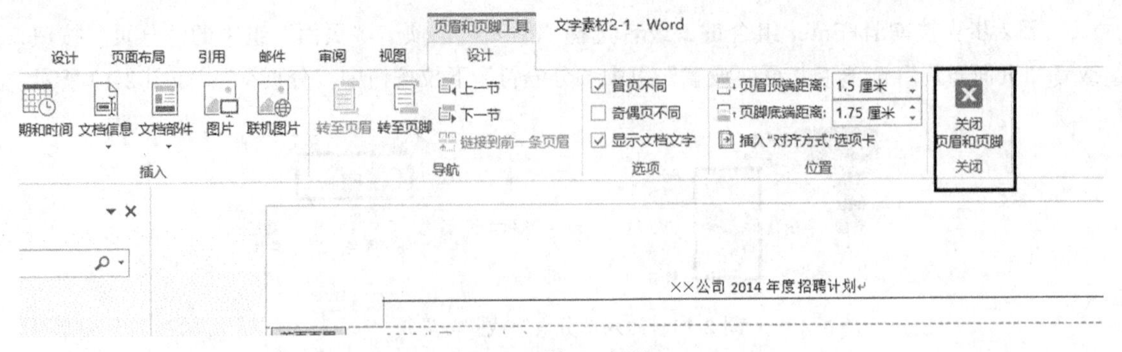

图 2-16　第二页页眉

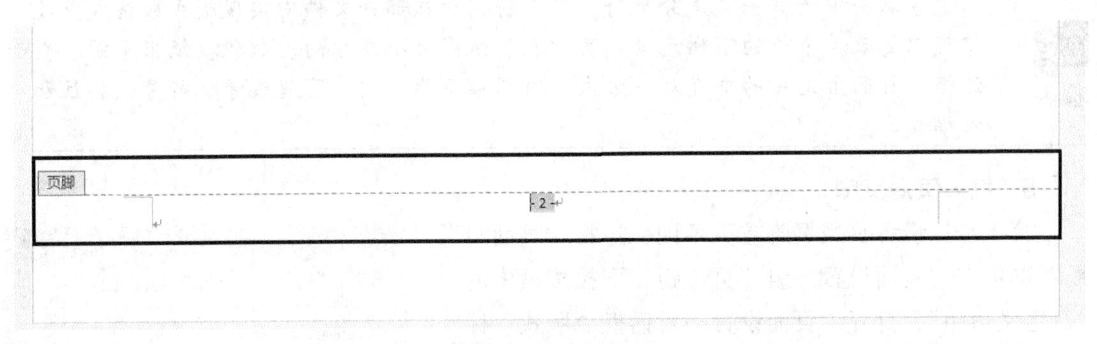

图 2-17　第二页页码

页码的格式可以自定义设置，包括起始页码等，选择“插入”选项卡“页眉和页脚”组“页码”下拉按钮中的“设置页码格式”，可以打开“页码格式”对话框，如图 2-18 所示。

6. 插入背景图片

第 1 步：鼠标定位于第一页当中。

第 2 步：选择“插入”选项卡“插图”组中“图片”按钮，如图 2-19 所示。

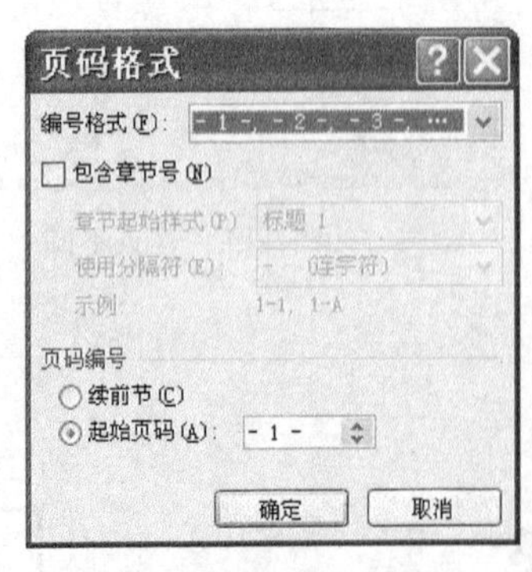

图 2-18　页码格式设置

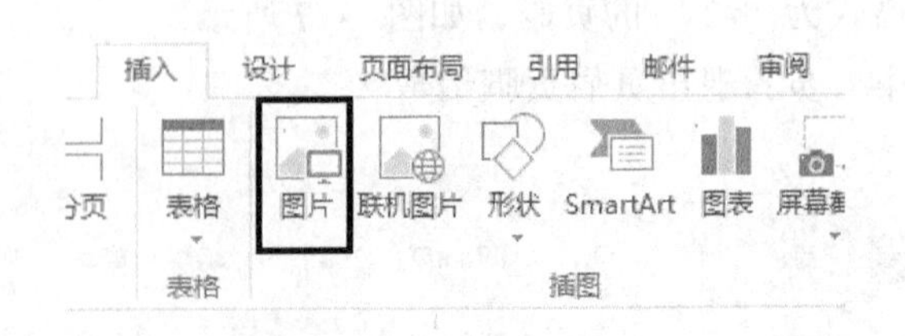

图 2-19　插入图片按钮

第 3 步：在打开的“插入图片”对话框中找到提供的素材图片“tu1”，单击“插入”按钮，如图 2-20 所示。

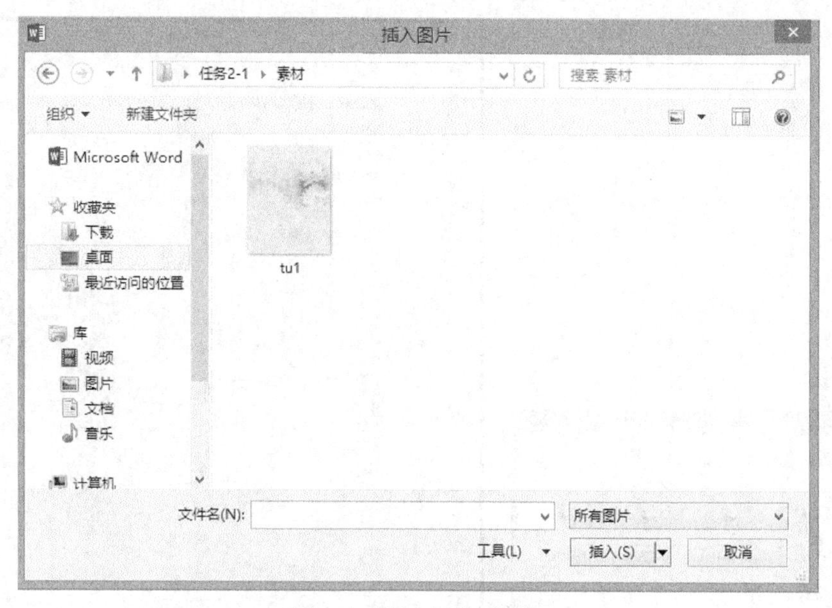

图 2-20　插入图片对话框

第 4 步：单击选中插入到第一页中的图片，选择“格式”选项卡“排列”组中的“位置”下拉按钮中的“其他布局选项”，如图 2-21 所示。

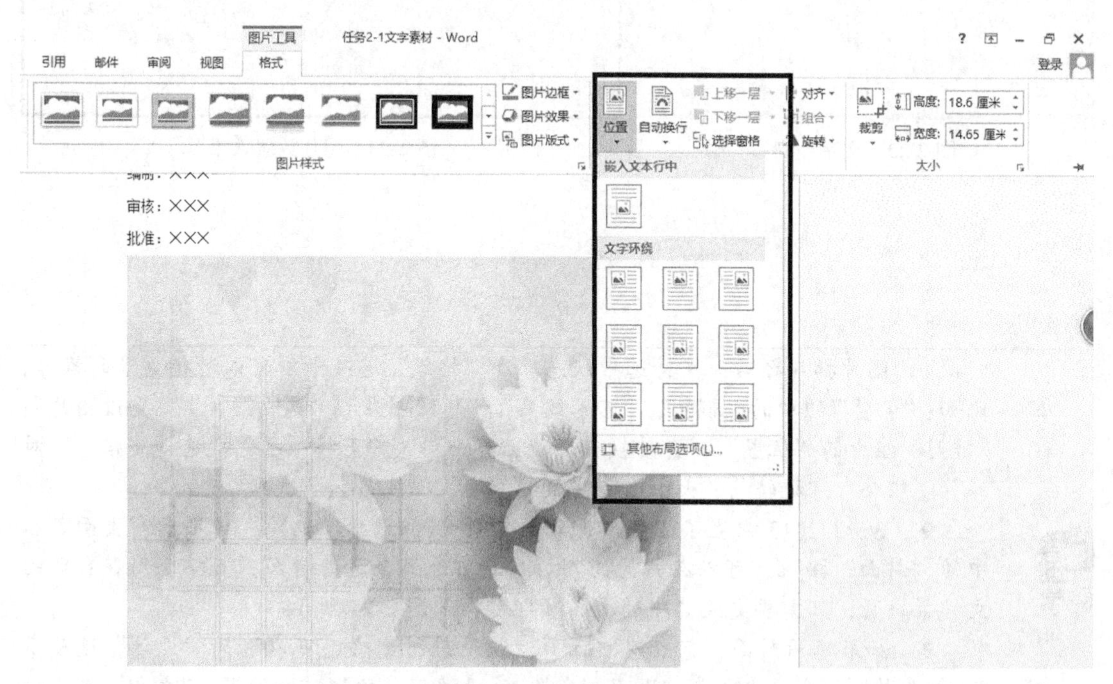

图 2-21　图片位置选项

第 5 步：在打开的“布局”对话框“文字环绕”标签中选择“衬于文字下方”，如图 2-22 所示。

第 6 步：鼠标左键选中已经改为“衬于文字下方”环绕方式的图片，将其拖动至页面左上角，拖动图片右下角控制按钮直至图片将整页填充满，如图 2-23 所示。

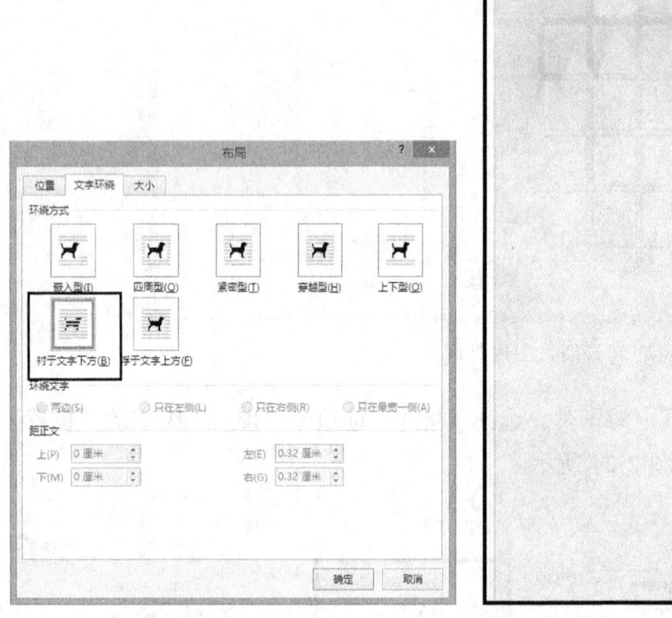

图 2-22 文字环绕

图 2-23 图片放置效果

提示

♦ 图片插入之后，保持选中状态，在“格式”选项卡中可以进行更多的操作，比如：“调整”组中的“颜色”、“艺术效果”、“压缩图片”、“更改图片”、“重设图片”；“排列”组中的“位置”、“自动换行”、“上移一层”、“下移一层”、“选择窗格”、“对齐”、“组合”、“旋转”；“大小”组中的“裁剪”、“高度”、“宽度”。

♦ Word 2013 内置了已经设计好的“封面”，选择“插入”选项卡“页面”组中的“封面”按钮，可以在打开的下拉列表中选择合适的封面，直接套用在自己的文档第一页，只需要更改其中的文本项即可，如图 2-24 所示。

♦ 如果不用封面，只想对页面背景快速进行更改，可以选择“设计”选项卡“页面背景”组中“水印”、“页面颜色”“页面边框”按钮进行设置，“水印”可以设置图片水印、文字水印，“页面颜色”可以用多种颜色或填充效果进行设置，“页面边框”也可以设置多种效果，如图 2-25、图 2-26 和图 2-27 所示。

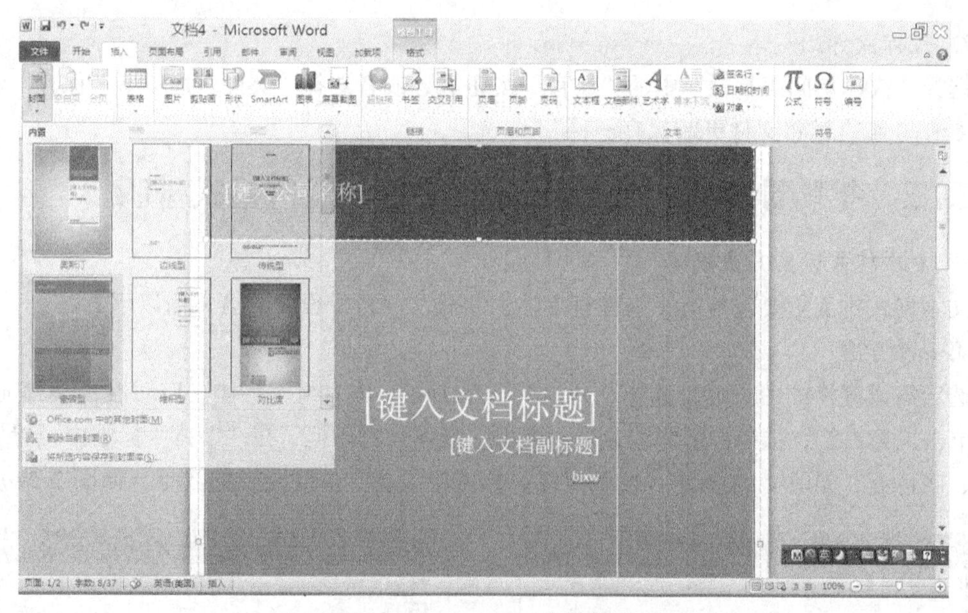

图 2-24　Word 2013 内置封面

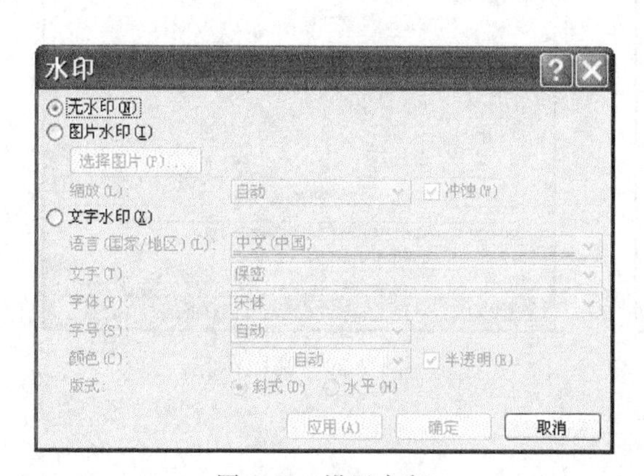

图 2-25　设置水印

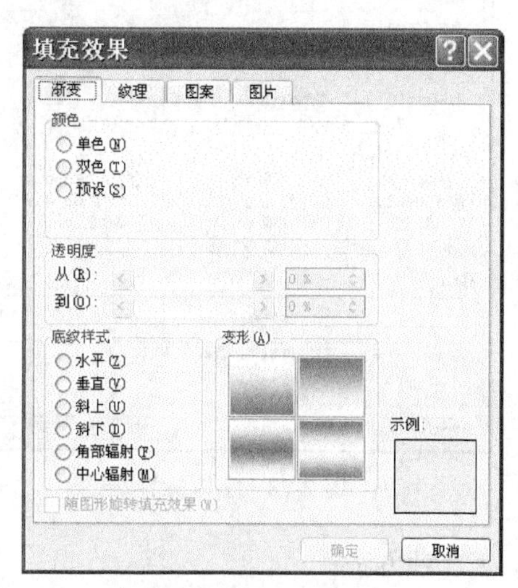

图 2-26　设置页面背景

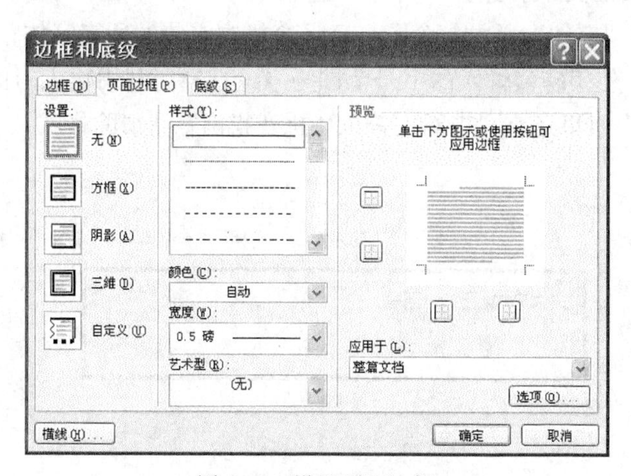

图 2-27　设置页面边框

7. 保存文件

选择“快速访问工具栏”中的“保存”按钮，或者选择“文件”选项卡“保存”命令，或按 Ctrl+S 组合键将文件更新保存。

2.1.2 招聘计划书封面及扉页的文本、段落格式排版

1. 文本格式设置方法概述

文本格式排版主要包括对文本进行字体、字号、字色等设置。可采用以下方法：

第一种方法：

选定需设置格式的文本，选择“开始”选项卡“字体”组“字体”启动器，或者选定文本，单击鼠标右键，选择“字体”命令，弹出“字体”对话框，在“字体”标签中设置字体、字号、字色等，如图 2-28 所示；在“高级”标签中设置字符间距、缩放等，如图 2-29 所示。

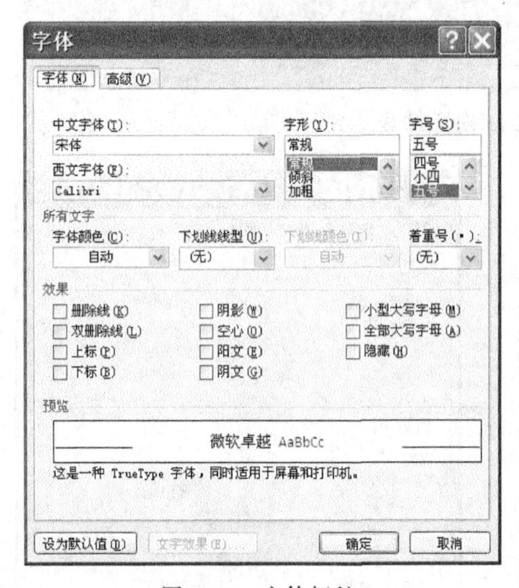

图 2-28 字体标签

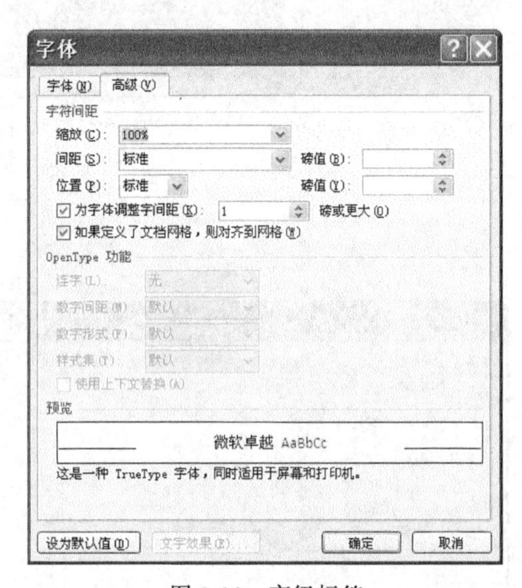

图 2-29 高级标签

第二种方法：

选定需设置格式的文本，选择“开始”选项卡“字体”组中的字体、字号等按钮，如图 2-30 所示，其中：“字体”栏中包含了自己计算机中安装的所有字体；“字号”采用字号和磅值两种表示方法，使用磅值输入的字号范围为 1～1638，利用输入磅值的方法，可以实现大号的录入，“字体”组里还有“带圈字符”、“拼音指南”、“清除格式”、“突出显示”等按钮方便使用。

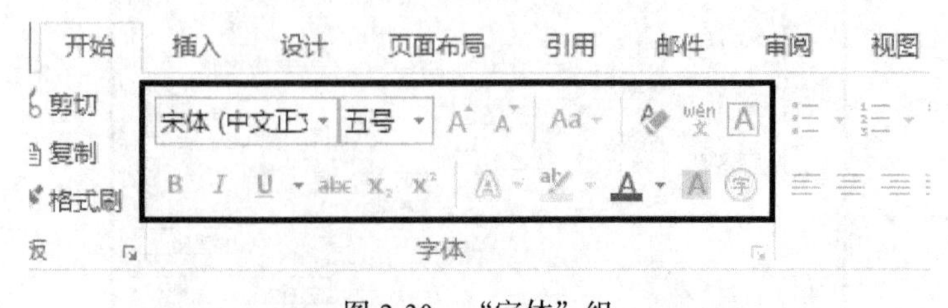

图 2-30 “字体”组

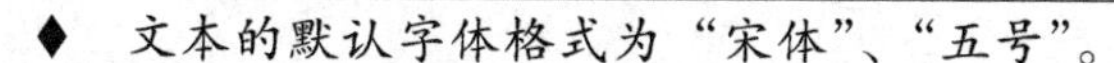

◆　文本的默认字体格式为“宋体”、“五号”。

◆　使用“格式刷”可以将已知文本的格式套用在其他文本上。方法：鼠标拖动选定已经格式化的文本，单击“开始”选项卡中的“格式刷”按钮，再拖动选中未格式化的文本，即可将先前格式套用在未格式化的文本上，此时光标恢复成原来的 I 字形，只将当前选定格式应用一次；如果双击“格式刷”按钮，可将当前选定格式多次应用于其他文本。

2. 文本格式设置实例操作

下面对“××公司招聘计划书封面及扉页.docx”文档中的文本进行格式设置，操作步骤如下：

第 1 步：选中第一页前两行文本“××公司 2014 年度招聘计划书”，设置“字体”为“黑体”，字号为“60”磅，“加粗”，“字体颜色”为“绿色，着色 6”。

第 2 步：选中第一页三至五行文本“编制：×××　审核：×××批准：×××”，设置“字体”为“黑体”，“字号”为“二号”，“字体颜色”为“绿色，着色 6”，“加粗”“字符间距”为“加宽 10 磅”。

第 3 步：选中第二页标题“招聘计划书简介”，设置“字体”为“宋体”，“字号”为“小二号”，“加粗”。

第 4 步：选中第二页正文文本“随着企业规模”至文本结尾，设置“字体”为“宋体”，“字号”为“小四号”。

第 5 步：选中第二页最后两行文本“人力资源部”和插入的“日期”，设置“字体”为“加粗”。

设置后的效果，如图 2-31 所示。

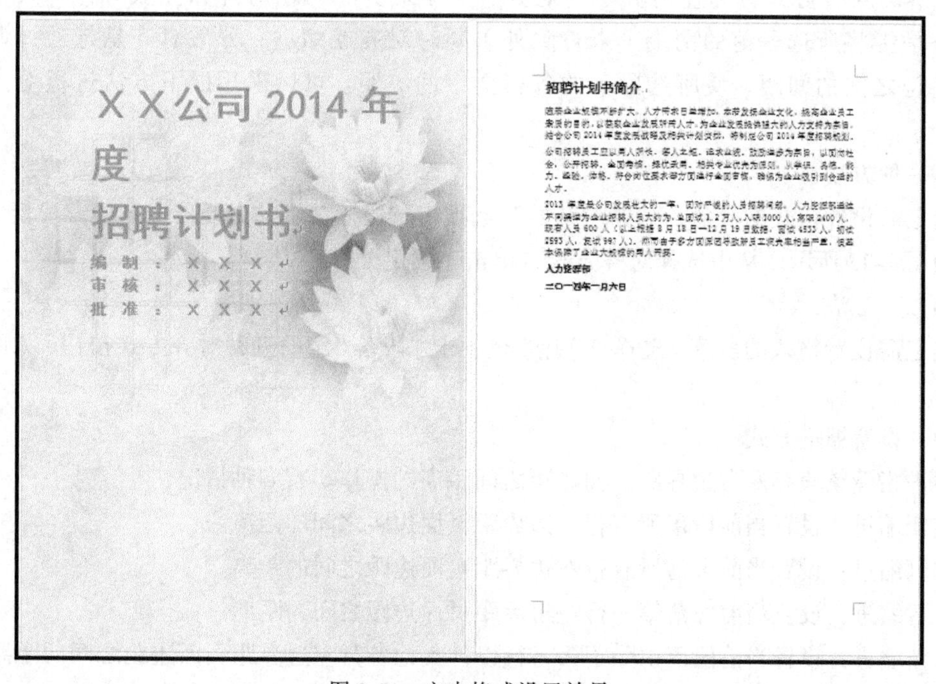

图 2-31　文本格式设置效果

3. 段落格式设置方法概述

在 Word 中，回车符为段落的标记符，标志着段落的结束，两个回车符间的文本称为一个段落。段落格式排版主要包括设置对齐方式、缩进、行/段间距等操作。

（1）段落选定操作

对文本或段落进行格式设置，首先应进行选定操作，操作方法见表 2-2：

表 2-2　　选定对象的快捷方法

操作	操作结果
拖动鼠标	选定字符、段落或全文
三击光标所在段落	选定对应整个段落
单击文本选定区	选定对应一行文本
双击文本选定区	选定对应整个段落
三击文本选定区	选定全文
Shift+方向键	选定字符、段落或全文
Alt+拖动鼠标左键	矩形文本区域
Ctrl+A	选定全文

文本选定区指页面左侧空白处，鼠标放在文本选定区时，光标为右指向箭头。

（2）设置对齐方式

段落的对齐方式分为左对齐、右对齐、居中对齐、两端对齐和分散对齐。其中：两端对齐是指将所选段落的两端（末行除外）同时对齐或缩进；分散对齐是指通过调整字符与字符之间的间距，使所选段落的各行文字间等距。可以采用以下方法进行对齐方式设置：

第一种方法：

选定需设置格式的段落，选择“开始”选项卡“段落”组的启动器，弹出“段落”对话框，如图 2-32 所示，从中选择对齐方式，单击“确定”。

第二种方法：

选定需设置格式的段落，选择“开始”选项卡“段落”组的五种对齐方式按钮，如图 2-33 所示。

（3）设置缩进方式

缩进指调整段落左右边界距页面边距之间距离的操作。有四种情况：

左侧缩进：设置当前段落所有行左边界距页面边距之间的距离。

右侧缩进：设置当前段落所有行右边界距页面边距之间的距离。

首行缩进：设置当前段落第一行左边界距页面边距之间的距离。

悬挂缩进：设置当前段落中除了第一行以外其他各行左边界距页面边距之间的距离。

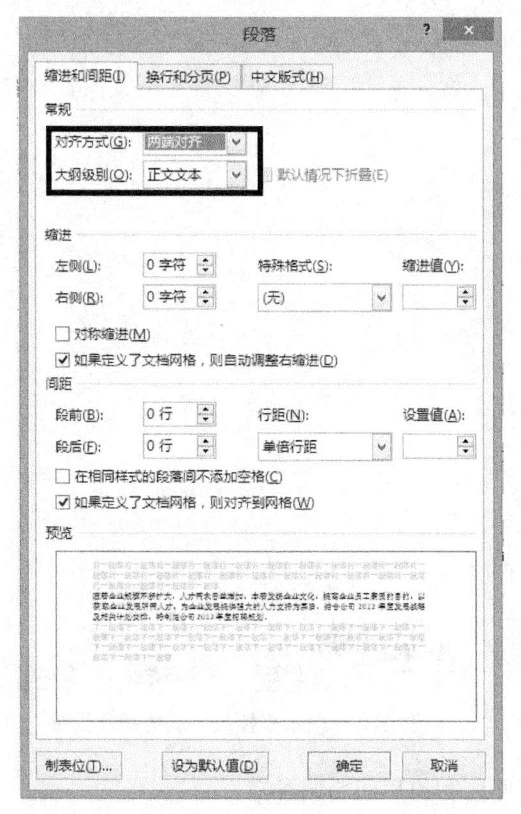

图 2-32　“段落”对话框——对齐

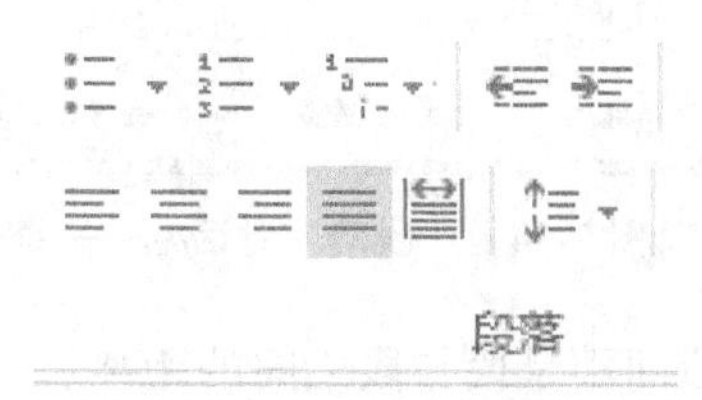

图 2-33“段落”组“对齐”按钮

为段落设置缩进，操作方法有以下两种：

第一种方法：

选定需设置格式的段落，选择“开始”选项卡“段落”组的启动器，弹出“段落”对话框，如图 2-34 所示，从中选择“左侧缩进”、“右侧缩进”，或特殊格式中的“首行缩进”、“悬挂缩进”，设置缩进值，方式，单击“确定”。

第二种方法：

选定需设置格式的段落，左右拖动“水平标尺”上的缩进按钮，调整缩进的距离，如图 2-35 所示。

（4）设置行间距、段间距

行间距是段落中行与行之间的距离，有六种方式：

① 单倍行距：根据该行中最大字体（一行中可能有多种字体）的高度加上其空余的距离。

② 1.5 倍行距：是单倍行距的一半（增加半行的间距）。

③ 2 倍行距：是单倍行距的两倍（增加一个整行的间距）。

④ 多倍行距：按单倍行距的百分比增加或较少的行距。

⑤ 最小值：所选用的行距仅能容纳下文本中最大的字体或图形，无空余空间。

⑥ 固定值：整个文档中各行的间距相等，固定值的行距应能容纳行中最大字体和图形。

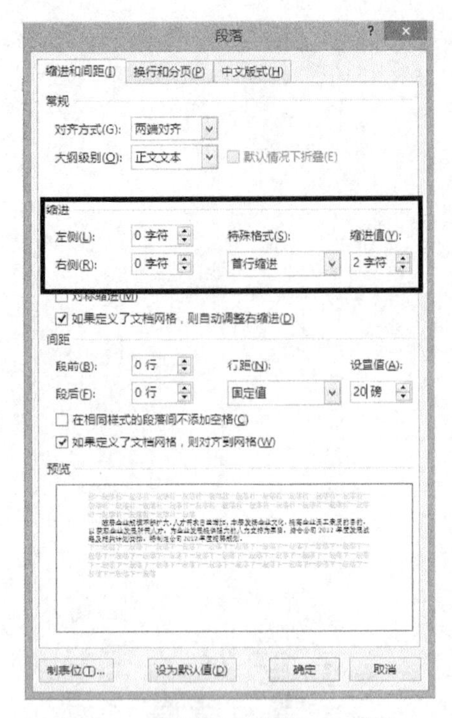

图 2-34　“段落”对话框——缩进

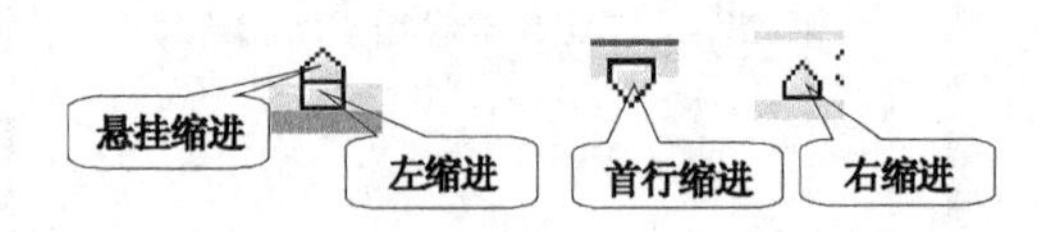

图 2-35　“水平标尺”上的缩进按钮

段间距是段与段之间的距离，分为段前间距和段后间距两种。

为段落设置行间距、段间距的操作方法：首先选定需设置格式的段落，选择“开始”选项卡“段落”组的启动器，弹出“段落”对话框，如图 2-36 所示，从中选择并设置段前、段后间距，行间距方式及距离。

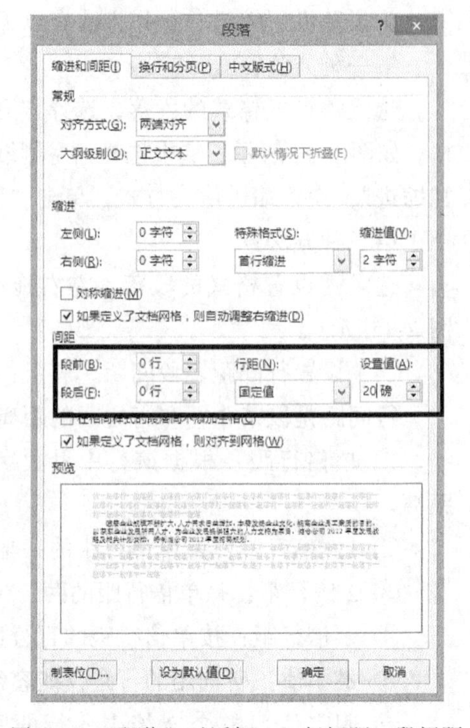

图 2-36　“段落”对话框——行间距、段间距

4. 段落格式设置实例操作

下面对“××公司招聘计划书封面及扉页.docx”文档中的段落进行格式设置，操作步骤如下：

第 1 步：鼠标定位到文档第一页开始处，按两次 Enter 键，使第一页文本内容处于文档中部位置，背景图片如有挪位，请拖动到合适位置。

第 2 步：选中第一页的五段文本，设置“对齐”为“居中对齐”。

第 3 步：选中第一页的第三段文本“编制：×××”，设置“间距”为“段前 3 行”，“段后 1 行”。

第 4 步：选中第一页的第四、五段文本“审核：×××批准：×××”，设置“间距”为“段后 1 行”。

第 5 步：选中第二页的第一段文本“招聘计划书简介”，设置“对齐”为“居中对齐”。

第 6 步：选中第二页的正文文本“随着企业规

模”至“企业大规模的用人需要”，设置“缩进”为“首行缩进 2 字符”，“间距”为“段前 0.5 行”、“行距固定值 22 磅”。

第 7 步：选中第二页的最后两段“人力资源部”和插入的“日期”，设置“对齐”方式为“居中对齐”，“缩进”为“左缩进 22 字符”。

第 8 步：选中第二页的“人力资源部”一段，设置“间距”为“段前 3 行”。

第 9 步：选中第二页最后一段插入的“日期”，设置“间距”为“段前 1 行”。

第 10 步：保存文件。

设置后的效果，如图 2-37 所示。

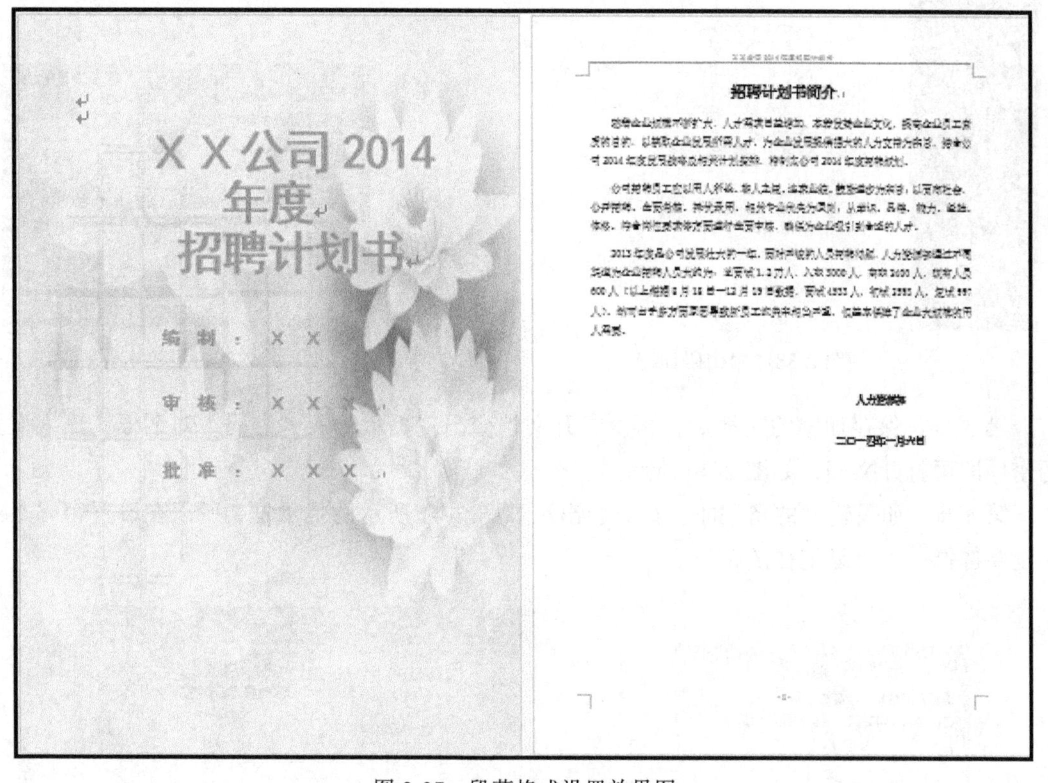

图 2-37　段落格式设置效果图

在 Word 中对齐方式可以通过“制表符”进行设置，“制表符”位于标尺的左上角交界处，可以尝试练习。

2.1.3　招聘计划书封面及扉页的加密

说起 Word 文档的安全性，人们想到的恐怕就是设置打开和修改权限密码。这在 Word 2013 中可以轻松地实现。下面对“× ×公司招聘计划书封面及扉页.docx”文档进行加密，操作步骤如下：

第 1 步：在选项卡中依次选择“文件”|“信息”命令，在右侧的命令面板中单击“保护文档”按钮，在弹出的菜单中选择“用密码进行加密”命令，如图 2-38 所示。

第 2 步：弹出“加密文档”对话框，在其中设置密码，单击“确定”按钮即可创建密码，如图 2-39 所示。

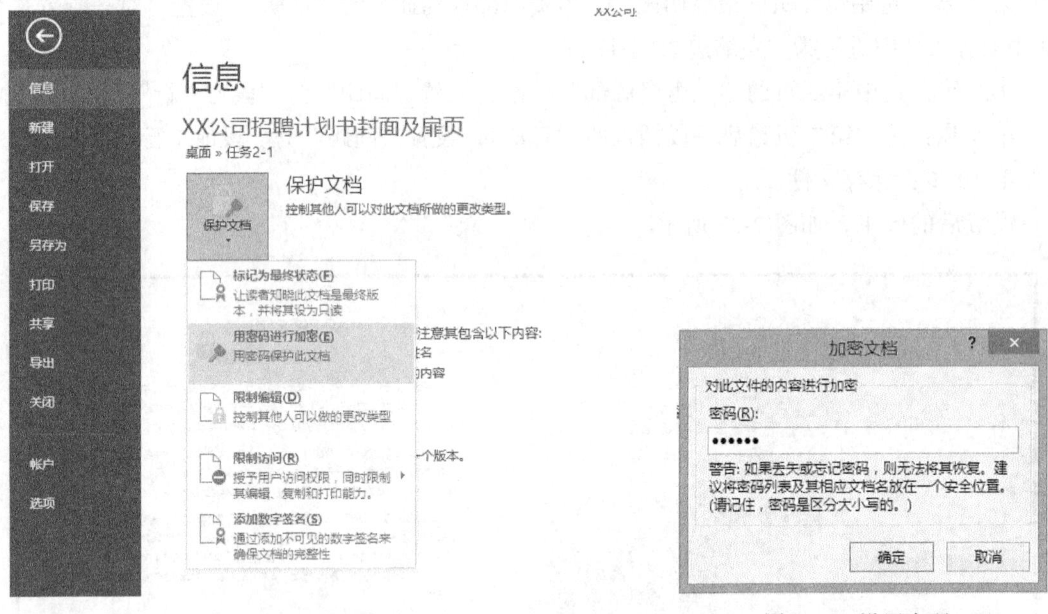

图 2-38　用密码加密　　　　图 2-39　设置密码

第 3 步：保存加密的文档后，再次打开文档会出现提示输入“密码”对话框，输入设置的密码即可打开文档，如图 2-40 所示。

第 4 步：如果输入的密码不正确，会出现如图 2-41 所示的提示框，所以在设置密码之前一定要选择一个容易记住的密码。

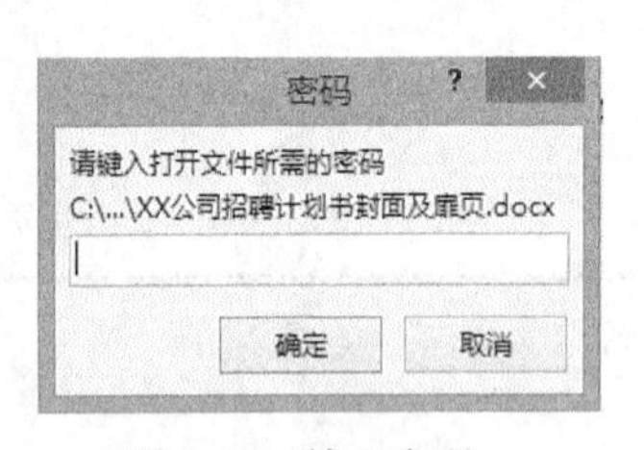

图 2-40　输入密码

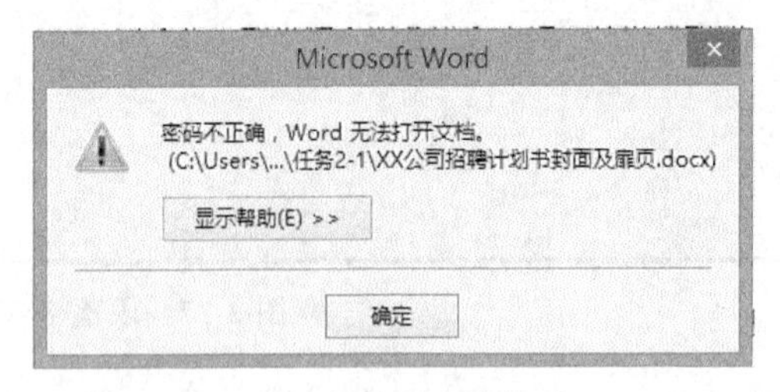

图 2-41　密码不正确提示

任务 2　制作招聘费用预算表

学习目标：

- ❖ 熟练掌握绘制表格和插入规则表格的方法。
- ❖ 学会调整表格的行高和列宽，掌握修改表格边框和底纹的操作。
- ❖ 掌握删除行列、删除表格、插入行列、合并单元格、拆分单元格、拆分表格的方法。

❖　了解套用表格样式的操作。

❖　掌握单元格对齐及文字格式化的方法。

❖　了解表格公式。

教学注意事项：

❖　介绍表格制作时，有两种制作表格的方法，一种是绘制表格，一种是插入规则表格并编排，本任务 2 是用插入规则表格并编排的方法，绘制表格的操作请参见《实训教程》——制作一份高校毕业生的个人履历表。

❖　删除表格的操作和清除表格内的内容操作重点加以区分，即 BackSpace 键和 Delete 键的区分。

❖　表格格式化中重点讲解合并拆分单元格的方法。

❖　重点讲解单元格内文本对齐方式、文字方向。

在日常办公中，经常可以看到各种各样的表格，如入职登记表、个人履历表、招聘预算表等。其中有规则的表格，也有不规则的表格（如个人履历表）。那么在 Word 中如何创建表格，并进行表格编排呢？在 Word 中，表格编排一般遵循以下步骤：（1）创建表格及表格格式化；（2）输入表格内容及文本格式化。

下面我们就来完成招聘工作的第二个任务——制作一张招聘费用预算表，任务完成的效果，如图 2-42 所示。

招聘费用预算表

<table>
<tr><th>名称
费用</th><th colspan="2">项目</th><th>单位</th><th>数量</th><th>单价（元）</th><th>合计（元）</th></tr>
<tr><td rowspan="2">广告宣传费用</td><td colspan="2">网站宣传</td><td></td><td></td><td></td><td>500</td></tr>
<tr><td colspan="2">报纸广告</td><td></td><td></td><td></td><td>1000</td></tr>
<tr><td rowspan="3">管理费用</td><td colspan="2">矿泉水</td><td>瓶</td><td>50</td><td>2</td><td>100</td></tr>
<tr><td rowspan="2">办公用品</td><td>签字笔</td><td>支</td><td>15</td><td>2</td><td>30</td></tr>
<tr><td>纸张</td><td>张</td><td>500</td><td>0.05</td><td>25</td></tr>
<tr><td>专家咨询费用</td><td colspan="2">专家咨询</td><td>次</td><td>3</td><td>800</td><td>2400</td></tr>
<tr><td colspan="6">总计</td><td>4055</td></tr>
</table>

图 2-42　表格效果图

2.2.1　插入招聘费用预算表格并格式化

在 Word 中创建表格可以采用两种途径：一种是利用绘制表格的方法创建表格；另一种是先插入规则表格，再将规则表格编辑为不规则表格。这里我们采用第二种方法，先插入一张规则表格，然后进行合并单元、拆分单元格、插入斜线表头等操作，制作出我们所需要的表格。操作步骤如下：

第 1 步：新建 Word 文档“招聘费用预算表.docx”，打开文档编辑第一行标题“招聘费用预算表”，字体格式为“宋体”、“三号”、“加粗”，段落格式为“居中对齐”，效果如图 2-43 所示。

第 2 步：选择“插入”选项卡“表格”组“表格”按钮，在打开的下拉列表中选择“插入表格”命令，如图 2-43 所示。

第 3 步：在打开的“插入表格”对话框中输入列数为“6”，行数为“8”，如图 2-44 所示，单击“确定”按钮，插入规则表格，选中表格修改字号为“五号”，效果如图 2-45 所示。

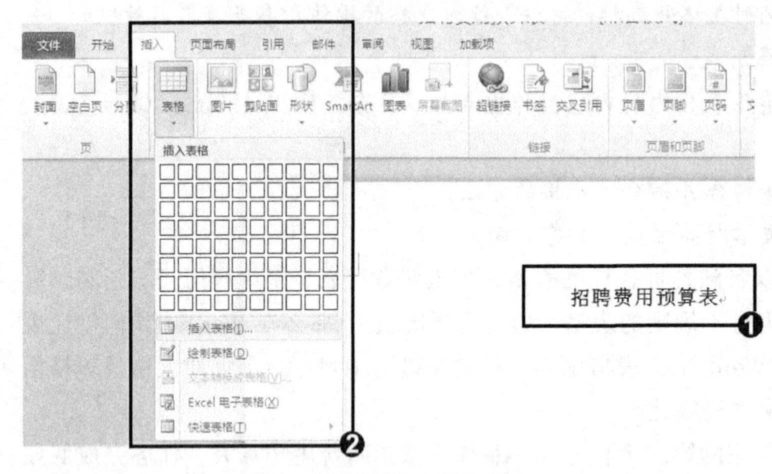

图 2-43　“插入表格”命令

插入表格

表格尺寸

列数(C): 6

行数(R): 8

“自动调整”操作

固定列宽(W): 自动

根据内容调整表格(F)

根据窗口调整表格(D)

为新表格记忆此尺寸(S)

确定　取消

图 2-44　“插入表格”对话框

招聘费用预算表

图 2-45　插入表格效果

◆　如果插入的表格行列数不对，需要添加或删除行列，可以将鼠标定位在单元格中或选择行列，选择“布局”选项卡“行和列”组中的“在上方插入”、“在下方插入”、“在左侧插入”、“在右侧插入”、“删除”按钮，如图 2-46 所示。

◆　删除整张表格的方法：选中整张表格，按 Backspace 键，或者选择“布局”选项卡“行和列”组中的“删除”按钮下拉列表中的“删除表格”。

◆　删除单元格的方法：鼠标定位在单元格中，选择“布局”选项卡“行和列”组中的“删除”按钮下拉列表中的“删除单元格”，或者右键单击鼠标，在弹出的菜单中选择“删除单元格”，打开如图 2-47 所示的对话框。插入单元格的方法：鼠标定位在单元格中，选择“布局”选项卡“行和列”组中启动器，打开“插入单元格”对话框，或者右键单击鼠标，在弹出的菜单中选择“插入”-“插入单元格”命令，打开如图 2-47 所示的对话框。

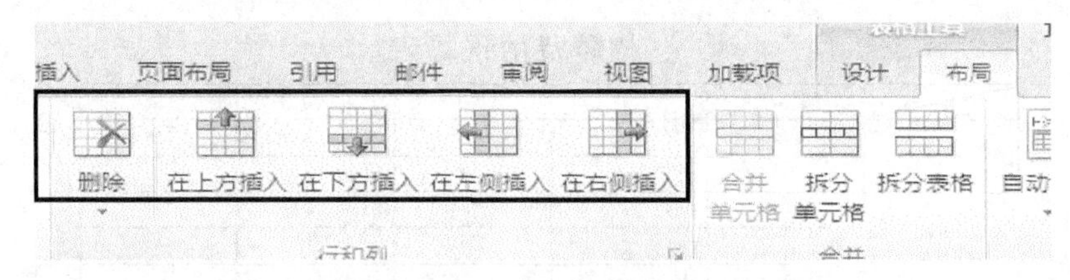

图 2-46　删除或添加行列

第 4 步：将插入点放在第一个单元格内，选择“设计”选项卡“边框”组中“边框”按钮，在打开的下拉列表中选择“绘制表格”按钮，给第一行第一列的单元格添加斜线，如图 2-48 所示。

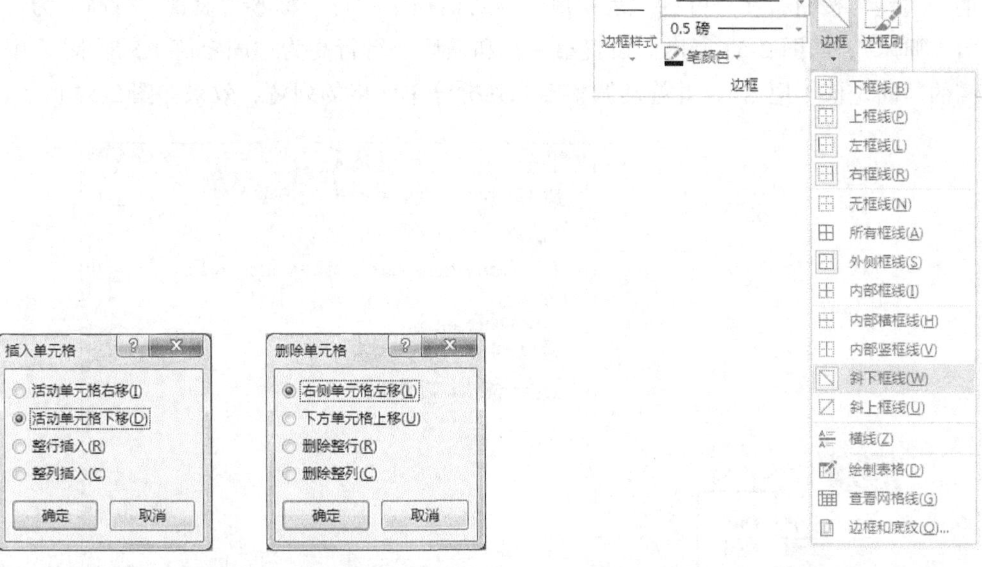

图 2-47　删除单元格对话框、插入单元格对话框　　　　图 2-48　“边框”按钮

第 5 步：选中第一列第二个和第三个单元格，选择“布局”选项卡“合并”组“合并单元格”按钮，如图 2-49 所示，或者右键单击在快捷菜单中选择“合并单元格”。

第 6 步：选中第一列第四、五、六个单元格，合并单元格；选中最后一行第一个至第五个单元格，合并单元格；选中第二列第五、六个单元格，合并单元格。

第 7 步：选中合并后的第二列第五个单元格，选择“布局”选项卡“合并”组“拆分单元格”按钮，如图 2-50 所示，或者右键单击在快捷菜单中选择“拆分单元格”，在打开的对话框中，设置拆分成“2 列 1 行”，再选中拆分后的右侧单元格，继续拆分单元格“1 列 2 行”。合并及拆分单元格后的效果如图 2-51 所示。

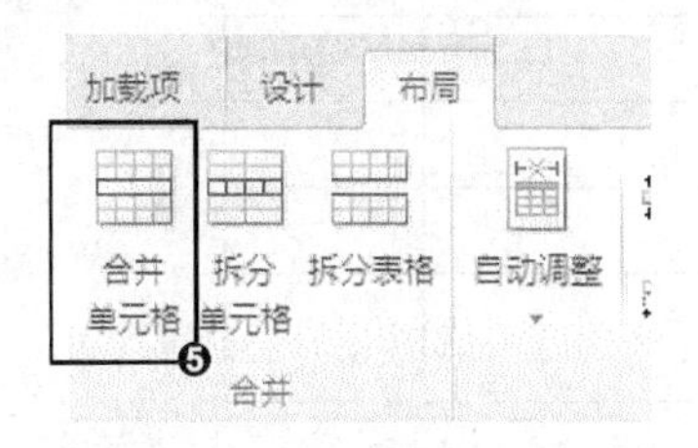

图 2-49　“合并单元格”按钮

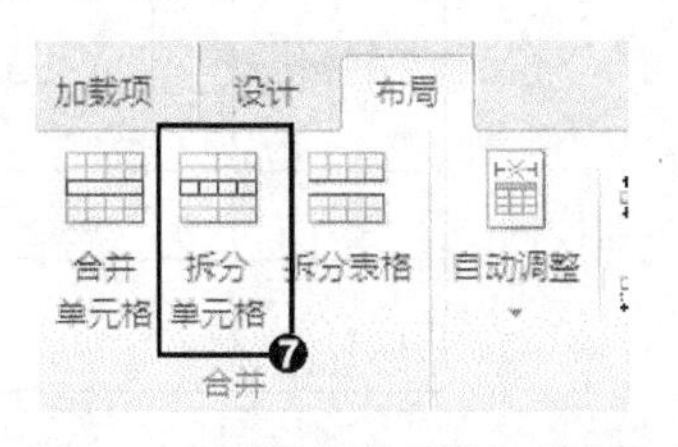

图 2-50　“拆分单元格”按钮

招聘费用预算表

图 2-51　合并单元格、拆分单元格效果图

第 8 步：按 Ctrl 键选中表格第一行和最后一行，如图 2-52 所示，选择“布局”选项卡“表”组中的“属性”按钮，在打开的“表格属性”对话框中“行”标签中设置“行高”为“固定值”“1.5 厘米”，如图 2-53 所示。设置第一行和最后一行行高为“固定值 1.5 厘米”，中间行的行高的“固定值 1 厘米”，并拖动调整第二列拆分单元格的列宽，效果如图 2-54 所示。

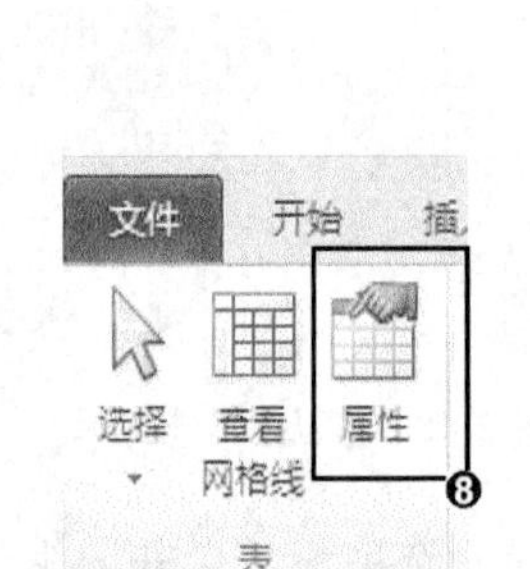

图 2-52　“属性”按钮

图 2-53　“行”标签

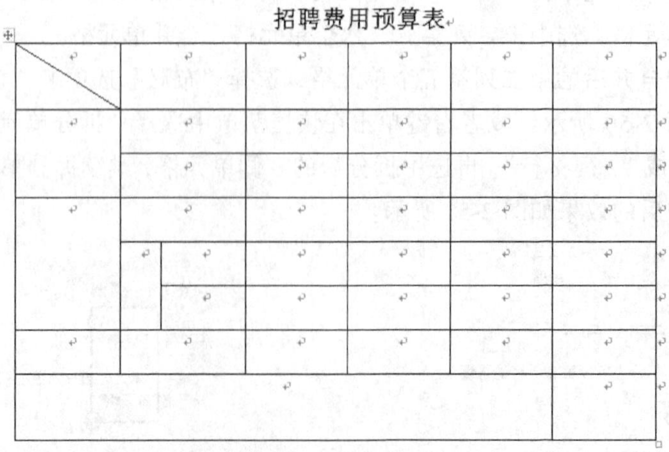

招聘费用预算表

图 2-54　行高列宽效果图

提示　在“表格属性”对话框中还可以设置“表格对齐”方式，“列高”等。

第 9 步：选择“设计”选项卡“边框”组的“边框”按钮，打开下拉列表，选择“边框和底纹”，在打开的“边框和底纹”对话框“边框”标签中选择“自定义”样式为“上粗下细”，颜色为“深红”，宽度为“3 磅”，单击表格外框的上边及左边；然后将样式改为“上细下粗”，单击表格外边框的右边及下边，应用于“表格”，如图 2-55 所示，单击“确定”按钮。

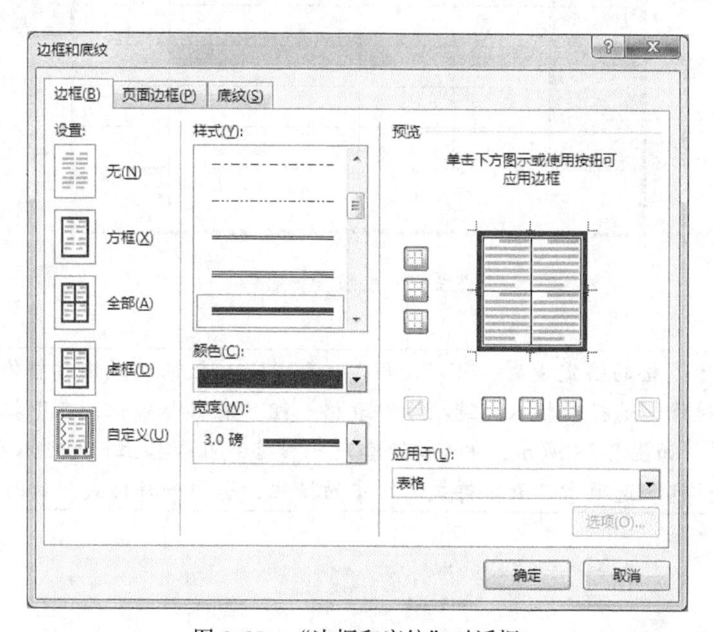

图 2-55　“边框和底纹”对话框

第 10 步：选中第一行，设置下边框为“深红 0.5 磅细双线”，选中最后一行，设置上边框为“深红 0.5 磅细双线”，设置效果如图 2-56 所示。

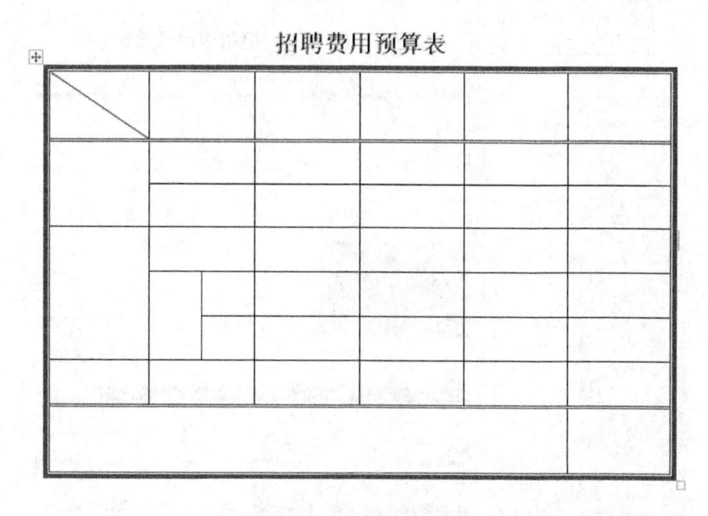

图 2-56　边框设置效果

第 11 步：设置第一行和第一列底纹格式为“绿色，着色 6，淡色 40%”，设置的效果如图 2-57 所示。

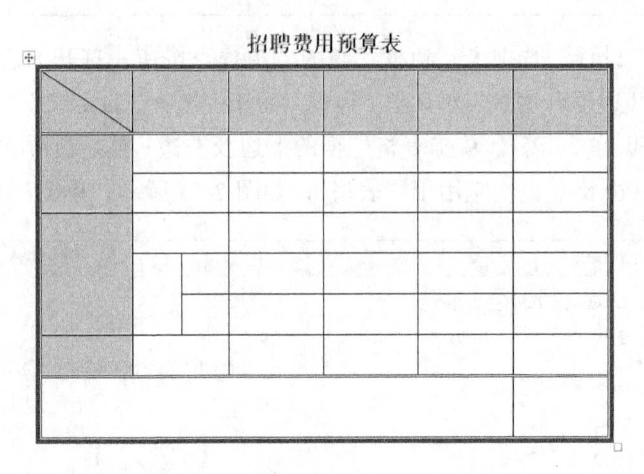

图 2-57　底纹设置效果

对于表格的格式设置，可以使用 Word 2013 内置的格式进行整体格式化，在创建表格的时候，选择“插入”选项卡“表格”组“表格”按钮，在下拉菜单中选择“快速表格”，如图 2-58 所示，即可快速套用一种格式在表格上；也可以在创建表格之后，选择“设计”选项卡“表格样式”组中的按钮，套用一种样式，如图 2-59 所示。

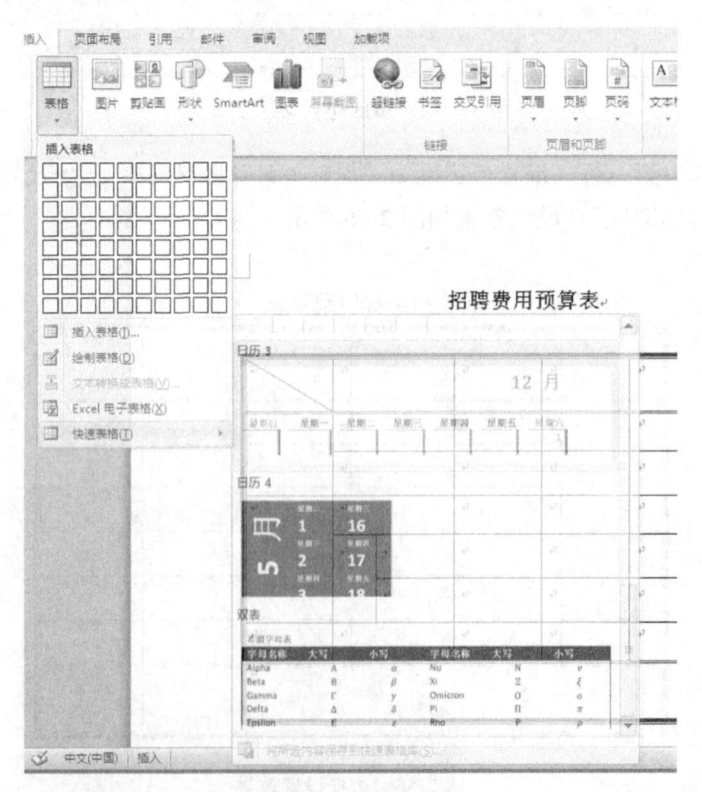

图 2-58　快速表格

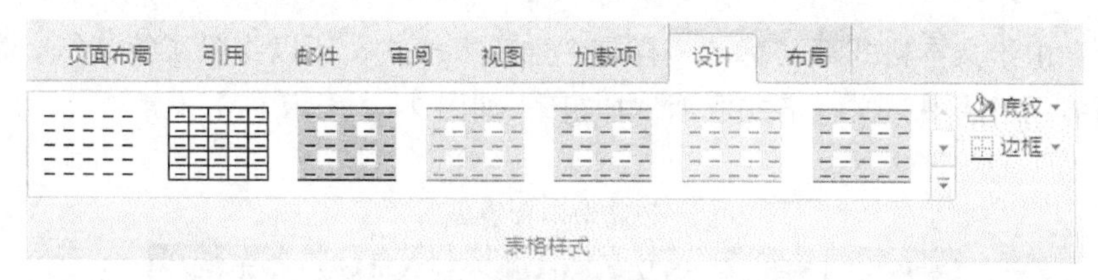

图 2-59　表格样式

如果在一个表格的下方一行紧接着做另一个表格，两个表格将会合在一起，如果想将两个表格进行拆分，可以将鼠标定位于第二个表格左上角第一个单元格，选择“布局”选项卡“合并”组“拆分表格”按钮，如图 2-60 所示。

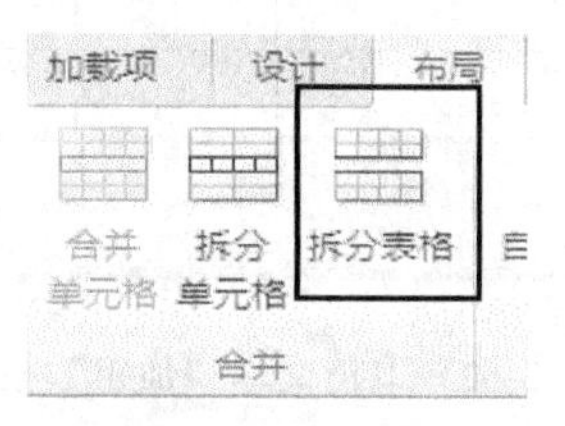

图 2-60　拆分表格

2.2.2　输入预算信息并格式化

表格创建以及格式化完毕之后，我们就可以在单元格中输入内容，并格式化文本了。

第 1 步：在单元格中输入相应的内容，最右下角单元格不输入内容，后面计算得出总计金额，如图 2-61 所示。

招聘费用预算表

<table>
<tr><th>名称
费用</th><th colspan="2">项目</th><th>单位</th><th>数量</th><th>单价（元）</th><th>合计（元）</th></tr>
<tr><td rowspan="2">广告宣传费用</td><td colspan="2">网站宣传</td><td></td><td></td><td></td><td>500</td></tr>
<tr><td colspan="2">报纸广告</td><td></td><td></td><td></td><td>1000</td></tr>
<tr><td rowspan="3">管理费用</td><td colspan="2">矿泉水</td><td>瓶</td><td>50</td><td>2</td><td>100</td></tr>
<tr><td rowspan="2">办公用品</td><td>签字笔</td><td>支</td><td>15</td><td>2</td><td>30</td></tr>
<tr><td>纸张</td><td>张</td><td>500</td><td>0.05</td><td>25</td></tr>
<tr><td>专家咨询费用</td><td colspan="2">专家咨询</td><td>次</td><td>3</td><td>800</td><td>2400</td></tr>
<tr><td colspan="6">总计</td><td></td></tr>
</table>

图 2-61　输入单元格内容

最左上角第一个单元格录入两行文本，配合空格键和回车键完成。

第 2 步：由于文本格式都与标题一样是“加粗”格式，所以将除了第一行、最后一行和第一列标题单元格选中，文本格式取消“加粗”，如图 2-62 所示。

招聘费用预算表

名称 费用	项目		单位	数量	单价（元）	合计（元）
广告宣传费用	网站宣传					500
	报纸广告					1000
管理费用	矿泉水		瓶	50	2	100
	办公用品	签字笔	支	15	2	30
		纸张	张	500	0.05	25
专家咨询费用	专家咨询		次	3	800	2400
总计						

图 2-62 取消文本“加粗”格式

第 3 步：选中除了最左上角一个单元格的其他单元格，选择“布局”选项卡“对齐方式”组中的“中部居中”按钮，如图 2-63 所示，所得效果如图 2-64 所示。

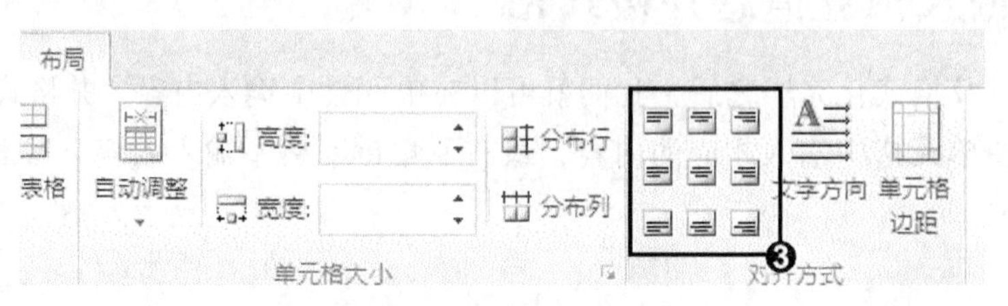

图 2-63 对齐方式按钮

招聘费用预算表

名称 费用	项目		单位	数量	单价（元）	合计（元）
广告宣传费用	网站宣传					500
	报纸广告					1000
管理费用	矿泉水		瓶	50	2	100
	办公用品	签字笔	支	15	2	30
		纸张	张	500	0.05	25
专家咨询费用	专家咨询		次	3	800	2400
总计						

图 2-64 对齐效果

第 4 步：鼠标单击在“办公用品”单元格中，选择“页面布局”选项卡“页面设置”组“文字方向”按钮，如图 2-65 所示，在下拉列表中选择“垂直”，所设效果如图 2-66 所示。

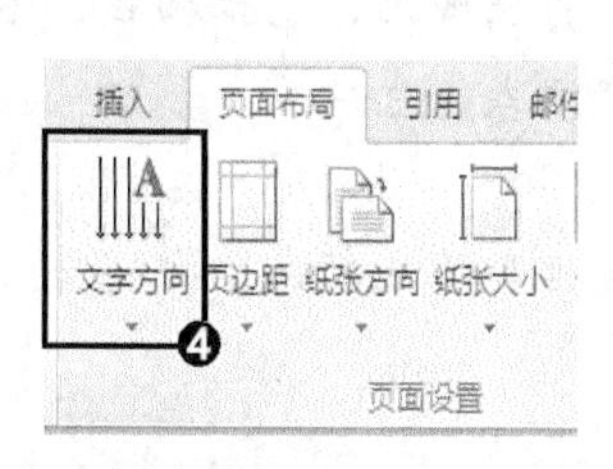

图 2-65　“文字方向”按钮

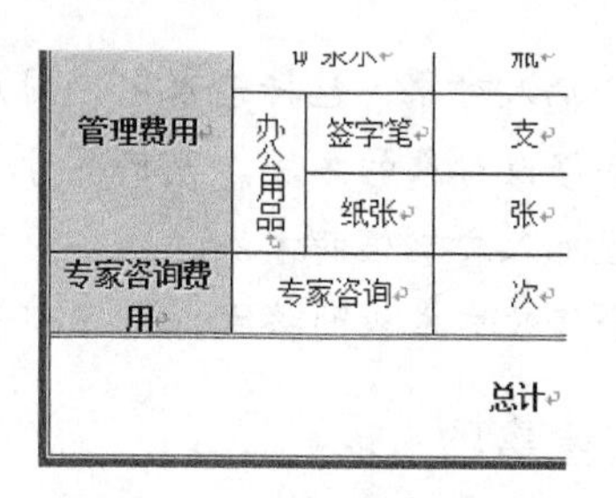

图 2-66　“文字方向”设置效果

第 5 步：单击在最右下角单元格内，选择“布局”选项卡“数据”组“公式”按钮，如图 2-67 所示，在打开的如图 2-68 所示的“公式”对话框中单击“确定”按钮，得到计算结果，如图 2-69 所示。

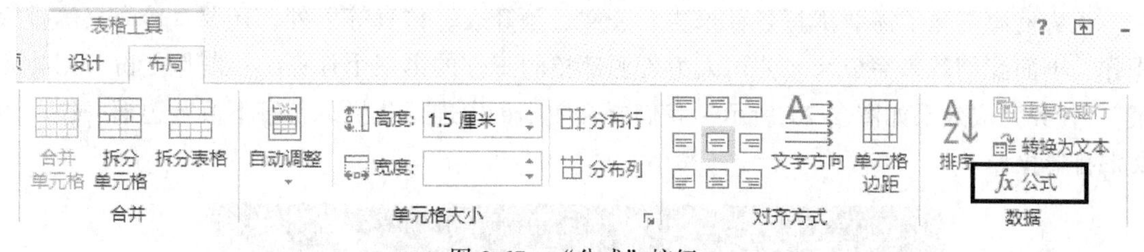

图 2-67　“公式”按钮

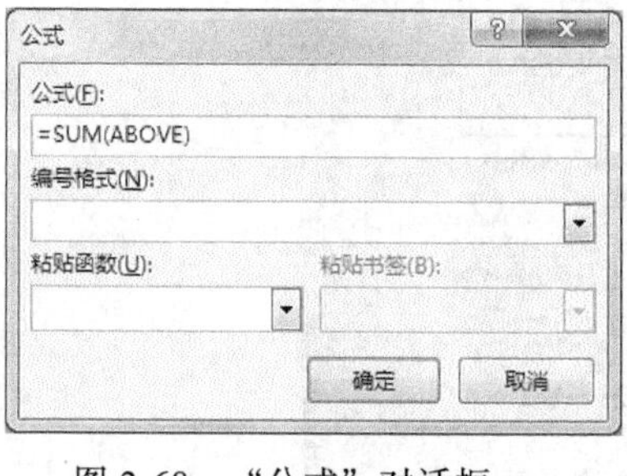

公式

公式(F):

=SUM(ABOVE)

编号格式(N):

粘贴函数(U):　粘贴书签(B):

确定　取消

图 2-68　“公式”对话框

招聘费用预算表

名称／费用	项目		单位	数量	单价（元）	合计（元）
广告宣传费用	网站宣传					500
	报纸广告					1000
管理费用	矿泉水		瓶	50	2	100
	办公用品	签字笔	支	15	2	30
		纸张	张	500	0.05	25
专家咨询费用	专家咨询		次	3	800	2400
总计						4055

图 2-69　最终效果图

第 6 步：保存文件。

任务 3　制作招聘海报

学习目标：

- 熟练掌握首字下沉、文本分栏的操作。
- 学会修改文本、段落、页面的边框和底纹。

❖ 学会插入对象，包括艺术字、图片、剪贴画、自选图形、艺术横线、图形图示。
❖ 掌握修改对象的方法，包括裁剪、大小、环绕方式、色调等。
❖ 掌握插入文本框的方法。
❖ 学会修改文本框的格式，包括移动、大小、边框和填充颜色。

教学注意事项：

❖ 讲解首字下沉和分栏时，注意先后顺序。
❖ 讲解边框和底纹时，重点强调应用对象，并使学生了解页面边框和分节符的配合效果。
❖ 讲解对象的插入及格式化时可以多举例启发学生创新，组合新的自选图形效果。
❖ 讲解文本框时，重点使学生了解文本框的灵活性。

人力资源部除了需要撰写各种报告、公文、预算表、传真等以外，还要宣传海报等排版操作，下面我们就来完成××公司人力资源部招聘工作的第三个任务——制作一份“招聘海报”，任务完成效果如图 2-70 所示，我们要在 Word 中进行分栏、首字下沉、边框底纹、图文混排等操作。

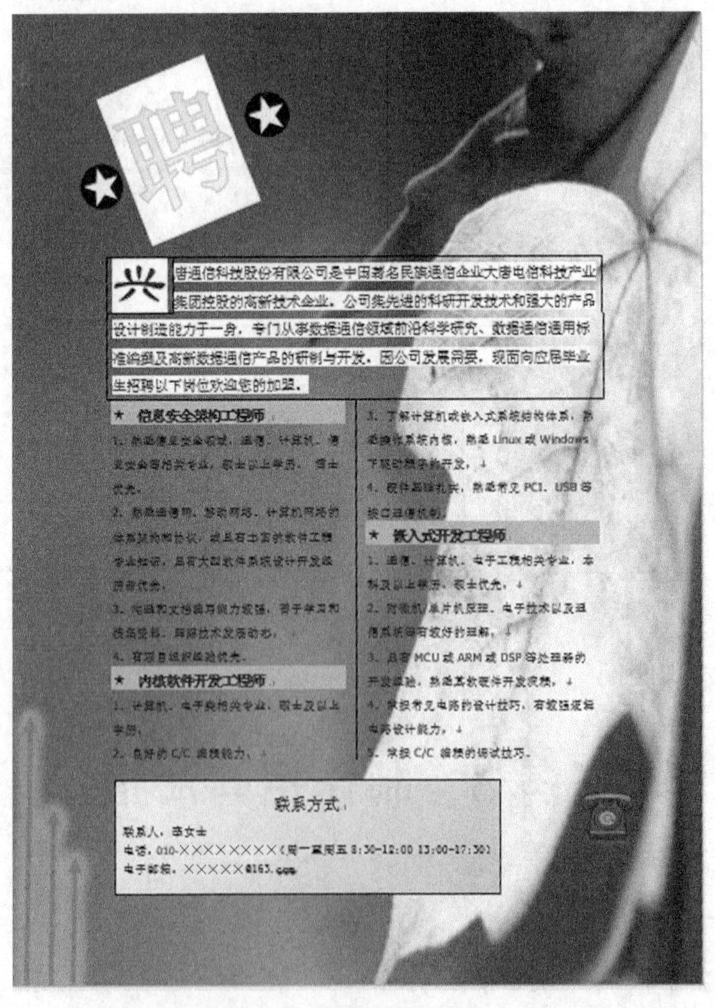

图 2-70 招聘海报示例图

2.3.1　招聘海报文本格式排版

1. 新建文件及录入文本

首先我们来制作海报中的文本效果。制作文本效果之前请先编辑基础文本，操作步骤如下：

第 1 步：新建 Word 文档“招聘海报.docx”，打开文档。

第 2 步：录入或复制素材文件中的文本素材，效果如图 2-71 所示。

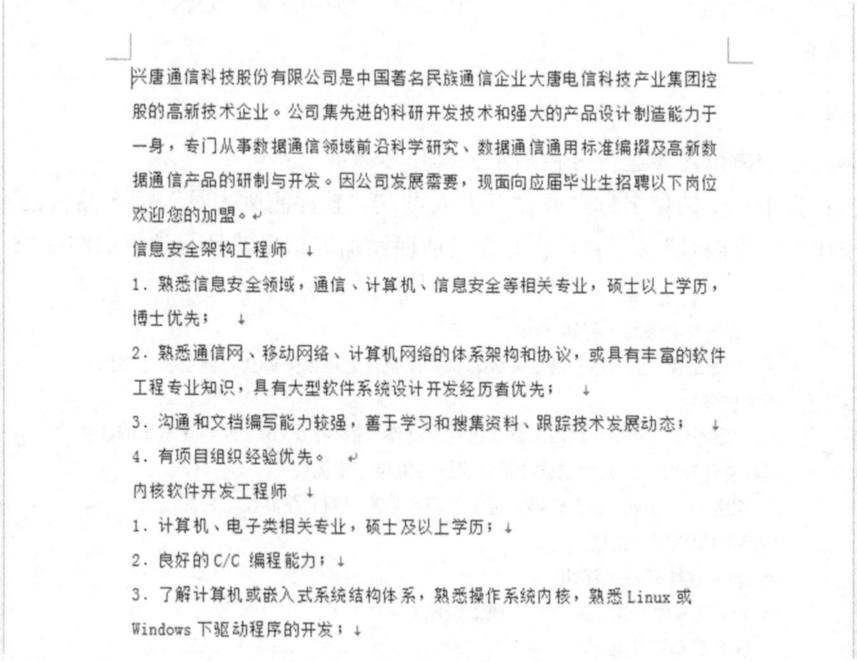

兴唐通信科技股份有限公司是中国著名民族通信企业大唐电信科技产业集团控股的高新技术企业。公司集先进的科研开发技术和强大的产品设计制造能力于一身，专门从事数据通信领域前沿科学研究、数据通信通用标准编撰及高新数据通信产品的研制与开发。因公司发展需要，现面向应届毕业生招聘以下岗位欢迎您的加盟。

信息安全架构工程师

1. 熟悉信息安全领域，通信、计算机、信息安全等相关专业，硕士以上学历，博士优先；

2. 熟悉通信网、移动网络、计算机网络的体系架构和协议，或具有丰富的软件工程专业知识，具有大型软件系统设计开发经历者优先；

3. 沟通和文档编写能力较强，善于学习和搜集资料、跟踪技术发展动态；

4. 有项目组织经验优先。

内核软件开发工程师

1. 计算机、电子类相关专业，硕士及以上学历；

2. 良好的 C/C 编程能力；

3. 了解计算机或嵌入式系统结构体系，熟悉操作系统内核，熟悉 Linux 或 Windows 下驱动程序的开发；

图 2-71　录入文本

2. 首字下沉

对海报中第一段文本进行“首字下沉”效果设置。操作步骤如下：

第 1 步：选中所有文本，设置文本格式为“宋体”“小四号”，段落格式为“行间距”“1.5 倍行距”。

第 2 步：选中第一段第一个汉字“本”，选择“插入”选项卡“文本”组中的“首字下沉”按钮，如图 2-72 所示。

图 2-72　“首字下沉”按钮

第 3 步：在下拉列表中选择“首字下沉选项”，在打开的“首字下沉”对话框中选择位置“下沉”、字体“隶书”、下沉行数“2”，如图 2-73 所示。

第 4 步：单击“首字下沉”对话框的“确定”按钮，得到首字下沉的效果如图 2-74 所示。

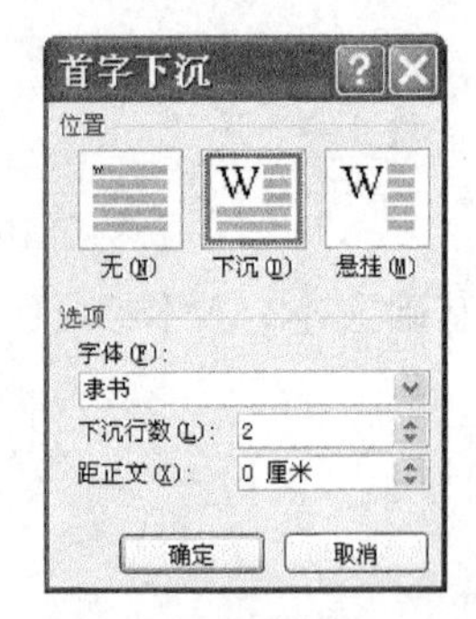

图 2-73 “首字下沉”对话框设置

兴唐通信科技股份有限公司是中国著名民族通信企业大唐电信科技产业集团控股的高新技术企业。公司集先进的科研开发技术和强大的产品设计制造能力于一身，专门从事数据通信领域前沿科学研究、数据通信通用标准编撰及高新数据通信产品的研制与开发。因公司发展需要，现面向应届毕业生招聘以下岗位欢迎您的加盟。

图 2-74 “首字下沉”设置效果

3. 分栏

对招聘的三个岗位内容进行分栏显示，操作步骤如下：

第 1 步：选中三个岗位名称“软件开发人员”、“软件测试人员”、“产品营销人员”文本格式为“宋体”、“小四号”、“加粗”，并在其前面添加五角星符号，效果如图 2-75 所示。

★ 信息安全架构工程师

1．熟悉信息安全领域，通信、计算机、信息安全等相关专业，硕士以上学历，博士优先；

2．熟悉通信网、移动网络、计算机网络的体系架构和协议，或具有丰富的软件工程专业知识，具有大型软件系统设计开发经历者优先；

3．沟通和文档编写能力较强，善于学习和搜集资料、跟踪技术发展动态；

4．有项目组织经验优先。

★ 内核软件开发工程师

1．计算机、电子类相关专业，硕士及以上学历；

2．良好的 C/C 编程能力；

3．了解计算机或嵌入式系统结构体系，熟悉操作系统内核，熟悉 Linux 或 Windows 下驱动程序的开发；

4．硬件基础扎实，熟悉常见 PCI、USB 等接口通信机制。

★ 嵌入式开发工程师

1．通信、计算机、电子工程相关专业，本科及以上学历，硕士优先；

2．对微机/单片机原理、电子技术以及通信系统等有较好的理解；

3．具有 MCU 或 ARM 或 DSP 等处理器的开发经验，熟悉其软硬件开发流程；

4．掌握常见电路的设计技巧，有较强逻辑电路设计能力；

5．掌握 C/C 编程的调试技巧。

图 2-75 文本格式化、添加五角星符号

第 2 步：选中招聘岗位及要求的文本（最后一段的段落结束符不选中），选择“页面布局”选项卡“页面设置”组“分栏”按钮，如图 2-76 所示。

图 2-76 “分栏”按钮

第 3 步：在打开的列表中选择“更多分栏”，在打开的对话框中选择“两栏”、“栏宽相等”、“分隔线”，如图 2-77 所示。

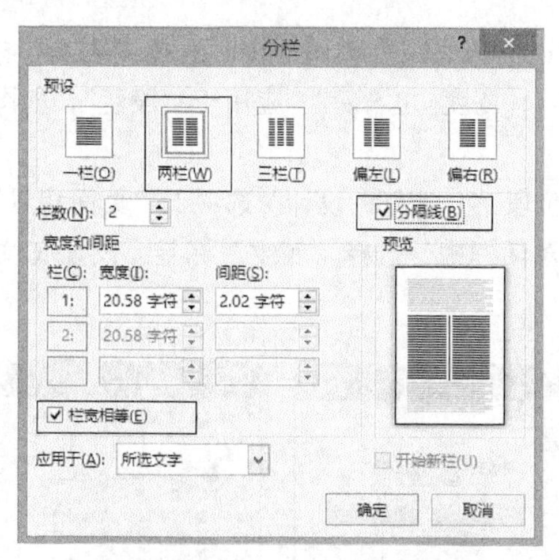

图 2-77　“分栏”对话框

第 4 步：单击“确定”按钮，得到分栏效果如图 2-78 所示。

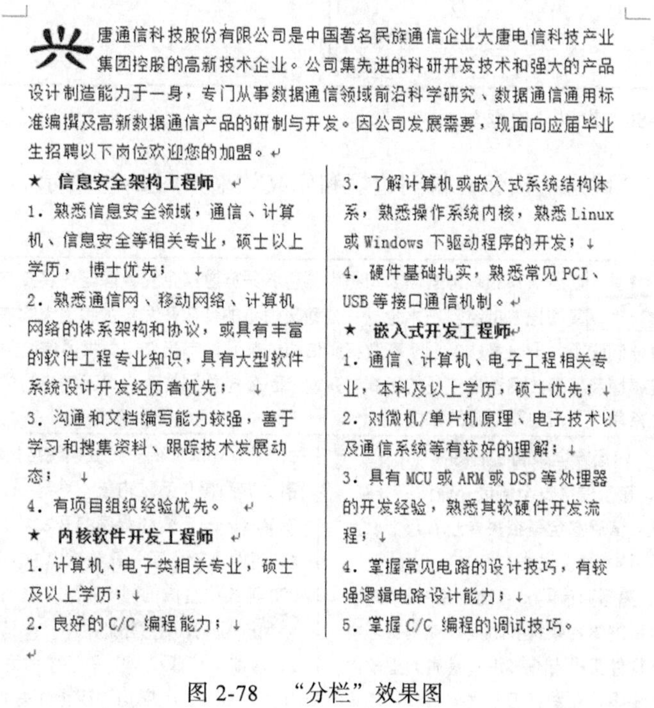

兴唐通信科技股份有限公司是中国著名民族通信企业大唐电信科技产业集团控股的高新技术企业。公司集先进的科研开发技术和强大的产品设计制造能力于一身，专门从事数据通信领域前沿科学研究、数据通信通用标准编撰及高新数据通信产品的研制与开发。因公司发展需要，现面向应届毕业生招聘以下岗位欢迎您的加盟。

★　**信息安全架构工程师**

1. 熟悉信息安全领域，通信、计算机、信息安全等相关专业，硕士以上学历，博士优先；

2. 熟悉通信网、移动网络、计算机网络的体系架构和协议，或具有丰富的软件工程专业知识，具有大型软件系统设计开发经历者优先；

3. 沟通和文档编写能力较强，善于学习和搜集资料、跟踪技术发展动态；

4. 有项目组织经验优先。

★　**内核软件开发工程师**

1. 计算机、电子类相关专业，硕士及以上学历；

2. 良好的 C/C 编程能力；

3. 了解计算机或嵌入式系统结构体系，熟悉操作系统内核，熟悉 Linux 或 Windows 下驱动程序的开发；

4. 硬件基础扎实，熟悉常见 PCI、USB 等接口通信机制。

★　**嵌入式开发工程师**

1. 通信、计算机、电子工程相关专业，本科及以上学历，硕士优先；

2. 对微机/单片机原理、电子技术以及通信系统等有较好的理解；

3. 具有 MCU 或 ARM 或 DSP 等处理器的开发经验，熟悉其软硬件开发流程；

4. 掌握常见电路的设计技巧，有较强逻辑电路设计能力；

5. 掌握 C/C 编程的调试技巧。

图 2-78　“分栏”效果图

4. 底纹边框设置

第 1 步：选中第一段文本，选择“设计”选项卡“页面背景”组中“页面边框”按钮，如图 2-79 所示。

图 2-79　“页面边框”按钮

第 2 步：在打开的“边框和底纹”对话框中，选择“边框”标签，设置边框“方框”、样式“单细”、颜色“自动”、宽度“0.5 磅”，应用于“段落”，如图 2-80 所示，单击“确定”按钮。

第 3 步：选中三个岗位段落，选择“设计”选项卡“页面背景”组中“页面边框”按钮，在打开的“边框和底纹”对话框中，选择“底纹”标签，设置底纹为“绿色，着色 6，淡色 40%”，如图 2-81 所示。

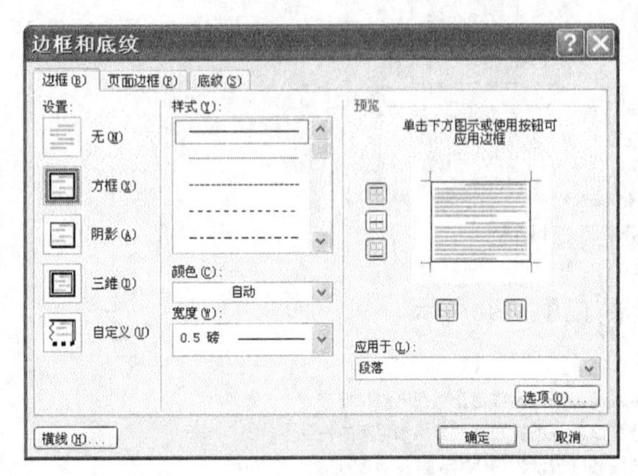

图 2-80　设置“边框”

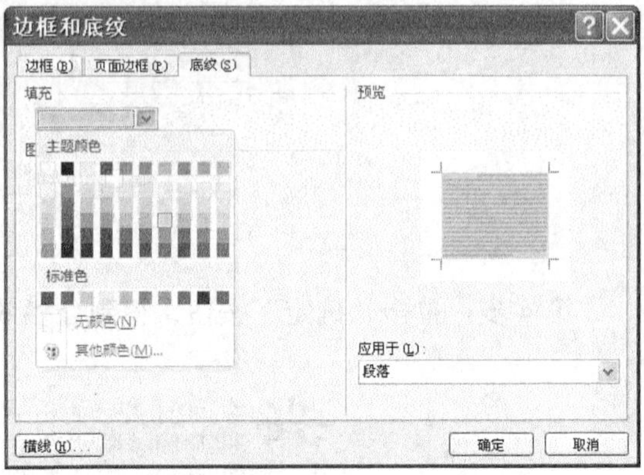

图 2-81　“底纹”对话框

第 4 步：单击“确定”按钮，得到边框和底纹效果如图 2-82 所示。

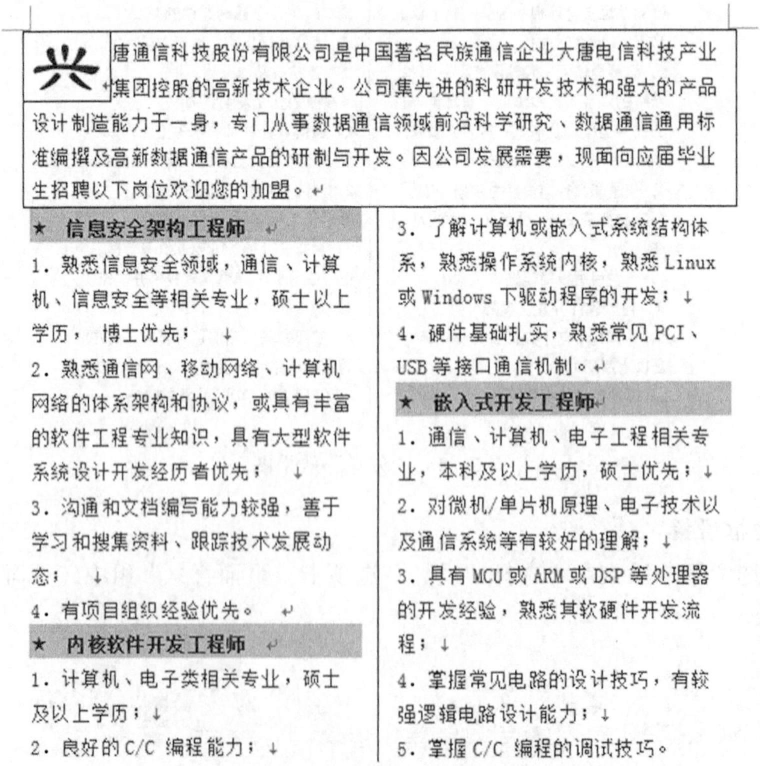

兴唐通信科技股份有限公司是中国著名民族通信企业大唐电信科技产业集团控股的高新技术企业。公司集先进的科研开发技术和强大的产品设计制造能力于一身，专门从事数据通信领域前沿科学研究、数据通信通用标准编撰及高新数据通信产品的研制与开发。因公司发展需要，现面向应届毕业生招聘以下岗位欢迎您的加盟。

★　信息安全架构工程师

1. 熟悉信息安全领域，通信、计算机、信息安全等相关专业，硕士以上学历，博士优先；

2. 熟悉通信网、移动网络、计算机网络的体系架构和协议，或具有丰富的软件工程专业知识，具有大型软件系统设计开发经历者优先；

3. 沟通和文档编写能力较强，善于学习和搜集资料、跟踪技术发展动态；

4. 有项目组织经验优先。

★　内核软件开发工程师

1. 计算机、电子类相关专业，硕士及以上学历；

2. 良好的 C/C 编程能力；

3. 了解计算机或嵌入式系统结构体系，熟悉操作系统内核，熟悉 Linux 或 Windows 下驱动程序的开发；

4. 硬件基础扎实，熟悉常见 PCI、USB 等接口通信机制。

★　嵌入式开发工程师

1. 通信、计算机、电子工程相关专业，本科及以上学历，硕士优先；

2. 对微机/单片机原理、电子技术以及通信系统等有较好的理解；

3. 具有 MCU 或 ARM 或 DSP 等处理器的开发经验，熟悉其软硬件开发流程；

4. 掌握常见电路的设计技巧，有较强逻辑电路设计能力；

5. 掌握 C/C 编程的调试技巧。

图 2-82　边框底纹设置效果

2.3.2　招聘海报的美化

下面我们向“招聘海报”的页面中插入艺术字、形状、剪贴画、图片、文本框进行文档的美化。

1. 插入艺术字

在页面的左上角插入一个艺术字“聘”，要求美观、醒目，操作步骤如下：

第 1 步：鼠标定位于页面的第一空行，即左上角，选择“插入”选项卡“文本”组中的“艺术字”按钮，如图 2-83 所示。

图 2-83　插入“艺术字”按钮

第 2 步：在打开的下拉框中，选择第 2 行第 3 列的“渐变填充-金色，着色 4，轮廓-着色 4”的格式，如图 2-84 所示。

第 3 步：在如图 2-85 所示打开的“请在此放置您的文字”框中输入“聘”字，如图 2-86 所示。

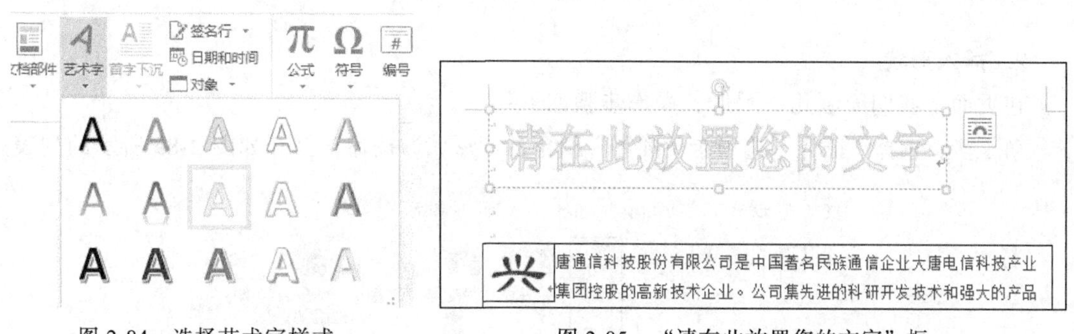

图 2-84　选择艺术字样式　　　　图 2-85　“请在此放置您的文字”框

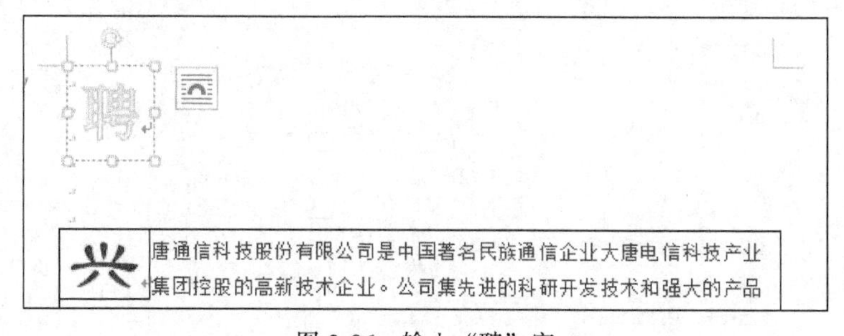

图 2-86　输入“聘”字

第 4 步：选中艺术字“聘”，设置字号为“100”磅，鼠标放到艺术字外框的绿球上，拖动旋转，并拖动艺术字外框到合适的位置，效果如图 2-87 所示。

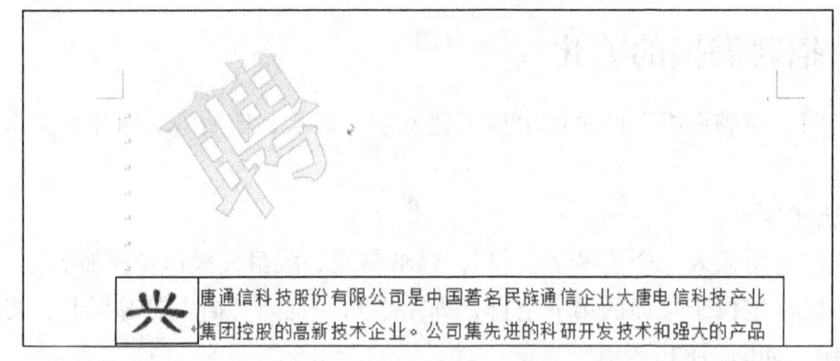

图 2-87　设置“聘”字格式

艺术字插入之后，如果对效果不满意，可以继续选中艺术字，选择“格式”选项卡“艺术字样式”组、“文本”组、“排列”组、“大小”组中的按钮进行修改，如图 2-88 所示。

图 2-88　修改“艺术字”的组

2. 插入形状

在页面上我们绘制几个图形，操作步骤如下：

第 1 步：选择“插入”选项卡“插图”组中的“形状”按钮，打开如图 2-89 所示的列表。

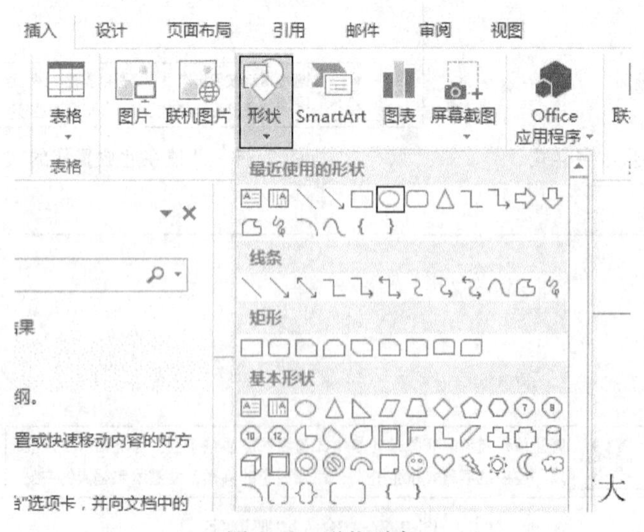

图 2-89　形状列表

第 2 步：选择“基本形状”中的“椭圆”，按住键盘“Shift”键拖动鼠标绘制一正圆，如图 2-90 所示。

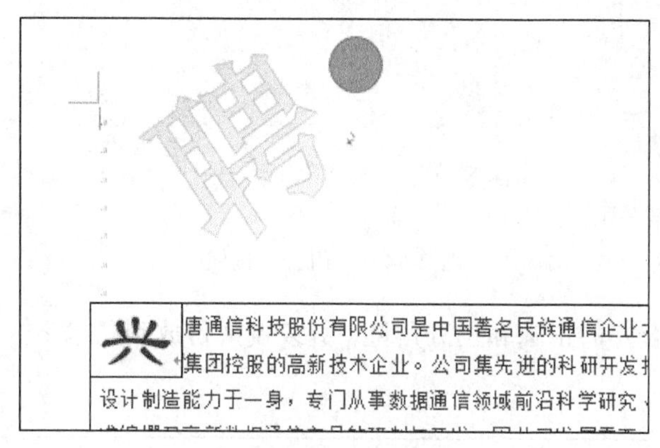

图 2-90 绘制正圆形状

第 3 步：选中绘制完成的正圆形状，选择如图 2-91 所示的“格式”选项卡“形状样式”组中的“形状填充”为“黑色”，“形状轮廓”为“黑色”，设置效果如图 2-92 所示。

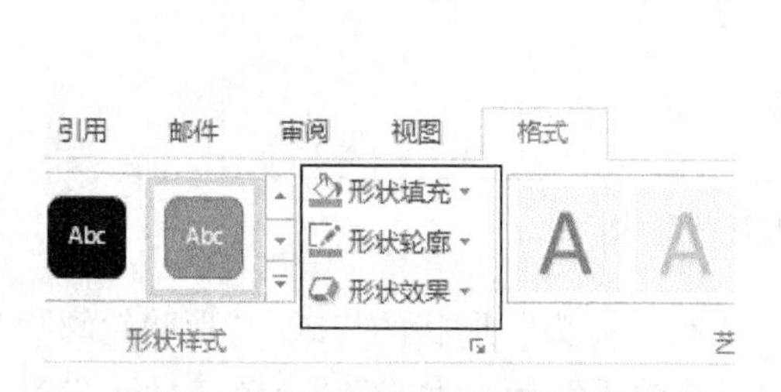

图 2-91 形状填充、形状轮廓

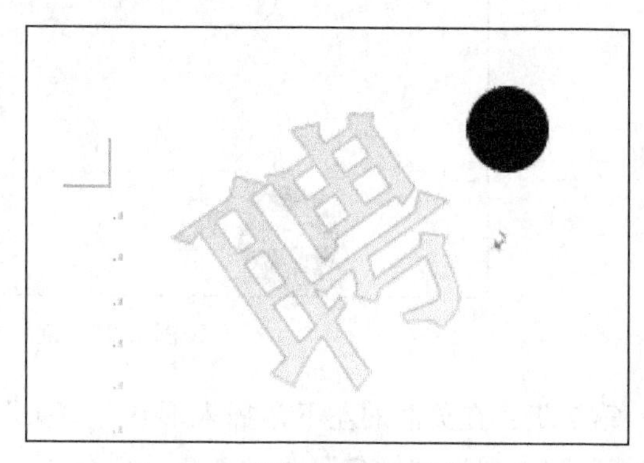

图 2-92 填充、轮廓设置效果

第 4 步：用同样的方法绘制一个正五角星，“形状填充”为“黄色”、“形状轮廓”为“无轮廓”，放置在黑色的正圆上面，效果如图 2-93 所示。

图 2-93 插入黄色正五角星形状

第 5 步：按住键盘“Ctrl”键，单击选择正圆和正五角星两个形状，选择“格式”选项卡“排列”组中的“组合”按钮，如图 2-94 所示，在下拉列表中选择“组合”，将正圆和正五角星两个形状组合成一个形状。

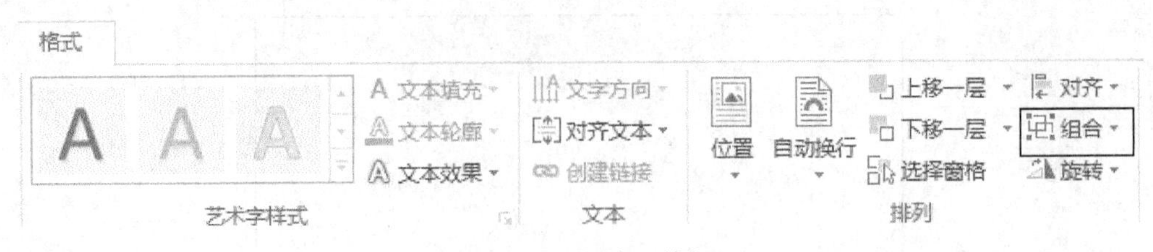

图 2-94　“组合”按钮

第 6 步：旋转组合好的正圆和正五角星，并复制一份放到艺术字“聘”的另一端，得到如图 2-95 所示的效果。

图 2-95　旋转并复制形状

第 7 步：在页面的左下角插入形状“箭头”，修改“箭头”形状的格式：“形状轮廓”为“粗细”“4.5 磅”、“颜色”为“蓝色，着色 1”，“形状效果”为“发光”“金色，18pt 发光，着色 4”，效果如图 2-96 所示。

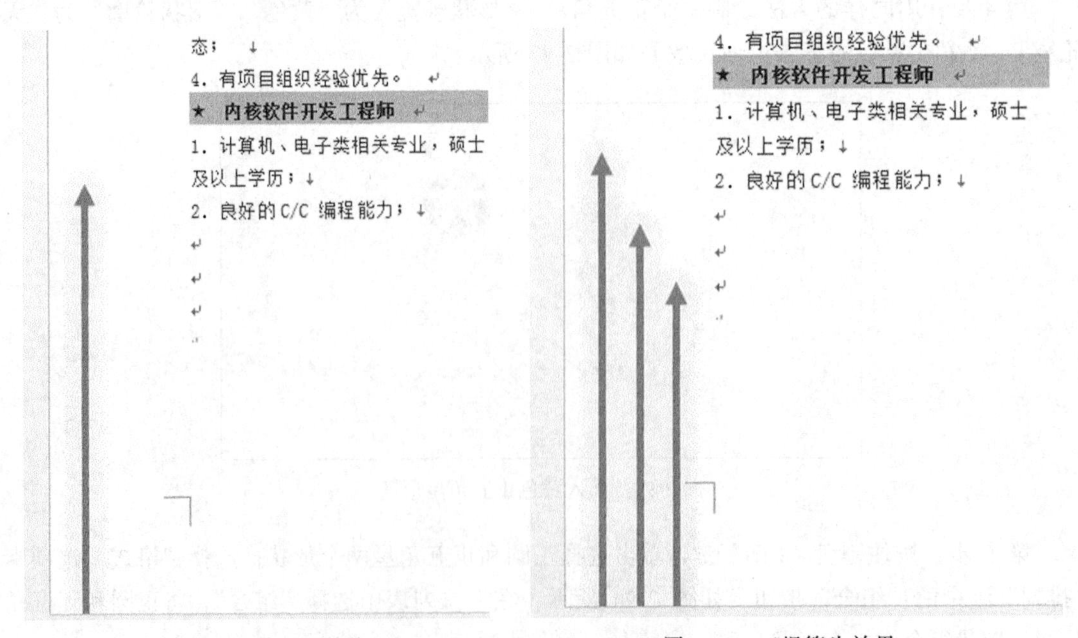

图 2-96　第一根箭头　　　　图 2-97　三根箭头效果

第 8 步：选中“箭头”，复制两份，拖动并修改长短，“对齐”为“底端”对齐，效果如图 2-97 所示。

形状还有很多格式可以设置修改，选择“格式”选项卡中的各种组进行演练。

3. 插入剪贴画

要在页面中插入一张剪贴画，操作步骤如下：

第 1 步：定位在页面文字下方，选择“插入”选项卡“插图”组“联机图片”按钮，如图 2-98 所示。

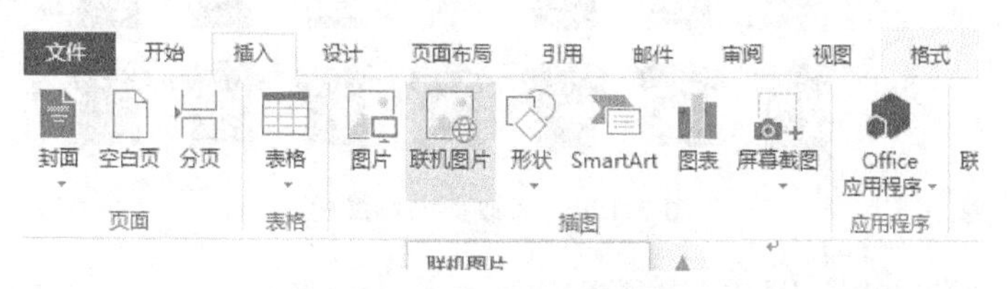

图 2-98　“剪贴画”按钮

第 2 步：此时系统将立即弹出“插入图片”窗口，在“Office.com 剪贴画”文本框中输入“电话”，然后按 Enter 键，下方栏中出现有关于电话的剪贴画，如图 2-99 所示。

图 2-99　“剪贴画”任务窗格

第 3 步：选择第 3 行第 3 列的剪贴画，插入到页面中，选中剪贴画，选择“格式”选项卡“调整”组“颜色”按钮修改色调为“色温 11200K”，如图 2-100 所示。

第 4 步：选择“格式”选项卡“排列”组启动器，单选“位置”按钮，并选择“其他布局选项”。在打开的“布局”对话框“大小”标签中修改剪贴画大小为原来的 50%，如图 2-101 所示。

第 5 步：选中剪贴画，选择“格式”选项卡“排列”组中的“自动换行”按钮，在下拉列表中选择“四周型环绕”选项，如图 2-102 所示。

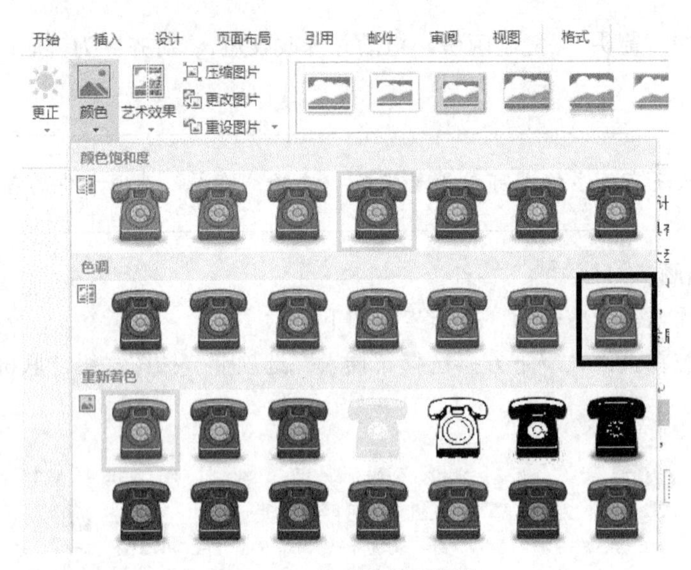

图 2-100　修改剪贴画颜色

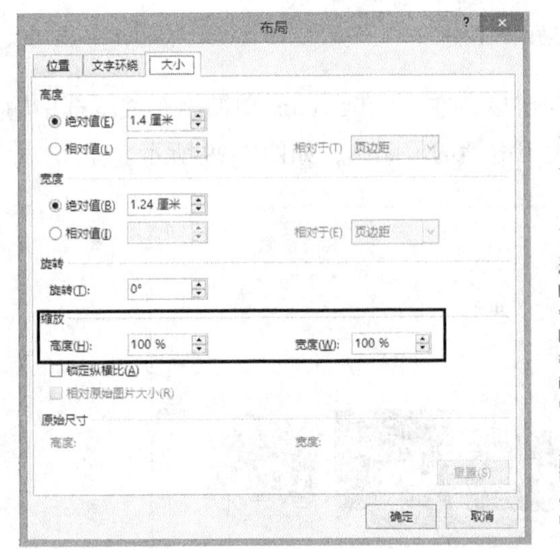

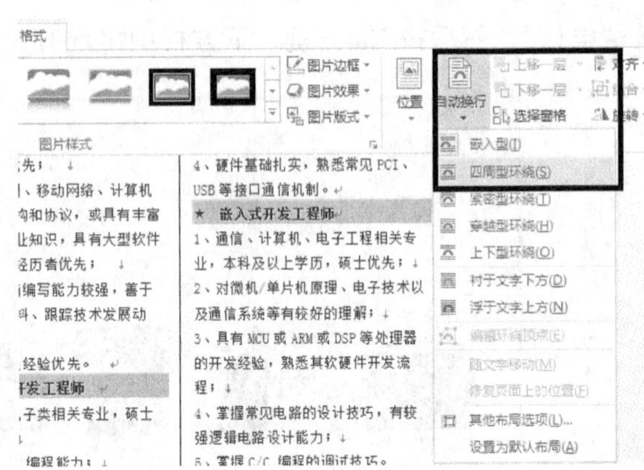

图 2-101　修改剪贴画的大小　　　　图 2-102　剪贴画的环绕方式

第 6 步：拖动剪贴画到右侧合适的位置，如图 2-103 所示。

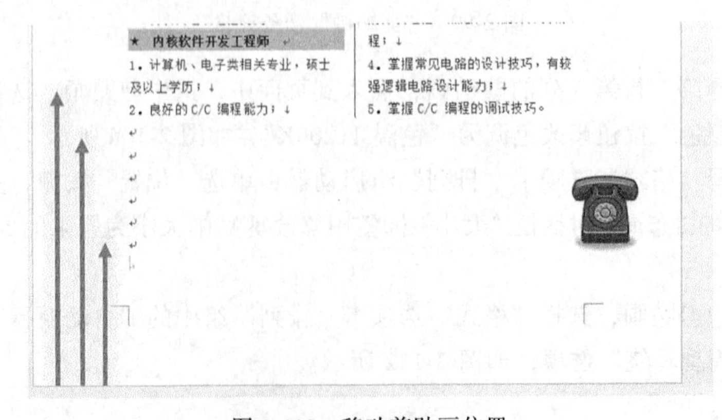

图 2-103　移动剪贴画位置

可以选中剪贴画，选择“格式”选项卡中的各种组进行剪贴画的格式修改。

4. 插入文本框

在页面的底端我们插入一个文本框，里面录入公司的招聘联系方式内容，操作步骤如下：

第 1 步：定位鼠标在分栏文本的下方，选择“插入”选项卡“文本”组中的“文本框”按钮，在打开的下拉框中选择“绘制文本框”，如图 2-104 所示。

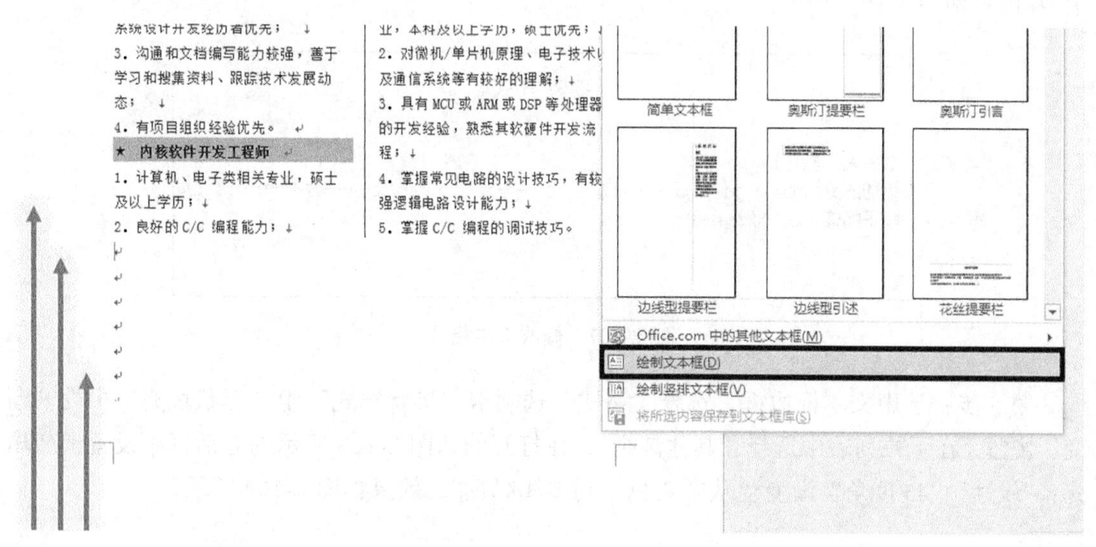

图 2-104 “绘制文本框”命令

第 2 步：此时鼠标变成一个十字，在页面底端拖动鼠标绘制出一个文本框，如图 2-105 所示。

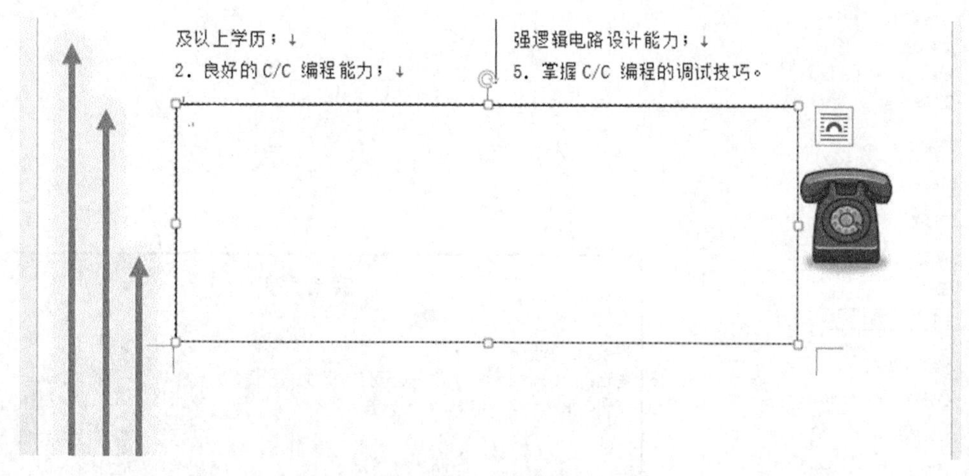

图 2-105 绘制文本框

第 3 步：在文本框中，录入如图 2-106 所示的内容，可参见素材中的文本素材。

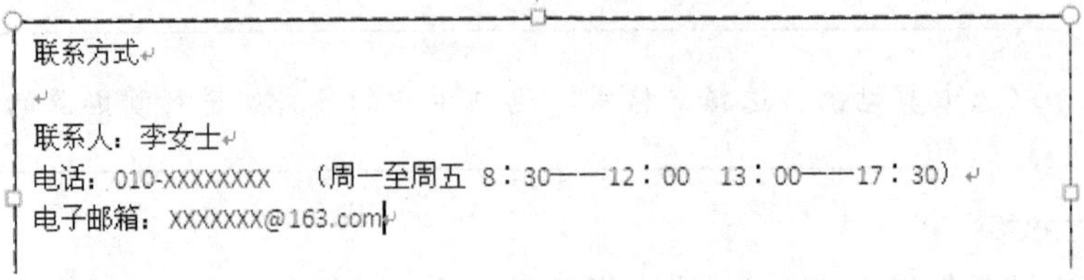

联系方式
联系人：李女士
电话：010-XXXXXXXX　（周一至周五 8：30——12：00　13：00——17：30）
电子邮箱：XXXXXXX@163.com

图 2-106　录入文本框内容

第 4 步：修改文本框中的标题文本“联系方式”格式为“宋体”、“四号”、“加粗”、“居中对齐”，如图 2-107 所示。

联系方式
联系人：李女士
电话：010-XXXXXXXX　（周一至周五 8：30——12：00　13：00——17：30）
电子邮箱：XXXXXXX@163.com

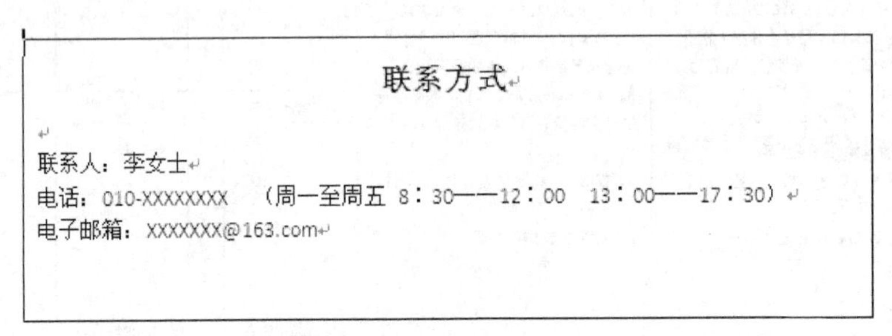

图 2-107　修改文本格式

第 5 步：选中文本框边框，选择“格式”选项卡“形状样式”组“形状填充”中的“渐变”按钮，在下拉列表中选择“其他渐变”，在打开的如图 2-108 所示的对话框中设置渐变填充：“线性”“45 度角”渐变色从“黄色”到“浅绿色”，效果如图 2-109 所示。

设置形状格式
形状选项
文本选项
填充
无填充(N)
纯色填充(S)
渐变填充(G)
图片或纹理填充(P)
图案填充(A)
预设渐变(R)
类型(Y)
线性
方向(D)
角度(E)
45°
渐变光圈
颜色(C)
位置(O)
100%
透明度(T)
0%
亮度(I)
0%

图 2-108　“形状格式”对话框

联系方式
联系人：李女士
电话：010-XXXXXXXX　（周一至周五 8：30——12：00　13：00——17：30）
电子邮箱：XXXXXXX@163.com

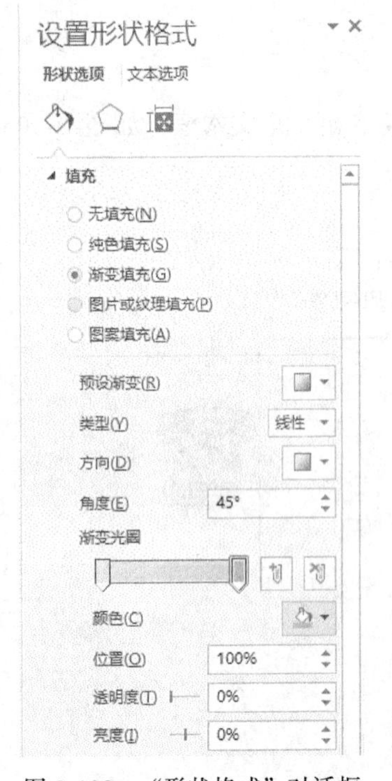

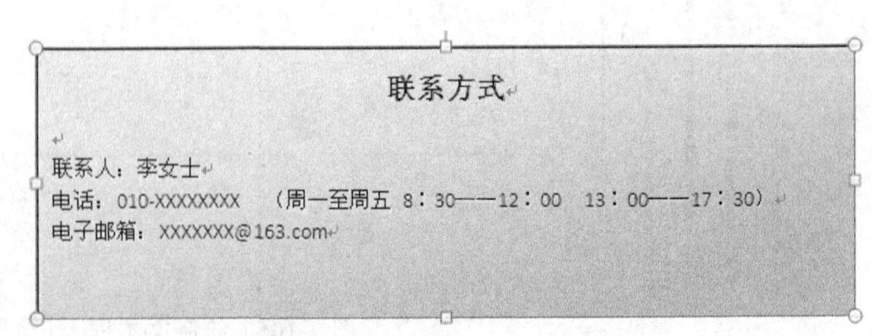

图 2-109　“文本框”设置效果

- ◆ 使用与第 5 步同样的方法可以设置文本框多种多样的格式，请练习。
- ◆ 除了有横排文本框还有竖排文本框，还有提供的内置文本框，请留意。

5. 插入图片

最后，我们插入一张图片作为页面背景，操作步骤如下：

第 1 步：定位鼠标在文档上部空行处，选择“插入”选项卡“插图”组“图片”按钮，选择素材文件夹中的“tu2.jpg”，将图片插入到文档中。

第 2 步：选中图片，选择“格式”选项卡“大小”组中的“裁剪”按钮，将图片的顶部去掉一些，如图 2-110 所示。

图 2-110　图片裁剪

第 3 步：取消“裁剪”按钮，选中图片，选择“格式”选项卡“排列”组中的“自动换行”按钮，在下拉列表中选择“衬于文字下方”，拖动图片至页面左上角，拖动图片右下角的控制按钮至图片填充满整个页面，设置效果如图 2-111 所示。

对于文档中的图片，我们还可以进行多种设置，保持图片选中状态，选择“格式”选项卡中的多个组进行练习。

第 4 步：保存文件。

在 Word2013 文档中，除了上面用到的几种对象，还可以插入 SmartArt、图表、屏幕截图等插图，请练习。

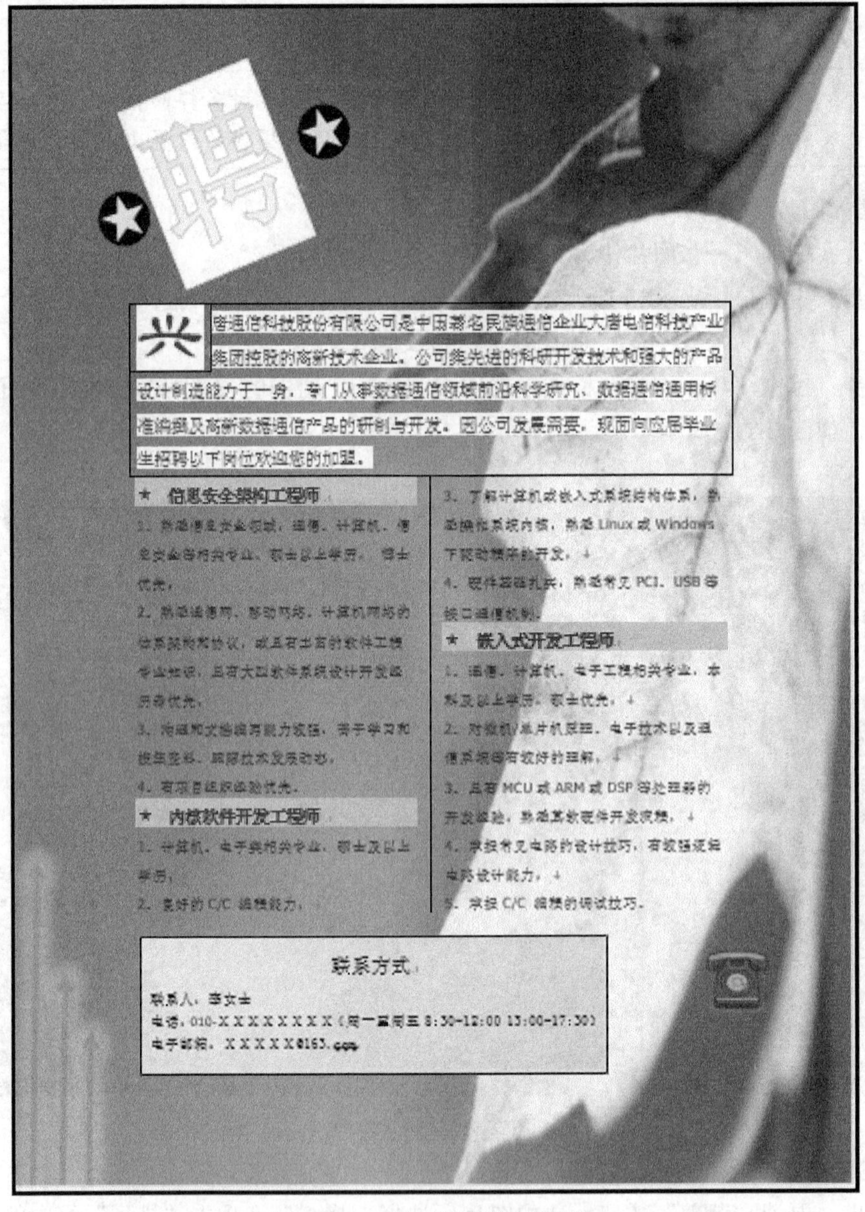

图 2-111　添加背景图片效果图

任务 4　批量制作校园一卡通

学习目标：

- ❖ 掌握邮件合并功能的操作。
- ❖ 掌握设置文档权限密码的操作。
- ❖ 了解打印预览及打印设置。

教学注意事项：

❖ 讲解邮件合并时，强调此功能的强大便利性。

❖ 讲解邮件合并实际操作时，重点讲解“域”及“规则”的使用。

在日常生活或办公中经常需要批量制作各种各样的文件，如奖状、请柬、传真、通知单、邀请函等。用户可以通过 Word2013 具有的邮件合并功能进行自动批量编辑和制作这类文档。在每年 9 月份新生入学后，各大院校都要为新生制作校园一卡通。批量制作出来的校园一卡通的第一页效果如图 2-112 所示，下面我们就来完成这个任务吧。

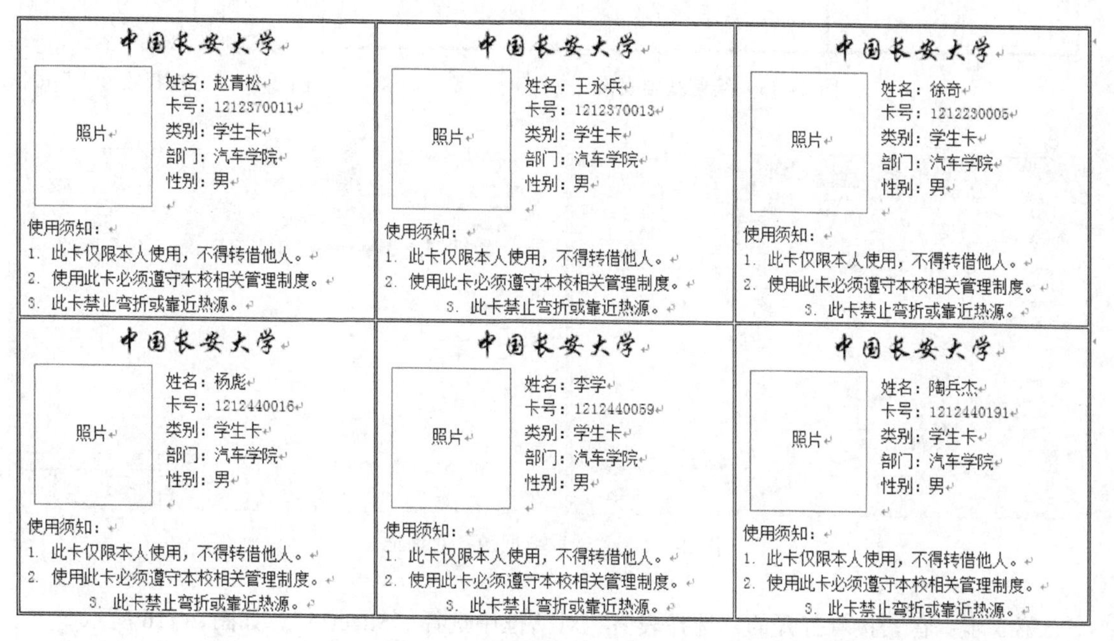

图 2-112　校园一卡通制作效果图

2.4.1　批量制作校园一卡通

要求在一张 A4 纸上创建 6 张校园一卡通，操作步骤如下：

第 1 步：准备好的数据源“学员信息表.xlsx”，已在素材文件夹中提供，打开查看一下，数据存放在 Sheet1 表中。

第 2 步：新建 Word 文档“校园一卡通主文档.docx”，利用前面已学过的知识和操作技能绘制一个表格，如图 2-113 所示，表格内外框均为双实线，1.5 磅粗细，六个单元格一样大小（分布行、分布列），标题“中国长安大学”格式为“华文行楷”“小二号”“居中”，在单元格中继续绘制贴照片处，其他几行文字为“宋体”“五号”。

第 3 步：选择“邮件”选项卡“开始邮件合并”组中的“选择收件人”按钮，如图 2-114 所示。

第 4 步：在打开的下拉列表中选择“使用现有列表”，在随之打开的“选取数据源”对话框中选择素材文件夹中的“学员信息表.xlsx”，如图 2-115 所示。

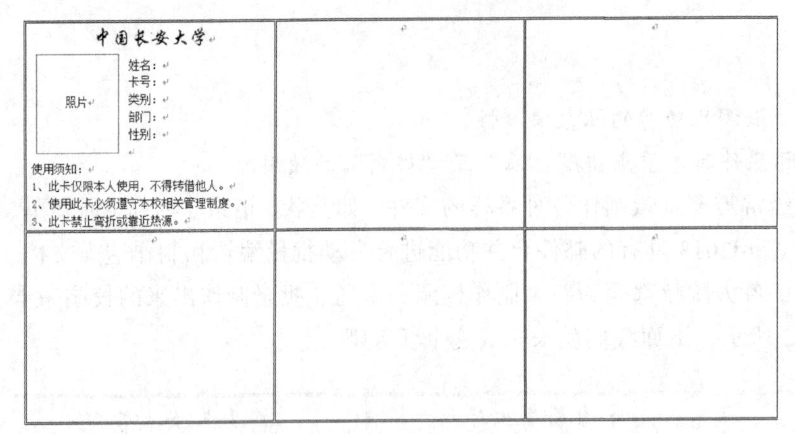

图 2-113　绘制基础表格

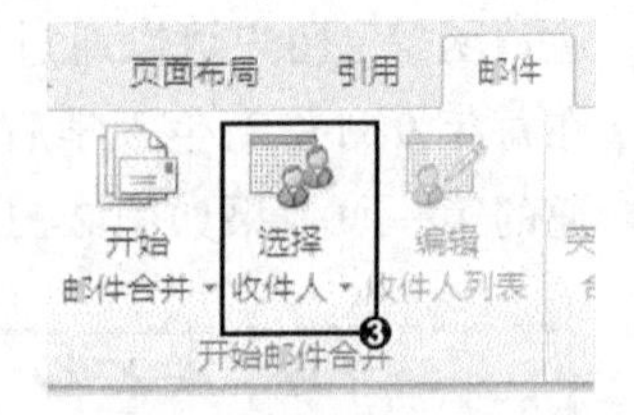

图 2-114　“选择收件人”按钮

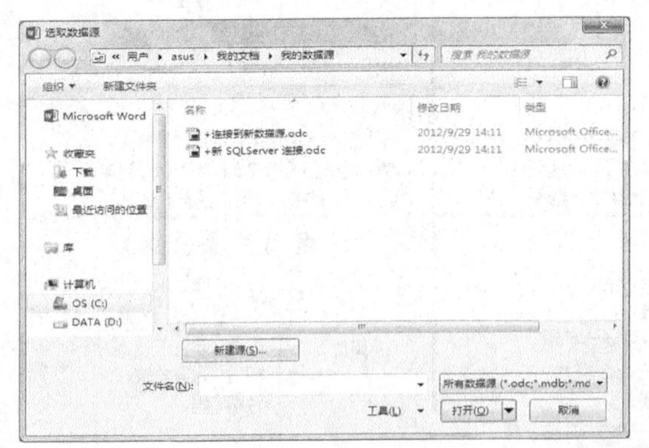
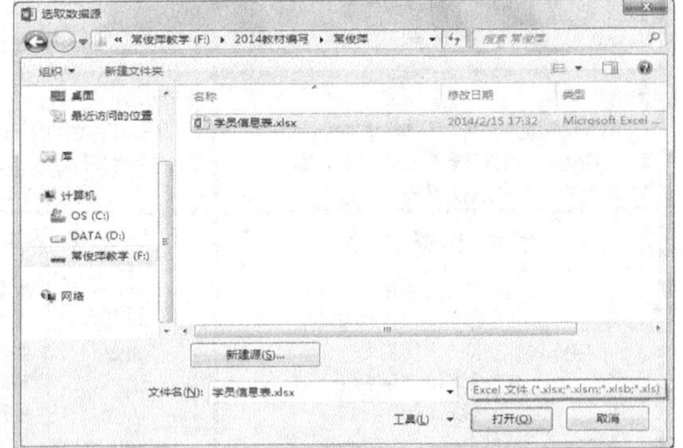

图 2-115　“选取数据源”对话框

第 5 步：在紧接着打开的“选择表格”对话框中选择“Sheet1$”，如图 2-116 所示。

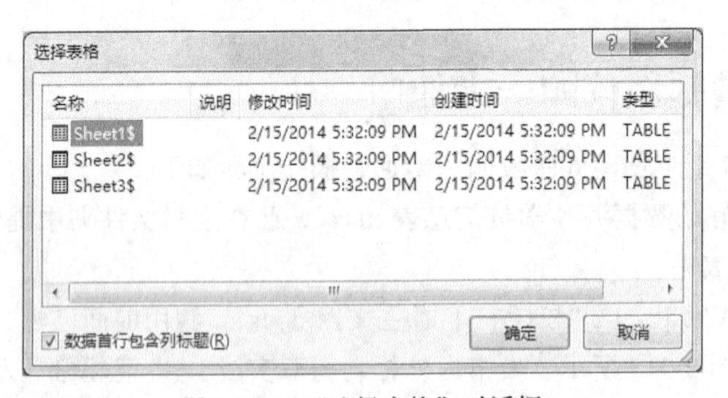

图 2-116　“选择表格”对话框

第 6 步：鼠标定位于“部门”后面的下划线中间，选择“邮件”选项卡“编写和插入域”组中的“插入合并域”按钮，如图 2-117 所示，在下拉列表中选择“部门”，如图 2-118 所示，在“部门”后面的下划线上就会出现“部门”域的插入效果，如图 2-119 所示。

第 7 步：用与第 6 步同样的方法插入其他四个域：“卡号”、“类别”、“部门”、“性别”，效果如图 2-120 所示。

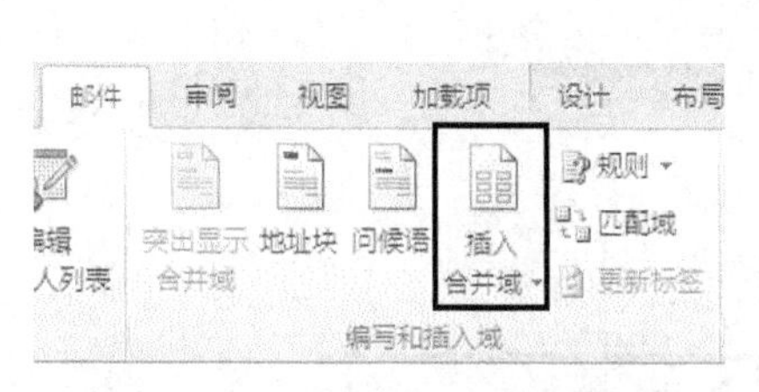

图 2-117　“插入合并域”按钮

图 2-118　插入“姓名”域

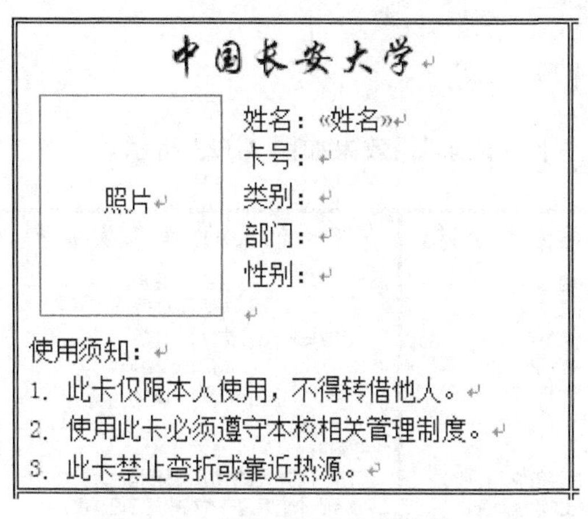

图 2-119　插入“姓名”域效果

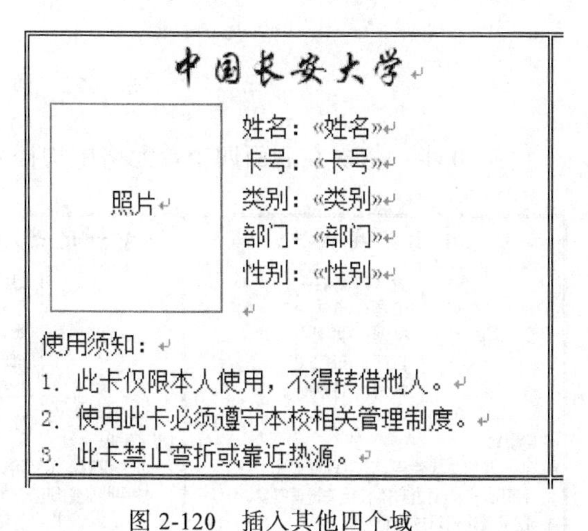

图 2-120　插入其他四个域

第 8 步：选择第一个单元格中的内容，复制到其他五个单元格中，效果如图 2-121 所示。

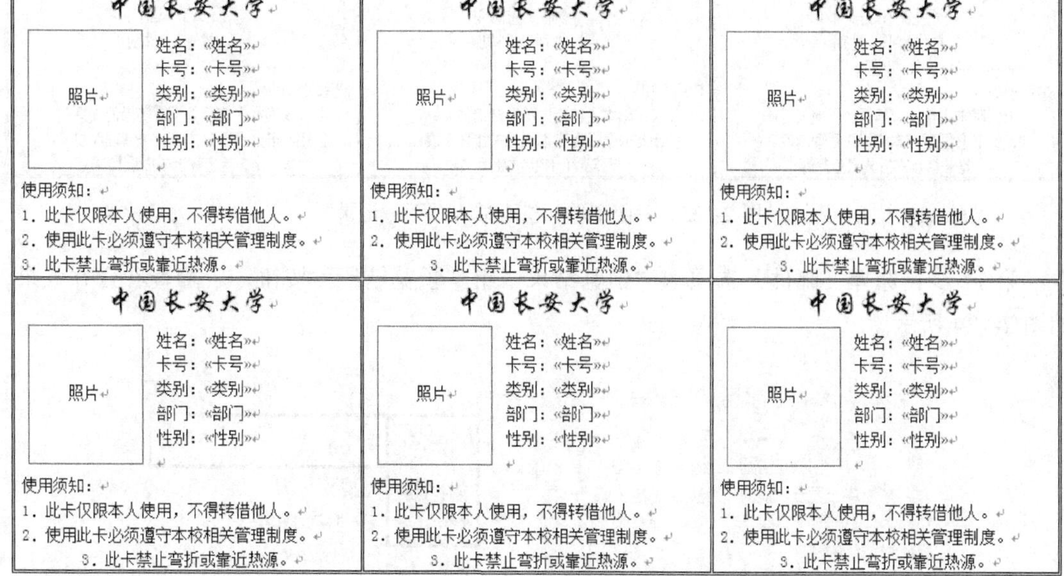

图 2-121　复制后效果

第 9 步：鼠标定位于第二个单元格的文本开始处，选择“邮件”选项卡“编写和插入域”组中的“规则”按钮，在下拉列表中选择“下一记录”，如图 2-122 所示。

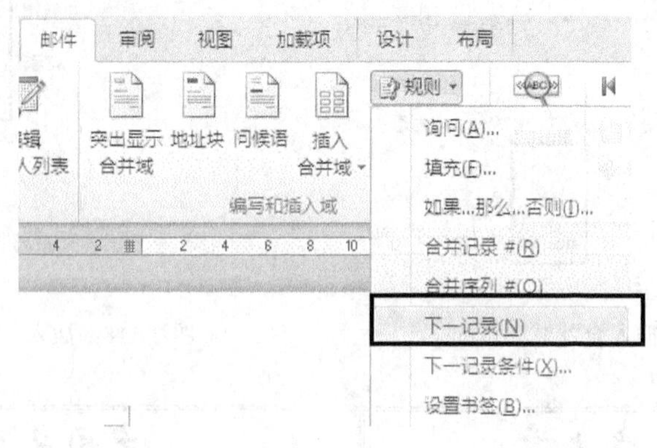

图 2-122　插入“下一记录”

第 10 步：依次在后面四个单元格中均插入“下一记录”，效果如图 2-123 所示。

中国长安大学 照片 姓名：«姓名» 卡号：«卡号» 类别：«类别» 部门：«部门» 性别：«性别» 使用须知： 1. 此卡仅限本人使用，不得转借他人。 2. 使用此卡必须遵守本校相关管理制度。 3. 此卡禁止弯折或靠近热源。	«下一记录»中国长安大学 照片 姓名：«姓名» 卡号：«卡号» 类别：«类别» 部门：«部门» 性别：«性别» 使用须知： 1. 此卡仅限本人使用，不得转借他人。 2. 使用此卡必须遵守本校相关管理制度。 3. 此卡禁止弯折或靠近热源。	«下一记录»中国长安大学 照片 姓名：«姓名» 卡号：«卡号» 类别：«类别» 部门：«部门» 性别：«性别» 使用须知： 1. 此卡仅限本人使用，不得转借他人。 2. 使用此卡必须遵守本校相关管理制度。 3. 此卡禁止弯折或靠近热源。
«下一记录»中国长安大学 照片 姓名：«姓名» 卡号：«卡号» 类别：«类别» 部门：«部门» 性别：«性别» 使用须知： 1. 此卡仅限本人使用，不得转借他人。 2. 使用此卡必须遵守本校相关管理制度。 3. 此卡禁止弯折或靠近热源。	«下一记录»中国长安大学 照片 姓名：«姓名» 卡号：«卡号» 类别：«类别» 部门：«部门» 性别：«性别» 使用须知： 1. 此卡仅限本人使用，不得转借他人。 2. 使用此卡必须遵守本校相关管理制度。 3. 此卡禁止弯折或靠近热源。	«下一记录»中国长安大学 照片 姓名：«姓名» 卡号：«卡号» 类别：«类别» 部门：«部门» 性别：«性别» 使用须知： 1. 此卡仅限本人使用，不得转借他人。 2. 使用此卡必须遵守本校相关管理制度。 3. 此卡禁止弯折或靠近热源。

图 2-123　后四个单元格也插入“下一记录”

第 11 步：选择“邮件”选项卡“预览结果”组“预览结果”按钮，后翻查看合并效果，如图 2-124 所示。

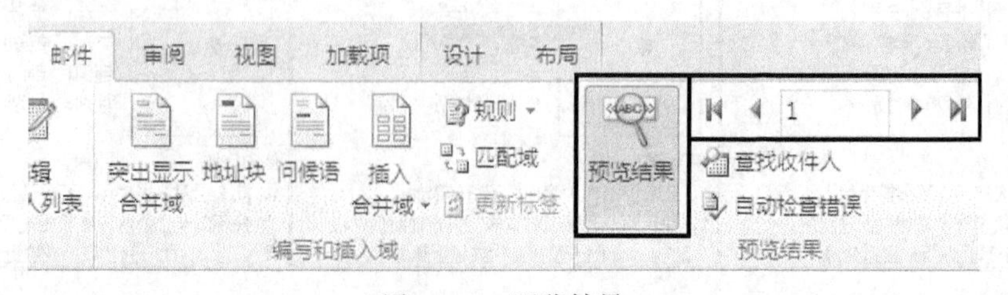

图 2-124　预览结果

第 12 步：查看结果没有问题之后，单击取消“预览结果”按钮，选择“邮件”选项卡“完成”组中的“完成并合并”按钮，在打开的下拉列表中选择“编辑单个文档”，如图 2-125 所示。

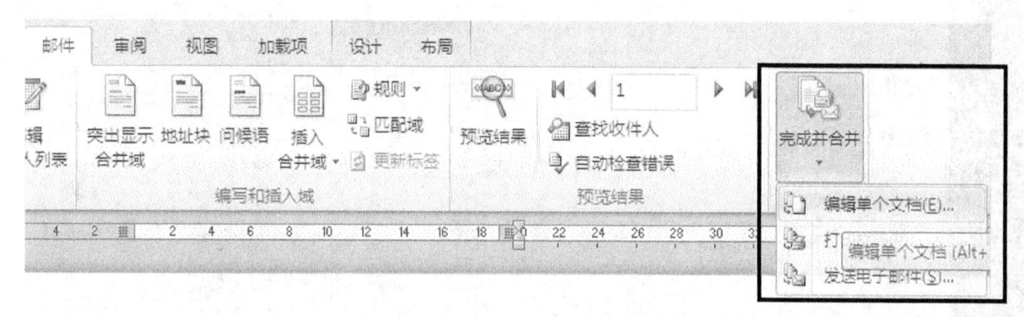

图 2-125　“完成并合并”按钮

第 13 步：在打开的“合并到新文档”对话框中选择“全部”，如图 2-126 所示，生成一份新的文档“信函 1”，

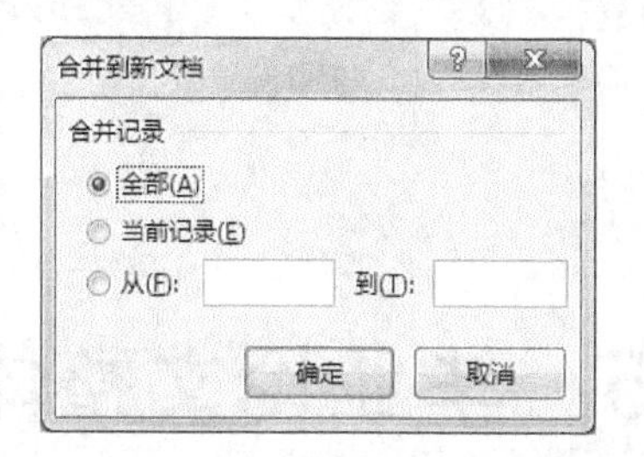

图 2-126　“合并到新文档”对话框

第 14 步：将新生成 10 页的“信函 1”文档进行保存，保存名为“校园一卡通成品.docx”。

在邮件合并功能中，还可以进行“电子邮件”、“信封”、“目录”、“标签”等文档的批量生成操作，请练习。

2.4.2　文档打印

文档编辑好之后，如果需要打印出来，操作步骤如下：

第 1 步：选择“文件”选项卡中的“打印”选项，右侧出现打印预览效果及打印设置，如图 2-127 所示。

第 2 步：在右侧打印设置里面可以设置“打印分数”、“打印机”、“打印所有页/当前页/部分页”、“单面打印”、“打印顺序”、“纸张方向”、“纸张大小”、“页边距”、“每版打印几页”。

右侧是页面的打印预览效果，可以缩放、翻页。

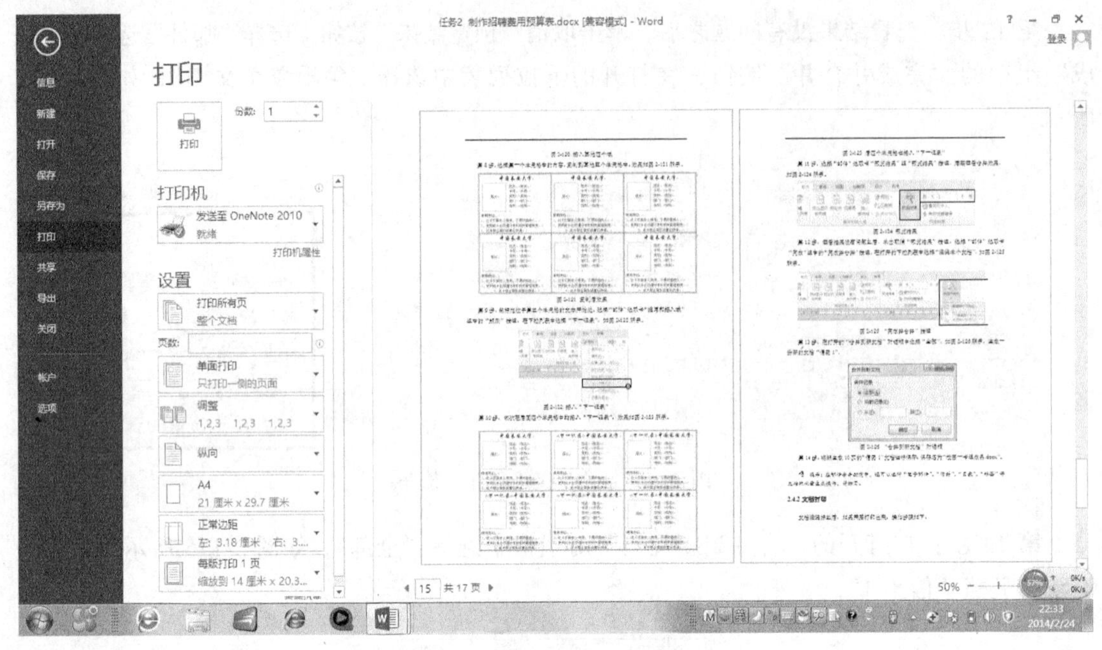

图 2-127　打印设置及预览

任务 5　毕业论文整体编排

学习目标：

- ❖ 掌握项目符号和编号、多级符号和编号的添加方法。
- ❖ 了解并学会样式的使用方法。
- ❖ 了解目录的创建方法，学会目录格式的设置及更新目录的方法。
- ❖ 学会合并多个文档的操作方法。

教学注意事项：

- ❖ 重点讲解多级符号和编号的制作方法。
- ❖ 讲解样式时，重点演示其便利性。
- ❖ 讲解目录时，重点强调目录生成的前提条件。

毕业论文的正文是页数比较多的长文档，我们可以利用多级符号对其进行整体编排，通过样式整体修改格式，生成目录。下面我们来完成××大学××学院××学生的毕业论文长文档的编排并生成目录，最后，将“封面”与任务 4 文档进行合并。目录及长文档第一页效果，如图 2-128 所示。

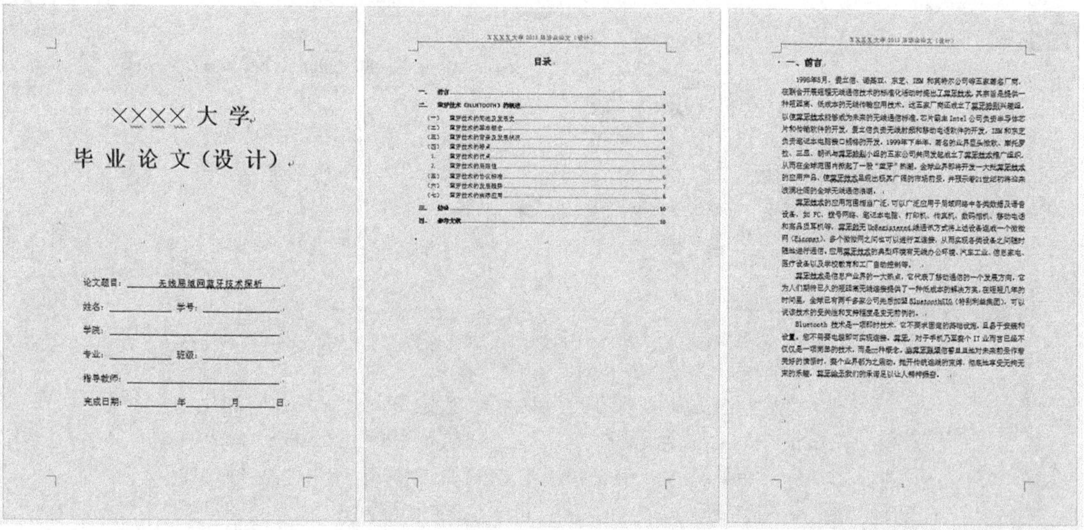

图 2-128　封面、目录及第一页效果图

2.5.1　毕业论文的编排

1. 项目符号编号

项目符号编号的作用是增加项目内容的条理性。下面为“毕业论文”添加项目符号编号，操作步骤如下：

第 1 步：打开素材文件夹中的“毕业论文长文档素材.doc”，在第 3 页的下部有几行红色文本，这些文本缺少项目符号，如图 2-129 所示。

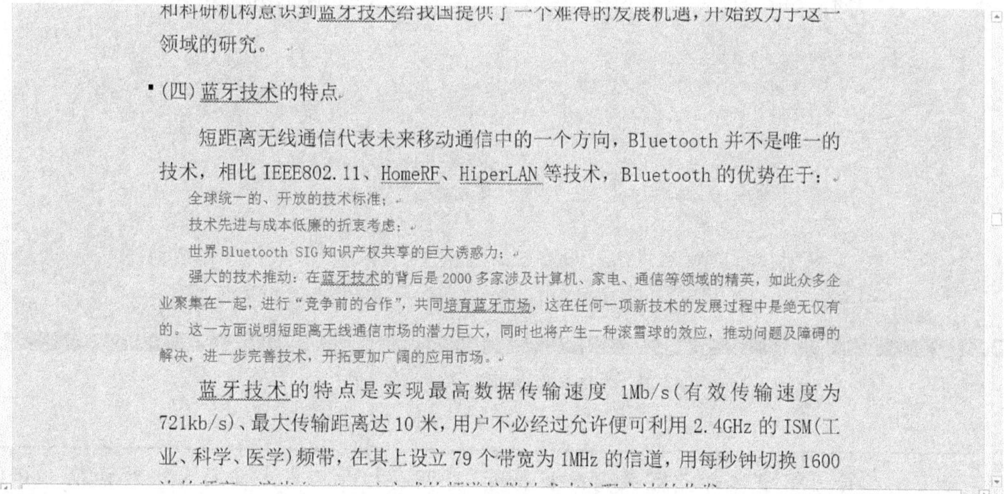

和科研机构意识到蓝牙技术给我国提供了一个难得的发展机遇，并开始致力于这一领域的研究。

(四) 蓝牙技术的特点

短距离无线通信代表未来移动通信中的一个方向，Bluetooth 并不是唯一的技术，相比 IEEE802.11、HomeRF、HiperLAN 等技术，Bluetooth 的优势在于：

全球统一的、开放的技术标准；

技术先进与成本低廉的折衷考虑；

世界 Bluetooth SIG 知识产权共享的巨大诱惑力；

强大的技术推动：在蓝牙技术的背后是 2000 多家涉及计算机、家电、通信等领域的精英，如此众多企业聚集在一起，进行“竞争前的合作”，共同培育蓝牙市场，这在任何一项新技术的发展过程中是绝无仅有的。这一方面说明短距离无线通信市场的潜力巨大，同时也将产生一种滚雪球的效应，推动问题及障碍的解决，进一步完善技术，开拓更加广阔的应用市场。

蓝牙技术的特点是实现最高数据传输速度 1Mb/s（有效传输速度为 721kb/s）、最大传输距离达 10 米，用户不必经过允许便可利用 2.4GHz 的 ISM（工业、科学、医学）频带，在其上设立 79 个带宽为 1MHz 的信道，用每秒钟切换 1600

图 2-129　第 3 页红色文本处

第 2 步：选中绿色的文本，选择“开始”选项卡“段落”组中的“项目符号”按钮，或者右键单击鼠标，在弹出的快捷菜单中选择“项目符号”，在弹出的符号组中选择黑色圆点，如图 2-130 所示。

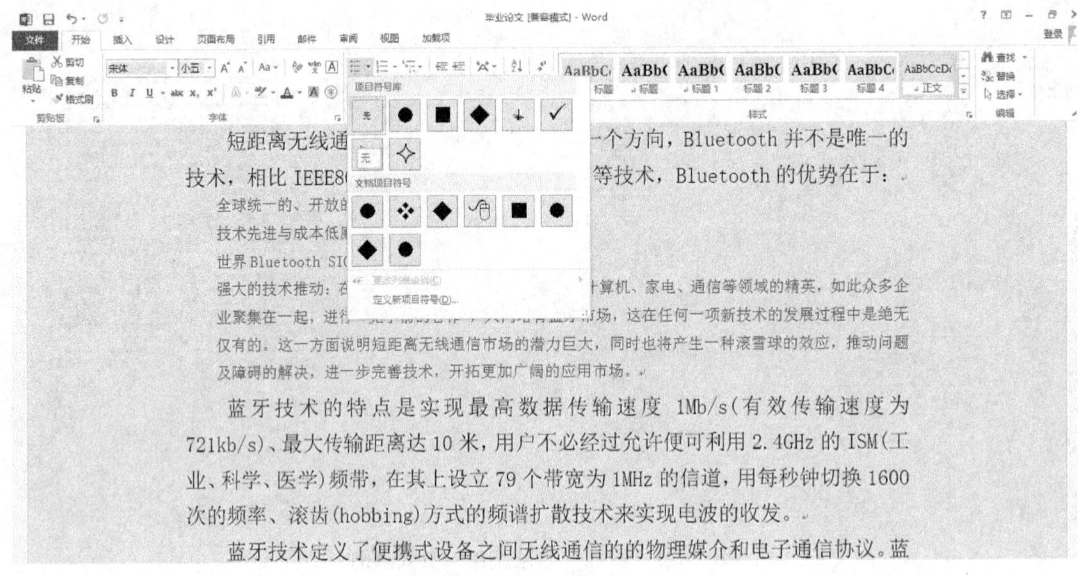

图 2-130　“项目符号”命令

第 3 步：项目符号的效果如图 2-131 所示。

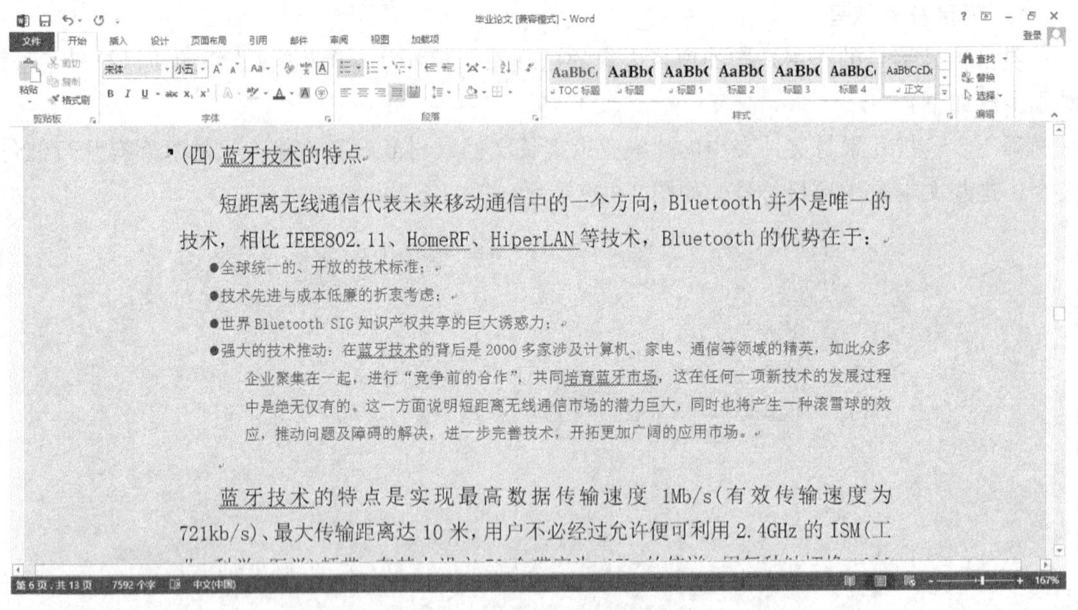

图 2-131　添加项目符号后效果

在符号组中选择“定义新项目符号”，可以打开“自定义符号”对话框，有更多的符号可以选择。

第 4 步：选中第 4 页中的蓝色文本，如图 2-132 所示。

第 5 步：选择“开始”选项卡“段落”组中的“编号”按钮，或者右键单击鼠标，在弹出的快捷菜单中选择“编号”，在编号样式中选择“1）、2）、3）……”格式，如图 2-133 所示。

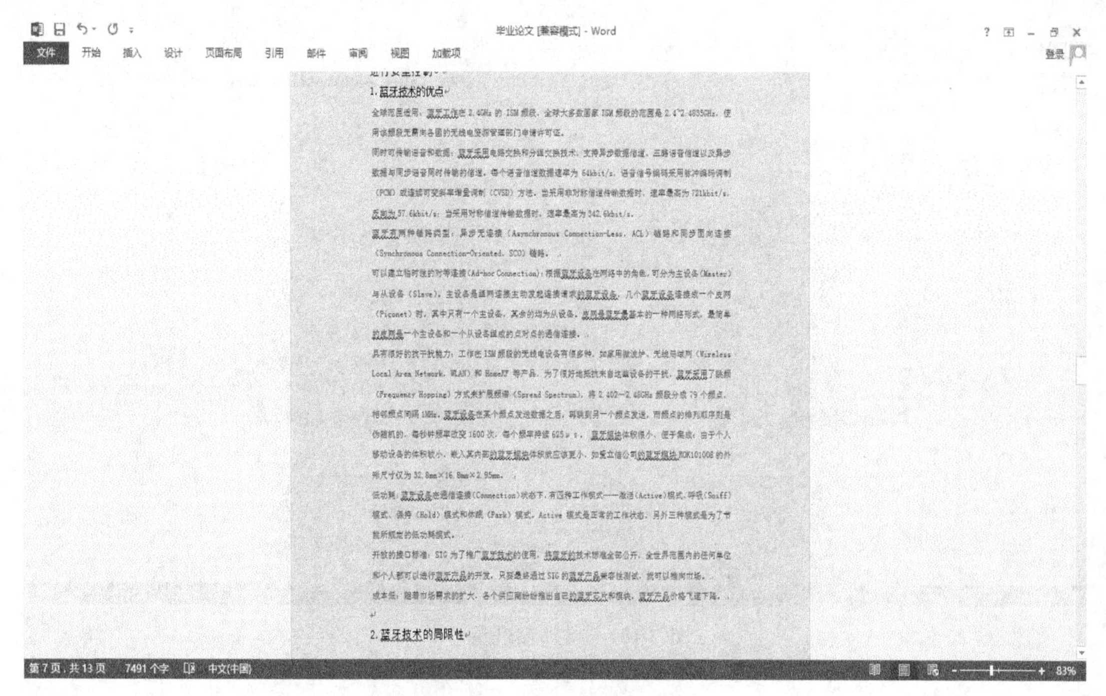

图 2-132　第 4 页蓝色文本

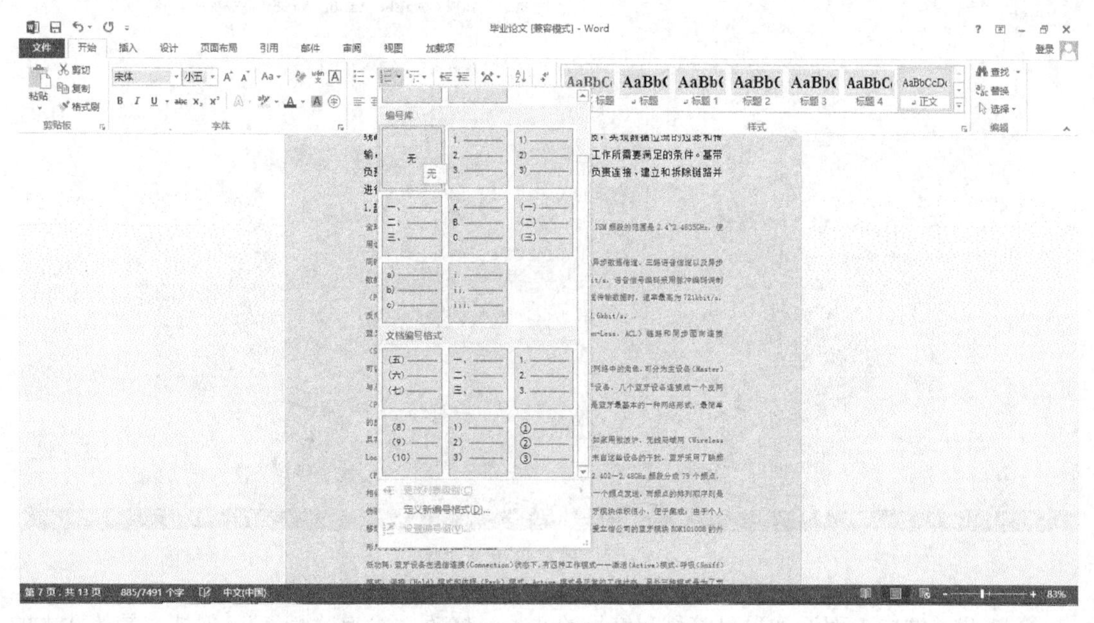

图 2-133　编号格式

第 6 步：选中加完编号的蓝色文本，选择“增加缩进量”，命令和效果分别如图 2-134、图 2-135 所示。

在编号组中选择“定义新编号格式”，可以打开“新定义编号格式”对话框，可以设置更多选项，请练习。

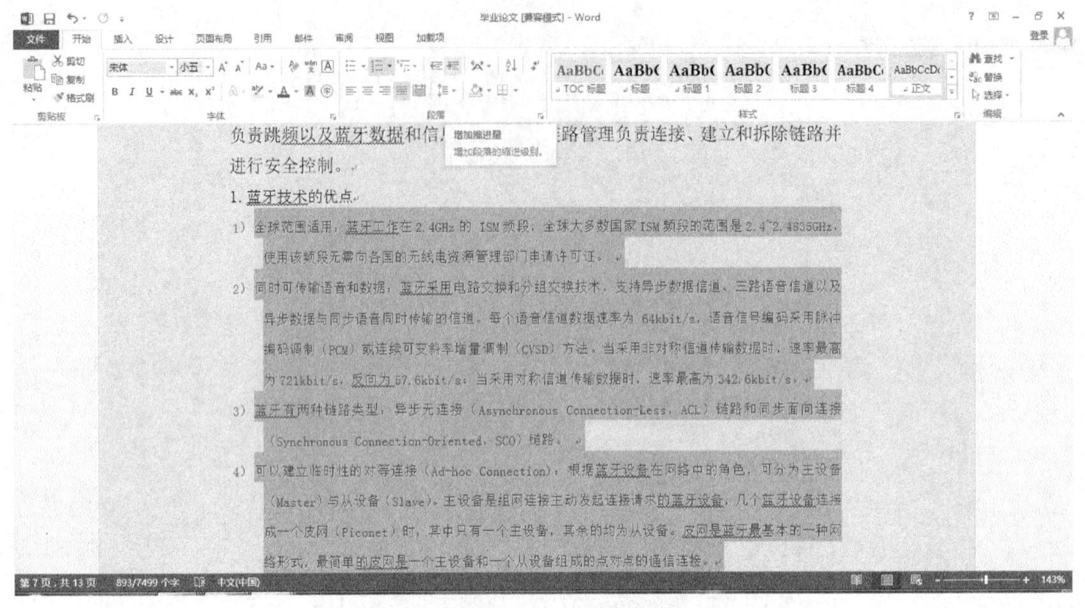

图 2-134　增加缩进量命令

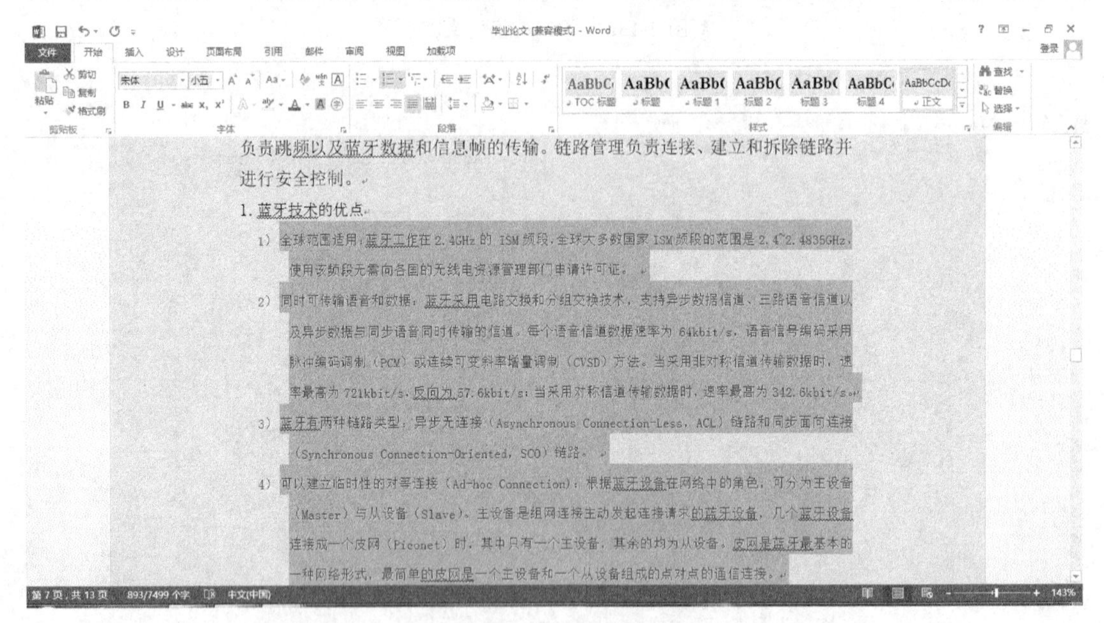

图 2-135　编号设置效果图

第 7 步：选中上面添加项目符号和编号的文本，修改文本为“黑色”，保持与其他文本的一致性。

2. 定义多级列表

一般情况下，长文档不止一级编号，要制作多级编号需要用到多级列表，配合后面的标题样式可以快速生成目录。操作步骤如下：

第 1 步：鼠标单击在文本开始第一行处，选择“开始”选项卡“段落”组中的“多级列表”按钮，在打开的下拉列表中选择“定义新的多级列表”命令，如图 2-136 所示。

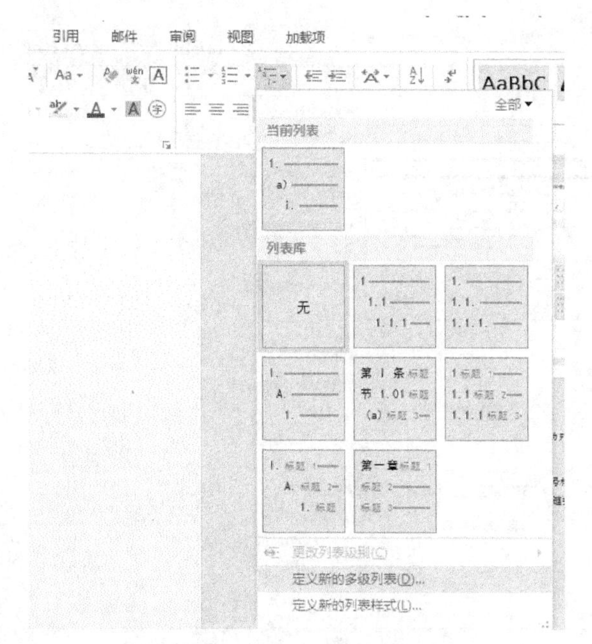

图 2-136　“定义新多级列表”命令

如果在“多级列表”按钮的下拉列表中有合适的列表格式，可以直接选择使用，不需要自定义新的多级列表。

第 2 步：在打开的“定义新多级列表”中选择级别“1”，编号样式为“一二三（简）”，后加顿号，单击“更多”按钮，打开右侧选项，“将级别链接到样式”为“标题 1”，如图 2-137 所示。

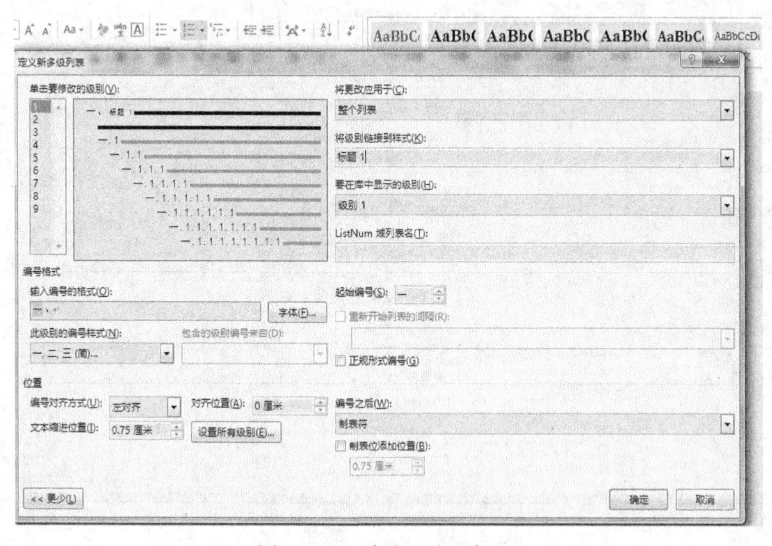

图 2-137　定义“级别 1”

第 3 步：选择级别“2”，编号样式为“一二三（简）”，左右加括号，“将级别链接到样式”为“标题 2”，“重新开始列表的间隔”为“级别 1”，如图 2-138 所示。

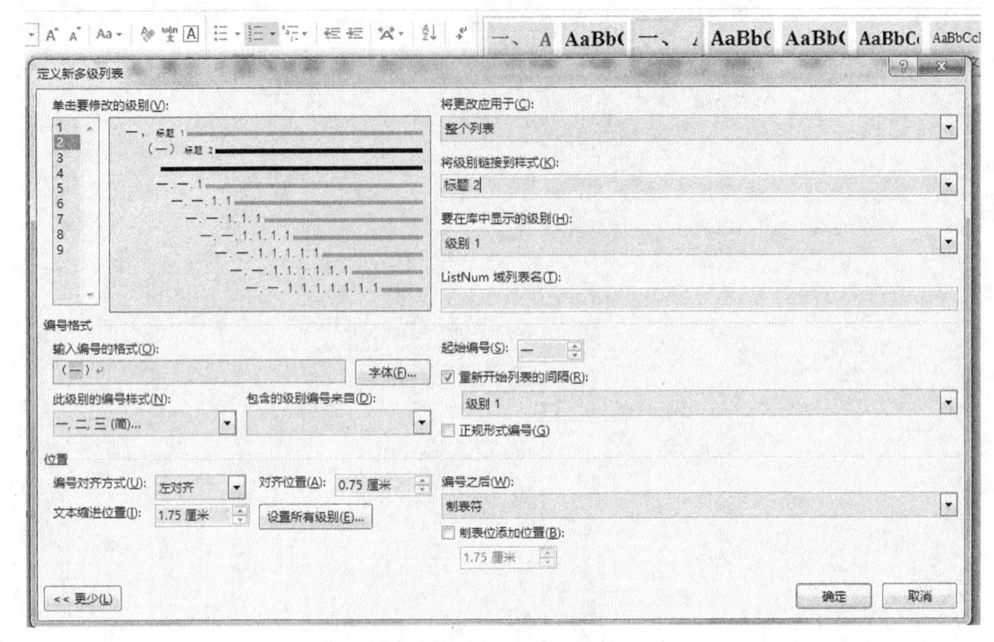

图 2-138　定义“级别 2”

第 4 步：选择级别“3”，编号样式为“1，2，3，…”，右加句点，“将级别链接到样式”为“标题 3”，“重新开始列表的间隔”为“级别 2”，如图 2-139 所示。

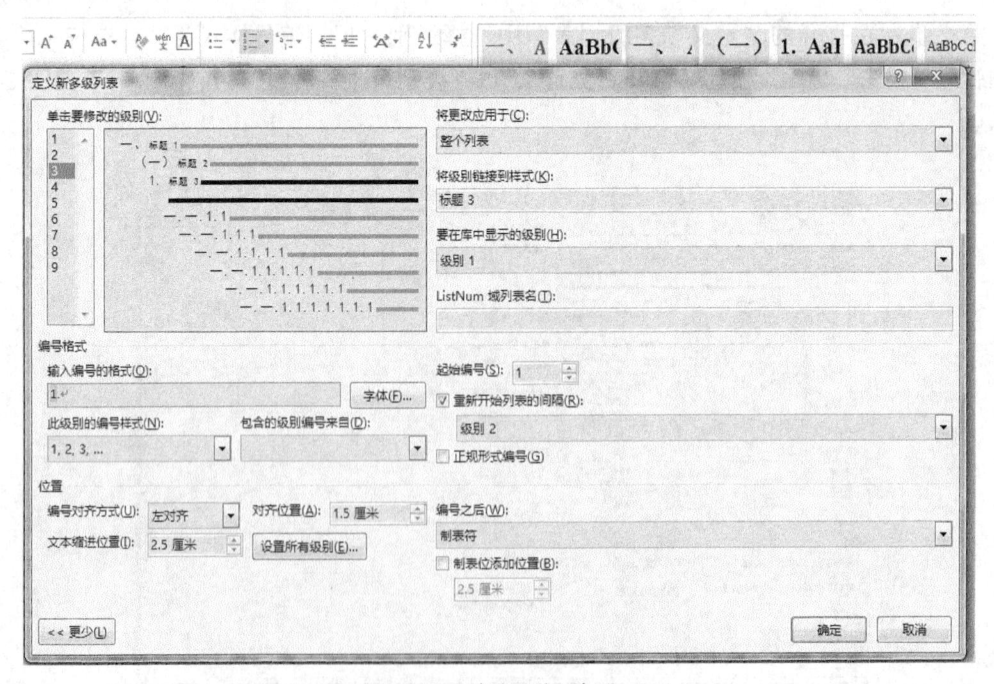

图 2-139　定义“级别 3”

第 5 步：以此类推，可以定义更多的级别，由于本文档只有三级标题，所以只定义到级别 3，单击“确定”按钮，第一行文本套用“级别 1”的样式显示，如图 2-140 所示。

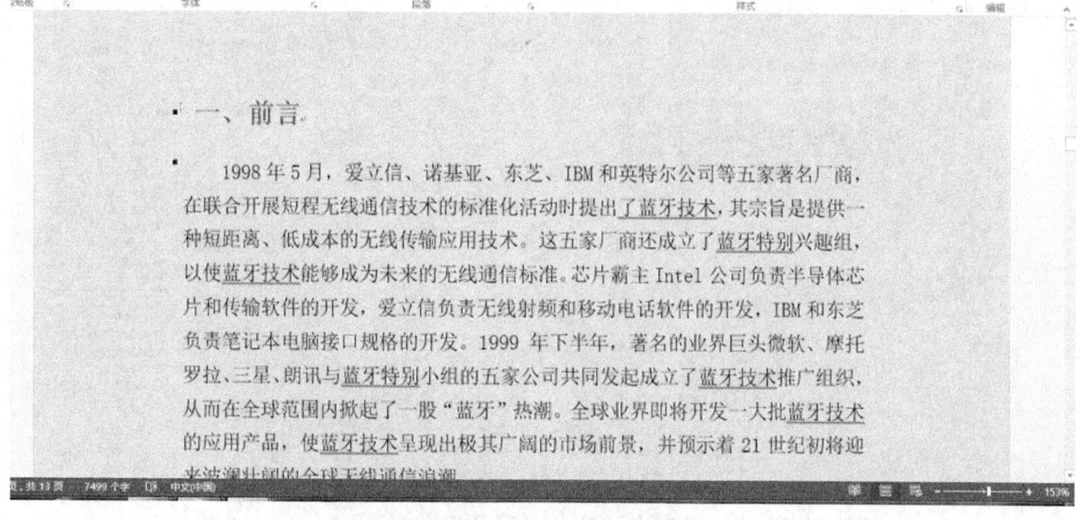

图 2-140　第一行显示效果

3. 样式及标题

在提供的“毕业设计长文档素材.docx”中，将紫色标注的字套用“标题 1”样式，将绿色标注的字套用“标题 2”样式，将黄色标注的字套用“标题 3”样式，并进行相应的修改，为后面的生成目录做准备，操作步骤如下：

第 1 步：选中第一行之后的任意一行紫色文字，选择“开始”选项卡“样式”组中的启动器，打开“样式”任务窗格，在“四号、加粗紫色”格式中单击右键，选择“选择所有 2 个实例”，如图 2-141 所示，文档中所有“四号、加粗、红色”的文本都选中了。

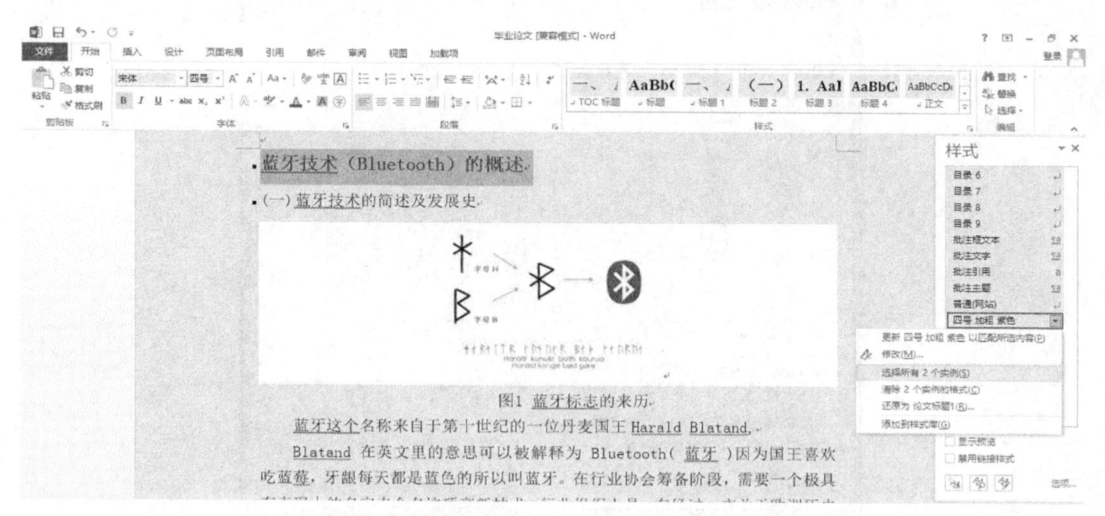

图 2-141　使用“样式”库选择同一格式文本

第 2 步：如果对“四号、加粗、红色”这个样式不满意，可以右键单击这个样式，选择“修改样式”进行更新。

第 3 步：鼠标移到“开始”选项卡“样式”组中的“标题 1”样式按钮上，文本格式会随之发生更改，右键单击“标题 1”，选择“修改”命令，如图 2-142 所示。

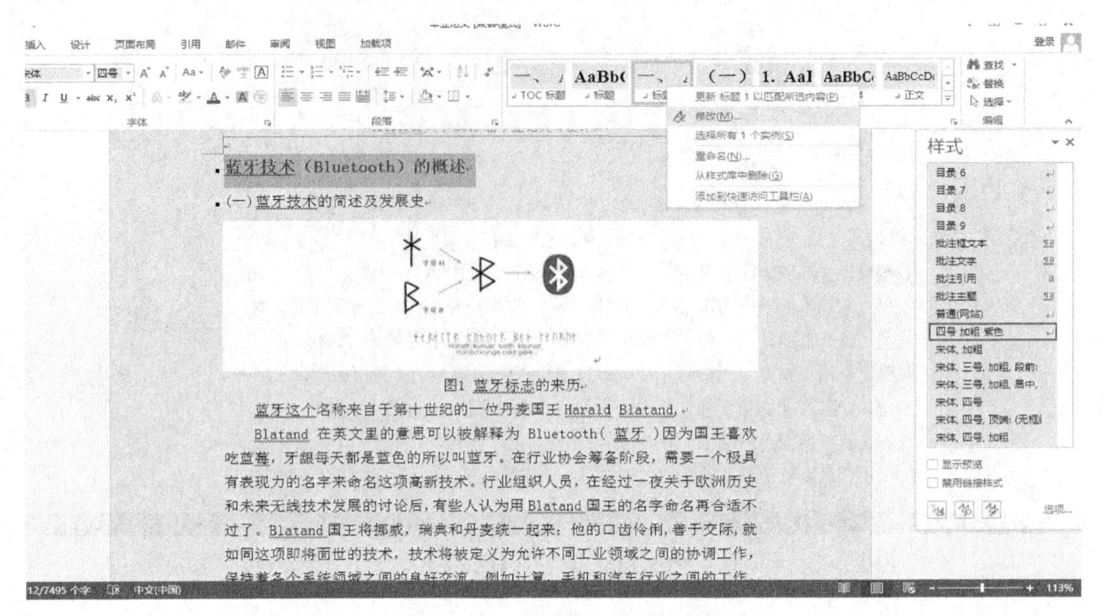

图 2-142 “标题 1”样式修改

第 4 步：在打开的“修改样式”对话框中，修改样式为字体“小三号”，如图 2-143 所示。

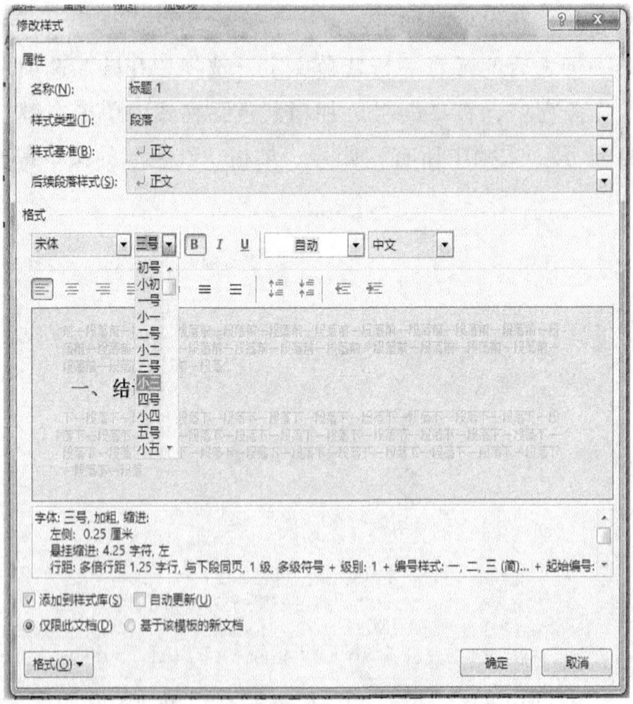

图 2-143 “修改标题 1 样式”对话框

第 5 步：单击“确定”按钮，“标题 1”样式的格式就更改好了，选中所有“四号、加粗、紫色”样式的文本，单击“标题 1”样式，2 个“四号、加粗、紫色”实例就都套用“标题 1”的样式了，选中第一行标题，再次选择“标题 1”样式，第一行标题也套用了新的“标题 1”样式，如图 2-144 所示。

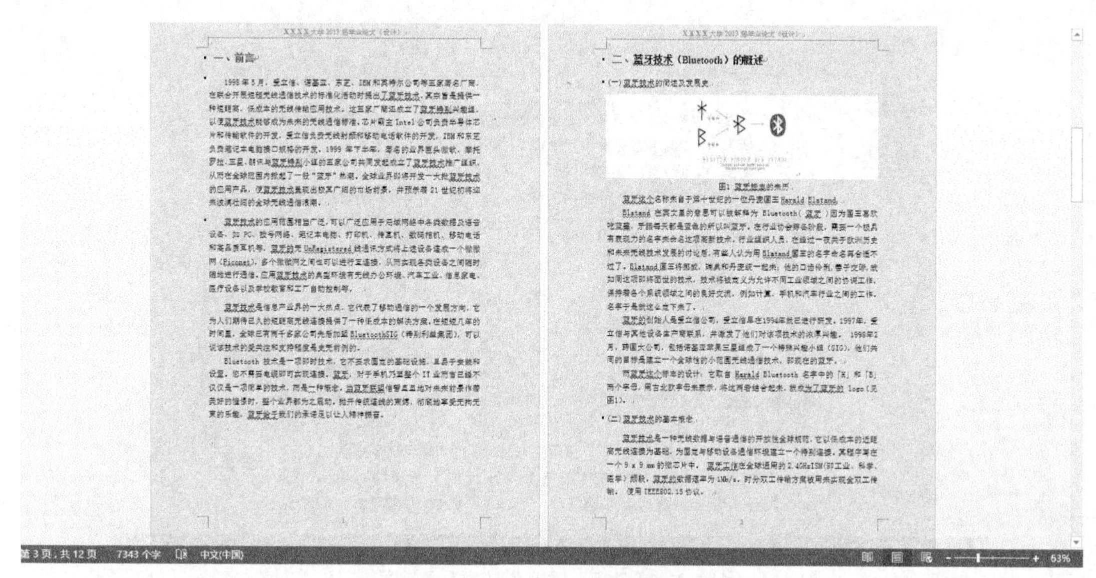

图 2-144　修改并套用“标题 1”样式

第 6 步：使用同样的方法，利用“样式”库选中所有的“绿色、四号”文本，单击选择“标题 2”样式，效果如图 2-145 所示。

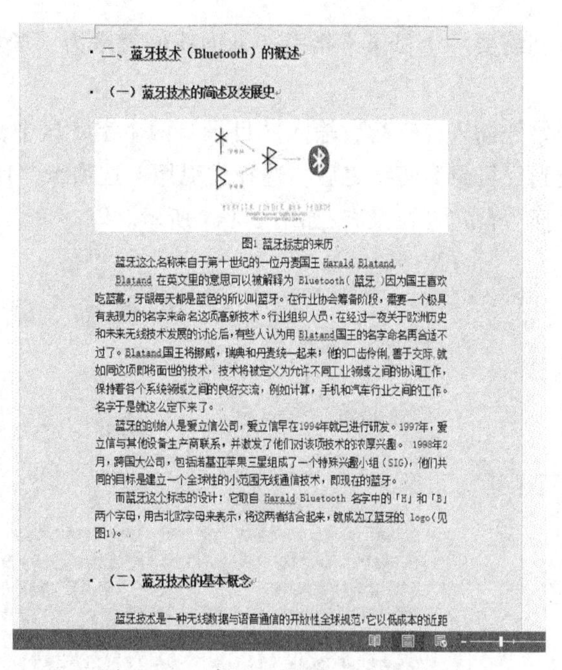

二、蓝牙技术（Bluetooth）的概述

（一）蓝牙技术的简述及发展史

图1 蓝牙标志的来历

蓝牙这个名称来自于第十世纪的一位丹麦国王 Harald Blatand.

Blatand 在英文里的意思可以被解释为 Bluetooth（蓝牙）因为国王喜欢吃蓝莓，牙龈每天都是蓝色的所以叫蓝牙。在行业协会筹备阶段，需要一个极具有表现力的名字来命名这项高新技术。行业组织人员，在经过一夜关于欧洲历史和未来无线技术发展的讨论后，有些人认为用 Blatand国王的名字命名再合适不过了。Blatand国王将挪威，瑞典和丹麦统一起来；他的口齿伶俐，善于交际，就如同这项即将面世的技术，技术将被定义为允许不同工业领域之间的协调工作，保持着各个系统领域之间的良好交流，例如计算，手机和汽车行业之间的工作。名字于是就这么定下来了。

蓝牙的创始人是爱立信公司，爱立信早在1994年就已进行研发。1997年，爱立信与其他设备生产商联系，并激发了他们对该项技术的浓厚兴趣。1998年2月，跨国大公司，包括诺基亚苹果三星组成了一个特殊兴趣小组（SIG），他们共同的目标是建立一个全球性的小范围无线通信技术，即现在的蓝牙。

而蓝牙这个标志的设计：它取自 Harald Bluetooth 名字中的「H」和「B」两个字母，用古北欧字母来表示，将这两者结合起来，就成为了蓝牙的 logo（见图1）。

（二）蓝牙技术的基本概念

蓝牙技术是一种无线数据与语音通信的开放性全球规范，它以低成本的近距

图 2-145　套用“标题 2”样式效果

如果对于“标题 2”样式不满意，右键单击“标题 2”样式选择“修改”即可。

第 7 步：使用同样的方法，利用“样式”库选中所有的“黄色、四号”文本，单击选择“标题 3”样式，效果如图 2-146 所示。

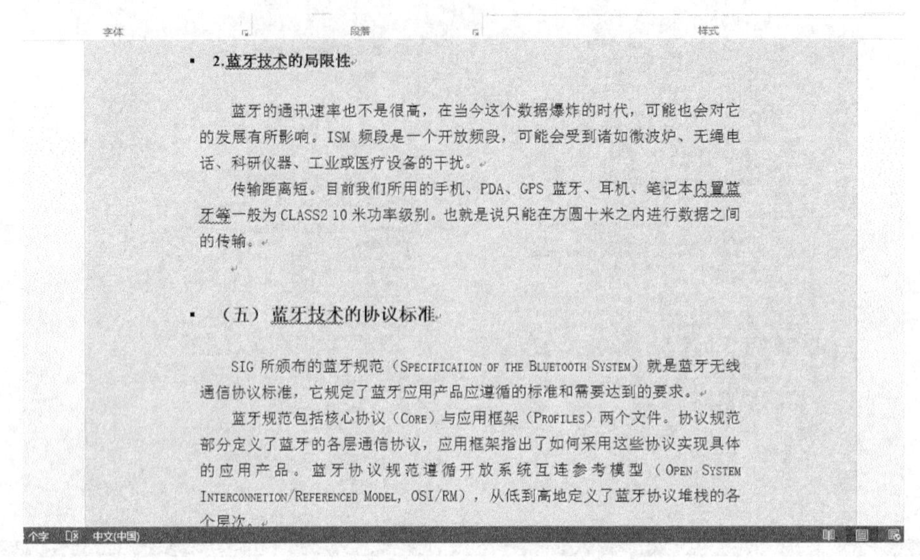

图 2-146　套用“标题 3”样式效果

2.5.2　目录生成以及与毕业论文封面的合并

1. 目录生成

一般情况下，长文档需要一个目录来指引，下面我们就来为“毕业论文长文档”制作目录，操作步骤如下：

第 1 步：在文档开始处插入一空行，输入“目录”两个字，居中，字体格式任意。

第 2 步：鼠标定位到“目录”两字之后，选择“引用”选项卡“目录”组“目录”按钮，在打开的下拉列表中选择“自定义目录”，如图 2-147 所示。

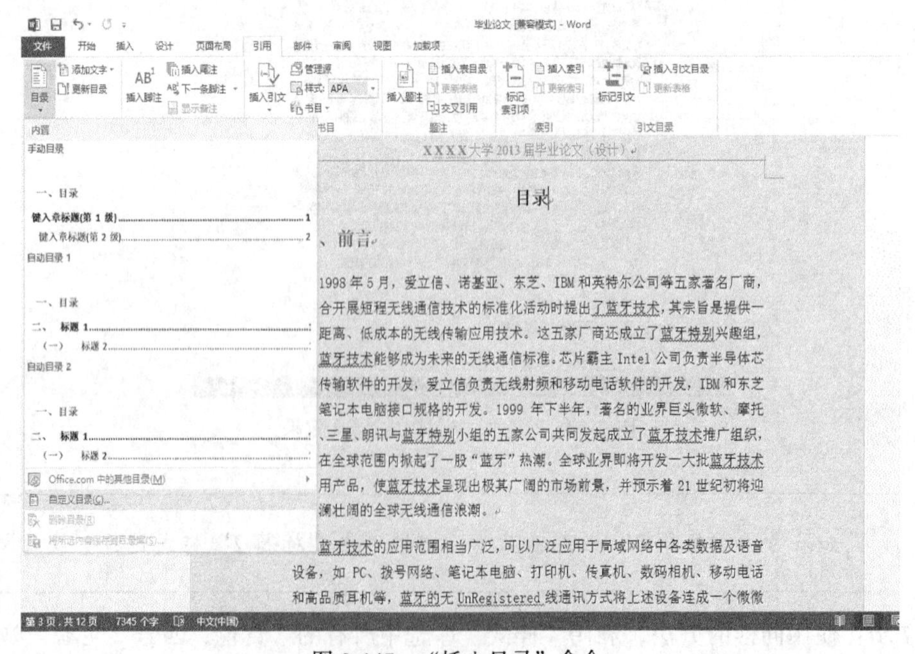

图 2-147　“插入目录”命令

第 3 步：在打开的“目录”对话框中，选择“制表符前导符”为“黑粗点”，“格式”为“正式”，“显示级别”为“3”，如图 2-148 所示。

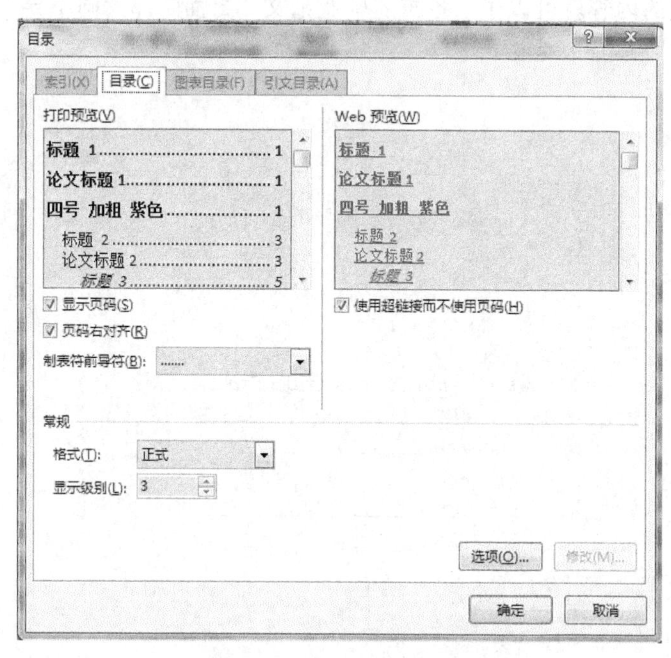

图 2-148 “目录”对话框

第 4 步：单击“确定”按钮，目录生成效果如图 2-149 所示。

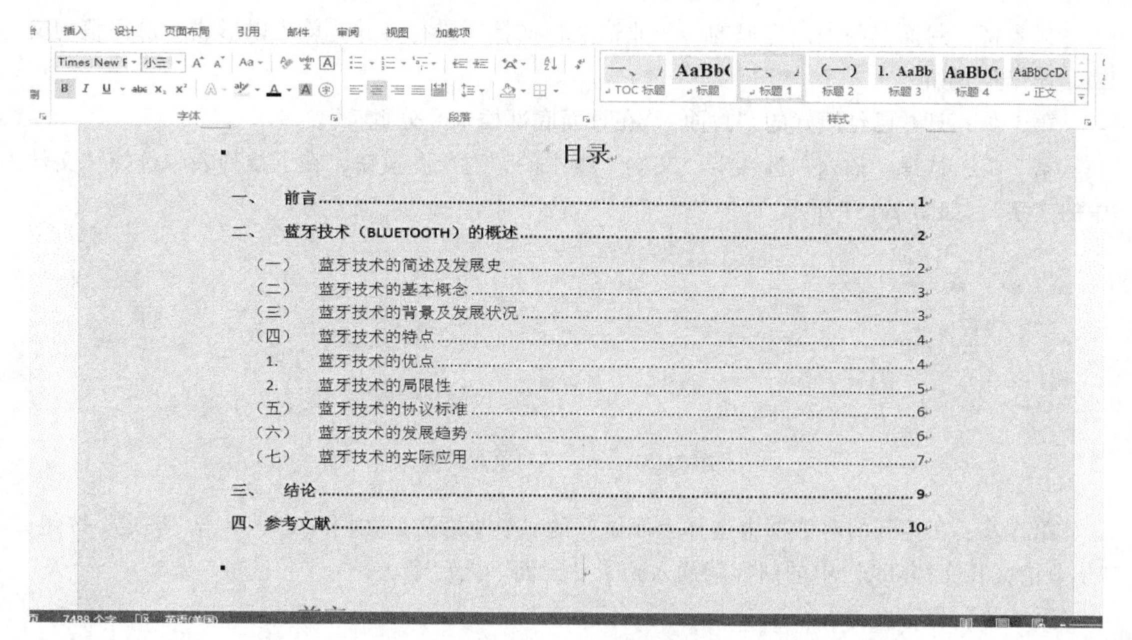

图 2-149 目录生成效果

第 5 步：在目录下面一行处，按“Ctrl+Enter”组合键分页，使目录单独占一页。

第 6 步：保存文件。

2. 合并文档

通常各高校都会设计自己学校的毕业论文“封面”，每位学生都可以去相应的网址下载，在空格处填好相应的内容就可以了。各校的毕业论文“封面”都大同小异，如图 2-150 所示。

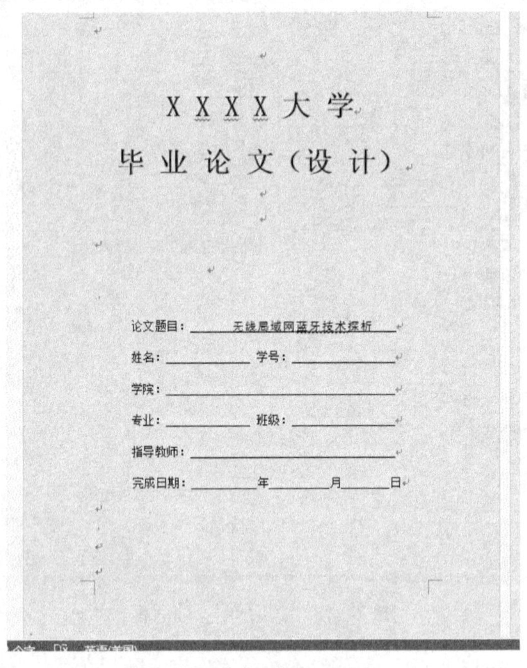

XXXX 大学

毕业论文（设计）

论文题目：无线局域网蓝牙技术探析

姓名：________ 学号：________

学院：________

专业：________ 班级：________

指导教师：________

完成日期：______年______月______日

图 2-150　论文封面

只要将“封面”与上面完成的“毕业论文长文档”进行合并，就可以形成一份完整的文档，操作步骤如下：

第 1 步：打开已经填好的“封面”，在页面底部插入“分页符”。

第 2 步：选择“插入”选项卡“文本”组中的“对象”按钮，在下拉列表中选择“文件中的文字”，如图 2-151 所示。

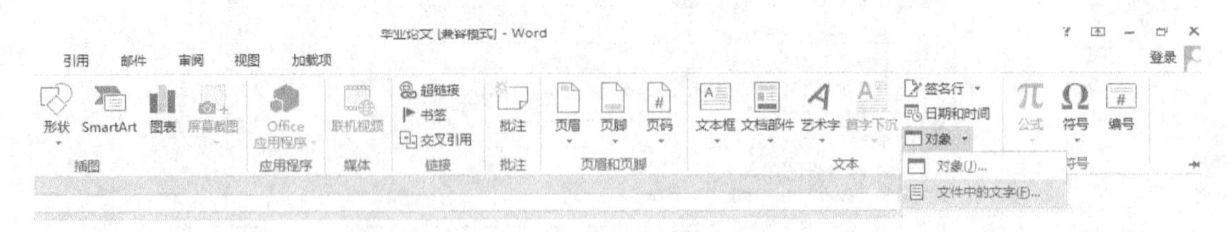

图 2-151　插入“对象”按钮

第 3 步：在打开的对话框中选择上面做好的“毕业论文长文档.doc”，单击“确定”按钮，“毕业论文长文档.doc”中的内容就插入到了“封面”之后了。

第 4 步：保存文件。

除了可以插入文档中的内容，还可以插入 Excel，PowerPoint 等对象，选择“插入”选项卡“文本”组中的“对象”按钮，下拉列表中选择“对象”，请练习。

课 后 习 题

1. Word 2013 的运行环境是（　　）。

A. DOS　　B. WPS　　C. Office　　D. Windows

2. 在（　　）视图方式下，文档的显示效果与打印输出的效果完全一致。

A. 普通视图　　B. 大纲视图　　C. 页面视图　　D. 阅读版式视图

3. 在编辑文档时，（　　）可以实现不同输入法之间的快速切换。

A. 按组合键 Shift+Ctrl　　B. 按组合键 Ctrl + Space

C. 按组合键 Shift + Space　　D. 按快捷键 Shift

4. Word 2013 主窗口的控制菜单按钮位于（　　）的最左端。

A. 常用工具栏　　B. 菜单栏　　C. 格式工具栏　　D. 标题栏

5. 在编辑 word 文档时，把鼠标指针移至某段的左端，当光标变为向右的箭头时，（　　）可以选定该段。

A. 单击鼠标　　B. 双击鼠标

C. 三击鼠标　　D. 按住 Shift 键，同时单击鼠标

6. 在编辑 Word 文档时，按组合键（　　）可以复制选定的文本。

A. Ctrl+C　　B. Ctrl+X　　C. Ctrl+V　　D. Ctrl+A

7. 在 Word 中，按（　　）组合键执行的操作相当于单击常用工具栏上的“保存”按钮。

A. Ctrl+A　　B. Ctrl+O　　C. Ctrl+S　　D. Ctrl+V

8. 在编辑 Word 文档时，把光标定位于某行中的任意位置，按 BackSpace 键后可以（　　）。

A. 删除该行

B. 删除光标所在位置的前一个字符

C. 删除光标所在位置的后一个字符

D. 删除光标所在位置的前一个字符和后一个字符

9. 在 Word 2013 中，如果发现常用工具栏不在主窗口上，那么可以通过（　　）菜单中的“工具栏”列表框来调出常用工具栏。

A. 编辑　　B. 工具　　C. 插入　　D. 视图

10. 在 Word 2013 文档中，要把多处同样的错误一次更正，可以（　　）。

A. 使用“撤消”与“恢复”命令

B. 使用“工具”菜单中的“自动更正选项”命令

C. 使用“编辑”菜单中的“替换”命令

D. 使用“工具”菜单中的“修订”命令

11. 在编辑 Word 文档时，要想在每次输入“BUPT”这四个字母时自动用“北京邮电大学”替换，可以（　　）来实现。

A. 使用“工具”菜单中的“自动更正选项”命令

B. 使用“编辑”菜单中的“替换”命令

C. 使用“工具”菜单中的“修订”命令

D. 使用“工具”菜单中的“拼写和语法”命令

12. 在 Word 文档窗口中，如果选定的文本块中含有不同字体的字符，则格式工具栏的“字体”列表框中显示（　　）。

A. 空白　　B 第一个汉字的字体

C. 系统缺省字体“宋体”　　D. 文本块中使用最多的文字字体

13. 要想为文档添加页眉或者页脚，应该单击（　　）菜单下的“页眉和页脚”命令。

A. 文件　　B. 视图　　C. 插入　　D. 工具

14. 下面关于文档分页的叙述中，错误的是（　　）。

A. 在 Word 2013 文档中，既可以自动分页，也可以人工分页

B. 在打印文档时，分页符不会被打印出来

C. 强分页符可以被删除

D. 软分页符可以被删除

15. 下面关于文档样式的叙述中，正确的是（　　）。

A. 样式只适用于字符，不适用于段落

B. 样式适用于段落，不适用于字符

C. 用户不能修改内置样式

D. 内置样式和自定义样式在使用时没有任何区别

16. 在 Word 文档中插入一幅剪贴画后，可以对它进行编辑，下面说法不正确的是（　　）。

A. 双击该图片可以打开“设置图片格式”对话框

B. 单击该图片会出现“图片”图片工具栏

C. 可以调整该图片的大小，但不可以调整该图片的颜色和亮度

D. 既可以调整该图片的大小，也可以调整该图片的颜色和亮度

17. 下面关于表格的叙述中，正确的是（　　）。

A. 文字、数字、图形都可以作为表格的数据

B. 只有文字、数字可以作为表格的数据

C. 只有数字可以作为表格的数据

D. 只有文字可以作为表格的数据

18. 如果把一个单元格拆分为两个单元格，那么原单元格中的内容将（　　）。

A. 被平均拆分到两个单元格中

B. 不会拆分，都位于左端的单元格中

C. 不会拆分，都位于右端的单元格中

D. 按一定的要求拆分

19. 在 Word 中，选取表格中的一个单元格，然后执行删除操作时，（　　）。

A. 只能删除该单元格所在的行

B. 只能删除该单元格所在的列

C. 可以同时删除该单元格所在的行和列

D. 既可以只删除该单元格所在的行或列，也可以只删除该单元格

20. 要想在页面的底端添加脚注，可以执行（　　）菜单下“引用”列表框中的“脚注和尾注”命令。

A. 插入　　B. 视图　　C. 格式　　D. 工具

第3章 Excel电子表格实战

企业日常办公中经常需要使用电子表格处理相关事务，如建立人员管理档案、员工考勤管理统计、费用报表、客户信息记录等。这些事务的一个共同特点就是要对所引用数据进行计算与统计，通过数据分析为企业管理提供支持。Excel 电子表格程序为此类事务的处理提供了方便、快捷的手段。

本章通过建立企业人事管理档案、制作企业员工工资表等相关任务制作并处理表格。利用电子表格管理数据，可方便地对表中的数据进行计算、统计、排序、筛选、分类等。同时根据表中的数据生成各种图表，以展示数据间的关系和发展趋势，帮助企业管理人员对数据进行分析决策。

任务1 建立企业人事档案

学习目标：

❖ 掌握启动与退出 Excel 软件的方法，熟悉 Excel 的工作界面，了解 Excel 中的基本概念与术语（工作薄、工作表、行、列、单元格、活动单元格等），输入不同类型的数据并能修改表格内容，学会工作表的切换与命名，学会打开与保存 Excel 工作薄，并能为工作薄加上密码。

❖ 学会使用 Excel 自动填充功能来完成序列填充和复制填充；工作表中的数据的移动、复制、删除；调整表格结构，如插入、删除行或列，调整行高与列宽，隐藏/取消隐藏行或列；利用工作表的拆分与冻结完成表格数据的输入与浏览。

❖ 学会使用格式工具组对工作表进行修饰与美化，学会调整数字与日期数据的不同显示方式，掌握使用条件格式突出显示工作表中重要数据的方法，学会在打印之前按要求进行页面设置与打印设置。

教学注意事项：

❖ 介绍 Excel 工作界面时，着重介绍名称框、编辑栏、工作表标签栏、单元格等基本概念，讲解清楚工作表与工作薄的区别与联系。

❖　学习自动填充时，要明白什么是 Excel 序列数据，包括默认的序列数据和自定义序列。需要注意的是，序列的初始值不同，Excel 填充结果也不相同。

Excel 2013 与以往的 Excel 版本相比较，Excel 2013 版本保留了 Excel 2010 版本的基本功能，其菜单仍然分别为文件、开始、插入、页面布局、公式、数据、审阅、视图。但是，Excel 2013 版本展现的是全新的界面。它更加简洁，其设计宗旨是帮助读者快速获得具有专业外观的结果。您会发现，大量新增功能将帮助您远离繁杂的数字，绘制更具说服力的数据图，从而制定更好更明智的决策。

成品展示：

❖　新华公司使用 Excel 软件记录与管理员工资料，在这个任务中，我们制作公司人事档案，之后在该档案中建立若干工作表，向人事表中添加数据，最后对表格进行格式化并打印输出。

新华公司人事表

时间：　2014年1月1日

编号	姓名	性别	出生年月	参加工作时间	最后学历	职务	所在部门
00324618	秦宁	男	1942年2月20日	1991年8月15日	研究生	总经理	机关
00324619	李文	女	1945年2月3日	1999年9月7日	研究生	部门经理	销售部
00324620	王杰	男	1952年5月8日	1999年12月6日	本科	部门经理	客服中心
00324621	周莉	女	1982年2月12日	1990年1月16日	本科	普通员工	客服中心
00324622	李小宇	男	1968年5月23日	1996年2月10日	大专	部门经理	技术部
00324623	王涛	男	1982年1月23日	1996年3月10日	大专	普通员工	客服中心
00324624	张明	男	1973年3月14日	1998年4月8日	研究生	部门经理	业务部
00324625	赵静静	女	1968年5月1日	1998年5月8日	研究生	部门经理	后勤部
00324626	伍小林	男	1970年1月1日	1999年6月7日	本科	部门经理	机关
00324627	王宇	男	1978年2月1日	1997年7月9日	大专	文员	后勤部
00324628	赵晓峰	男	1977年6月6日	1995年8月11日	中专	文员	机关
00324629	李明明	男	1981年3月4日	2002年9月4日	大专	技工	后勤部
00324630	王应富	男	1970年1月1日	1998年12月7日	研究生	部门经理	产品开发部
00324631	曾冠琛	男	1978年2月1日	1997年1月9日	本科	业务员	销售部
00324632	关俊民	男	1977年6月6日	1995年2月11日	研究生	总工程师	技术部
00324633	曾丝华	女	1981年3月4日	2002年3月4日	研究生	工程师	技术部
00324634	王文平	男	1981年3月7日	1993年4月13日	本科	业务员	销售部
00324635	孙娜	女	1981年3月8日	1999年5月7日	本科	部门经理	人事部
00324636	丁怡瑾	女	1945年2月3日	1995年6月11日	本科	业务员	销售部
00324637	蔡少娜	女	1952年5月8日	2003年7月3日	本科	业务员	销售部

分析 Excel 2013 版本，主要亮点及功能如下：

迅速开始模板：

可完成大多数设置和设计工作，专注于数据。打开 Excel 2013 时，将看到预算、日历、表单和报告等。

即时数据分析：

新增的“快速分析”工具，可以在两步或更少步骤内将数据转换为图表或表格。预览使用条件格式的数据、迷你图或图表，并且仅需一次点击即可完成选择。

瞬间填充整列数据：

“快速填充”像数据助手一样帮助完成工作。当检测到需要进行的工作时，“快速填充”会根据数据中识别的模式，一次性输入剩余数据。

为数据创建合适的图表：

通过“图表推荐”，Excel 2013 可针对数据推荐最合适的图表。通过快速一览查看数据在不同图表中的显示方式，然后选择能够展示您想呈现的概念的图表。当创建首张图表时，使用切片器作为过滤数据透视表数据的交互方法，在 Excel 表格、查询表和其他数据表中过滤数据。切片器更加易于设置和使用，它显示了当前的过滤器，因此可以准确知道正在查看的数据。

一个工作簿，一个窗口：

在 Excel 2013 中，每个工作簿都拥有自己的窗口，从而能够更加轻松地同时操作两个工作簿。当操作两台监视器的时候也会更加轻松。

Excel 2013 新增函数：

在数学和三角、统计、工程、日期和时间、查找和引用、逻辑以及文本函数类别中的一些新增函数。同样新增了一些 Web 服务函数以引用与现有的表象化状态转变 (REST) 兼容的 Web 服务。在 Excel 2013 中的新函数中查看详细信息。

联机保存和共享文件：

Excel 2013 可以更加轻松地将工作簿保存到自己的联机位置，比如用户的免费 SkyDrive 或组织的 Office 365 服务。还可以更加轻松地与他人共享您的工作表。无论使用何种设备或身处何处，每个人都可以使用最新版本的工作表，实时协作。

网页中的嵌入式工作表数据：

要在 Web 上共享部分工作表，只需将其嵌入到网页中。然后其他人就可以在 Excel Web App 中处理数据或在 Excel 中打开嵌入数据。

在联机会议中共享 Excel 工作表：

无论用户身处何处或在使用何种设备（智能手机、平板电脑或 PC）只要安装了 Lync，就可以在联机会议中连接和共享工作簿。

保存为新的文件格式：

现在可以用新的 Strict Open XML 电子表格 (*.xlsx) 文件格式保存和打开文件。此文件格式让用户可以读取和写入 ISO8601 日期以解决 1900 年的闰年问题。

图表功能区更改：

“插入”选项卡上的“推荐的图表”新按钮让用户可以从多种图表中选择适合数据的图标。散点图和气泡图等相关类型图表都在一个伞图下。还有一个用于组合图（用户曾要求添加的一种受人喜爱的图表）的全新按钮。当用户单击图表时，会看到更加简洁的“图表工具”功能区。其中只有“设计和格式”选项卡，用户可以更加轻松地找到所需的功能。

快速微调图表：

三个新增图表按钮让用户可以快速选取和预览对图表元素（如标题或标签）、用户图表的外观和样式或显示数据的更改。

更加丰富的数据标签：

现在用户可以将来自数据点的可刷新格式文本或其他文本包含在您的数据标签中，使用格式和其他任意多边形文本来强调标签，并可以任意形状显示。数据标签是固定的，即使用户切换为另一类型的图表。用户还可以在所有图表（并不止是饼图）上使用引出线将数据标签连接到其数据点。

查看图表中的动画：

在对图表源数据进行更改时，查看图表的实时变化。图表变化还让用户的数据变化更加清晰。

创建适合数据的数据透视表：

选取正确的字段以在数据透视表中汇总用户的数据可能是项艰巨的任务。现在这个功能可以为您提供一些帮助。当用户创建数据透视表时，Excel 推荐了一些方法来汇总您的数据，并为用户显示了字段布局预览，因此可以选取那些展示用户所寻求概念的字段布局。

使用一个“字段列表”来创建不同类型的数据透视表：

使用一个相同的“字段列表”来创建使用了一个或多个表格的数据透视表布局。“字段列表”通过改进以容纳单表格和多表格数据透视表，让您可以更加轻松地在数据透视表布局中查找所需字段、通过添加更多表格来切换为新的“Excel 数据模型”，以及浏览和导航到所有表格。

在用户的数据分析中使用多个表格：

新的“Excel 数据模型”让用户可以发挥以前仅能通过安装 PowerPivot 加载项实现的强大分析功能。除了创建传统的数据透视表以外，现在可以在 Excel 中基于多个表格创建数据透视表。通过导入不同表格并在其之间创建关系，您可以分析数据，其结果是在传统数据透视表数据中无法获得的。

连接到新的数据源：

要使用“Excel 数据模型”中的多个表格，现在可以连接其他数据源并将数据作为表格或数据透视表导入 Excel 中。例如，连接到数据馈送，如 OData、Windows Azure DataMarket 和 SharePoint 数据馈送。还可以连接到来自其他 OLE DB 提供商的数据源。

创建表间的关系：

当从“Excel 数据模型”的多个数据表中的不同数据源获取数据时，在这些表之间创建关系让用户可以无需将其合并到一个表中即可轻松分析数据。通过使用 MDX 查询，可以进一步利用表的关系创建有意义的数据透视表报告。

使用日程表来显示不同时间段的数据：

日程表让您可以更加轻松地对比不同时间段的数据透视表或数据透视图数据。不必按日期分组，现在只需一次点击，即可交互式地轻松过滤日期，或在连续时间段中移动数据，就像滚动式逐月绩效报表一样。

使用“向下钻取”、“向上钻取”和“跨越钻取”来浏览不同等级的详细信息：

向下钻取一套复杂数据中不同等级的详细信息不是一项简单的任务。自定义集可以提供帮助，但要在“字段列表”中的大量字段中找到它们会耗费很多时间。在新的“Excel 数据模型”中，可以更加轻松地导航至不同等级。使用“向下钻取”数据透视表或数据透视图层次结构以查看更精细等级的详细信息，使用“向上钻取”转至更高等级以了解全局。

使用 OLAP 计算成员和度量值：

发挥自助式商业智能 (BI) 能量，并在连接到联机分析处理 (OLAP) 多维数据集的数据透视表数据中添加您自己的基于多维表达式 (MDX) 的计算。

创建独立数据透视图：

数据透视图不必再和数据透视表关联。通过使用新的“向下钻取”和“向上钻取”功能，独立或去耦合数据透视图让您可以通过全新的方式导航至数据详细信息。复制或移动去耦合数据透视图也变得更加轻松。

Power View：

使用 Office Professional Plus，则可以利用“Power View”的优势。单击功能区上的“Power View”按钮，通过易于应用、高度交互和强大的数据浏览、可视化和演示功能来深入了解您的数据。“Power View”让用户在单一工作表中创建图表、切片器和其他数据可视化并与其进行交互。

PowerPivot for Excel 加载项：

使用 Office Professional Plus，PowerPivot 加载项将随 Excel 一同安装。Excel 现在内置了 PowerPivot 数据分析引擎，因此用户可以直接在 Excel 中构建简单的数据模型。PowerPivot 加载项为创建更加复杂的模型提供了环境。在导入时使用它来筛选数据，定义您自己的层次结构、计算字段和关键绩效标记 (KPIs)，以及使用数据分析表达式 (DAX) 语言创建高级公式。

查询加载项：

使用 Office Professional Plus，查询加载项会随同 Excel 安装。它帮助用户分析和审查工作簿以了解其设计、函数和数据依赖性以及找出各种问题，包括公式错误或不一致、隐藏信息、断开的连接和其他问题。从“查询”中，您可以启动名为“电子表格对比”的 Microsoft Office 新工具，它用于对比两个版本的工作簿，清晰地指示已发生的更改。审查期间，您可以完整查看工作簿的更改。

下面来使用 Excel 工具创建新华公司人事表，Excel2013 创建的表格称为工作表。在本章中我们建立公司人事表，可以建立多张工作表，把这些工作表放在一起，就形成了一个 Excel 工作簿。一个 Excel 工作簿又称一个 Excel 文件，如前所述，其扩展名为 .xlsx。

工作簿与工作表的关系就像账本与账页一样，我们可把一个工作簿看成是一个账本，由多张账页组成，而每一个工作表就是其中一个账页，用于保存一个具体的表格。

3.1.1 制作新华公司人事表

新华公司人事部工作中，建立“人事表”，将“人事表”输入到工作簿 1 的 Sheet1 工作表中。表中的文字、数字都称为数据项。每一个数据项占一个单元格，如“编号”占一个单元格，“姓名”占一个单元格。

1. 人事表数据的输入

第 1 步：选择一种中文输入法，单击 A1 单元格，使它成为活动单元格，输入标题“新华公司人事表”，如图 3-1 所示。

工作区是窗口中有浅色表格线的大片空白区域，是用来输入数据、创建表格的地方。工作区中由横线与竖线交叉形成了若干个矩形方格，每个矩形方格称为一个单元格，表格中的数据就填写在一个个单元格中。

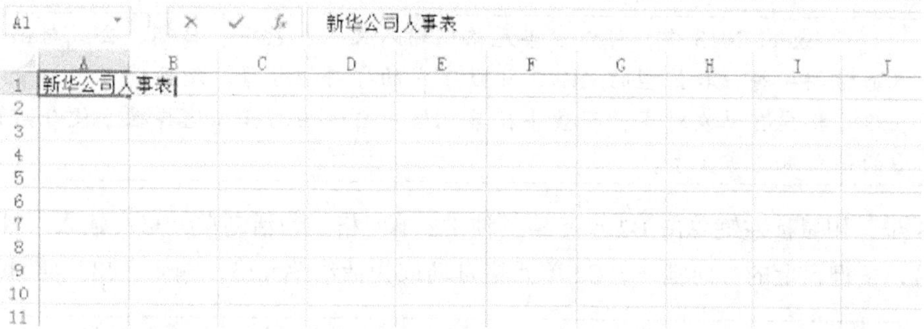

图 3-1　单元格输入

活动单元格是当前选中或正在编辑的单元格。活动单元格的标志是四周有粗的黑色边框，相应的行号与列标反色显示。我们只能在活动单元格中输入或修改数据。

名称框中显示的是活动单元格的名字，编辑栏用于显示活动单元格中的内容，还可以在此输入活动单元格的内容并进行编辑修改。

Excel 2013 启动后会自动建立一个名为工作簿 1 的新工作簿，一个工作簿中可以有一个或多个工作表，最多可以包含 255 个工作表。通常新创建的 Excel 2013 工作簿中默认有 1 个空白工作表。工作区最下面一行是工作表标签栏，显示了该工作簿所包含的工作表名称。一个工作表对应一个标签，为了便于管理，通常在一个工作表中创建一个表格。

在单元格中输入的内容会同时显示在编辑栏中，单元格或编辑栏中有插入点光标，在编辑栏的左侧会出现×、✓、fx 3 个按钮。单击“取消”按钮×或按 Esc 键将放弃当前输入或编辑的内容；单击“输入”按钮✓或敲回车键将完成并确认对单元格的输入或编辑；单击“插入函数”按钮 fx，会弹出“插入函数”对话框，可以选择公式进行表格数据的计算。

在输入的过程中如果发现错误，可以按 Backspace 键删除插入点光标前的文字。

第 2 步：确认无误后，按 Enter 键，A2 单元格自动成为活动单元格，接着输入“编号”，按回车键，A3 单元格自动成为活动单元格，如图 3-2 所示。

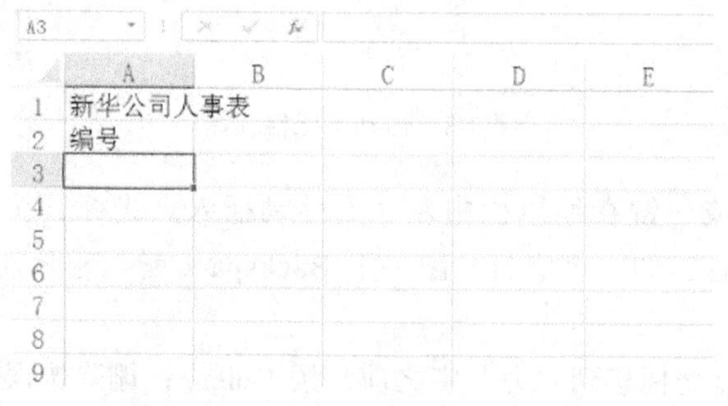

图 3-2　活动单元格

在 Excel 2013 中，可以在单元格中输入文本、数字、日期、公式与函数等。文本通常指字符、数值型的文本、非数字式的字符组合等。默认情况下，输入的文本在单元格内自动左对齐，而数字在单元格内自动右对齐。这样很方便分辨出单元格中的是文本还是数字。

第 3 步：用鼠标左键单击 B2 单元格，使 B2 单元格成为活动单元格，输入“姓名”，确认无误后，按键盘上的方向键→，C2 单元格自动成为活动单元格，输入“出生年月”。

在默认状态下，单元格的宽度只能容纳 4 个汉字（8 个西文字符），当向单元格中输入长文本时，该列不会自动加宽。如果右边相邻的单元格中有数据，则文本就不能完全显示出来；如果右边相邻的单元格中没有数据，单元格中的数据会全部显示出来。把鼠标指针移到列标的右边线上，当它变小成↔状时，双击鼠标左键，该列的宽度就自动调整到正好能把该列中的所有数据都显示出来。

2. 表内容的修改与输入

在向单元格中输入数据过程中，如果发现错误，可以直接按键盘上的 Backspace 键或 Delete 键删除错误的内容，然后重新输入。

如果确认了单元格的内容后发现了错误，可以有两种修改方法：整体覆盖和部分修改。例如 Sheet1 工作表中的数据输入完成后，发现 E2 单元格中的“最后学历”错输成“最后学力”了，下面我们就来修改它。

（1）整体覆盖

单击 E2 单元格，使它成为活动单元格，直接输入“最后学历”，原来的文字被新输入的文字覆盖，按回车键，结束修改。

（2）部分修改

如果单元格中只有部分文字错误而不希望全部重新输入时，可以使用编辑栏进行修改。

第 1 步：单击 E2 单元格，使它成为活动单元格，此时，E2 单元格的内容显示在编辑栏内，单击编辑栏，使插入点光标出现在编辑栏中。如图 3-3 所示。

E2 ✕ ✓ fx 最后学力

	A	B	C	D	E	F
1	新华公司人事表					
2	编号	姓名	出生年月	参加工作时间	最后学力	
3						
4						
5						
6						

图 3-3 活动单元格选择

按键盘上的→键或←键在编辑栏中左、右移动插入点光标，按一次键盘上的 Delete 键，删除插入点光标后面的一个字符；敲一下 Backspace 键，删除插入点光标前面的一个字符。

第 2 步：将插入点光标移到“力”字之前，按 Delete 键删除错误的“力”字，如图 3-4 所示。

E2　×　✓　fx　最后学

	A	B	C	D	E	F
1	新华公司人事表					
2	编号	姓名	出生年月	参加工作时间	最后学	
3						
4						

图 3-4　活动单元格修改

第 3 步：输入正确的“历”字，单击编辑栏上的✓按钮确认输入，结束修改，如图 3-5 所示。

E2　×　✓　fx　最后学历

	A	B	C	D	E	F
1	新华公司人事表					
2	编号	姓名	出生年月	参加工作时间	最后学历	
3						
4						
5						
6						
7						

图 3-5　活动单元格修改完成

3. 日期与时间的输入

在 Excel 2013 中，日期和时间的显示取决于单元格中所用的数字格式。默认情况下输入的日期和时间会被认为是数字，可以进行运算，在单元格内自动靠右边对齐。如果 Excel 2013 不能识别输入的日期或时间格式，输入的内容就会被视为文本，在单元格内靠左边对齐。

日期和时间可以采用直接输入的方法，用斜杠或减号分隔日期的年、月、日部分，我们可以用不同的格式来输入同一个日期，如要输入日期 2014 年 2 月 10 日，可以选择下面的任意一种格式输入：

2014-02-10　　2014/02/10　　14/02/10　　10-Feb-14

系统默认的时间是 24 小时制，所以若要以 12 小时制的方式输入时间，那么就要在输入的时间后键入一个空格，再输入“AM”或“PM”，如 3：20PM。

若要在一个单元格中同时输入日期和时间，那么日期和时间之间需要以空格隔开。

按键盘中的 CTRL+；键可以输入系统当前日期；按 SHIFT+CTRL+；键可以输入系统当前时间。

4. 工作表的命名与工作簿的保存

为了使工作表的名称能反映出该表格中的内容，我们可以改变 Excel 2013 默认的工作表的名称。

第 1 步：用鼠标右键单击要改名的工作表标签 Sheet1，弹出一个快捷菜单，单击快捷菜单中的重命名（R），此时，工作表标签变成反色显示，如图 3-6 所示。

第 2 步：输入新的名字“人事表”，再按回车键就可以了，如图 3-7 所示。

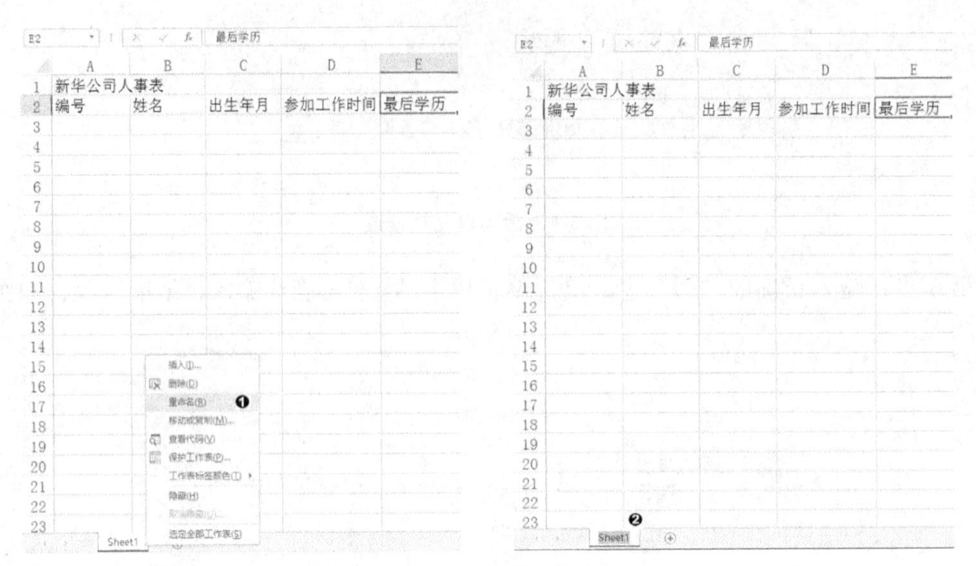

图 3-6　重命名工作表

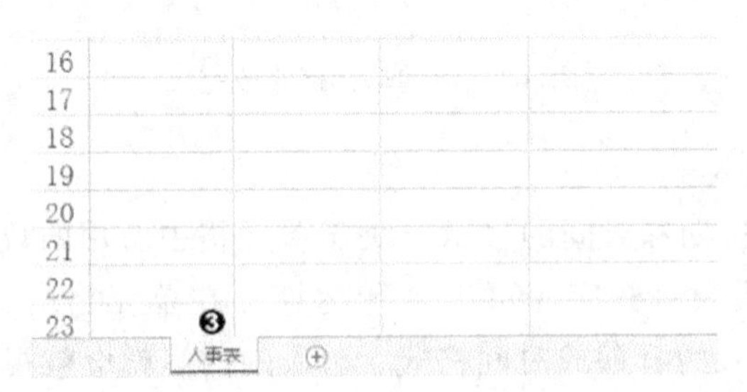

图 3-7　重命名工作表

第 3 步：为了不丢失数据，在输入数据的过程中，应该定时执行保存工作簿的操作，保存工作簿时可以给工作簿改名。现在把这个工作簿保存起来，把它命名为“员工资料”。

单击快捷访问工具栏中的“保存”按钮，或文件菜单中“另存为”对话框。如图 3-8 所示。

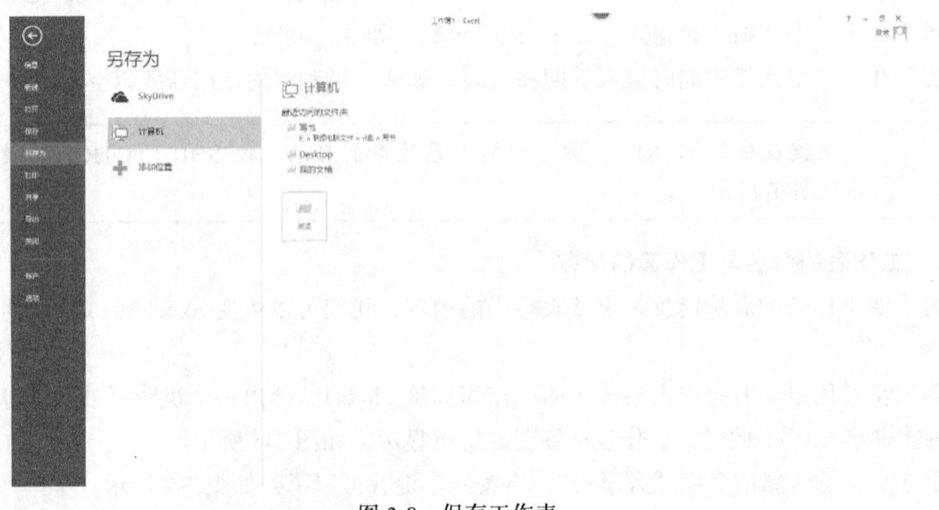

图 3-8　保存工作表

第 4 步：选择把工作簿保存在哪个文件夹中，我们选择桌面上的“库\文档”文件夹；在“文件名”框中，原来的文件名“工作簿 1”以反色显示，删除旧文件名并输入新文件名“员工资料”；“保存类型”就用 Excel 的默认类型“Excel 工作簿”。如图 3-9 所示。

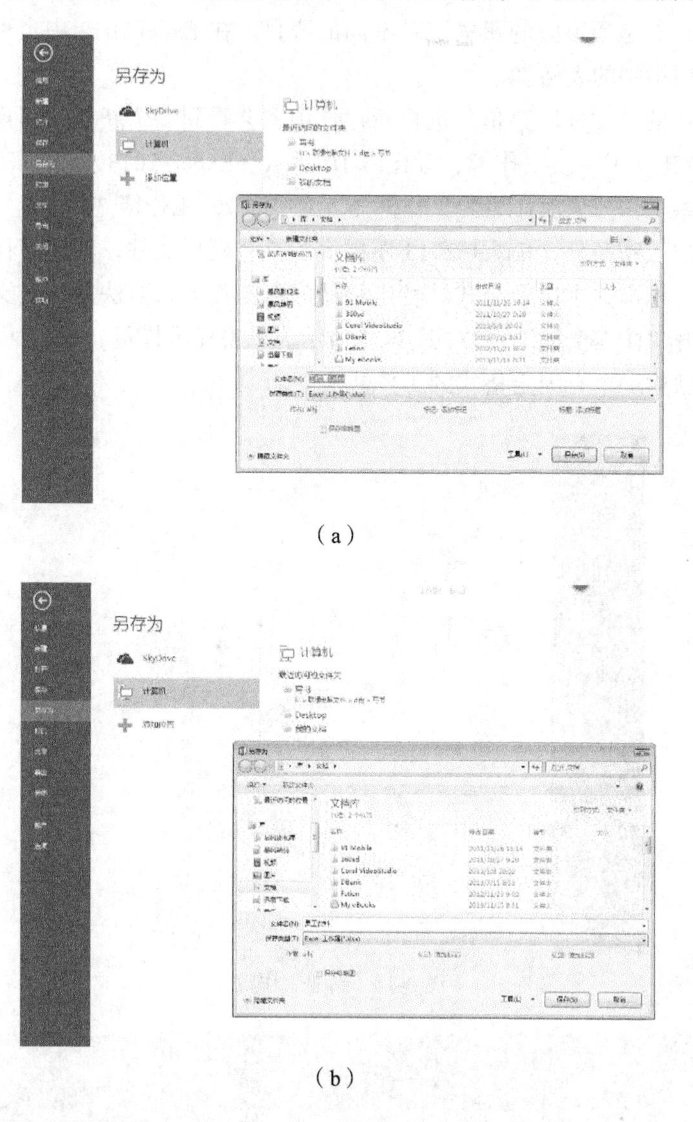

（a）

（b）

图 3-9　工作簿保存

第 5 步：单击“保存”按钮，工作簿就被保存起来了，这时标题栏上的文件名变成“员工资料”，说明你的保存操作成功了。

只有在第一次保存工作簿时才会出现“另存为”对话框，以后再修改工作表并保存时，不再出现“另存为”对话框，工作簿会自动保存在上次保存的文件夹中。

第 6 步：单击菜单栏右端的“关闭”按钮 ☒，可以关闭这个工作簿。

有时单击 ☒ 按钮后，会出现左下图所示提示框，说明这个工作簿还没有保存。单击 保存(S)，则把工作簿保存后再关闭；如果单击 不保存(N)，则不进行保存操作而直接关闭工作簿；单击 取消，则放弃关闭工作簿的操作，窗口恢复成原来的样子。

关闭工作簿后的 Excel 2013 窗口，现在并没有退出 Excel 2013，你仍然可以打开或新建其他工作簿。

5. 工作簿的新建

实际工作中，总是用不同的账本记录不同的账目。在 Excel 2013 中也可以建立多个工作簿，分别存放不同类别的表格。

单击菜单栏中的“文件”菜单，选择新建选项，会看到多个新建文档模板，选择第一项“空白工作簿”就建立了一新工作簿，如图 3-10 所示。Excel 2013 会根据工作簿建立的先后顺序，自动将这些工作簿依次命名为工作簿 1，工作簿 2，工作簿 3 等。

除了新建空白工作簿外，Excel 2013 还提供了一些模板文件，利用模板文件可以创建一个具有一定格式、标准文本以及公式等特定格式的新工作簿。方法是：在文件菜单“新建”任务窗口中，打开“样本模板”，如右图 3-11 所示。单击样本模板，单击某一个模板的图标，连机下载就可以新建一个有固定格式的工作簿。

图 3-10　新建工作簿

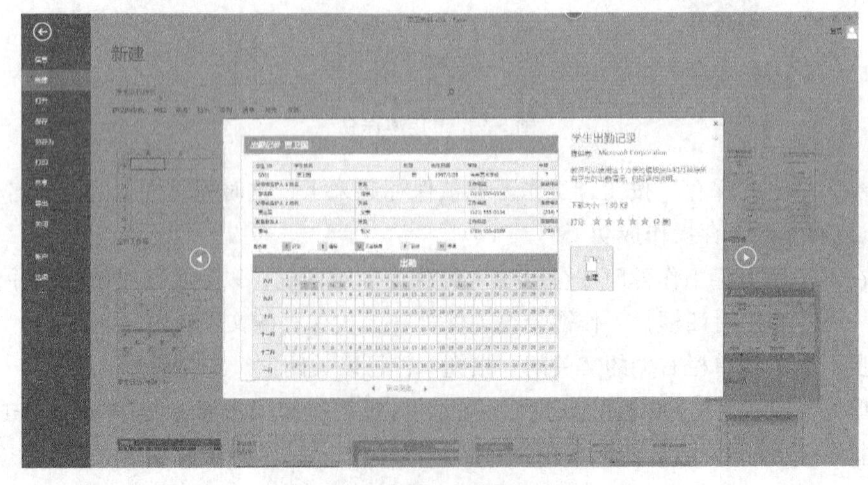

图 3-11　工作簿模板

3.1.2　向人事表中添加各类数值数据

1. 有规律数据的输入

（1）选定单元格区域

当向工作表中输入一些相同的数据或有规律数据，或对数据进行复制、删除、移动、填充等操作时，往往需要对一组单元格（称为单元格区域）进行操作，此时，首先需要选定单元格区域，从而使数据的输入和修改工作做得又快又准。

选定连续的单元格区域、选定一行或连续的多行、选定一列或连续的多列和选定不相邻的几个区域。

选定连续单元格可按住（Shift）键不放，用鼠标左键单击该选定区域的终止单元格，松开（Shift）和鼠标左键。选定不相邻的几个区域为先选定第一个区域，然后按住键盘上的（Ctrl）键不放，用鼠标依次选定第二个区域、第三个区域……直到选定完最后一个区域，再松开（Ctrl）键。

（2）单元格区域的名称

单元格的名称就如同数学中的变量名，可以用它表示工作区中的任意一个单元格，如 A1，B6 等。

（3）填充柄

在活动单元格或选定单元格区域的右下角有一个黑色的小方块■，这就是填充柄。将鼠标指针移到填充柄上时，鼠标指针会变成✛形状。对于表格中相同的数据或有规律的数据，可以用拖动填充柄的方法快速输入。

（4）使用填充柄快速输入等差序列

下面我们使用填充柄来完成“新华公司人事表”中数据输入。

第 1 步：在“新华公司人事表”中，使 A4 单元格成为活动单元格。

第 2 步：把鼠标指针移到 A4 单元格的填充柄上，当鼠标指针变成✛形状时，按住左键向下拖动鼠标指针到 A14 单元格，如图 3-12 所示。

第 3 步：松开鼠标左键，A4 到 A22 单元格就被填充了所需数据。

第 4 步：再在 A4，A6 单元格中分别输入 1001，1002。

第 5 步：选定单元格区域 A4：A5，作为填充的起始区域。

第 6 步：把鼠标指针移到选定区域的填充柄上，当鼠标指针变成✛形状时，按住左键向下拖动到 A22 单元格，如图 3-13 所示。松开鼠标左键，可以看到从 A4 单元格到 A22 单元格被依次

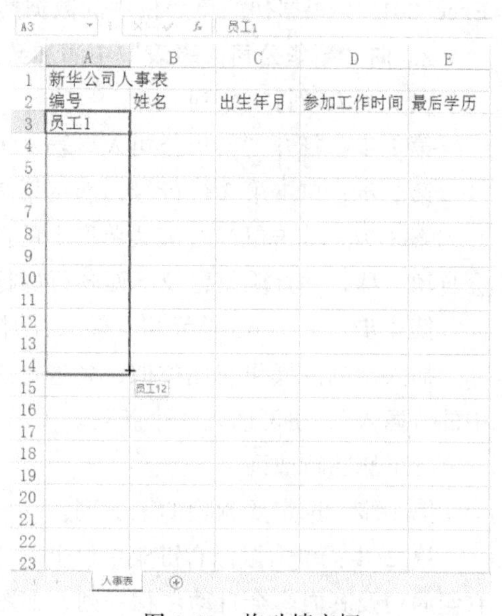

图 3-12　拖动填充柄

填充了 1001，1002，1003 等差序列，如图 3-14 所示。

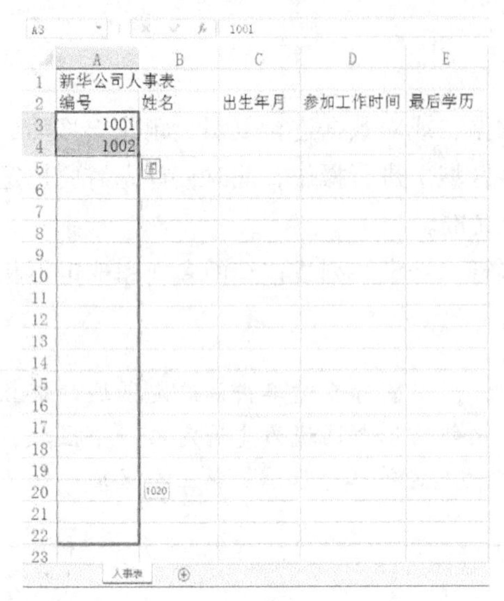

图 3-13　选定填充区

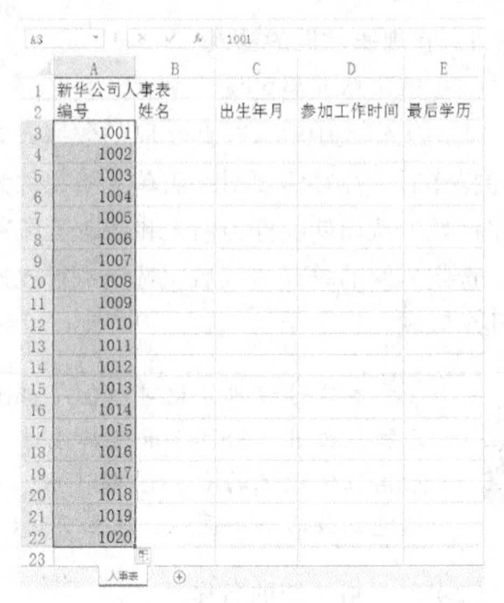

图 3-14　填充等差序列

序列就是一系列有规律的数据。可以在工作表中自动填充的序列数据有下面几种：日期、时间和数字序列，以及包含数字和文字的组合序列（如“第 1 名”）。使用鼠标填充序列时，首先输入序列的初始值（一个或两个数据），然后选定包含初始值的单元格区域，用鼠标左键拖动填充柄到目标单元格，Excel 2013 自动按等差序列填充。

除了用鼠标左键拖动填充柄填充数据外，还可以用鼠标右键拖动填充柄填充数据，这时 Excel 2013 会根据初始单元格中的数据类型提供多种填充选择。

2．向“新华公司人事表”中添加数据

（1）插入新行、新列

第 1 步：打开“新华公司人事表”工作簿，使“人事表”为当前工作表。

第 2 步：单击第 2 行行号，选定第 2 行。

第 3 步：单击鼠标右键菜单栏上的插入，在选定的位置会增加一个空白行，原来的内容会自动下移，并且原位置及下面各行的行号自动加 1，如图 3-15 所示。

第 4 步：单击 A3 单元格，输入“时间：2014 年 1 月 1 日”。

插入新列的操作与此类似，先选定想要插入新列所在位置的列标，再单击鼠标右键菜单中的“插入”，便可插入一个新列。

（2）删除行或列

第 1 步：选定要删除的第 F 列。

第 2 步：单击鼠标右键菜单栏上的“删除”，选定的列就被删除了。删除列以后，原位置右侧的列及其内容会自动左移一列，如图 3-16 所示。

	A	B	C	D	E
1	新华公司人事表				
2					
3	编号	姓名	出生年月	参加工作时间	最后学历
4	1001				
5	1002				
6	1003				
7	1004				
8	1005				
9	1006				
10	1007				
11	1008				
12	1009				
13	1010				
14	1011				
15	1012				
16	1013				
17	1014				
18	1015				
19	1016				
20	1017				
21	1018				

图 3-15　工作表插入行

	A	B	C	D	E	F	G	H	I
1	新华公司人事表								
2	时间：	2014年1月1日							
3	编号	姓名	出生年月	参加工作时间	最后学历		职务	所在部门	
4	1001								
5	1002								
6	1003								
7	1004								
8	1005								
9	1006								
10	1007								
11	1008								
12	1009								
13	1010								
14	1011								
15	1012								
16	1013								
17	1014								
18	1015								
19	1016								
20	1017								
21	1018								
22	1019								
23	1020								

图 3-16　删除插入列

删除行的操作与此类似，也是先选定要删除的行，再单击鼠标右键菜单中的“删除”，删除行后，原位置下面的行及其内容会自动上移一行。

（3）复制数据

Excel 2013 对于非序列数据（如纯文本等），用鼠标左键拖动填充柄表示复制填充。

除此之外，还可以使用剪贴板复制数据。

第 1 步：选定要进行复制的单元格区域 G4：G9。

第 2 步：单击“文件工具选项卡”栏上的“剪贴板”工具组中的“复制”按钮，此时选定区域的边框变为流动的虚线框，表示边框内的数据已经被复制到剪贴板上了。

第 3 步：单击需要填充复制内容的目标单元格 G13。

第 4 步：单击“文件工具选项卡”栏上的“剪贴板”工具组中的“粘贴”按钮，将剪贴板中的内容粘贴到目标单元格中，如图 3-17 所示。

G13　工程部

	A	B	C	D	E	F	G	H
1	新华公司人事表							
2	时间:	2014年1月1日						
3	编号	姓名	出生年月	参加工作时间	最后学历	职务	所在部门	
4	1001						工程部	
5	1002						工程部	
6	1003						工程部	
7	1004						工程部	
8	1005						工程部	
9	1006						工程部	
10	1007							
11	1008							
12	1009							
13	1010						工程部	
14	1011						工程部	
15	1012						工程部	
16	1013						工程部	
17	1014						工程部	
18	1015						工程部	
19	1016						工程部	
20	1017							
21	1018							
22	1019							
23	1020							

人事表

图 3-17　复制单元格中的数据

（4）调整行高与列宽

默认情况下，工作表中各列的宽度或各行的高度都是一样的，可以根据需要调整行高或列宽。

第 1 步：把鼠标指针移到 D 列列标右侧的边线上，鼠标指针变成形状。

第 2 步：按住左键向左拖动，此时工作表中出现一条竖直虚线指示此刻的列宽。

第 3 步：拖动 D 列到达合适的宽度时松开左键，D 列的列宽就调整好了。

改变行高的方法与改变列宽类似，把鼠标指针移到要改变高度的那一行行号的下边线上，当鼠标指针变成形状时，按住左键上下拖动鼠标，就可以改变行的高度。

3.1.3　利用拆分或冻结完成大型表格的输入

通常一张工作表的上端都有标题行（如图 3-18 所示的“编号”、“姓名”所在行），用来标记每一列的内容；左端有关键数据列（如上图中的第 A 列、第 B 列）。在输入或浏览大型表格内容时，通常会拖动滚动块使工作表的行列上下左右滚动，有时关键数据行（列）会滚动到显示区域外，给输入与浏览造成不便。利用窗口的冻结与拆分功能，可以使需要的关键行（列）始终显示在屏幕中。

1. 利用冻结窗格完成数据添加

第 1 步：打开“新华公司人事表”工作簿，使“人事表”为当前工作表。

第 2 步：单击 C4 单元格，使其成为活动单元格，该单元格将成为冻结点，该点以上和其左边的所有单元格都将被冻结。

第 3 步：单击“视图”选项组中“窗口”工具组，再单击“窗口”工具组中的冻结窗格选项内的“冻结窗格”。此时工作表的第 1～3 行和第 A，B 列将被冻结，冻结的窗格之间以细实线分割，如图 3-19 所示。

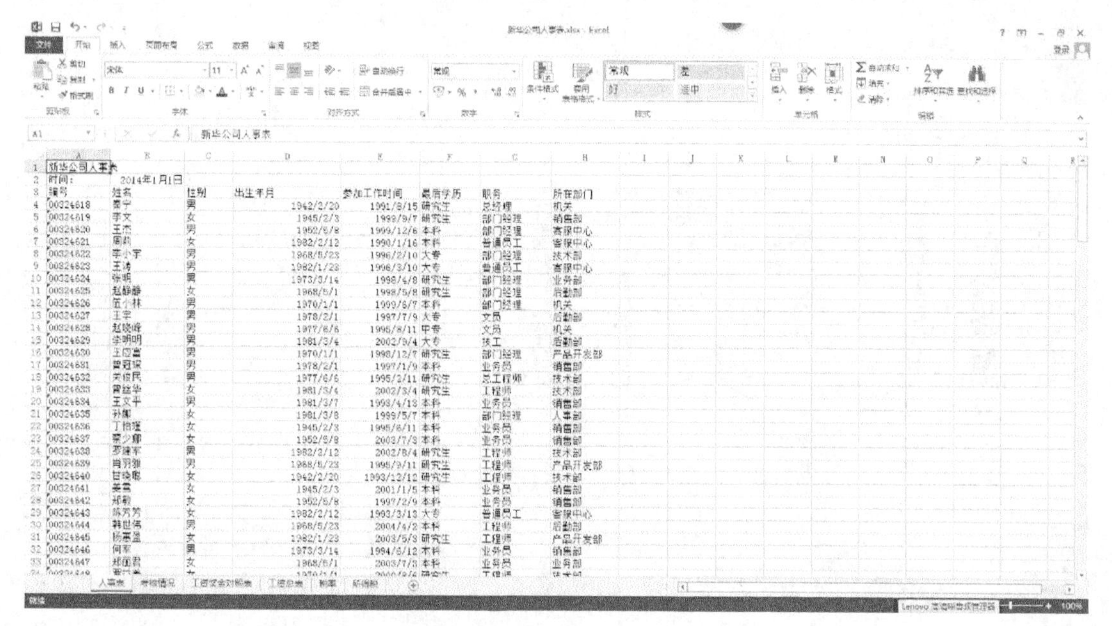

图 3-18　新华公司人事表

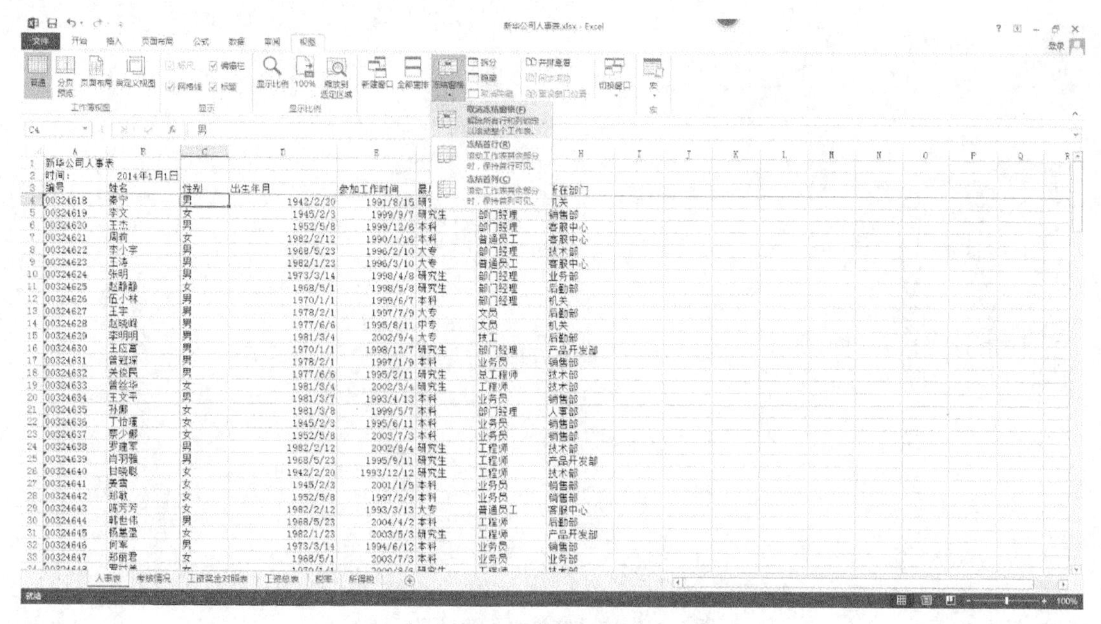

图 3-19　冻结窗格

第 4 步：连续单击垂直滚动条下方的▼按钮，使窗口中出现空白的行。工作表在向上滚动时，顶部被冻结的第 1，2，3 行始终显示在窗口中，如图 3-20 所示。

第 5 步：拖动垂直滚动块的滚动条顶端，显示工作表的前几行数据。连续单击水平滚动条右侧的▶按钮，使工作表中出现空白列。工作表在向左滚动时，被冻结的 A，B 两列始终显示在屏幕上，如图 3-21 所示。

第 6 步：单击“视图”选项组中“窗口”工具组，再单击“窗口”工具组中的冻结窗格选项内的“取消冻结窗格”，窗口恢复原样显示。

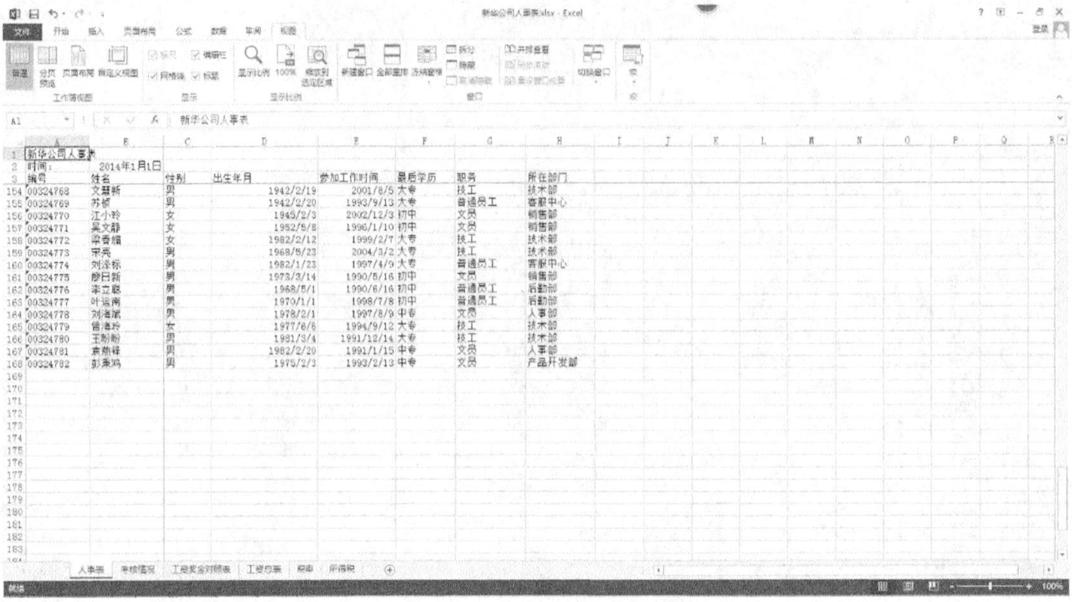

图 3-20　冻结窗格垂直滚动显示

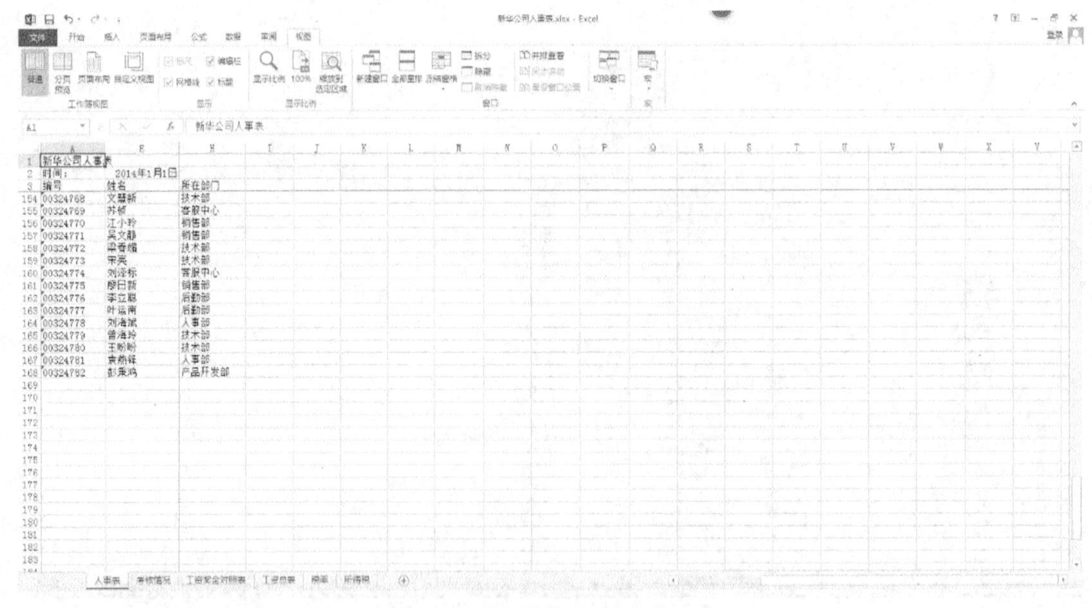

图 3-21　冻结窗格水平滚动显示

2. 使用拆分窗口浏览数据

拆分窗口是把当前工作表窗口拆分成窗格，并且在每个被拆分的窗格中都可以通过滚动条来显示出工作表的每一部分。可以按垂直方式、水平方式、水平和垂直混合方式分割一个工作窗口，以便浏览大型表格。

第 1 步：在“人事表”中单击 D8 单元格，使其成为活动单元格，拆分时该单元格所在的位置将成为进行拆分的分割点。

第 2 步：单击“视图”选项组中“窗口”工具组，再单击“窗口”工具组中的 拆分选项。当前窗口被拆分成四个窗格。水平相邻的两个窗格中都有各自独立的水平滚动条，而共用垂直滚动条；垂直相邻的两个窗格有各自独立的垂直滚动条，而共用水平滚动条。使用鼠标拖动窗格间的分隔条可以改变各个窗格的大小，如图 3-22 所示。

可以将拆分后的各个部分当成分开的窗口使用，这适用于同时查看大的工作表中对角部分数据。

图 3-22　拆分窗格显示

第 3 步：单击“视图”选项组中“窗口”工具组，再单击“窗口”工具组中的拆分选项，取消窗口的拆分状态。

拆分窗格与冻结窗格都是把工作表窗口分为几个部分，拆分窗格是让拆分窗格后的各部分都能滚动，而冻结窗格是为了防止上部与左侧窗格的滚动。

3. 隐藏列或行

在浏览工作表中的数据时，有时我们不希望显示某些列或某些行，而这些列或行又不能被删除，这时就可以使用隐藏列或行的方法。

（1）隐藏列

第 1 步：在“人事表”中，选定 D、E、F 三列。

第 2 步：单击鼠标右键中的“隐藏”，选定的三列从窗口中消失了。列隐藏后并没有从工作表中删除，C 列和 G 列之间的列标线变粗了，表明这里有隐藏的列，如图 3-23 所示。

（2）重新显示被隐藏的列

第 1 步：选定 C，G 列。

第 2 步：单击鼠标右键选择“取消隐藏”，刚刚被隐藏的 D，E，F 三列又出现在窗口中了。

隐藏行的操作与隐藏列相似，只是选定要隐藏的行即可。

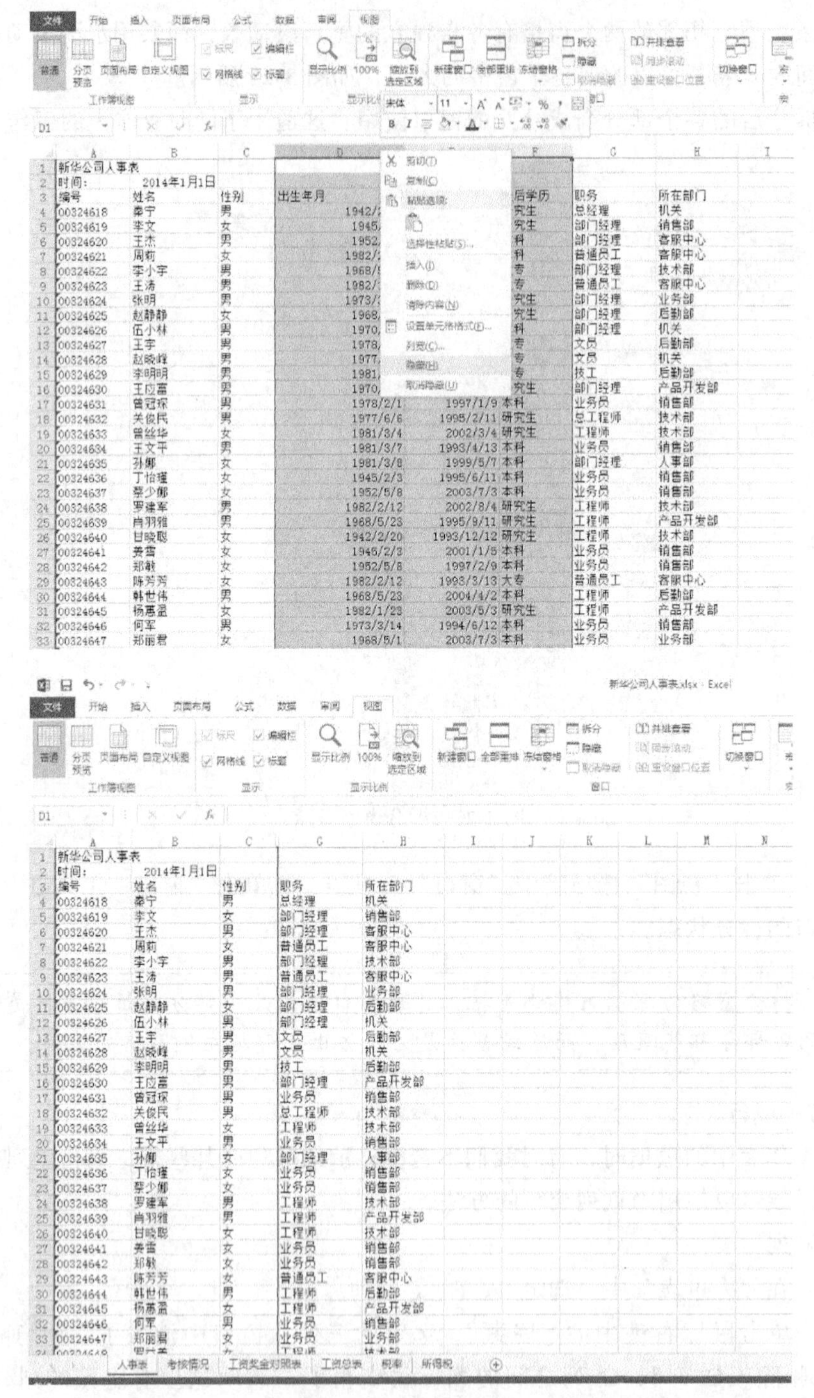

图 3-23　隐藏选定的列

4. 工作表的管理

（1）插入新工作表

默认情况下，一个工作簿中只有 1 张空白工作表，如果不够用，可增加工作表。

单击鼠标右键中的“插入…”，再单击“插入”中，这时就在当前工作表的前面增加了一个新工作表，新插入的工作表变成当前工作表。也可使用 ⊕ 图标完成前述操作。

新工作表总是插入到当前工作表之后，如图 3-24 所示。

图 3-24　插入新工作表

当工作簿的工作表太多时，工作表标签不能全部显示出来，这时可单击工作表标签前面 2 个播放按钮中的一个，使被遮挡的工作表标签显示出来。

（2）移动工作表

下面我们将“Sheet1”工作表移到“人事表”工作表之后。

第 1 步：将鼠标指针指向标签栏上的“Sheet1”，按下左键。

第 2 步：标签栏上向右拖动鼠标指针到“人事表”工作表之后，松开鼠标左键，“Sheet1”工作表便移动到新位置了。

（3）复制工作表

在工作簿中复制工作表与移动工作表的方法差不多，只是在按住鼠标左键拖动时需要按 Ctrl 键，当拖到适当位置时，再依次松开鼠标左键和 Ctrl 键即可。

（4）删除工作表

将鼠标指针指向工作表标签栏，单击鼠标右键，弹出一个快捷菜单。对工作表的删除（移动、复制、插入等）操作可以通过它来实现。

3.1.4　美化人事表及调整内容显示样式

1. 美化“人事表”

（1）合并单元格

第 1 步：打开“新华公司人事表”工作簿，使“人事表”为当前工作表。

第 2 步：选定 A1：H1 单元格区域，如图 3-25 所示。

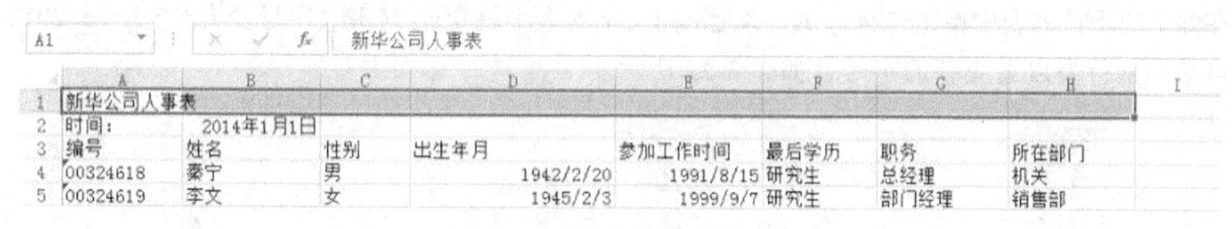

图 3-25　选定合并单元格区域

第 3 步：单击“开始”选项组中“对齐方式”工具组，再单击该工具组中的“合并及居中”按钮 合并后居中，A1～H1 这 8 个单元格就被合并成一个大单元格，原来 A1 单元格中的内容显示在合并后的单元格中部，如图 3-26 所示。

（2）设置字体与字号

默认情况下，Excel 2013 对汉字使用宋体，对数字和英文使用 Times News Roman 体。用“磅数”表示字的大小，磅数越大字越大，默认大小是 12 磅。“开始”选项组中提供了最为常用的设置格式和命令按钮。

第 1 步：单击 A1 单元格（合并后的标题）。

第 2 步：单击“开始”选项组中“字体”工具组，再单击该工具组中的框 右端的 ，弹出“字体”下拉列表，如图 3-27 所示。

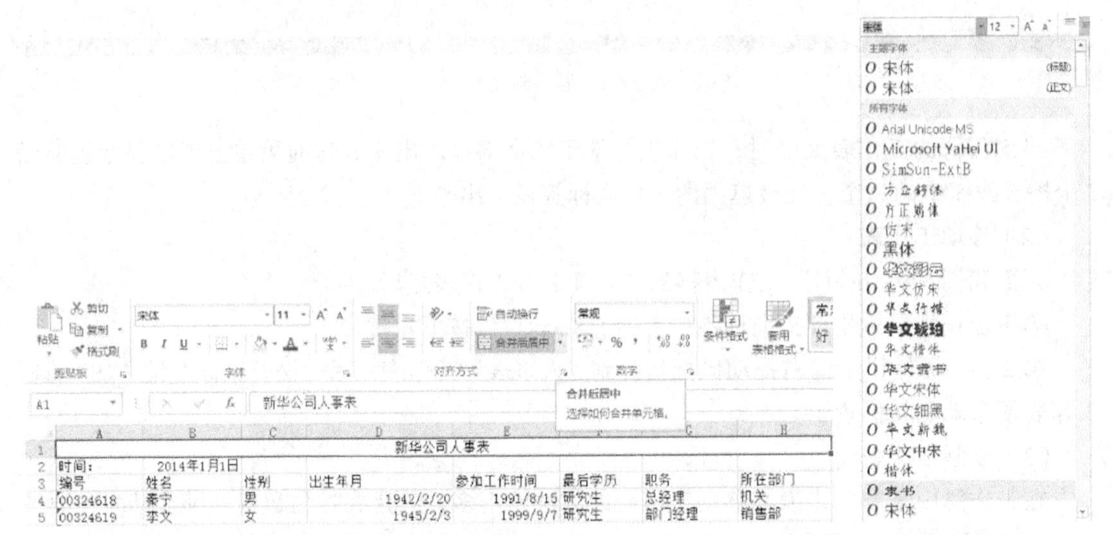

图 3-26　合并单元格区域　　　　图 3-27　选择字体下拉列表

第 3 步：在选择“字体”下拉列表中单击“隶书”选项，A1 单元格中文字的字体就变成隶书了，如图 3-28 所示。

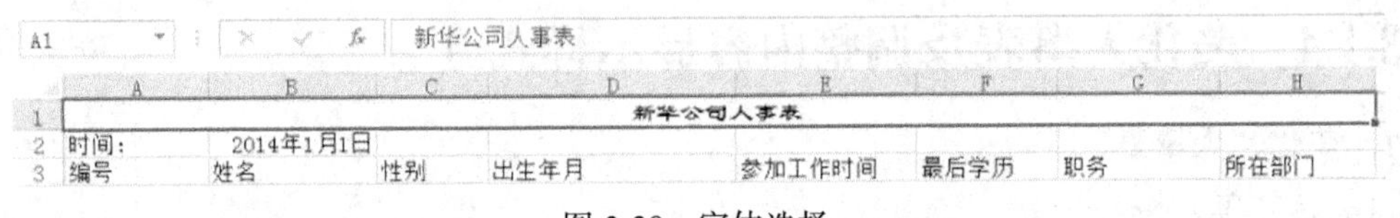

图 3-28　字体选择

第 4 步：单击“开始”选项组中“字体”工具组，再单击该工具组中的框 右端 ，在弹出的下拉列表中单击“24”，A1 单元格内文字的大小就变成 24 磅。字号变大时，Excel 2013 自动调整行高以适应新的字号，如图 3-29 所示。

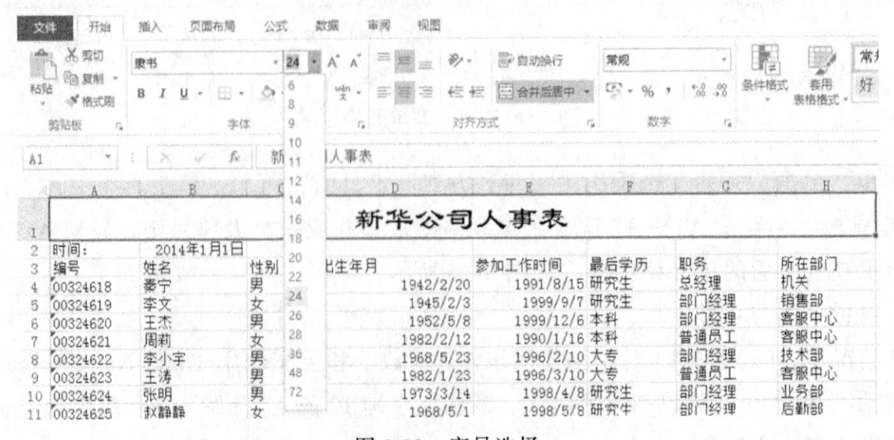

图 3-29　字号选择

利用“字体”工具组中的“加粗”按钮**B**、“倾斜”按钮*I*，“下划线”按钮U也可以修饰当前单元格或选定区域内数据的格式。这三个按钮都是“开关”按钮，单击一次用于设置格式，再次单击则取消所设置的格式。

第 5 步：选定 A3：H3 单元格区域。

第 6 步：单击“开始”选项组中“字体”工具组中“倾斜”按钮*I*，选定的文字就变成斜体了，如图 3-30 所示。

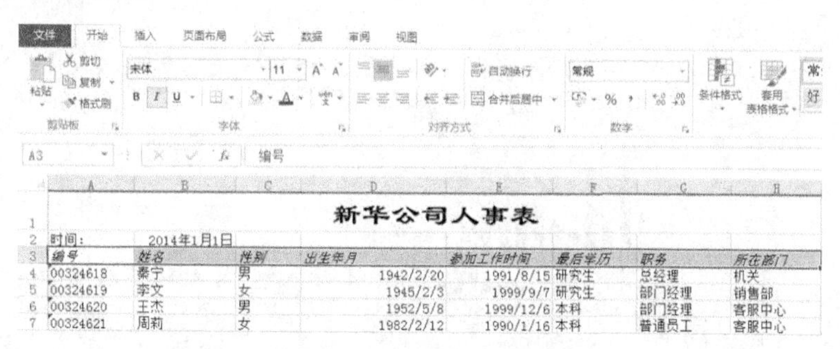

新华公司人事表

时间：	2014年1月1日						
编号	*姓名*	*性别*	*出生年月*	*参加工作时间*	*最后学历*	*职务*	*所在部门*
00324618	秦宁	男	1942/2/20	1991/8/15	研究生	总经理	机关
00324619	李文	女	1945/2/3	1999/9/7	研究生	部门经理	销售部
00324620	王杰	男	1952/5/8	1999/12/6	本科	部门经理	客服中心
00324621	周莉	女	1982/2/12	1990/1/16	本科	普通员工	客服中心

图 3-30　“倾斜”字体选择

（3）设置对齐方式

默认情况下，文字在单元格内靠左对齐，数字与日期、时间在单元格内靠右对齐，错误提示居中显示。利用“开始”选项组中“对齐方式”工具组中的 3 个设置对齐方式按钮 ≡ ≡ ≡，可以改变选定区域中数据的对齐方式。

第 1 步：选择 A2：H168 单元格区域。

第 2 步：单击“对齐方式”工具组中的“居中”按钮≡，选定区域内的数据就在单元格内居中显示了，如图 3-31 所示。

新华公司人事表

时间：	2014年1月1日						
编号	*姓名*	*性别*	*出生年月*	*参加工作时间*	*最后学历*	*职务*	*所在部门*
00324618	秦宁	男	1942/2/20	1991/8/15	研究生	总经理	机关
00324619	李文	女	1945/2/3	1999/9/7	研究生	部门经理	销售部
00324620	王杰	男	1952/5/8	1999/12/6	本科	部门经理	客服中心
00324621	周莉	女	1982/2/12	1990/1/16	本科	普通员工	客服中心
00324622	李小宇	男	1968/5/23	1996/2/10	大专	部门经理	技术部
00324623	王涛	男	1982/1/23	1996/3/10	大专	普通员工	客服中心
00324624	张明	男	1973/3/14	1998/4/8	研究生	部门经理	业务部
00324625	赵静静	女	1968/5/1	1998/5/8	研究生	部门经理	后勤部
00324626	伍小林	男	1970/1/1	1999/6/7	本科	部门经理	机关
00324627	王宇	男	1978/2/1	1997/7/9	大专	文员	后勤部
00324628	赵晓峰	男	1977/6/6	1995/8/11	中专	文员	机关
00324629	李明明	男	1981/3/4	2002/9/4	大专	技工	后勤部
00324630	王应富	男	1970/1/1	1998/12/7	研究生	部门经理	产品开发部
00324631	曾冠琛	男	1978/2/1	1997/1/9	本科	业务员	销售部
00324632	关俊民	男	1977/6/6	1995/2/11	研究生	总工程师	技术部
00324633	曾丝华	女	1981/3/4	2002/3/4	研究生	工程师	技术部
00324634	王文平	男	1981/3/7	1993/4/13	本科	业务员	销售部
00324635	孙卿	女	1981/3/8	1999/5/7	本科	部门经理	人事部
00324636	丁怡瑾	女	1945/2/3	1995/6/11	本科	业务员	销售部
00324637	蔡少卿	女	1952/5/8	2003/7/3	本科	业务员	销售部
00324638	罗建军	男	1982/2/12	2002/8/4	研究生	工程师	技术部
00324639	肖羽雅	男	1968/5/23	1995/9/11	研究生	工程师	产品开发部
00324640	甘晓聪	女	1942/2/20	1993/12/12	研究生	工程师	技术部
00324641	姜雪	女	1945/2/3	2001/1/5	本科	业务员	销售部
00324642	郑敏	女	1952/5/8	1997/2/9	本科	业务员	销售部
00324643	陈芳芳	女	1982/2/12	1993/3/13	大专	普通员工	客服中心
00324644	韩世伟	男	1968/5/23	2004/4/2	本科	工程师	后勤部
00324645	杨惠盈	女	1982/1/23	2003/5/3	研究生	工程师	产品开发部
00324646	何军	男	1973/3/14	1994/6/12	本科	业务员	销售部

图 3-31　单元格内容居中

（4）设置文字颜色和表格底纹

第 1 步：选定 A1 单元格。单击“开始”选项组中“字体”工具组中的“字体颜色”按钮A右端的▼，打开颜色下拉列表。

第 2 步：在颜色下拉列表中单击“蓝色”，A1 单元格中的文字就变成蓝色了，如图 3-32 所示。

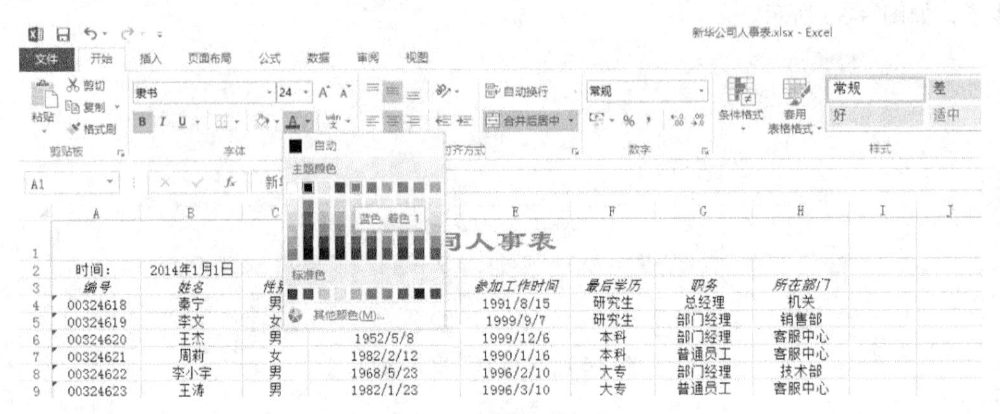

图 3-32　选择字体颜色

单元格的背景又称之为底纹。默认情况下，单元格的底纹是白色的，给某些单元格填上不同的颜色，可以使这些单元格中的内容显得更醒目。

第 3 步：选定 A1：H3 单元格区域。

第 4 步：单击“开始”选项组中“字体”工具组中右下角，打开“设置单元格格式”对话框，如图 3-33 所示。

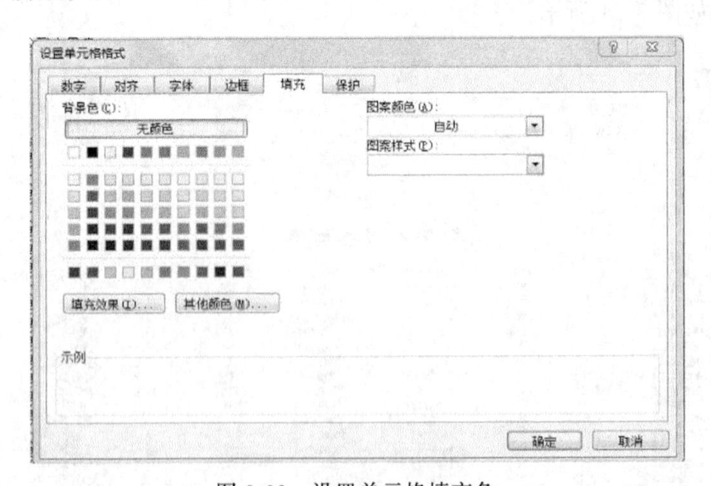

图 3-33　设置单元格填充色

第 5 步：打开“填充”选项卡，在“背景色”下面的颜色选项区中单击一种颜色，如“蓝绿色”，为单元格设置背景色。

单击“图案颜色”右端的▼，在弹出的下拉列表中选择一种图案，我们选择的是“白色背景 1 深色 15%”和“6.25 灰色”，选择的图案会叠加到蓝绿色背景上。“示例”框中显示相应的效果，如图 3-34 所示。

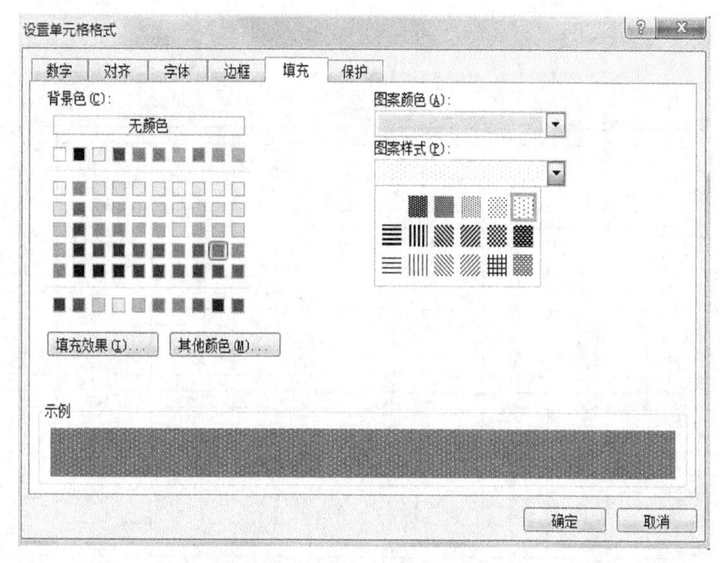

图 3-34　设置单元格填充底纹

第 6 步：单击 确定 ，表格前两行就填充上所设置的底纹了，如图 3-35 所示。

	A	B	C	D	E	F	G	H
1	新华公司人事表							
2	时间：	2014年1月1日						
3	编号	姓名	性别	出生年月	参加工作时间	最后学历	职务	所在部门
4	00324618	秦宁	男	1942/2/20	1991/8/15	研究生	总经理	机关
5	00324619	李文	女	1945/2/3	1999/9/7	研究生	部门经理	销售部

图 3-35　单元格填充底纹

（5）添加边框线

第 1 步：选定要设置边框线的单元格区域 A3：H168。

第 2 步：单击“开始”选项组中“字体”工具组中按钮右端的，在弹出的边框格式列表中有一些常用的边框格式供选择。

第 3 步：单击“所有框线”按钮，选定区域内所有单元格的内部和四周都加上了边框线。

第 4 步：再次单击“开始”选项组中“字体”工具组中按钮右端的“下拉箭头”，在弹出的边框格式列表中单击“粗匣框线”按钮，给选定区域四周加上粗线边框，如图 3-36 所示。

2. 调整内容的显示样式

（1）设置日期格式

第 1 步：到“人事表”，选定第 D 列。

第 2 步：单击“开始”选项组中“数字”工具组中右下角，打开“设置单元格格式”对话框，如图 3-37 所示。

第 3 步：打开“数字”选项卡，在“分类”列表框中单击（日期），在右侧的“类型”列表框中有多种日期和时间格式可以选择，单击 2012 年 3 月 14 日，如图 3-38 所示。

新华公司人事表

时间：2014年1月1日

编号	姓名	性别	出生年月	参加工作时间	最后学历	职务	所在部门
00324618	秦宁	男	1942/2/20	1991/8/15	研究生	总经理	机关
00324619	李文	女	1945/2/3	1999/9/7	研究生	部门经理	销售部
00324620	王杰	男	1952/5/8	1999/12/6	本科	部门经理	客服中心
00324621	周莉	女	1982/2/12	1990/1/16	本科	普通员工	客服中心
00324622	李小宇	男	1968/5/23	1996/2/10	大专	部门经理	技术部
00324623	王涛	男	1982/1/23	1996/3/10	大专	普通员工	客服中心
00324624	张明	男	1973/3/14	1998/4/8	研究生	部门经理	业务部
00324625	赵静静	女	1968/5/1	1998/5/8	研究生	部门经理	后勤部
00324626	伍小林	男	1970/1/1	1999/6/7	本科	部门经理	机关
00324627	王宇	男	1978/2/1	1997/7/9	大专	文员	后勤部
00324628	赵晓峰	男	1977/6/6	1995/8/11	中专	文员	机关
00324629	李明明	男	1981/3/4	2002/9/4	大专	技工	后勤部
00324630	王应富	男	1970/1/1	1998/12/7	研究生	部门经理	产品开发部
00324631	曾冠琛	男	1978/2/1	1997/1/9	本科	业务员	销售部
00324632	关俊民	男	1977/6/6	1995/2/11	研究生	总工程师	技术部
00324633	曾丝华	女	1981/3/4	2002/3/4	研究生	工程师	技术部
00324634	王文平	男	1981/3/7	1993/4/13	本科	业务员	销售部
00324635	孙娜	女	1981/3/8	1999/5/7	本科	部门经理	人事部
00324636	丁怡瑾	女	1945/2/3	1995/6/11	本科	业务员	销售部
00324637	蔡少娜	女	1952/5/8	2003/7/3	本科	业务员	销售部
00324638	罗建军	男	1982/2/12	2002/8/4	研究生	工程师	技术部
00324639	肖羽雅	男	1968/5/23	1995/9/11	研究生	工程师	产品开发部
00324640	甘晓聪	女	1942/2/20	1993/12/12	研究生	工程师	技术部
00324641	姜雪	女	1945/2/3	2001/1/5	本科	业务员	销售部
00324642	郑敏	女	1952/5/8	1997/2/9	本科	业务员	销售部
00324643	陈芳芳	女	1982/2/12	1993/3/13	大专	普通员工	客服中心
00324644	韩世伟	男	1968/5/23	2004/4/2	本科	工程师	后勤部
00324645	杨惠玺	女	1982/1/23	2003/5/3	研究生	工程师	产品开发部
00324646	何军	男	1973/3/14	1994/6/12	本科	业务员	销售部

人事表　考核情况　工资奖金对照表　工资总表　税率　所得税

图 3-36　给表格加边框线

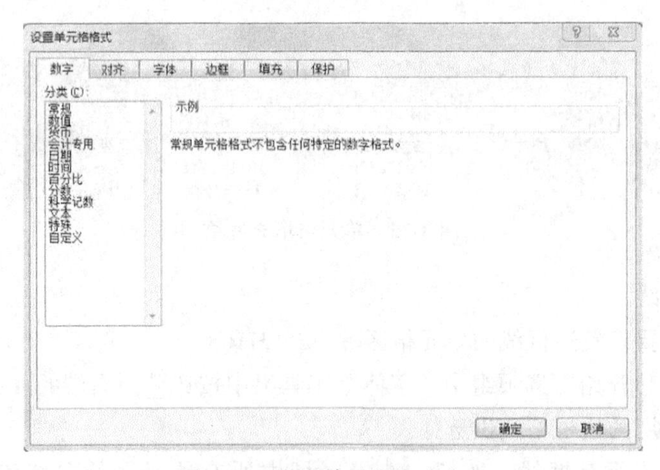

图 3-37　设置单元格格式窗口

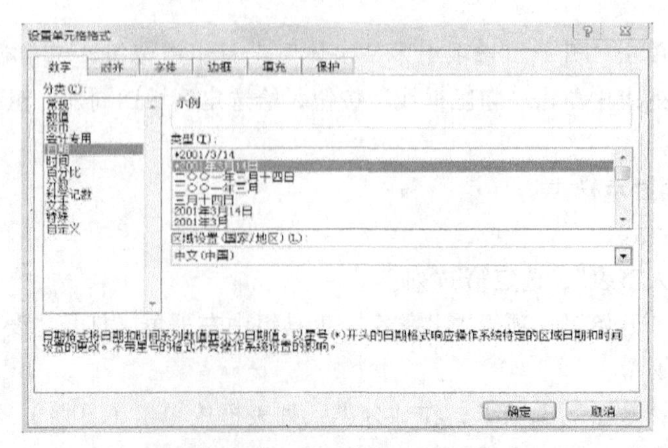

图 3-38　设置日期格式窗口

第 4 步：单击“确定”按钮，第 D 列中的日期格式就改变了，如图 3-39 所示。日期格式转换后，如果单元格内显示的是“#######”，说明列宽不够，只需增加列宽即可。

新华公司人事表

时间：2014年1月1日

编号	姓名	性别	出生年月	参加工作时间	最后学历	职务	所在部门
00324618	秦宁	男	###########	###########	研究生	总经理	机关
00324619	李文	女	1945年2月3日	1999年9月7日	研究生	部门经理	销售部
00324620	王杰	男	1952年5月8日	###########	本科	部门经理	客服中心
00324621	周莉	女	###########	###########	本科	普通员工	客服中心
00324622	李小宇	男	###########	###########	大专	部门经理	技术部
00324623	王涛	男	###########	###########	大专	普通员工	客服中心
00324624	张明	男	###########	1998年4月8日	研究生	部门经理	业务部
00324625	赵静静	女	1968年5月1日	1998年5月8日	研究生	部门经理	后勤部
00324626	伍小林	男	1970年1月1日	1999年6月7日	本科	部门经理	机关
00324627	王宇	男	1978年2月1日	1997年7月9日	大专	文员	后勤部
00324628	赵晓峰	男	1977年6月6日	###########	中专	文员	机关
00324629	李明明	男	1981年3月4日	2002年9月4日	大专	技工	后勤部
00324630	王应富	男	1970年1月1日	###########	研究生	部门经理	产品开发部
00324631	曾冠琛	男	1978年2月1日	1997年1月9日	本科	业务员	销售部
00324632	关俊民	男	1977年6月6日	###########	研究生	总工程师	技术部
00324633	曾丝华	女	1981年3月4日	2002年3月4日	研究生	工程师	技术部
00324634	王文平	男	1981年3月7日	###########	本科	业务员	销售部
00324635	孙娜	女	1981年3月8日	1999年5月7日	本科	部门经理	人事部
00324636	丁怡瑾	女	1945年2月3日	###########	本科	业务员	销售部
00324637	蔡少娜	女	1952年5月8日	2003年7月3日	本科	业务员	销售部
00324638	罗建军	男	###########	2002年8月4日	研究生	工程师	技术部
00324639	肖羽雅	男	###########	###########	研究生	工程师	产品开发部
00324640	甘晓聪	女	###########	###########	研究生	工程师	技术部
00324641	姜雪	女	1945年2月3日	2001年1月5日	本科	业务员	销售部
00324642	郑敏	女	1952年5月8日	1997年2月9日	本科	业务员	销售部
00324643	陈芳芳	女	###########	###########	大专	普通员工	客服中心
00324644	韩世伟	男	###########	2004年4月2日	本科	工程师	后勤部
00324645	杨慧霞	女	###########	2003年5月3日	研究生	工程师	产品开发部
00324646	何军	男	###########	###########	本科	业务员	销售部

图 3-39　设置日期格式

（2）为单元格添加批注

第 1 步：在“人事表”中，用鼠标右键单击 B4 单元格，在弹出的快捷菜单中单击“插入批注(M)”，B4 单元格的旁边出现了一个批注框，如图 3-40 所示。可将框中显示的计算机使用者名字删除。

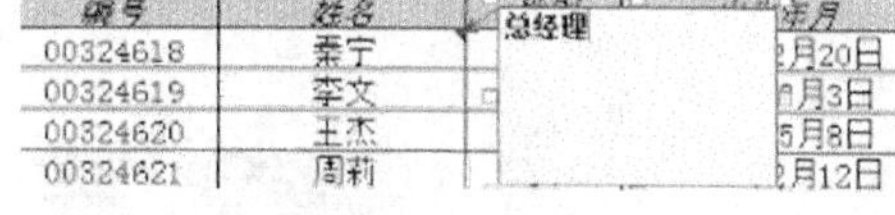

图 3-40　设置批注

第 2 步：在批注框中输入批注内容“总经理”。

第 3 步：输入完成后，单击工作表中的任意单元格，给 B4 单元格加批注的操作就完成了。用鼠标右键同样方式可删除当前批注。

在此我们生成“人事表”的同时，还同时制作了“工资总表”和“考核情况”表，用以来说明关于调整表格内容显示样式其他相关操作：

（1）设置数字的显示样式

第 1 步：打开“新华公司人事表”工作簿，在“工资总表”中选定 K170 单元格。

第 2 步：单击“增加小数位数”按钮，所选单元格区域中的数字全部改为保留两位小数。

第 3 步：再次单击 K170 单元格，单击“减少小数位数”按钮，单元格中数字的小数位数减少 1 位。

第 4 步：选定 D3：K167 单元格区域，单击“货币样式”按钮，所选单元格区域内的数字全部加上了货币符号。添加货币符号后有时需要调整单元格的列宽以使数据全部显示出来。

（2）使用条件格式突出显示特定数据

第 1 步：打开“新华公司人事表”工作簿，在“考核情况”表中选定 C3：C167 单元格区域。

第 2 步：单击“开始”选项组中“样式”工具组中的“条件格式”列表，在弹出的条件格式列表中有一些常用的规则供选择，如图 3-41 所示。

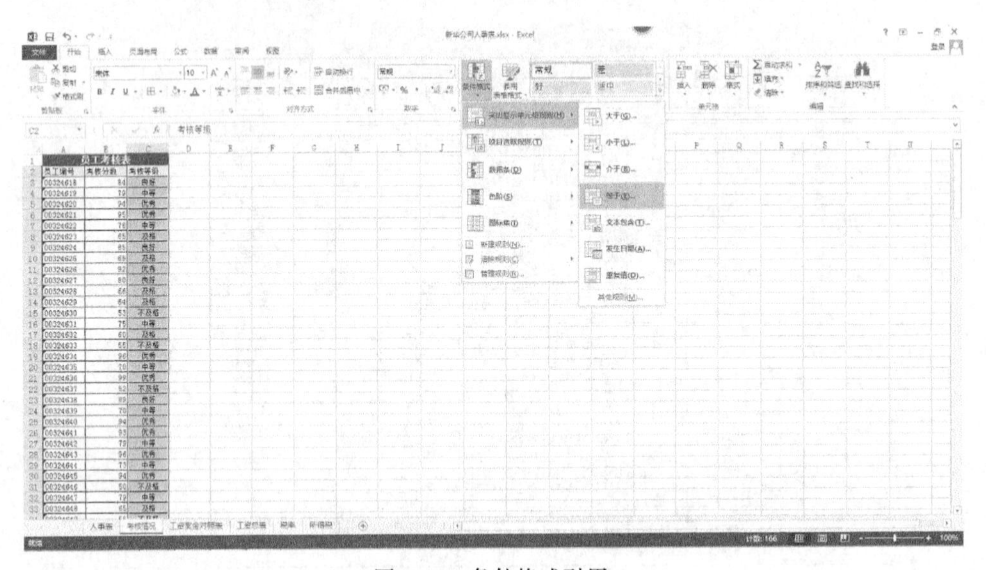

图 3-41　条件格式引用

第 3 步：再单击“突出显示单元格规则”菜单中的“等于(E)...”打开对话框。选择“等于”后在弹出的文本框内输入用于比较的数值或公式，这里我们单击 C3 单元格，单元格的引用出现在这个文本框中，如图 3-42 所示，也可以直接输入数据。

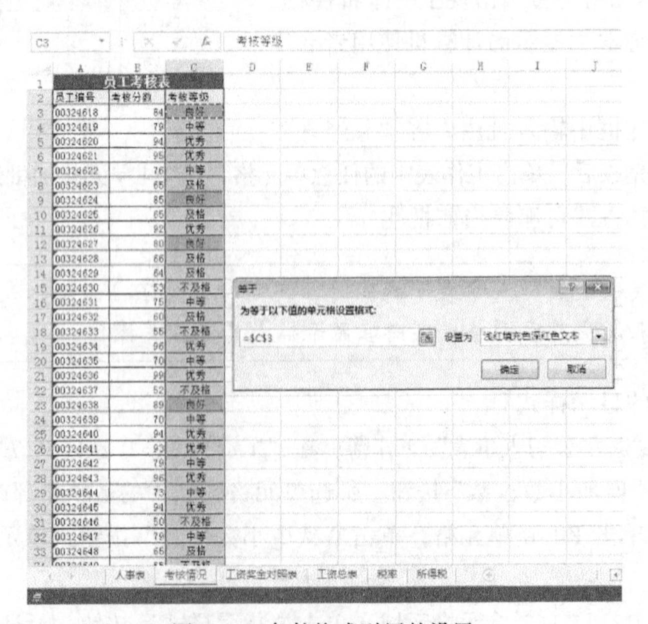

图 3-42　条件格式引用的设置

第 4 步：单击 浅红填充色深红色文本 ，右端的 ，选择“自定义格式”对话框，如图 3-43 所示。这个对话框中有“数字”、“字体”、“边框”和“填充”四个选择卡，分别用于设置应用条件格式后单元格的外观，如单元格中数据的格式、单元格的边框以及底纹等。在“字体”选项卡的“颜色”列表框中选择“红色”，在“字形”列表框中选择“斜体”，单击“确定”按钮。

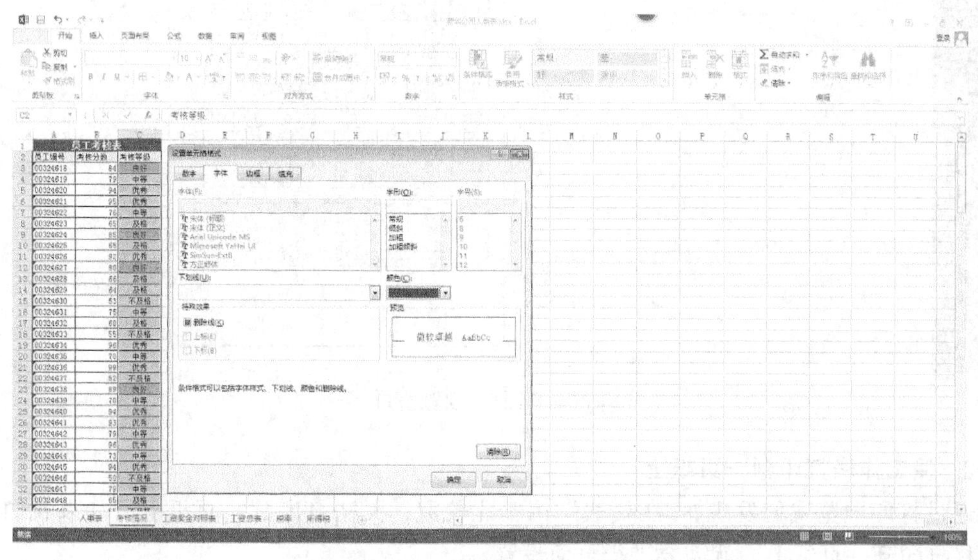

图 3-43　条件格式引用显示

第 5 步：单击“设置条件格式”对话框中的“确定”后，返回窗口，取消单元格的选定状态，则会发现，“考核等级”列中等于“良好”数据都以红色斜体显示出来。

3.1.5　打印工作表

1. 打印预览

为避免浪费时间和纸张，打印前最好在显示器上看一下实际打印效果，对不合适的地方进行调整与修改，满意后再打印。

第 1 步：打开“新华公司人事表”工作簿，选择“人事表”为当前工作表。

第 2 步：单击“文件”选项组中的“打印”按钮，出现如图 3-44 所示的打印预览窗口。

窗口底部的状态栏上显示打印页面的当前页码和总页数，窗口中间显示的就是表格打印在纸上的样子，窗口上部一行按钮取代了编辑窗口中的菜单栏与工具栏。如果对打印效果不满意，可以使用这些按钮进行调整。

第 3 步：单击“预览”按钮，预览第 2 页的打印效果。

第 4 步：将鼠标指针移到窗口中的右下角，单击“缩放”按钮。这时页面就会被放大显示，让我们能更详细地检查其中的内容。再次单击“缩放”按钮，页面恢复原状。

如果对版面布局感到满意，可单击打印机，确定打印份数，直接打印；否则去进行页面设置；之后则回到当前工作表中，可以对工作表进行修改。

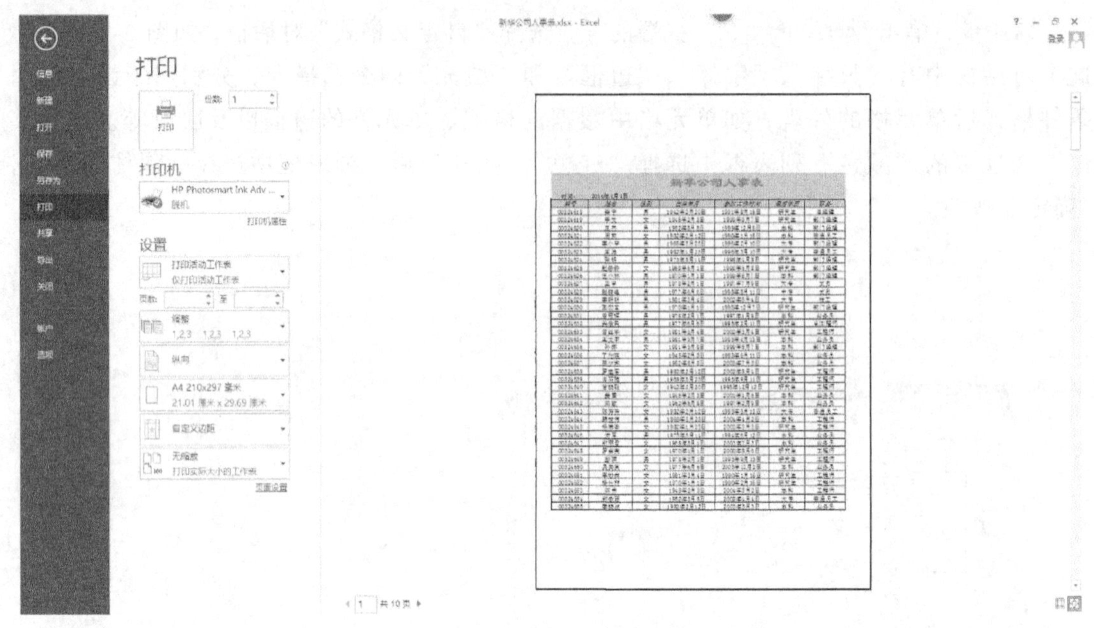

图 3-44　打印预览窗口

2. 使工作表打印到一页纸上

通过打印预览我们发现，“工资表”由于比较宽，无法打印到一页纸上。如果我们希望将表格打印到一页纸上，就需要进行页面设置。

第 1 步：将“人事表”切换到打印预览状态。

第 2 步：单击“页面布局”选项组中的“页面设置”工具组右下角，打开“页面设置”对话框，如图 3-45 所示。

第 3 步：打开“页面”选项卡，进行项目设置。

第 4 步：单击“确定”按钮，返回“打印预览”窗口。可以发现，默认设置中，“人事表”分别有两列和两行数据溢出到另一页纸中了，如图 3-46 所示。

图 3-45　“页面设置”对话框

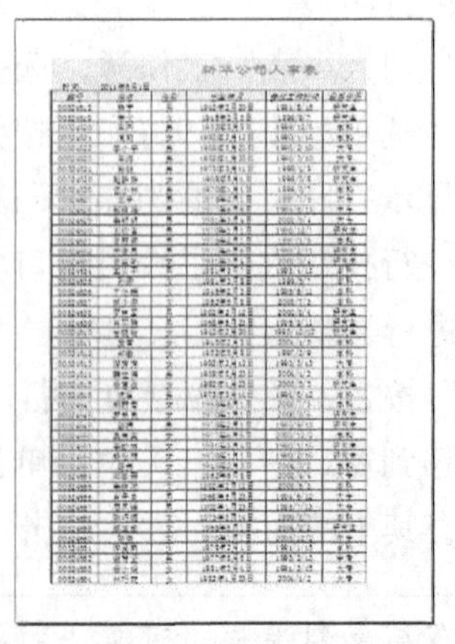

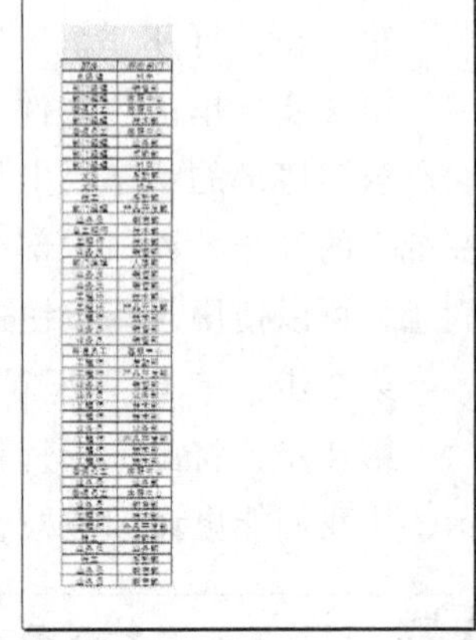

图 3-46　默认设置打印

第 5 步：打开“页面设置”对话框中的“页面”选项卡，在“页面”选项卡中选中打印页码范围，打印方向设为“横向”。单击“确定”，返回“打印预览”窗口。Excel 2013 根据工作表与纸张的大小，自动调整缩放比例使整张表格能在一页纸中打印出来。如图 3-47 所示。

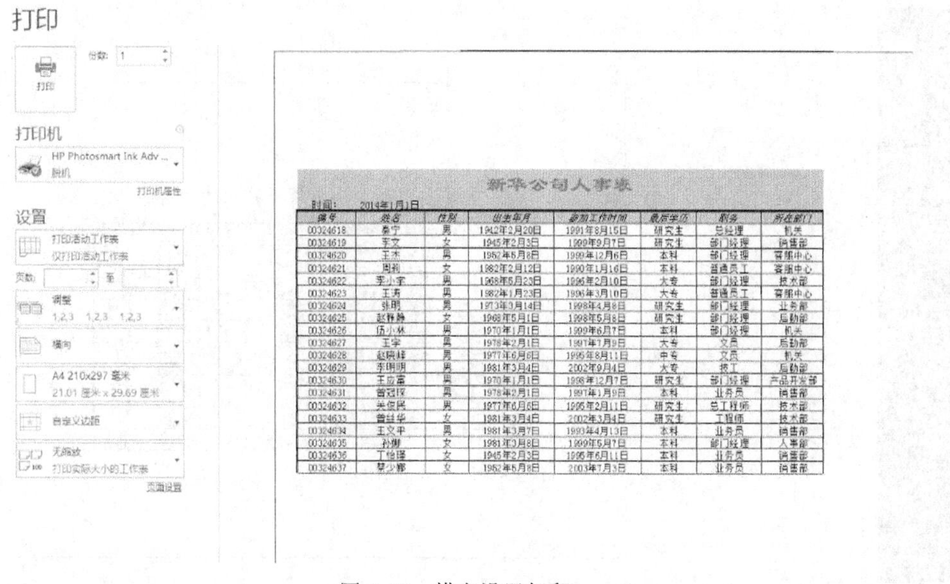

编号	姓名	性别	出生年月	参加工作时间	最后学历	职务	所在部门
00324618	秦宁	男	1942年2月20日	1991年8月15日	研究生	总经理	机关
00324619	李文	女	1945年2月3日	1999年9月7日	研究生	部门经理	销售部
00324620	王杰	男	1952年5月8日	1999年12月6日	本科	部门经理	客服中心
00324621	周莉	女	1982年2月12日	1990年1月16日	本科	普通员工	客服中心
00324622	李小宇	男	1968年5月23日	1996年2月10日	大专	部门经理	技术部
00324623	王涛	男	1982年1月23日	1996年3月10日	大专	普通员工	客服中心
00324624	张明	男	1973年3月14日	1998年4月8日	研究生	部门经理	业务部
00324625	赵静静	女	1968年5月1日	1998年5月8日	研究生	部门经理	后勤部
00324626	伍小林	男	1970年1月1日	1999年6月7日	本科	部门经理	机关
00324627	王宇	男	1978年2月1日	1997年7月9日	大专	文员	后勤部
00324628	赵晓峰	男	1977年6月6日	1995年8月11日	中专	文员	机关
00324629	李明明	男	1981年3月4日	2002年9月4日	大专	技工	后勤部
00324630	王应富	男	1970年1月1日	1998年12月7日	研究生	部门经理	产品开发部
00324631	曾冠琛	男	1978年2月1日	1997年1月9日	本科	业务员	销售部
00324632	关保民	男	1977年6月6日	1995年2月11日	研究生	总工程师	技术部
00324633	曾丝华	女	1981年3月4日	2002年3月4日	研究生	工程师	技术部
00324634	王文平	男	1981年3月7日	1993年4月13日	本科	业务员	销售部
00324635	孙娜	女	1981年3月8日	1999年5月7日	本科	部门经理	人事部
00324636	丁怡瑾	女	1945年2月3日	1995年6月11日	本科	业务员	销售部
00324637	黎少娜	女	1952年5月8日	2003年7月3日	本科	业务员	销售部

图 3-47　横向设置打印

打开“页面设置”对话框，观察“缩放比例”框中的值，Excel 2013 将“缩放比例”调整为 92%，因而整张工作表能够在一张纸上全部打印出来。

第 6 步：单击“页面布局”选项组中的“页面设置”工具组中右下角，打开“页面设置”对话框，打开“页边距”选项卡。在该选项卡的各个输入框中单击，Excel 2013 会自动用黑线标示出实际打印时，表格距纸张上下、左右边缘的距离以及页眉、页脚的位置，可以直接在数值框中输入数值调整它们的位置。如图 3-48 所示，调整上下、左右页边距。

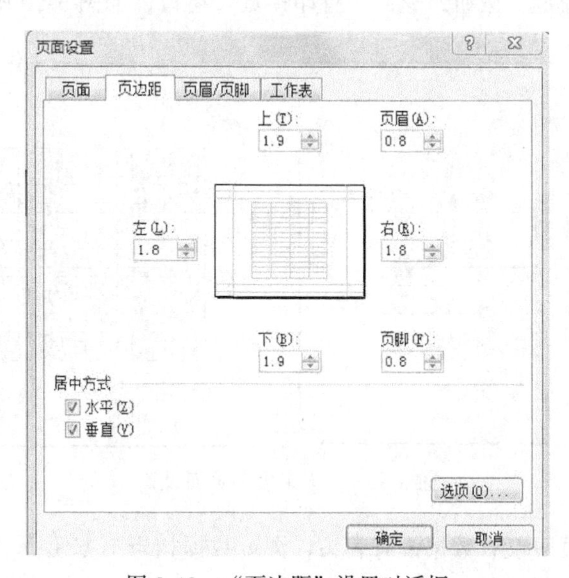

图 3-48　“页边距”设置对话框

第 7 步：在“居中方式”栏中，选中☑水平(Z)，使打印内容在版心的水平方向居中；选中☑垂直(V)，使打印内容在版心的垂直方向居中。单击“确定”，回到“打印预览”窗口，如图 3-49 所示。

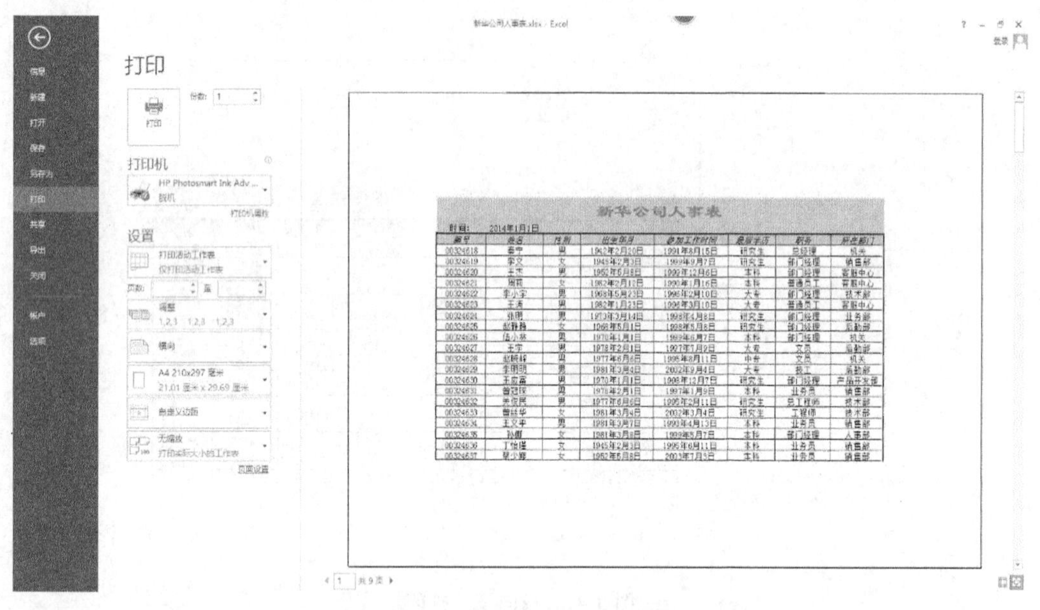

图 3-49　“页边距”设置后对预览

3. 使表格跨页时显示表头

可以把工作表打印到了一页纸上，也可以设置工作表分多页打印，方法如下。

第 1 步：将“人事表”切换到打印预览状态。打开“页面设置”对话框。

第 2 步：打开“页面”选项卡，选择◉缩放比例(A):，并将缩放比例调整为 100%。

第 3 步：打开“页边距”选项卡，修改上下页边距值分别为 4.5。

第 4 步：单击“确定”按钮，返回“打印预览”窗口，如图 3-50 所示。

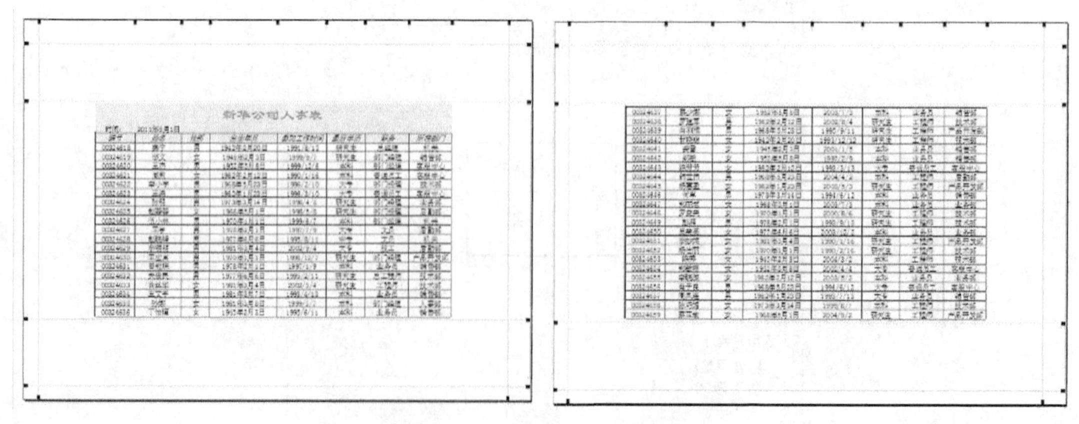

图 3-50　“人事表”页面设置

此时发现，第 2 页中仅有数据没有表头，浏览数据相当不方便。下面我们学习多页打印时，每页都打印表头的设置方法。

第 5 步：再次单击“页面设置”，回到打开“页面设置”对话框，打开“工作表”选项卡，如图 3-51 所示。

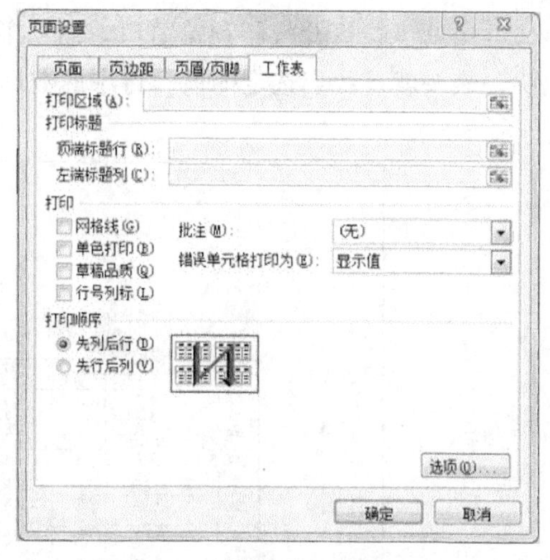

图 3-51　“工作表”设置对话框

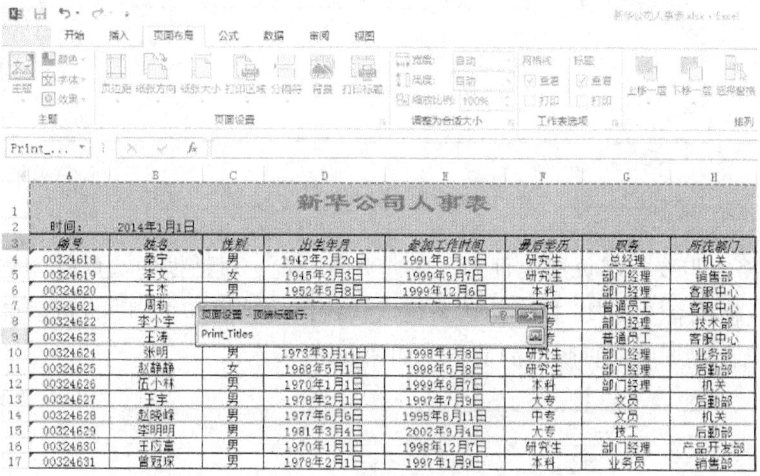

第 6 步：在“打印标题”栏中，单击“顶端标题行”文本框右端的“压缩对话框”按钮，使“页面设置”对话框暂时缩小，露出工作表窗口，如图 3-52 所示。

第 7 步：按住左键拖动鼠标选定表格的前两行，再次单击“展开对话框”按钮，“页面设置”对话框恢复原状。“顶端标题行”文本框中显示出对前两行的引用，如图 3-53 所示。

第 8 步：单击“页面设置”对话框中的“确定”，返回工作表编辑窗口。

新华公司人事表

时间：2014年1月1日

编号	姓名	性别	出生年月	参加工作时间	最后学历	职务	所在部门
00324618	秦宁	男	1942年2月20日	1991年8月15日	研究生	总经理	机关
00324619	李文	女	1945年2月3日	1999年9月7日	研究生	部门经理	销售部
00324620	王杰	男	1952年5月8日	1999年12月6日	本科	部门经理	客服中心
00324621	周莉	[illegible]	[illegible]	[illegible]	本科	普通员工	客服中心
00324622	李小宇	[illegible]	[illegible]	[illegible]	[illegible]	部门经理	技术部
00324623	王涛	[illegible]	[illegible]	[illegible]	[illegible]	普通员工	客服中心
00324624	张明	男	1973年3月14日	1998年4月8日	研究生	部门经理	业务部
00324625	赵静静	女	1968年5月1日	1998年5月8日	研究生	部门经理	后勤部
00324626	伍小林	男	1970年1月1日	1999年6月7日	本科	部门经理	机关
00324627	王宇	男	1978年2月1日	1997年7月9日	大专	文员	后勤部
00324628	赵晓峰	男	1977年6月6日	1995年8月11日	中专	文员	机关
00324629	李明明	男	1981年3月4日	2002年9月4日	大专	技工	后勤部
00324630	王应富	男	1970年1月1日	1998年12月7日	研究生	部门经理	产品开发部
00324631	曾冠琛	男	1978年2月1日	1997年1月9日	本科	业务员	销售部

页面设置 - 顶端标题行:
Print_Titles

图 3-52　设置打印标题行

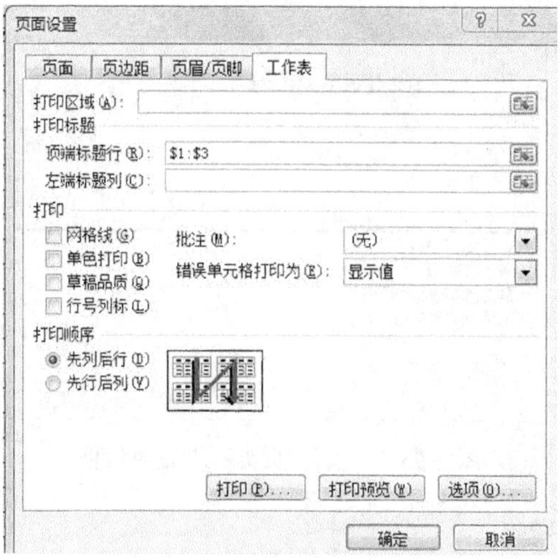

页面设置
页面　页边距　页眉/页脚　工作表
打印区域(A):
打印标题
顶端标题行(R): $1:$3
左端标题列(C):
打印
网格线(G)　批注(M): (无)
单色打印(B)　错误单元格打印为(E): 显示值
草稿品质(Q)
行号列标(L)
打印顺序
先列后行(D)
先行后列(V)
打印(P)...　打印预览(W)　选项(O)...
确定　取消

图 3-53　设置页面顶端标题行

第 9 步：打开打印预览窗口，浏览第 2 页以后各页打印页面，该页数据前面已加上了表头，表头就是我们选定的前两行中的数据，如图 3-54 所示。

新华公司人事表

时间：　2014年1月1日

编号	姓名	性别	出生年月	参加工作时间	最后学历	职务	所在部门
00324618	秦宁	男	1942年2月20日	1991年8月15日	研究生	总经理	机关
00324619	李文	女	1945年2月3日	1999年9月7日	研究生	部门经理	销售部
00324620	王杰	男	1952年5月8日	1999年12月6日	本科	部门经理	客服中心
00324621	周莉	女	1982年2月12日	1990年1月16日	本科	普通员工	客服中心
00324622	李小宇	男	1968年5月23日	1996年2月10日	大专	部门经理	技术部
00324623	王涛	男	1982年1月23日	1996年3月10日	大专	普通员工	客服中心
00324624	张明	男	1973年3月14日	1998年4月8日	研究生	部门经理	业务部
00324625	赵静静	女	1968年5月1日	1998年5月8日	研究生	部门经理	后勤部
00324626	伍小林	男	1970年1月1日	1999年6月7日	本科	部门经理	机关
00324627	王宇	男	1978年2月1日	1997年7月9日	大专	文员	后勤部
00324628	赵晓峰	男	1977年6月6日	1995年8月11日	中专	文员	机关
00324629	李明明	男	1981年3月4日	2002年9月4日	大专	技工	后勤部
00324630	王应富	男	1970年1月1日	1998年12月7日	研究生	部门经理	产品开发部
00324631	曾冠琛	男	1978年2月1日	1997年1月9日	本科	业务员	销售部
00324632	关俊民	男	1977年6月6日	1995年2月11日	研究生	总工程师	技术部
00324633	曾丝华	女	1981年3月4日	2002年3月4日	研究生	工程师	技术部
00324634	王文平	男	1981年3月7日	1993年4月13日	本科	业务员	销售部
00324635	孙娜	女	1981年3月8日	1999年5月7日	本科	部门经理	人事部
00324636	丁怡瑾	女	1945年2月3日	1995年6月11日	本科	业务员	销售部
00324637	蔡少娜	女	1952年5月8日	2003年7月3日	本科	业务员	销售部

1　共9页

图 3-54　顶端标题行设置预览

如果在表格上需要打印页眉或页脚，在“页面设置”对话框的“页眉/页脚”选项卡中，可以在“页眉”框或者“页脚”框中使用系统默认提供的页眉和页脚，也可以单击“自定义页眉(C)...”或“自定义页脚(U)...”，自己设置页眉和页脚中的文字，如图 3-55 所示。

图 3-55　“页眉/页脚”设置对话框

4. 设置打印范围及份数

如果要快速打印工作表，直接单击“文件”选项组中的“打印”按钮，Excel 2013 就按照我们所设置的页面进行打印了。如果要改变默认的打印设置，按下面步骤操作。

第 1 步：在工作表编辑状态下，“文件”选项组中的“打印”按钮，打开“打印内容”对话框，如图 3-56 所示。

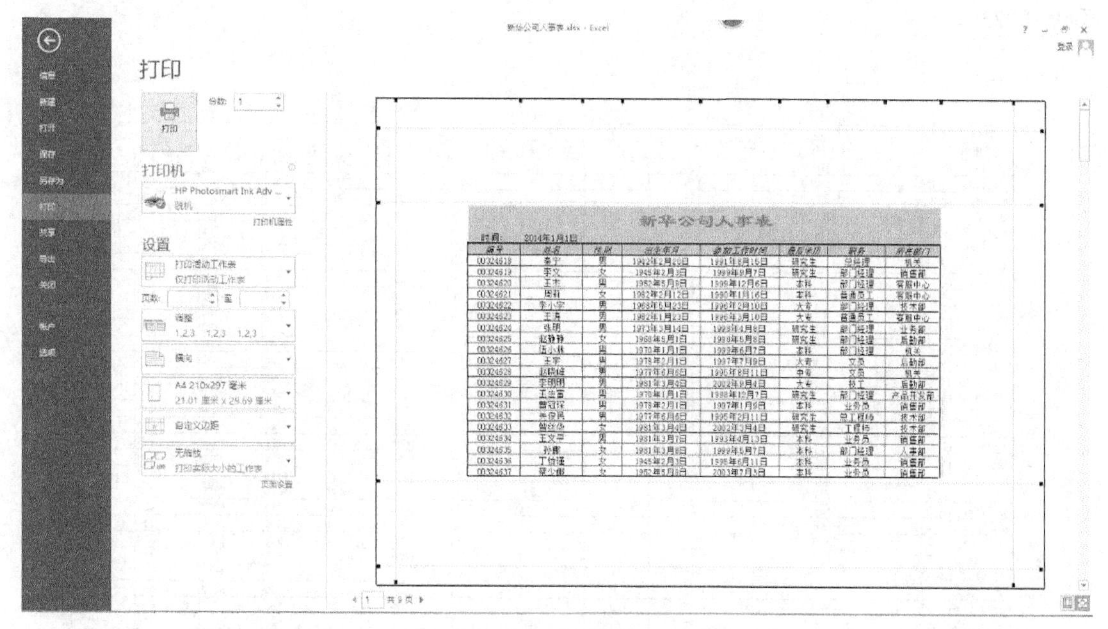

图 3-56　打印设置

第 2 步：在这个对话框中设置打印范围、打印份数、打印内容等。

第 3 步：选择完毕后，单击打印机图标，打印机就按要求自动完成打印任务。

任务 2　制作企业工资表

学习目标：

❖ 学会使用公式与函数。了解 Excel 2013 中的运算符、公式、函数，学会输入公式和选择合适的函数进行数据计算，掌握 Excel 2013 中几个常用函数的功能与使用方法，学会函数的嵌套使用，在公式中综合使用运算符与函数完成计算。学习各种数据保护的方法，对工作薄、工作表以及单元格区域内的数据进行保护。

教学注意事项：

❖ 理解绝对引用与相对引用的概念，这样才能正确理解公式复制的意义。使用函数时，要明白不同函数对参数的不同要求，包括参数个数、类型、含义等。

成品展示：

打开任务 3.1 所创建的工作簿，在此依据“人事表”中的信息和“工资计算”等工作表中的规定的工资计算方法，通过使用公式与函数完成“工资总表”工作表中相关数据的计算。计算后锁定应该任务所创建的“工资总表”，使得只能浏览表格内容而无法进行修改，以防止对“工资总表”的修改与误操作，同时隐藏“工资总表”中所有的公式，设置锁定与隐藏密码为“123”。

员工工资总表

制作时间 2014/1/31

员工编号	姓名	部门	职务	工龄	职务工资	学历工资	工龄工资	奖金	社会保险	应发工资	个人所得税	实发工资
00324633	曾丝华	技术部	工程师	11	1500	1000	800	-200	558	3100	340	2202
00324638	罗建军	技术部	工程师	11	1500	1000	800	2000	954	5300	685	3661
00324639	肖羽雅	产品开发部	工程师	18	1500	1000	1000	800	774	4300	520	3006
00324640	甘晓聪	技术部	工程师	20	1500	1000	1000	3000	1170	6500	925	4405
00324644	韩世伟	后勤部	工程师	9	1500	700	500	800	630	3500	400	2470
00324645	杨惠盈	产品开发部	工程师	10	1500	1000	800	3000	1134	6300	885	4281
00324648	罗益美	技术部	工程师	13	1500	1000	800	300	648	3600	415	2537
00324649	彭拜	技术部	工程师	20	1500	1000	1000	-200	594	3300	370	2336
00324651	李妙檬	产品开发部	工程师	23	1500	1000	1000	800	774	4300	520	3006
00324652	杨仕丽	技术部	工程师	23	1500	1000	1000	2000	990	5500	725	3785
00324653	陈秀	技术部	工程师	9	1500	700	500	800	630	3500	400	2470
00324658	陈巧媚	技术部	工程师	14	1500	700	800	3000	1080	6000	825	4095
00324659	蔡玉莉	产品开发部	工程师	9	1500	1000	500	800	684	3800	445	2671
00324668	曾慧	技术部	工程师	21	1500	700	1000	300	630	3500	400	2470
00324670	康永平	产品开发部	工程师	10	1500	1000	800	-200	558	3100	340	2202
00324675	廖玉棉	技术部	工程师	13	1500	700	800	800	684	3800	445	2671
00324676	唐毅	产品开发部	工程师	20	1500	1000	1000	-200	594	3300	370	2336
00324677	张佩帅	技术部	工程师	21	1500	700	1000	800	720	4000	475	2805
00324681	黎金带	产品开发部	工程师	21	1500	1000	1000	-200	594	3300	370	2336
00324683	李卓勋	技术部	工程师	18	1500	700	1000	3000	1116	6200	865	4219
00324688	林锽	技术部	工程师	9	1500	700	500	3000	1026	5700	765	3909
00324691	王卉	产品开发部	工程师	15	1500	1000	1000	800	774	4300	520	3006
00324694	王美娣	产品开发部	工程师	22	1500	1000	1000	300	684	3800	445	2671
00324697	王艳平	产品开发部	工程师	12	1500	1000	800	2000	954	5300	685	3661
00324699	朱素丽	技术部	工程师	21	1500	700	1000	-200	540	3000	325	2135
00324704	陈黠黠	技术部	工程师	11	1500	700	800	-200	504	2800	295	2001
00324708	李仲秋	技术部	工程师	19	1500	700	1000	2000	936	5200	665	3599
00324711	刘雅诗	技术部	工程师	20	1500	700	1000	2000	936	5200	665	3599
00324713	罗远方	技术部	工程师	20	1500	700	1000	-200	540	3000	325	2135
00324716	刘舒	技术部	工程师	13	1500	700	800	2000	900	5000	625	3475
00324723	[illegible]	技术部	工程师	18	1500	700	1000	800	720	4000	475	2805

人事表 考核情况 工资奖金对照表 工资总表 税率 所得税

3.2.1 员工工资信息生成

1. 计算“工资表”中的工龄

在“新华公司人事表”工作簿的“工资总表”中，工龄的计算方法是系统当前日期减去本人参加工作日期，以年为单位。下面我们以计算秦宁的工龄为例学习 TODAY 函数的用法。

第 1 步：打开“新华公司人事表”工作簿，使“工资总表”为当前工作表。

第 2 步：单击 E4 单元格，再单击编辑栏左侧的“插入函数”按钮 fx，弹出“插入函数”对话框。单击 或选择类别(C): 常用函数 右侧的▼，在下拉列表中选择“全部”，如图 3-57 所示。

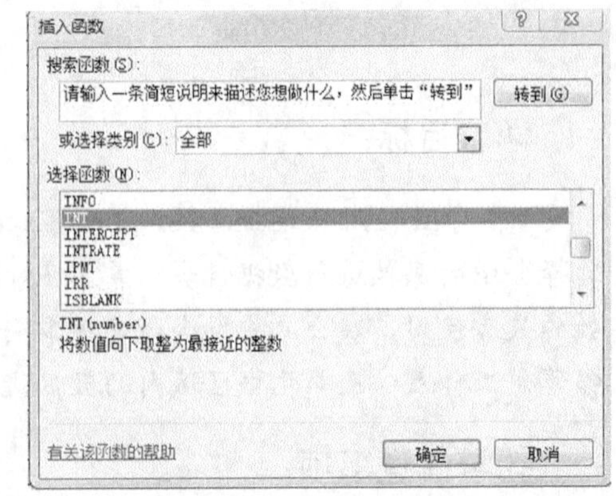

图 3-57 INT 函数插入

第 3 步：单击“选择函数”列表框中的“INT”函数，在“选择函数”列表框下方会显示这个函数的说明和参数。单击“确定”按钮，弹出 INT 函数的“函数参数”对话框，如图 3-58 所示。

第 4 步：在“Number”文本框内输入“(TODAY ( ) -)”，将插入点光标移到“-”的后面，意思是用系统当前日期减去指定日期。

因为 TODAY 函数返回系统日期，如果用在公式中，会因为系统日期的不同而得到不同的结果。

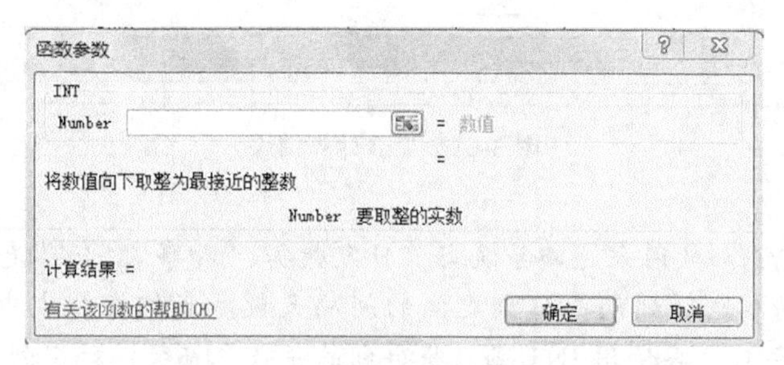

图 3-58　INT 函数参数

第 5 步：单击工作表标签栏上的“人事表”，切换到“人事表”。此时“人事表”和“工资总表”这两个工作表的标签都显示为白底黑字。单击“人事表”中的 E4 单元格，如图 3-59 所示。

注意观察“函数参数”对话框与编辑栏中内容的变化。

=INT((TODAY()-人事表!E4)/365)

	A	B	C	D	E	F	G	H
1	新华公司人事表							
2	时间：	2014年1月1日						
3	编号	姓名	性别	出生年月	参加工作时间	最后学历	职务	所在部门
4	00324618	李宁	男	1942年2月20日	1991年8月15日	研究生	总经理	机关
5	00324619	李文	女	1945年2月3日	1999年9月7日	研究生	部门经理	销售部
6	00324620	王杰	男	1952年5月8日	1999年12月6日	本科	部门经理	客服中心
7	00324621	周莉	女	1982年2月12日	1990年1月16日	本科	普通员工	客服中心
8	00324622	李小宇	男	1968年5月23日	1996年2月10日	大专	部门经理	技术部
9	00324623	王涛	男	[illegible]	[illegible]	[illegible]	[illegible]	客服中心
10	00324624	张明	男					
11	00324625	赵静静	女					
12	00324626	伍小林	男					
13	00324627	王宇	男					
14	00324628	赵晓峰	男					
15	00324629	李明明	男					
16	00324630	王应富	男					
17	00324631	曾冠琛	男					
18	00324632	关俊民	男					
19	00324633	曾丝华	女					
20	00324634	王文平	男					
21	00324635	孙娜	女					
22	00324636	丁怡瑾	女					
23	00324637	蔡少娜	女	1952年5月8日	2003年7月3日	本科	业务员	销售部
24	00324638	罗建军	男	1982年2月12日	2002年8月4日	研究生	工程师	技术部
25	00324639	肖羽雅	男	1968年5月23日	1995年9月11日	研究生	工程师	产品开发部
26	00324640	甘晓聪	女	1942年2月20日	1993年12月12日	研究生	工程师	技术部
27	00324641	姜雪	女	1945年2月3日	2001年1月5日	本科	业务员	销售部
28	00324642	郑敏	女	1952年5月8日	1997年2月9日	本科	业务员	销售部
29	00324643	陈芳芳	女	1982年2月12日	1993年3月13日	大专	普通员工	客服中心
30	00324644	韩世伟	男	1968年5月23日	2004年4月2日	本科	工程师	后勤部
31	00324645	杨惠盈	女	1982年1月23日	2003年5月3日	研究生	工程师	产品开发部
32	00324646	何军	男	1973年3月14日	1994年6月12日	本科	业务员	销售部

函数参数
INT
Number (TODAY()-人事表!E4)/365 = 可变的
= 可变的
将数值向下取整为最接近的整数
Number 要取整的实数
计算结果 = 可变的
有关该函数的帮助(H)
确定　取消

图 3-59　在 INT 函数参数中插入 TODAY 函数

第 6 步：在“函数参数”对话框中的“Number”文本框中继续输入“/365”，因为“(TODAY ( ) -人事表！E4)”返回的结果是系统当前日期减去指定日期的天数，再除以 365 天，将天数转换为年，如图 3-60 所示。

第 7 步：单击“确定”按钮，完成公式输入，单元格内显示计算结果为 22，如图 3-61 所示。

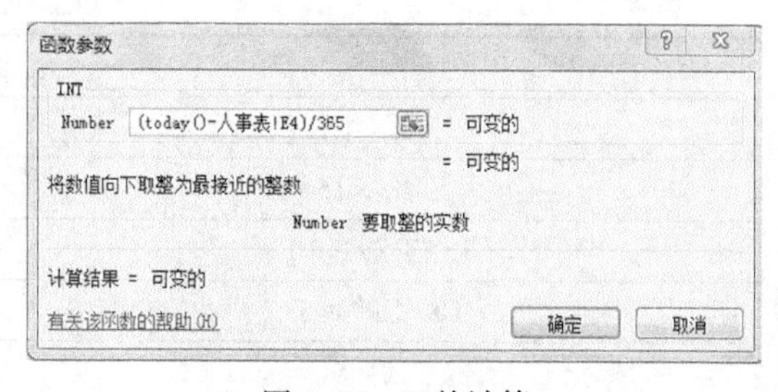

图 3-60　工龄计算

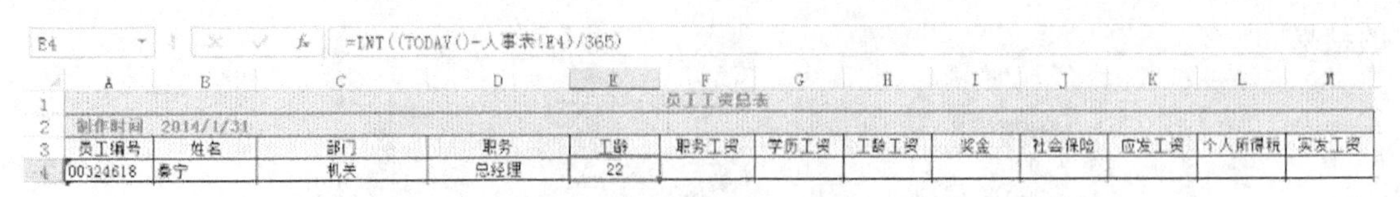

图 3-61　工龄计算结果

提示

TODAY()函数用来返回系统当前日期数据，“人事表！E4”是本人参加工作日期，这两个数据相减得到两个日期之间的间隔天数。我们在公式中将间隔天数先除以365，得到年数，再使用 INT 函数将得到的年数取整数，就得到了工龄数据。

也可以直接从键盘输入公式，输入时要注意公式中的括号一定要配对。公式中也可以引用非当前工作表中的数据，称为三维引用。三维引用的一般格式为“工作表名！单元格名称”，工作表名后的“!”是系统自动加上的。

第 8 步：双击 E4 单元格右下方矩柄，计算所有员工工龄，如图 3-62 所示。

E4　=INT((TODAY()-人事表!E4)/365)

员工工资总表

制作时间 2014/1/31

员工编号	姓名	部门	职务	工龄	职务工资	学历工资	工龄工资	奖金	社会保险	应发工资	个人所得税	实发工资
00324618	秦宁	机关	总经理	22								
00324619	李文	销售部	部门经理	14								
00324620	王杰	客服中心	部门经理	14								
00324621	周莉	客服中心	普通员工	23								
00324622	李小宇	技术部	部门经理	17								
00324623	王涛	客服中心	普通员工	17								
00324624	张明	业务部	部门经理	15								
00324625	赵静静	后勤部	部门经理	15								
00324626	伍小林	机关	部门经理	14								
00324627	王宇	后勤部	文员	16								
00324628	赵晓峰	机关	文员	18								
00324629	李明明	后勤部	技工	11								
00324630	王应富	产品开发部	部门经理	15								
00324631	曾冠琛	销售部	业务员	17								
00324632	关俊民	技术部	总工程师	18								
00324633	曾丝华	技术部	工程师	11								
00324634	王文平	销售部	业务员	20								
00324635	孙娜	人事部	部门经理	14								
00324636	丁怡瑾	销售部	业务员	18								
00324637	蔡少娜	销售部	业务员	10								
00324638	罗建军	技术部	工程师	11								
00324639	肖羽雅	产品开发部	工程师	18								
00324640	甘晓聪	技术部	工程师	20								
00324641	姜雪	销售部	业务员	13								
00324642	郑敏	销售部	业务员	16								
00324643	陈芳芳	客服中心	普通员工	20								
00324644	韩世伟	后勤部	工程师	9								
00324645	杨惠盈	产品开发部	工程师	10								
00324646	何军	销售部	业务员	19								
00324647	郑丽君	业务部	业务员	10								

人事表　考核情况　工资奖金对照表　工资总表　税率　所得税

图 3-62　全体员工工龄计算结果

2. 计算业务津贴

工龄工资的计算方法如表 3-1 所示。

表 3-1　工龄工资对照表

工龄工资	
工龄(年)	工龄工资
工龄≥15	1000
15>工龄≥10	800
10>工龄≥5	500
工龄<5	200

（1）使用 IF 函数

第 1 步：单击 H4 单元格，再单击编辑栏左侧的“插入函数”按钮 *fx*，弹出“插入函数”对话框。

第 2 步：在 或选择类别(C)：常用函数 下拉列表中选择“常用函数”，在“选择函数”列表框中单击“IF”，再单击“确定”，弹出 IF 函数的“函数参数”对话框，如图 3-63 所示。

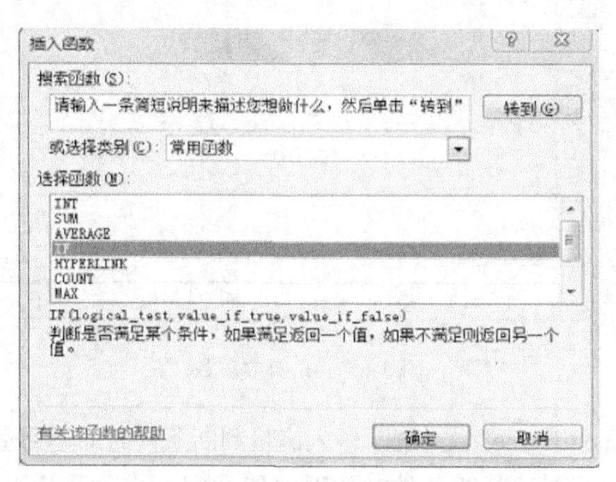

图 3-63　IF 函数插入

IF 函数需要 3 个参数，第 1 个参数是判断条件，当判断条件值为 TURE 时得到第 2 个参数表达式的值；为 FALSE 时得到第 3 个表达式的值。

第 3 步：在“Logical_test”文本框中输入判断条件。单击这个文本框，出现插入点光标后，单击 E4 单元格，如图 3-64 所示。

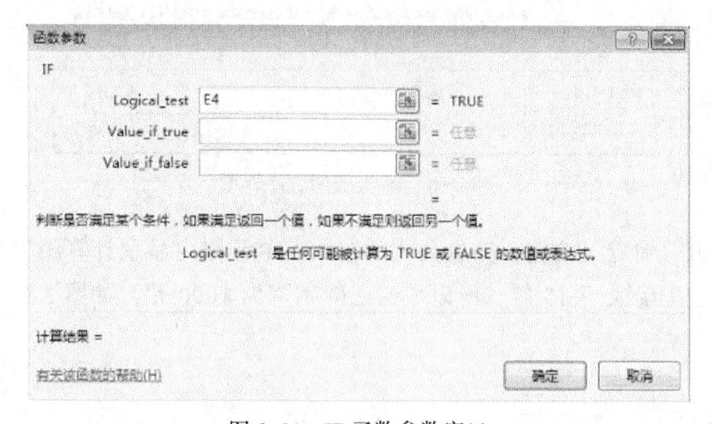

图 3-64　IF 函数参数窗口

第 4 步：在“函数参数”对话框的“Logical_test”文本框中继续输入“15”，如图 3-65 所示。

如果条件中使用了文本，则要加上英文双引号。

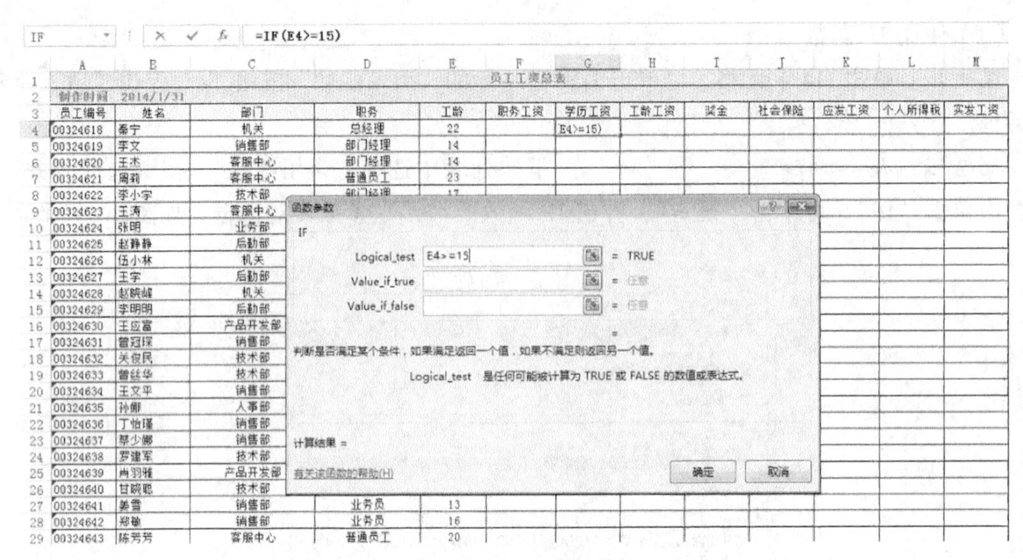

图 3-65 IF 函数参数

第 5 步：单击“Value_if_true”文本框，输入满足判断条件时的返回值“1000”；单击“Value_if_false”文本框，输入不满足判断条件时的返回值“0”。也就是说，如果某员工工龄在 15 年（包含 15 年）以上的话，就在 H4 单元格中填入 1000，否则填入 0，如图 3-66 所示。

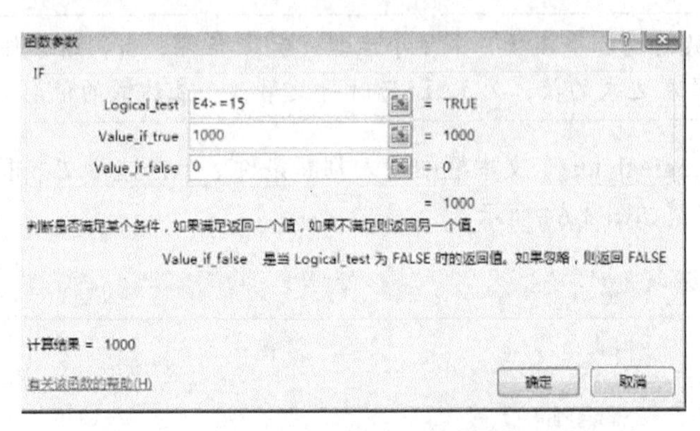

图 3-66 IF 函数的三个参数

第 6 步：单击“确定”按钮，完成公式的输入，单元格内显示计算结果为 1000，编辑栏中显示公式，秦宁工龄大于 15 年，所以他的工龄工资为 1000 元，如图 3-67 所示。

H4 =IF(E4>=15,1000,0)

	A	B	C	D	E	F	G	H	I	J	K	L	M
1	员工工资总表												
2	制作时间 2014/1/31												
3	员工编号	姓名	部门	职务	工龄	职务工资	学历工资	工龄工资	奖金	社会保险	应发工资	个人所得税	实发工资
4	00324618	秦宁	机关	总经理	22			1000					
5	00324619	李文	销售部	部门经理	14								
6	00324620	王杰	客服中心	部门经理	14								
7	00324621	周莉	客服中心	普通员工	23								

图 3-67 IF 函数计算结果

第 7 步：按住鼠标左键拖动 H4 单元格的填充柄到 H20 单元格，松开鼠标左键，如图 3-68 所示。

H4　=IF(E4>=15,1000,0)

员工工资总表

制作时间　2014/1/31

员工编号	姓名	部门	职务	工龄	职务工资	学历工资	工龄工资	奖金	社会保险	应发工资	个人所得税	实发工资
00324618	秦宁	机关	总经理	22			1000					
00324619	李文	销售部	部门经理	14			0					
00324620	王杰	客服中心	部门经理	14			0					
00324621	周莉	客服中心	普通员工	23			1000					
00324622	李小宇	技术部	部门经理	17			1000					
00324623	王涛	客服中心	普通员工	17			1000					
00324624	张明	业务部	部门经理	15			1000					
00324625	赵静静	后勤部	部门经理	15			1000					
00324626	伍小林	机关	部门经理	14			0					
00324627	王宇	后勤部	文员	16			1000					
00324628	赵晓峭	机关	文员	18			1000					
00324629	李明明	后勤部	技工	11			0					
00324630	王应富	产品开发部	部门经理	15			1000					
00324631	曾冠琛	销售部	业务员	17			1000					
00324632	关俊民	技术部	总工程师	18			1000					
00324633	曾丝华	技术部	工程师	11			0					
00324634	王文平	销售部	业务员	20			1000					
00324635	孙娜	人事部	部门经理	14								
00324636	丁怡瑾	销售部	业务员	18								
00324637	蔡少娜	销售部	业务员	10								
00324638	罗建军	技术部	工程师	11								

自动填充选项

图 3-68　IF 函数计算工龄工资

很明显，我们的公式正确计算出了工龄在的 15 年以上的所有人的工龄工资，但是没有“15<工龄<10”、“10<工龄<5”、“工龄<5”的各段工龄工资，这是由于在 IF 函数中只设置了两个条件，即如果工龄在的 15 年以上的其工龄工资为 1000 元，否则为 0 元，忽略了“15<工龄<10”、“10<工龄<5”、“工龄<5”的各段，所以 IF 函数的第 3 个参数为 0 是不确切的。下面我们修改并完成 H3 单元格中的公式。

（2）使用相关函数、公式及函数的嵌套功能计算员工工资总表

第 1 步：单击 H4 单元格，再单击编辑栏，使插入点光标出现在编辑栏中，删除 IF 函数中的第 3 个参数 0。

第 2 步：输入“IF（ ）”，将插入点光标移到括号中间，如图 3-69 所示。

IF　=IF(E4>=15,1000,if())

IF(logical_test, [value_if_true], [value_if_false])

员工工资总表

制作时间　2014/1/31

员工编号	姓名	部门	职务	工龄	职务工资	学历工资	工龄工资	奖金	社会保险	应发工资	个人所得税	实发工资
00324618	秦宁	机关	总经理	22			000,if())					

图 3-69　IF 函数参数修改

第 3 步：单击 E4 单元格。从编辑栏中可以看到，“工资总表”中 E4 单元格的引用出现在公式中。

第 4 步：继续在编辑栏中输入“>=10，800，0”，也就是说如果“10<=工龄<15”其工龄工资为 800 元，否则为 0 元。单击编辑栏中的 ✔ 确认对公式的修改，如图 3-70 所示。

IF　=IF(E4>=15,1000,IF(E4>=10,800,0))

输入

IF(logical_test, [value_if_true], [value_if_false])

员工工资总表

制作时间　2014/1/31

员工编号	姓名	部门	职务	工龄	职务工资	学历工资	工龄工资	奖金	社会保险	应发工资	个人所得税	实发工资
00324618	秦宁	机关	总经理	22			=IF(E4>=15					

图 3-70　IF 函数嵌套的修改

第 5 步：继续单击 E4 单元格。从编辑栏中可以看到，“工资总表”中 E3 单元格的引用

出现在公式中。在编辑栏中继续嵌套 IF 函数，输入“E4>=5，500，200”，也就是说如果“5<=工龄<10”其工龄工资为 500 元，否则为 200 元。单击编辑栏中的 ✓ 确认对公式的修改，如图 3-71 所示。

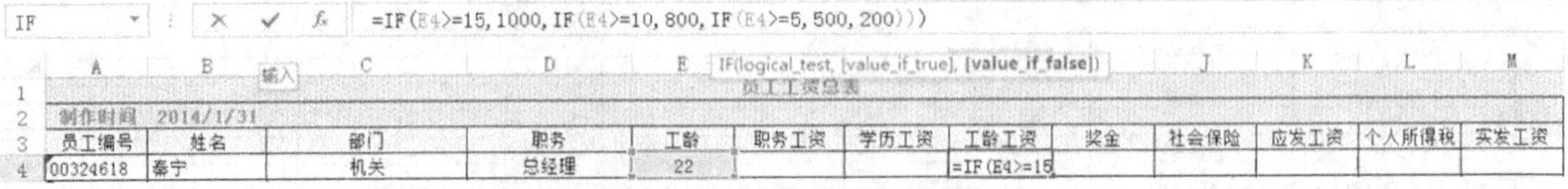

IF　=IF(E4>=15,1000,IF(E4>=10,800,IF(E4>=5,500,200)))

IF(logical_test, [value_if_true], [value_if_false])

	A	B	C	D	E	F	G	H	I	J	K	L	M
1	员工工资总表												
2	制作时间	2014/1/31											
3	员工编号	姓名	部门	职务	工龄	职务工资	学历工资	工龄工资	奖金	社会保险	应发工资	个人所得税	实发工资
4	00324618	秦宁	机关	总经理	22			=IF(E4>=15					

图 3-71　IF 函数多重嵌套修改

在计算工龄工资公式“=IF(E3>=15，1000，IF(E3>=10，800，IF(E3>=5，500，200)))”中，我们使用了三个 IF 函数，这就是函数的嵌套，Excel2013 先根据第 1 个 IF 函数判断结果，如果工龄>15 年以上的所有人的工龄工资为 1000 元，否则如果“10<=工龄<15”其工龄工资为 800 元，否则如果“5<=工龄<10”其工龄工资为 500 元，否则其工龄工资为 200 元。

第 6 步：拖动 H4 单元格的填充柄到 H168 单元格。现在就正确地计算出了所有人的工龄工资了，如图 3-72 所示。

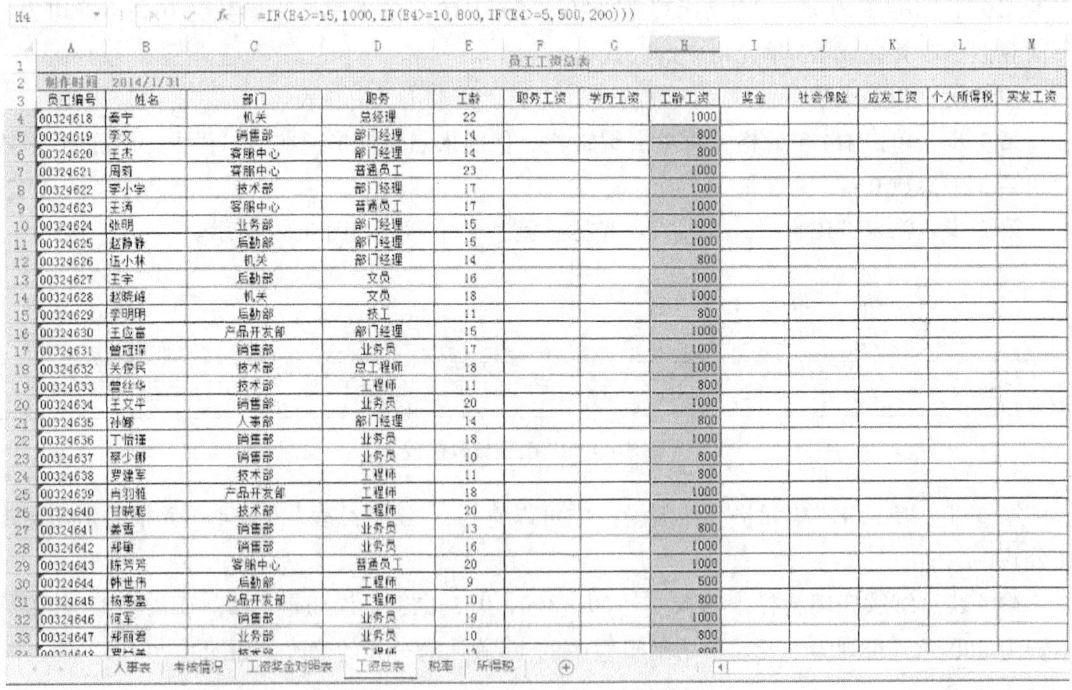

H4　=IF(E4>=15,1000,IF(E4>=10,800,IF(E4>=5,500,200)))

	A	B	C	D	E	F	G	H	I	J	K	L	M
1	员工工资总表												
2	制作时间	2014/1/31											
3	员工编号	姓名	部门	职务	工龄	职务工资	学历工资	工龄工资	奖金	社会保险	应发工资	个人所得税	实发工资
4	00324618	秦宁	机关	总经理	22			1000					
5	00324619	李文	销售部	部门经理	14			800					
6	00324620	王杰	客服中心	部门经理	14			800					
7	00324621	周莉	客服中心	普通员工	23			1000					
8	00324622	李小宇	技术部	部门经理	17			1000					
9	00324623	王涛	客服中心	普通员工	17			1000					
10	00324624	张明	业务部	部门经理	15			1000					
11	00324625	赵静静	后勤部	部门经理	15			1000					
12	00324626	伍小林	机关	部门经理	14			800					
13	00324627	王宇	后勤部	文员	16			1000					
14	00324628	赵晓峰	机关	文员	18			1000					
15	00324629	李明明	后勤部	技工	11			800					
16	00324630	王应富	产品开发部	部门经理	15			1000					
17	00324631	曾冠琛	销售部	业务员	17			1000					
18	00324632	关俊民	技术部	总工程师	18			1000					
19	00324633	曾丝华	技术部	工程师	11			800					
20	00324634	王文平	销售部	业务员	20			1000					
21	00324635	孙娜	人事部	部门经理	14			800					
22	00324636	丁怡瑾	销售部	业务员	18			1000					
23	00324637	蔡少娜	销售部	业务员	10			800					
24	00324638	罗建军	技术部	工程师	11			800					
25	00324639	肖羽雅	产品开发部	工程师	18			1000					
26	00324640	甘晓聪	技术部	工程师	20			1000					
27	00324641	姜雪	销售部	业务员	13			800					
28	00324642	郑敏	销售部	业务员	16			1000					
29	00324643	陈芳芳	客服中心	普通员工	20			1000					
30	00324644	韩世伟	后勤部	工程师	9			500					
31	00324645	杨惠馨	产品开发部	工程师	10			800					
32	00324646	何军	销售部	业务员	19			1000					
33	00324647	郑丽君	业务部	业务员	10			800					

人事表　考核情况　工资奖金对照表　工资总表　税率　所得税

图 3-72　IF 函数多重嵌套修改结果

第 7 步：依照前 6 步所述 IF 函数多重嵌套方法，可计算出所有员工的学历工资，本算法需要跨表格引用，其 G4 单元格的计算公式为“=IF(人事表!F19=“研究生”，1000，IF(人事表!F19=“本科”，700，IF(人事表!F19=“大专”，500，IF(人事表!F19=“中专”，300，200))))”，如图 3-73 所示。

G4　=IF(人事表!F19="研究生",1000,IF(人事表!F19="本科",700,IF(人事表!F19="大专",500,IF(人事表!F19="中专",300,200))))

员工工资总表

制作时间　2014/1/31

员工编号	姓名	部门	职务	工龄	职务工资	学历工资	工龄工资	奖金	社会保险	应发工资	个人所得税	实发工资
00324618	秦宁	机关	总经理	22		1000	1000					
00324619	李文	销售部	部门经理	14		700	800					
00324620	王杰	客服中心	部门经理	14		700	800					
00324621	周莉	客服中心	普通员工	23		700	1000					
00324622	李小宇	技术部	部门经理	17		700	1000					
00324623	王涛	客服中心	普通员工	17		1000	1000					
00324624	张明	业务部	部门经理	15		1000	1000					
00324625	赵静静	后勤部	部门经理	15		1000	1000					
00324626	伍小林	机关	部门经理	14		700	800					
00324627	王宇	后勤部	文员	16		700	1000					
00324628	赵晓峰	机关	文员	18		500	1000					
00324629	李明明	后勤部	技工	11		700	800					
00324630	王应富	产品开发部	部门经理	15		1000	1000					
00324631	曾冠琛	销售部	业务员	17		700	1000					
00324632	关俊民	技术部	总工程师	18		700	1000					
00324633	曾丝华	技术部	工程师	11		1000	800					
00324634	王文平	销售部	业务员	20		1000	1000					
00324635	孙娜	人事部	部门经理	14		700	800					
00324636	丁怡瑾	销售部	业务员	18		1000	1000					
00324637	禁少娜	销售部	业务员	10		1000	800					
00324638	罗建军	技术部	工程师	11		700	800					
00324639	肖羽雅	产品开发部	工程师	18		500	1000					
00324640	甘晓聪	技术部	工程师	20		700	1000					
00324641	姜雪	销售部	业务员	13		500	800					
00324642	郑敏	销售部	业务员	16		500	1000					
00324643	陈芳芳	客服中心	普通员工	20		700	1000					
00324644	韩世伟	后勤部	工程师	9		1000	500					
00324645	杨惠盈	产品开发部	工程师	10		300	800					
00324646	何军	销售部	业务员	19		700	1000					
00324647	郑丽君	业务部	业务员	10		300	800					

人事表　考核情况　工资奖金对照表　工资总表　税率　所得税

图 3-73　IF 函数多重嵌套学历工资

第 8 步：依照前 6 步所述 IF 函数多重嵌套方法，可计算出所有员工的奖金，本算法同样需要跨表格引用，其 I4 单元格的计算公式为“=IF(考核情况!C18= “优秀”，3000，IF(考核情况!C18= “良好”，2000，IF(考核情况!C18= “中等”，800，IF(考核情况!C18= “及格”，300，-200))))”，如图 3-74 所示。

I4　=IF(考核情况!C18="优秀",3000,IF(考核情况!C18="良好",2000,IF(考核情况!C18="中等",800,IF(考核情况!C18="及格",300,-200))))

员工工资总表

制作时间　2014/1/31

员工编号	姓名	部门	职务	工龄	职务工资	学历工资	工龄工资	奖金	社会保险	应发工资	个人所得税	实发工资
00324618	秦宁	机关	总经理	22		1000	1000	-200				
00324619	李文	销售部	部门经理	14		700	800	3000				
00324620	王杰	客服中心	部门经理	14		700	800	800				
00324621	周莉	客服中心	普通员工	23		700	1000	3000				
00324622	李小宇	技术部	部门经理	17		700	1000	-200				
00324623	王涛	客服中心	普通员工	17		1000	1000	2000				
00324624	张明	业务部	部门经理	15		1000	1000	800				
00324625	赵静静	后勤部	部门经理	15		1000	1000	3000				
00324626	伍小林	机关	部门经理	14		700	800	3000				
00324627	王宇	后勤部	文员	16		700	1000	800				
00324628	赵晓峰	机关	文员	18		500	1000	3000				
00324629	李明明	后勤部	技工	11		700	800	800				
00324630	王应富	产品开发部	部门经理	15		1000	1000	3000				
00324631	曾冠琛	销售部	业务员	17		700	1000	-200				
00324632	关俊民	技术部	总工程师	18		700	1000	800				
00324633	曾丝华	技术部	工程师	11		1000	800	300				
00324634	王文平	销售部	业务员	20		1000	1000	-200				
00324635	孙娜	人事部	部门经理	14		700	800	800				
00324636	丁怡瑾	销售部	业务员	18		1000	1000	800				
00324637	禁少娜	销售部	业务员	10		1000	800	2000				
00324638	罗建军	技术部	工程师	11		700	800	800				
00324639	肖羽雅	产品开发部	工程师	18		500	1000	300				
00324640	甘晓聪	技术部	工程师	20		700	1000	3000				
00324641	姜雪	销售部	业务员	13		500	800	-200				
00324642	郑敏	销售部	业务员	16		500	1000	-200				
00324643	陈芳芳	客服中心	普通员工	20		700	1000	3000				
00324644	韩世伟	后勤部	工程师	9		1000	500	800				
00324645	杨惠盈	产品开发部	工程师	10		300	800	-200				
00324646	何军	销售部	业务员	19		700	1000	3000				
00324647	郑丽君	业务部	业务员	10		300	800	300				

人事表　考核情况　工资奖金对照表　工资总表　税率　所得税

图 3-74　IF 函数多重嵌套奖金

第 9 步：计算所有员工的职务工资。首先，在表“工资奖金对照表”中，定义区域 A1：B13 的名称框为“工资”，如图 3-75 所示；之后回到表“工资总表”中在 F4 单元格的计算公式描述为“=VLOOKUP(D4，工资，2，FALSE)”。其中，“D4”代表查询的内容；“工资”代表查询的区域；“2”代表查询区域中计算第 2 列；“FALSE”代表精确查询。本查询算法为拔高内容，将在实训教材中详述。最后，计算出职务工资的结果，如图 3-76 所示。

职务工资	
职务	职务工资
总经理	5000
部门经理	3000
总工程师	3000
工程师	1500
助理工程师	1000
业务主管	1200
业务员	700
技工	700
文员	500
普通员工	500

考核等级与奖金		
考核分数	考核等级	奖金
分数>=90	优秀	3000
90>分数>=80	良好	2000
80>分数>=70	中等	800
70>分数>=60	及格	300
分数<60	不及格	-200

学历工资	
学历	学历工资
研究生	1000
本科	700
大专	500
中专	300
初中	200

工龄工资	
工龄(年)	工龄工资
工龄>=15	1000
15>工龄>=10	800
10>工龄>=5	500
工龄<5	200

图 3-75 定义工资名称框

=VLOOKUP(D4,工资,2,FALSE)

员工工资总表

制作时间 2014/1/31

员工编号	姓名	部门	职务	工龄	职务工资	学历工资	工龄工资	奖金	社会保险	应发工资	个人所得税	实发工资
00324618	秦宁	机关	总经理	22	5000	1000	1000	-200				
00324619	李文	销售部	部门经理	14	3000	700	800	3000				
00324620	王杰	客服中心	部门经理	14	3000	700	800	800				
00324621	周莉	客服中心	普通员工	23	500	700	1000	3000				
00324622	李小宇	技术部	部门经理	17	3000	700	1000	-200				
00324623	王涛	客服中心	普通员工	17	500	1000	1000	2000				
00324624	张明	业务部	部门经理	15	3000	1000	1000	800				
00324625	赵静静	后勤部	部门经理	15	3000	1000	1000	3000				
00324626	伍小林	机关	部门经理	14	3000	700	800	3000				
00324627	王宇	后勤部	文员	16	500	700	1000	800				
00324628	赵晓峰	机关	文员	18	500	500	1000	3000				
00324629	李明明	后勤部	技工	11	700	700	800	800				
00324630	王应富	产品开发部	部门经理	15	3000	1000	1000	3000				
00324631	曾冠琛	销售部	业务员	17	700	700	1000	-200				
00324632	关俊民	技术部	总工程师	18	3000	700	1000	800				
00324633	曾丝华	技术部	工程师	11	1500	1000	800	300				
00324634	王文平	销售部	业务员	20	700	1000	1000	-200				
00324635	孙娜	人事部	部门经理	14	3000	700	800	800				
00324636	丁怡瑾	销售部	业务员	18	700	1000	1000	800				
00324637	蔡少娜	销售部	业务员	10	700	1000	800	2000				
00324638	罗建军	技术部	工程师	11	1500	700	800	800				
00324639	肖羽雅	产品开发部	工程师	18	1500	500	1000	300				
00324640	甘晓聪	技术部	工程师	20	1500	700	1000	3000				
00324641	姜雪	销售部	业务员	13	700	500	800	-200				
00324642	郑敏	销售部	业务员	16	700	500	1000	-200				
00324643	陈芳芳	客服中心	普通员工	20	500	700	1000	3000				
00324644	韩世伟	后勤部	工程师	9	1500	1000	500	800				
00324645	杨惠盈	产品开发部	工程师	10	1500	300	800	-200				
00324646	何军	销售部	业务员	19	700	700	1000	3000				
00324647	郑丽君	业务部	业务员	10	700	300	800	300				

图 3-76 VLOOKUP 函数查询职务工资

第 10 步：计算所有员工的社会保险，在此简化保率为工资总额的 18%。其 J4 单元格的计算公式为“=SUM(F4:I4)*0.18”。其中，SUM（）为求和函数，F4:I4 为求和区域。同时，计算所有员工的应发工资，其 J4 单元格的计算公式为“=SUM(F4:I4)”如图 3-77 所示。

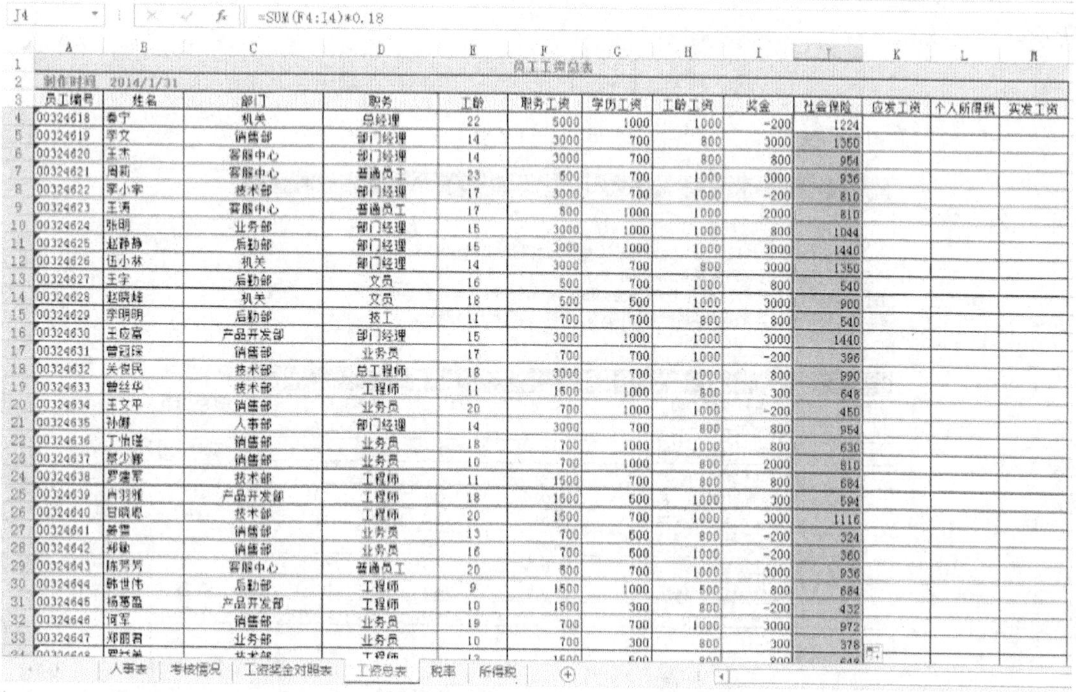

J4　　=SUM(F4:I4)*0.18

	A	B	C	D	E	F	G	H	I	J	K	L	M
1	员工工资总表												
2	制作时间	2014/1/31											
3	员工编号	姓名	部门	职务	工龄	职务工资	学历工资	工龄工资	奖金	社会保险	应发工资	个人所得税	实发工资
4	00324618	秦宁	机关	总经理	22	5000	1000	1000	-200	1224			
5	00324619	李文	销售部	部门经理	14	3000	700	800	3000	1350			
6	00324620	王杰	客服中心	部门经理	14	3000	700	800	800	954			
7	00324621	周莉	客服中心	普通员工	23	500	700	1000	3000	936			
8	00324622	李小宇	技术部	部门经理	17	3000	700	1000	-200	810			
9	00324623	王涛	客服中心	普通员工	17	500	1000	1000	2000	810			
10	00324624	张明	业务部	部门经理	15	3000	1000	1000	800	1044			
11	00324625	赵静静	后勤部	部门经理	15	3000	1000	1000	3000	1440			
12	00324626	伍小林	机关	部门经理	14	3000	700	800	3000	1350			
13	00324627	王宇	后勤部	文员	16	500	700	1000	800	540			
14	00324628	赵晓峰	机关	文员	18	500	500	1000	3000	900			
15	00324629	李明明	后勤部	技工	11	700	700	800	800	540			
16	00324630	王应富	产品开发部	部门经理	15	3000	1000	1000	3000	1440			
17	00324631	曾冠琛	销售部	业务员	17	700	700	1000	-200	396			
18	00324632	关俊民	技术部	总工程师	18	3000	700	1000	800	990			
19	00324633	曾丝华	技术部	工程师	11	1500	1000	800	300	648			
20	00324634	王文平	销售部	业务员	20	700	1000	1000	-200	450			
21	00324635	孙娜	人事部	部门经理	14	3000	700	800	800	954			
22	00324636	丁怡瑾	销售部	业务员	18	700	1000	1000	800	630			
23	00324637	蔡少娜	销售部	业务员	10	700	1000	800	2000	810			
24	00324638	罗建军	技术部	工程师	11	1500	700	800	800	684			
25	00324639	肖羽雅	产品开发部	工程师	18	1500	500	1000	300	594			
26	00324640	甘晓聪	技术部	工程师	20	1500	700	1000	3000	1116			
27	00324641	姜雪	销售部	业务员	13	700	500	800	-200	324			
28	00324642	郑敏	销售部	业务员	16	700	500	1000	-200	360			
29	00324643	陈芳芳	客服中心	普通员工	20	500	700	1000	3000	936			
30	00324644	韩世伟	后勤部	工程师	9	1500	1000	500	800	684			
31	00324645	杨惠盈	产品开发部	工程师	10	1500	300	800	-200	432			
32	00324646	何军	销售部	业务员	19	700	700	1000	3000	972			
33	00324647	郑丽君	业务部	业务员	10	700	300	800	300	378			
34	00324648	[illegible]	技术部	工程师	13	1500	500	800	800	648			

人事表　考核情况　工资奖金对照表　工资总表　税率　所得税

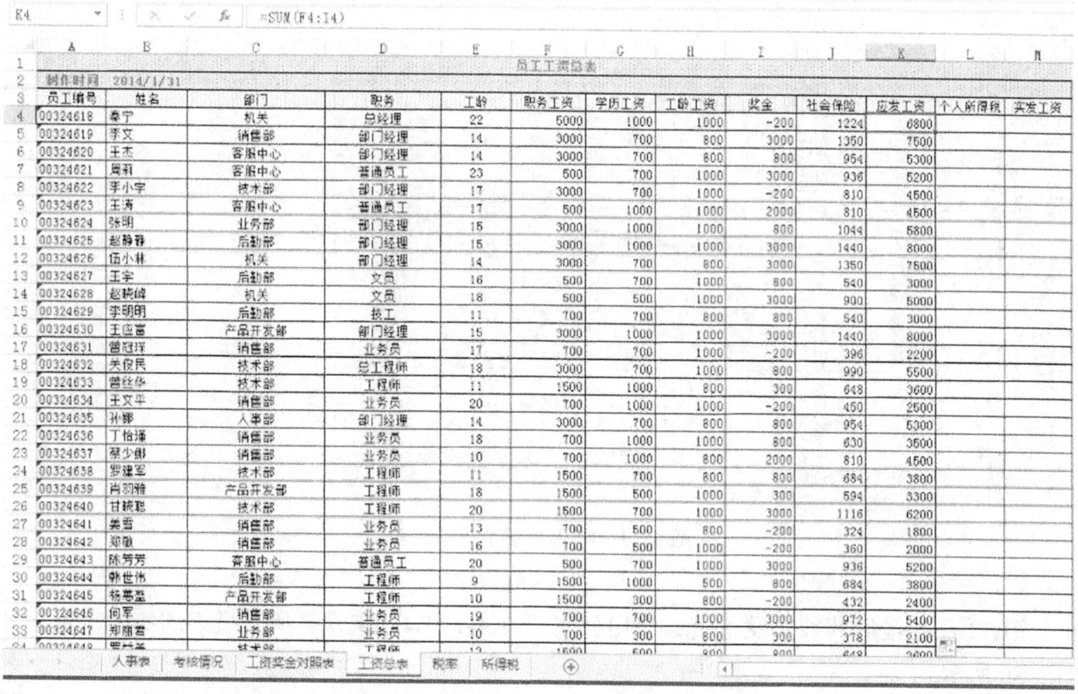

K4　　=SUM(F4:I4)

	A	B	C	D	E	F	G	H	I	J	K	L	M
1	员工工资总表												
2	制作时间	2014/1/31											
3	员工编号	姓名	部门	职务	工龄	职务工资	学历工资	工龄工资	奖金	社会保险	应发工资	个人所得税	实发工资
4	00324618	秦宁	机关	总经理	22	5000	1000	1000	-200	1224	6800		
5	00324619	李文	销售部	部门经理	14	3000	700	800	3000	1350	7500		
6	00324620	王杰	客服中心	部门经理	14	3000	700	800	800	954	5300		
7	00324621	周莉	客服中心	普通员工	23	500	700	1000	3000	936	5200		
8	00324622	李小宇	技术部	部门经理	17	3000	700	1000	-200	810	4500		
9	00324623	王涛	客服中心	普通员工	17	500	1000	1000	2000	810	4500		
10	00324624	张明	业务部	部门经理	15	3000	1000	1000	800	1044	5800		
11	00324625	赵静静	后勤部	部门经理	15	3000	1000	1000	3000	1440	8000		
12	00324626	伍小林	机关	部门经理	14	3000	700	800	3000	1350	7500		
13	00324627	王宇	后勤部	文员	16	500	700	1000	800	540	3000		
14	00324628	赵晓峰	机关	文员	18	500	500	1000	3000	900	5000		
15	00324629	李明明	后勤部	技工	11	700	700	800	800	540	3000		
16	00324630	王应富	产品开发部	部门经理	15	3000	1000	1000	3000	1440	8000		
17	00324631	曾冠琛	销售部	业务员	17	700	700	1000	-200	396	2200		
18	00324632	关俊民	技术部	总工程师	18	3000	700	1000	800	990	5500		
19	00324633	曾丝华	技术部	工程师	11	1500	1000	800	300	648	3600		
20	00324634	王文平	销售部	业务员	20	700	1000	1000	-200	450	2500		
21	00324635	孙娜	人事部	部门经理	14	3000	700	800	800	954	5300		
22	00324636	丁怡瑾	销售部	业务员	18	700	1000	1000	800	630	3500		
23	00324637	蔡少娜	销售部	业务员	10	700	1000	800	2000	810	4500		
24	00324638	罗建军	技术部	工程师	11	1500	700	800	800	684	3800		
25	00324639	肖羽雅	产品开发部	工程师	18	1500	500	1000	300	594	3300		
26	00324640	甘晓聪	技术部	工程师	20	1500	700	1000	3000	1116	6200		
27	00324641	姜雪	销售部	业务员	13	700	500	800	-200	324	1800		
28	00324642	郑敏	销售部	业务员	16	700	500	1000	-200	360	2000		
29	00324643	陈芳芳	客服中心	普通员工	20	500	700	1000	3000	936	5200		
30	00324644	韩世伟	后勤部	工程师	9	1500	1000	500	800	684	3800		
31	00324645	杨惠盈	产品开发部	工程师	10	1500	300	800	-200	432	2400		
32	00324646	何军	销售部	业务员	19	700	700	1000	3000	972	5400		
33	00324647	郑丽君	业务部	业务员	10	700	300	800	300	378	2100		
34	00324648	[illegible]	技术部	工程师	13	1500	500	800	800	648	3600		

人事表　考核情况　工资奖金对照表　工资总表　税率　所得税

图 3-77　SUM 函数求社会保险、应发工资

第 11 步：依照前 6 步所述 IF 函数多重嵌套方法，可计算出所有员工的个人所得税，其税率参照表“税率”，如图 3-78 所示。其 L4 单元格的计算公式为“=IF(K4>60000，K4*0.35-6375，IF(K4>40000，K4*0.3-3375，IF(K4>20000，K4*0.25-1375，IF(K4>5000，K4*0.2-375，IF(K4>2000，K4*0.15-125，IF(K4>500，K4*0.1-25，IF(K4>0，K4*0.05，0)))))))”，如图 3-79 所示。

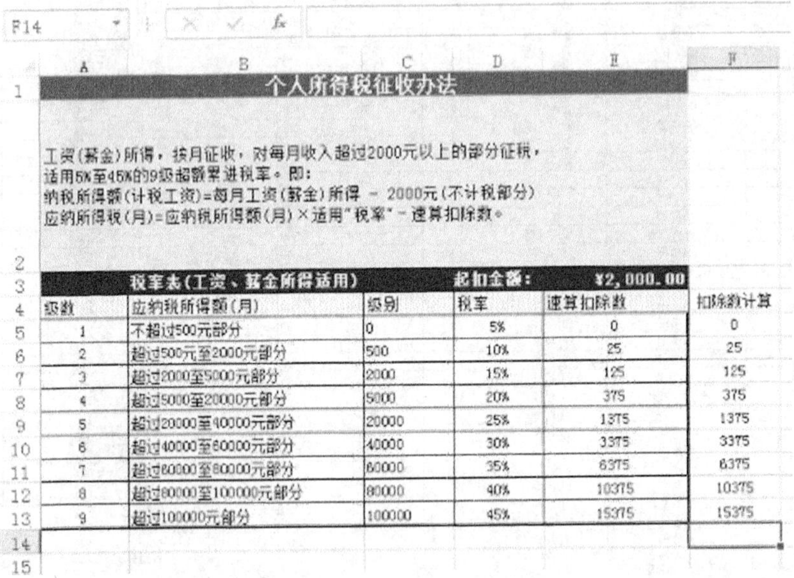

个人所得税征收办法

工资(薪金)所得，按月征收，对每月收入超过2000元以上的部分征税，
适用5%至45%的9级超额累进税率。即：
纳税所得额(计税工资)=每月工资(薪金)所得 － 2000元(不计税部分)
应纳所得税(月)=应纳税所得额(月)×适用"税率"－速算扣除数。

税率表(工资、薪金所得适用)		起扣金额：		¥2,000.00	
级数	应纳税所得额(月)	级别	税率	速算扣除数	扣除数计算
1	不超过500元部分	0	5%	0	0
2	超过500元至2000元部分	500	10%	25	25
3	超过2000至5000元部分	2000	15%	125	125
4	超过5000至20000元部分	5000	20%	375	375
5	超过20000至40000元部分	20000	25%	1375	1375
6	超过40000至60000元部分	40000	30%	3375	3375
7	超过60000至80000元部分	60000	35%	6375	6375
8	超过80000至100000元部分	80000	40%	10375	10375
9	超过100000元部分	100000	45%	15375	15375

图 3-78　个人所得税扣除税率

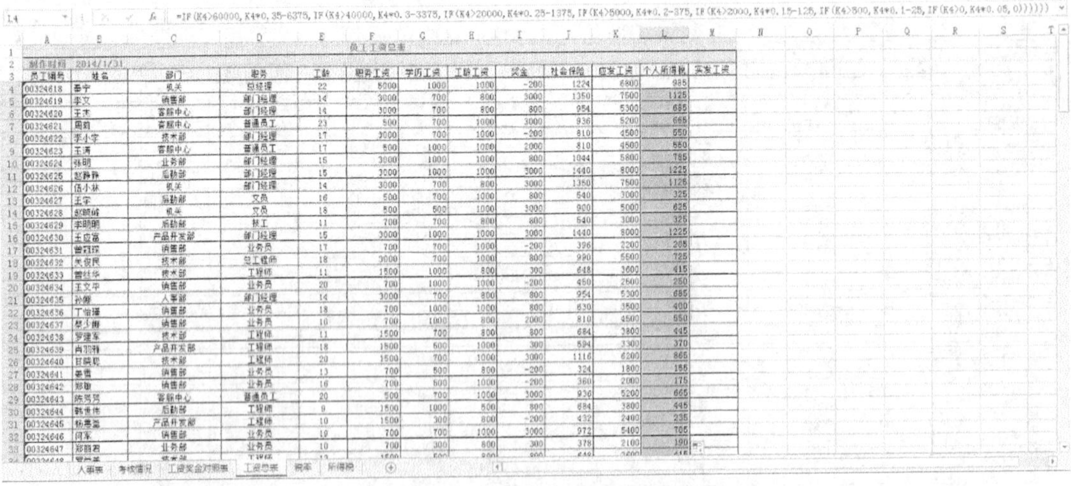

=IF(K4>60000,K4*0.35-6375,IF(K4>40000,K4*0.3-3375,IF(K4>20000,K4*0.25-1375,IF(K4>5000,K4*0.2-375,IF(K4>2000,K4*0.15-125,IF(K4>500,K4*0.1-25,IF(K4>0,K4*0.05,0)))))))

员工工资总表

制作时间　2014/1/31

员工编号	姓名	部门	职务	工龄	职务工资	学历工资	工龄工资	奖金	社会保险	应发工资	个人所得税	实发工资
00324618	秦宁	机关	总经理	22	5000	1000	1000	-200	1224	6800	985	
00324619	李文	销售部	部门经理	14	3000	700	800	3000	1350	7500	1125	
00324620	王杰	客服中心	部门经理	14	3000	700	800	800	954	5300	685	
00324621	周莉	客服中心	普通员工	23	500	700	1000	3000	936	5200	665	
00324622	李小宇	技术部	部门经理	17	3000	700	1000	-200	810	4500	550	
00324623	王涛	客服中心	普通员工	17	500	1000	1000	2000	810	4500	550	
00324624	张明	业务部	部门经理	15	3000	1000	1000	800	1044	5800	785	
00324625	赵静静	后勤部	部门经理	15	3000	1000	1000	3000	1440	8000	1225	
00324626	伍小林	机关	部门经理	14	3000	700	800	3000	1350	7500	1125	
00324627	王宇	后勤部	文员	16	500	700	1000	800	540	3000	325	
00324628	赵晓峰	机关	文员	18	500	500	1000	3000	900	5000	625	
00324629	李明明	后勤部	技工	11	700	700	800	800	540	3000	325	
00324630	王应富	产品开发部	部门经理	15	3000	1000	1000	3000	1440	8000	1225	
00324631	曾冠琛	销售部	业务员	17	700	700	1000	-200	396	2200	205	
00324632	关俊民	技术部	总工程师	18	3000	700	1000	800	990	5500	725	
00324633	曾丝华	技术部	工程师	11	1500	1000	800	300	648	3600	415	
00324634	王文平	销售部	业务员	20	700	1000	1000	-200	450	2500	250	
00324635	孙娜	人事部	部门经理	14	3000	700	800	800	954	5300	685	
00324636	丁怡瑾	销售部	业务员	18	700	1000	1000	800	630	3500	400	
00324637	楚少卿	销售部	业务员	10	700	1000	800	2000	810	4500	550	
00324638	罗建军	技术部	工程师	11	1500	700	800	800	684	3800	445	
00324639	肖羽雅	产品开发部	工程师	18	1800	600	1000	300	594	3300	370	
00324640	甘晓聪	技术部	工程师	20	1500	700	1000	3000	1116	6200	865	
00324641	姜雪	销售部	业务员	13	700	500	800	-200	324	1800	155	
00324642	郑敏	销售部	业务员	16	700	500	1000	-200	360	2000	175	
00324643	陈芳芳	客服中心	普通员工	20	500	700	1000	3000	936	5200	665	
00324644	韩世伟	后勤部	工程师	9	1500	1000	500	800	684	3800	445	
00324645	杨秀淼	产品开发部	工程师	10	1500	300	800	-200	432	2400	235	
00324646	何军	销售部	业务员	19	700	700	1000	3000	972	5400	705	
00324647	郑丽君	业务部	业务员	10	700	300	800	300	378	2100	190	

人事表　考核情况　工资奖金对照表　工资总表　税率　所得税

图 3-79　IF 函数求个人所得税

第 12 步：最后计算实发工资，使用公式“=K4-J4-L4”来计算所有员工的实发工资，如图 3-80 所示。

M4　=K4-J4-L4

员工工资总表

制作时间　2014/1/31

员工编号	姓名	部门	职务	工龄	职务工资	学历工资	工龄工资	奖金	社会保险	应发工资	个人所得税	实发工资
00324618	秦宁	机关	总经理	22	5000	1000	1000	-200	1224	6800	985	4591
00324619	李文	销售部	部门经理	14	3000	700	800	3000	1350	7500	1125	5025
00324620	王杰	客服中心	部门经理	14	3000	700	800	800	954	5300	685	3661
00324621	周莉	客服中心	普通员工	23	500	700	1000	3000	936	5200	665	3599
00324622	李小宇	技术部	部门经理	17	3000	700	1000	-200	810	4500	550	3140
00324623	王涛	客服中心	普通员工	17	500	1000	1000	2000	810	4500	550	3140
00324624	张明	业务部	部门经理	15	3000	1000	1000	800	1044	5800	785	3971
00324625	赵静静	后勤部	部门经理	15	3000	1000	1000	3000	1440	8000	1225	5335
00324626	伍小林	机关	部门经理	14	3000	700	800	3000	1350	7500	1125	5025
00324627	王宇	后勤部	文员	16	500	700	1000	800	540	3000	325	2135
00324628	赵晓峰	机关	文员	18	500	500	1000	3000	900	5000	625	3475
00324629	李明明	后勤部	技工	11	700	700	800	800	540	3000	325	2135
00324630	王应富	产品开发部	部门经理	15	3000	1000	1000	3000	1440	8000	1225	5335
00324631	曾冠琛	销售部	业务员	17	700	700	1000	-200	396	2200	205	1599
00324632	关俊民	技术部	总工程师	18	3000	700	1000	800	990	5500	725	3785
00324633	曾丝华	技术部	工程师	11	1500	1000	800	300	648	3600	415	2537
00324634	王文平	销售部	业务员	20	700	1000	1000	-200	450	2500	250	1800
00324635	孙娜	人事部	部门经理	14	3000	700	800	800	954	5300	685	3661
00324636	丁怡瑾	销售部	业务员	18	700	1000	1000	800	630	3500	400	2470
00324637	蔡少娜	销售部	业务员	10	700	1000	800	2000	810	4500	550	3140
00324638	罗建军	技术部	工程师	11	1500	700	800	800	684	3800	445	2671
00324639	肖羽雅	产品开发部	工程师	18	1500	500	1000	300	594	3300	370	2336
00324640	甘晓聪	技术部	工程师	20	1500	700	1000	3000	1116	6200	865	4219
00324641	姜雪	销售部	业务员	13	700	500	800	-200	324	1800	155	1321
00324642	郑敏	销售部	业务员	16	700	500	1000	-200	360	2000	175	1465
00324643	陈芳芳	客服中心	普通员工	20	500	700	1000	3000	936	5200	665	3599
00324644	韩世伟	后勤部	工程师	9	1500	1000	500	800	684	3800	445	2671
00324645	杨惠盈	产品开发部	工程师	10	1500	300	800	-200	432	2400	235	1733
00324646	何军	销售部	业务员	19	700	700	1000	3000	972	5400	705	3723
00324647	郑丽君	业务部	业务员	10	700	300	800	300	378	2100	190	1532

人事表　考核情况　工资奖金对照表　工资总表　税率　所得税

图 3-80　公式计算实发工资

输入复杂公式时很容易出现错误，比如括号不匹配或引用发生错误等，这时，单元格内会出现错误提示，常见的有以下几种，错误提示都以符号“#”开头，如表 3-2 所示。

表 3-2　Excel 2013 错误提示

错误提示	原因
#DIV/0!	公式中除数为 0。引用空白单元格作除数就会出现这种情况
#NAME?	公式中使用了 Excel 不能识别的名字（如函数名或引用名）
#N/A	公式中使用了当前不能使用的值
#NULL!	指定了无效的“空”区域作为公式中的引用，如指定并不相交两个区域的交叉点
#NUM!	公式中使用无效数字值，如非数字作参数使公式无法计算
#REF!	引用无效的单元格
#VALUE!	使用了不正确的参数或运算对象
######	列宽不够，显示不下长运算结果

3. 统计低于平均工资的人数

（1）计算平均应发工资

第 1 步：在“工资总表”的 A171：K171 合并单元格中输入“平均实发工资”，在 A172：K172 合并单元格中输入“低于平均人数”，然后调整 L 列列宽，使数据都能显示出来，如图 3-81 所示。

L171

	A	B	C	D	E	F	G	H	I	J	K	L	M
148	00324762	黄嘉丽	销售部	普通员工	10	500	200	800	2000	630	3500	400	2470
149	00324763	陈柳伊	销售部	文员	13	500	300	800	3000	828	4600	565	3207
150	00324764	曾小霞	技术部	技工	12	700	500	800	3000	900	5000	625	3475
151	00324765	黄礼充	客服中心	普通员工	14	500	500	800	2000	684	3800	445	2671
152	00324766	李志成	产品开发部	技工	9	700	300	500	2000	630	3500	400	2470
153	00324767	付静静	业务部	文员	22	500	300	1000	-200	288	1600	135	1177
154	00324768	文慧新	技术部	技工	12	700	200	800	-200	270	1500	125	1105
155	00324769	苏桢	客服中心	普通员工	20	500	200	1000	-200	270	1500	125	1105
156	00324770	江小玲	销售部	文员	11	500	200	800	-200	234	1300	105	961
157	00324771	吴文静	销售部	文员	18	500	200	1000	-200	270	1500	125	1105
158	00324772	梁春媚	技术部	技工	14	700	200	800	-200	270	1500	125	1105
159	00324773	宋亮	技术部	技工	9	700	200	500	-200	216	1200	95	889
160	00324774	刘泽标	客服中心	普通员工	16	500	200	1000	-200	270	1500	125	1105
161	00324775	廖日新	销售部	文员	23	500	200	1000	-200	270	1500	125	1105
162	00324776	李立聪	后勤部	普通员工	23	500	200	1000	-200	270	1500	125	1105
163	00324777	叶运南	后勤部	普通员工	15	500	200	1000	-200	270	1500	125	1105
164	00324778	刘海斌	人事部	文员	16	500	200	1000	-200	270	1500	125	1105
165	00324779	曾海玲	技术部	技工	19	700	200	1000	-200	306	1700	145	1249
166	00324780	王盼盼	技术部	技工	22	700	200	1000	-200	306	1700	145	1249
167	00324781	袁燕锋	人事部	文员	23	500	200	1000	-200	270	1500	125	1105
168	00324782	彭春鸿	产品开发部	文员	20	500	200	1000	-200	270	1500	125	1105
169													
170													
171	平均实发工资												
172	低于平均工资人事												
173													
174													

图 3-81　显示统计项

第 2 步：单击 L171 单元格使其成为活动单元格，然后单击编辑栏，使插入点光标出现在编辑栏中，输入公式“=AVERAGE(M4:M168)”。

第 3 步：单击编辑栏中的 ✓ 钮，L171 单元格中显示计算结果 2461.50，如图 3-82 所示。

L171　=AVERAGE(M4:M168)

	A	B	C	D	E	F	G	H	I	J	K	L	M
142	00324756	林芳	产品开发部	技工	12	700	200	800	300	360	2000	175	1465
143	00324757	陈美娜	产品开发部	技工	9	700	500	500	3000	846	4700	580	3274
144	00324758	胡文娟	技术部	技工	13	700	500	800	2000	720	4000	475	2805
145	00324759	孙怡	业务部	业务员	14	700	500	800	2000	720	4000	475	2805
146	00324760	凌郁辉	业务部	业务员	17	700	200	1000	3000	882	4900	610	3408
147	00324761	李智灵	人事部	文员	16	500	200	1000	800	450	2500	250	1800
148	00324762	黄嘉丽	销售部	普通员工	10	500	200	800	2000	630	3500	400	2470
149	00324763	陈柳伊	销售部	文员	13	500	300	800	3000	828	4600	565	3207
150	00324764	曾小霞	技术部	技工	12	700	500	800	3000	900	5000	625	3475
151	00324765	黄礼充	客服中心	普通员工	14	500	500	800	2000	684	3800	445	2671
152	00324766	李志成	产品开发部	技工	9	700	300	500	2000	630	3500	400	2470
153	00324767	付静静	业务部	文员	22	500	300	1000	-200	288	1600	135	1177
154	00324768	文慧新	技术部	技工	12	700	200	800	-200	270	1500	125	1105
155	00324769	苏桢	客服中心	普通员工	20	500	200	1000	-200	270	1500	125	1105
156	00324770	江小玲	销售部	文员	11	500	200	800	-200	234	1300	105	961
157	00324771	吴文静	销售部	文员	18	500	200	1000	-200	270	1500	125	1105
158	00324772	梁春媚	技术部	技工	14	700	200	800	-200	270	1500	125	1105
159	00324773	宋亮	技术部	技工	9	700	200	500	-200	216	1200	95	889
160	00324774	刘泽标	客服中心	普通员工	16	500	200	1000	-200	270	1500	125	1105
161	00324775	廖日新	销售部	文员	23	500	200	1000	-200	270	1500	125	1105
162	00324776	李立聪	后勤部	普通员工	23	500	200	1000	-200	270	1500	125	1105
163	00324777	叶运南	后勤部	普通员工	15	500	200	1000	-200	270	1500	125	1105
164	00324778	刘海斌	人事部	文员	16	500	200	1000	-200	270	1500	125	1105
165	00324779	曾海玲	技术部	技工	19	700	200	1000	-200	306	1700	145	1249
166	00324780	王盼盼	技术部	技工	22	700	200	1000	-200	306	1700	145	1249
167	00324781	袁燕锋	人事部	文员	23	500	200	1000	-200	270	1500	125	1105
168	00324782	彭春鸿	产品开发部	文员	20	500	200	1000	-200	270	1500	125	1105
169													
170													
171	平均实发工资											2461.50	
172	低于平均工资人数												
173													

图 3-82　计算平均实发工资

（2）统计低于平均工资的人数

第 1 步：单击 L172 单元格使其成为活动单元格。

第 2 步：输入公式“=COUNTIF（M4:M168，“<”&L171）”。

COUNTIF 函数中的第 1 个参数表示统计范围，第 2 个参数表示统计条件“小于单元格

L171 中的数据”。COUNTIF 要求第 2 个参数是文本字符串，因而使用文本连接运算符“&”将比较运算符“<”与 L171 单元格中的数据连为一体。也可以直接引用 L170 单元格，将第 2 个参数写成“< 2461.50”，公式则改为“=COUNTIF（M4:M168，“< 2461.50”）”其结果是一样的。

第 3 步：单击编辑栏中的 ✔ 钮，L172 单元格中显示出统计结果 81，如图 3-83 所示。

L172　=COUNTIF(M4:M168,"< 2461.50")

	A	B	C	D	E	F	G	H	I	J	K	L	M
142	00324756	林芳	产品开发部	技工	12	700	200	800	300	360	2000	175	1465
143	00324757	陈美卿	产品开发部	技工	9	700	500	500	3000	846	4700	580	3274
144	00324758	胡文娟	技术部	技工	13	700	500	800	2000	720	4000	475	2805
145	00324759	孙怡	业务部	业务员	14	700	500	800	2000	720	4000	475	2805
146	00324760	凌郁辉	业务部	业务员	17	700	200	1000	3000	882	4900	610	3408
147	00324761	李智灵	人事部	文员	16	500	200	1000	800	450	2500	250	1800
148	00324762	黄嘉丽	销售部	普通员工	10	500	200	800	2000	630	3500	400	2470
149	00324763	陈柳伊	销售部	文员	13	500	300	800	3000	828	4600	565	3207
150	00324764	曾小霞	技术部	技工	12	700	500	800	3000	900	5000	625	3475
151	00324765	黄礼亮	客服中心	普通员工	14	500	500	800	2000	684	3800	445	2671
152	00324766	李志成	产品开发部	技工	9	700	300	500	2000	630	3500	400	2470
153	00324767	付静静	业务部	文员	22	500	300	1000	-200	288	1600	135	1177
154	00324768	文慧新	技术部	技工	12	700	200	800	-200	270	1500	125	1105
155	00324769	苏柏	客服中心	普通员工	20	500	200	1000	-200	270	1500	125	1105
156	00324770	江小玲	销售部	文员	11	500	200	800	-200	234	1300	105	961
157	00324771	吴文静	销售部	文员	18	500	200	1000	-200	270	1500	125	1105
158	00324772	梁春媚	技术部	技工	14	700	200	800	-200	270	1500	125	1105
159	00324773	宋亮	技术部	技工	9	700	200	500	-200	216	1200	95	889
160	00324774	刘泽标	客服中心	普通员工	16	500	200	1000	-200	270	1500	125	1105
161	00324775	廖日新	销售部	文员	23	500	200	1000	-200	270	1500	125	1105
162	00324776	李立聪	后勤部	普通员工	23	500	200	1000	-200	270	1500	125	1105
163	00324777	叶运南	后勤部	普通员工	15	500	200	1000	-200	270	1500	125	1105
164	00324778	刘海斌	人事部	文员	16	500	200	1000	-200	270	1500	125	1105
165	00324779	曾海玲	技术部	技工	19	700	200	1000	-200	306	1700	145	1249
166	00324780	王盼盼	技术部	技工	22	700	200	1000	-200	306	1700	145	1249
167	00324781	袁燕娃	人事部	文员	23	500	200	1000	-200	270	1500	125	1105
168	00324782	彭丽玛	产品开发部	文员	20	500	200	1000	-200	270	1500	125	1105
169													
170													
171	平均实发工资											2461.50	
172	低于平均工资人数											81	
173													

图 3-83　统计低于平均实发工资人数

在 Excel 2013 中，对工作表中的数据进行计算的算式称为“公式”。在单元格中输入公式时，要以等号“=”开始，等号后面输入算式。算式由运算对象和运算符组成。参数可以是具体数据、单元格或区域的名称、函数等，运算符表明对参数执行某种特定的计算，如我们熟悉的算术运算符“+”、“-”等，运算符必须在英文状态下输入。

Excel 2013 中的运算符可以有以下几种：

（1）算术运算符

算术运算符用于完成基本的数学运算，有下面几个，如表 3-3 所示。

表 3-3　算术运算符

算术运算符	含义	在单元格中的示例
+	加运算	=B10+300
-	减或取负运算	=B10−2 或−B10−2
*	乘法运算	=B10*0.2
/	除法运算	=B10/2
^	乘方运算	=B10^2
%	求百分比	=B10*20%

乘号是*，除号是/

（2）比较运算符

比较运算符用于比较两个数据的大小，比较运算的结果是逻辑值 TRUE（真）或 FALSE（假）。当比较条件成立时，结果为 TRUE，否则为 FALSE，如表 3-4 所示。

表 3-4　　比较运算符

比较运算符	含义	在单元格中的示例
=	等于	=B10=C10
>	大于	=B10>C10
<	小于	=B10<C10
>=	大于等于（不小于）	=B10>=C10
<=	小于等于（不大于）	=B10<=C10
<>	不等于	=B10<>C10

（3）文本连接运算符&

文本连接符“&”的作用是把两串文字或符号连接在一起产生一个连续的文本值。

假如某个工作表中 B2 单元格中的值是“信息时代”，D6 单元格中的值是“ABC”，那么，公式

“=”21 世纪是”&B2”的值是“21 世纪是信息时代”

“=B2&D6”的值是“信息时代 ABC”

（4）公式中的运算顺序

如果一个公式中包含多种运算符，则按以下优先级顺序进行计算，如表 3-5 所示。

表 3-5　　运算符优先级

优先级	运算符	意义
先	()	圆括号，改变运算优先级
	–	取负号
	%	百分比
	^	乘方
	*和/	乘或除
	+和–	加或减
	&	文本连接符
后	=，>，<，>=，<=，<>	比较运算符

优先级相同的运算符，按从左到右的顺序依次执行。如果要改变运算的先后顺序，可以用括号把公式中的运算对象括起来，括号内的部分先计算。

提示　除上例中所涉及的函数外，Excel 2013 还提供了一些预定好的常用函数。利用这些函数可以简化操作，可实现许多普通运算符所难以完成的运算。

在 Excel 2013 中常用的函数：

（1）求和函数 SUM

功能：计算指定区域内所有数值的总和。

格式：SUM（指定区域）

（2）平均值函数 AVERAGE

功能：计算指定区域内所有数值的平均值。

格式：AVERAGE（指定区域）

（3）最大值函数 MAX

功能：计算指定区域内所有数值的最大值。

格式：MAX（指定区域）

（4）最小值函数 MIN

功能：计算指定区域内所有数值的最小值。

格式：MIN（指定区域）

（5）取整函数 INT

功能：对参数值向下取整为最接近的整数。

格式：INT（number）

函数的语法以函数名称开始，后面是一对圆括号，括号内是参数，参数之间以逗号分隔（若不止一个参数时）。函数的参数可以是数字、文本、逻辑值和单元格引用等，给定的参数必须能产生有效数值。函数的返回值就是计算结果。

3.2.2　人事表的安全与保护

锁定上一节中创建的“工资总表”，使得只能浏览表格内容而无法进行修改，以防止对“工资总表”的修改与误操作，同时隐藏“工资总表”中的所有公式，设置锁定与隐藏密码为“123”。

锁定“人事表”中的编号、姓名、出生年月、所在部门、参加工作时间列中的数据以防误修改，其他部分可以凭解除锁定密码“123”访问与修改。

1. 保护“工资表”

设置工作表的保护可以防止用户对受保护工作表中的数据进行修改操作，还可以防止插入、删除行列等改变表格结构数据的操作。

第 1 步：打开“新华公司人事表”工作簿，切换“工总资表”为当前工作表。

第 2 步：单击行号与列标交叉的“全选”按钮，选定整个工作表，如图 3-84 所示。

第 3 步：单击“开始”选项组中“字体”工具组的右下角按钮，弹出“设置单元格格式”窗口，单击“保护”，打开“保护”选项卡，如图 3-85 所示。

第 4 步：默认状态下，“锁定”复选项处于选中状态。选中“隐藏”复选项。单击“确定”，如图 3-86 所示。

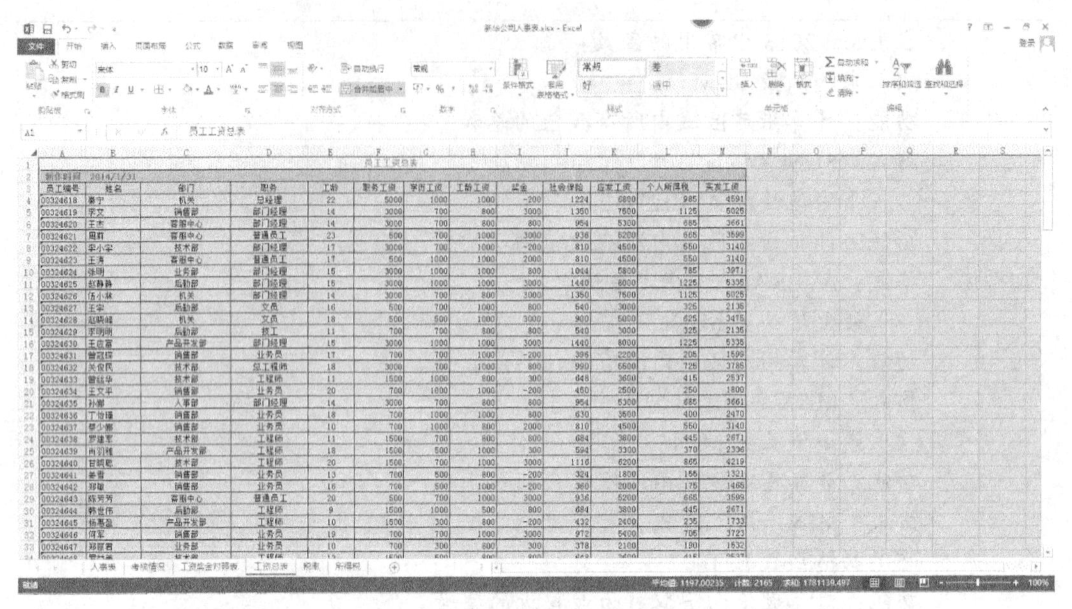

图 3-84　全选“员工工资总表”

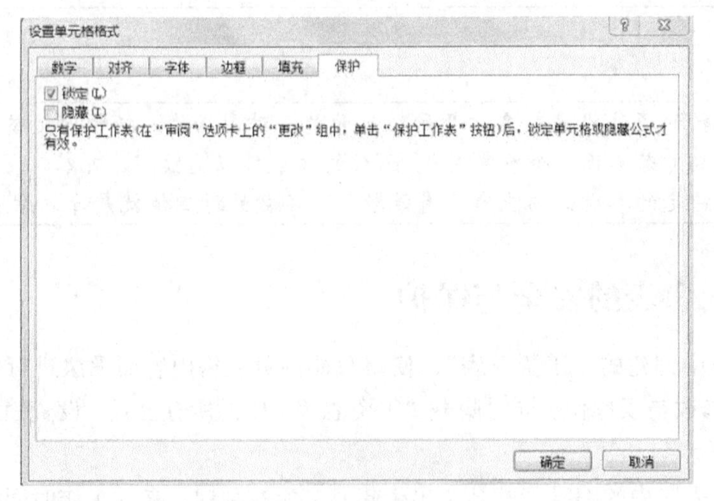

图 3-85　保护选项卡

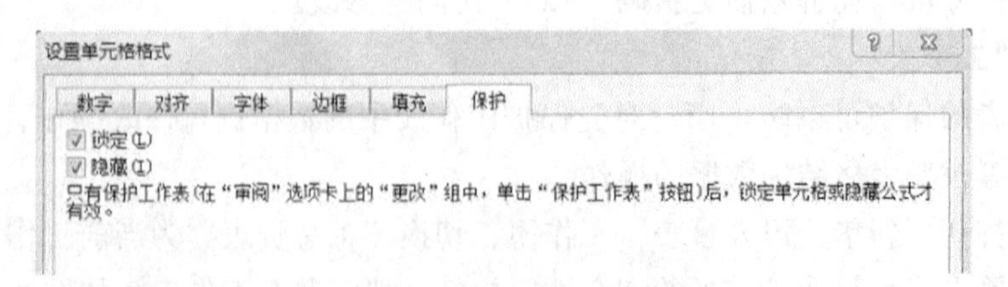

图 3-86　保护选项卡复选项

“锁定”表示工作表中选定的单元格区域不能被更改、移动、调整或删除；“隐藏”表示工作表中选定单元格区域中的公式不会在编辑栏中显示。隐藏和锁定单元格区域的操作必须在对工作表实施保护之后才有效，而且一定要先设置单元格格式中的保护功能，再实施对工作表的保护，次序不能颠倒。

接下来，我们对工作表实施保护操作。

第 5 步：单击“审阅”选项组中的“更改”工具组中的按钮，打开“保护”工作表对话框。

第 6 步：在“允许此工作表的所有用户进行”列表框中，选中“设置单元格格式”、“设置列格式”、“设置行格式”复选项，意思是在设置了保护的工作表中，只能进行这几项操作，如图 3-87 所示。

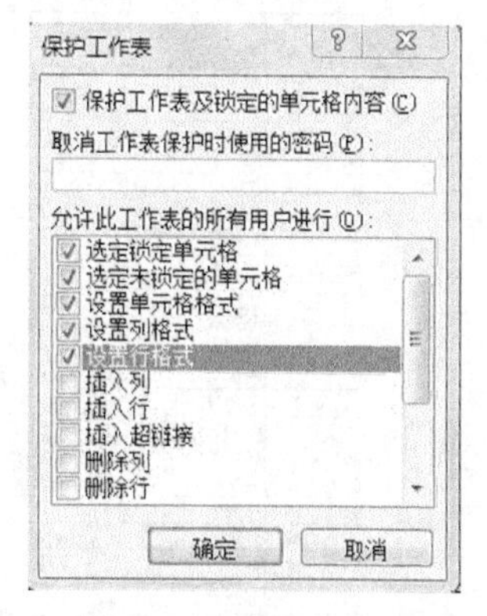

图 3-87　保护工作表

第 7 步：在“取消工作表保护时使用的密码”文本框中输入密码“123”。

你也可以不设置密码，但这样会使任何用户都可以取消对工作表的保护而更改数据。

第 8 步：单击“确定”，依照提示在“确认密码”对话框中再次输入密码，单击“确定”，然后保存工作簿，如图 3-88 所示。

文件 开始 插入 页面布局 公式 数据 审阅 视图
拼写检查 信息检索 同义词库 繁转简 简转繁 简繁转换 翻译 新建批注 删除 上一条 下一条 显示所有批注 显示墨迹 保护工作表 保护工作簿 共享工作簿 保护并共享工作簿 允许用户编辑区域 修订
校对 中文简繁转换 语言 批注 更改
A1　员工工资总表

员工工资总表
制作时间　2014/1/31

员工编号	姓名	部门	职务	工龄	职务工资	学历工资	工龄工资	奖金	社会保险	应发工资	个人所得税
00324618	秦宁	机关	总经理	22	5000	1000	1000	-200	1224	6800	985
00324619	李文	销售部	部门经理	14	3000	700	800	3000	1350	7500	1125
00324620	王杰	客服中心	部门经理	14	3000	700	800	800	954	5300	685
00324621	周莉	客服中心	普通员工	23	500	700	1000	3000	936	5200	665
00324622	李小宇	技术部	部门经理				1000	-200	810	4500	550
00324623	王涛	客服中心	普通员工				1000	2000	810	4500	550
00324624	张明	业务部	部门经理				1000	800	1044	5800	785
00324625	赵静静	后勤部	部门经理				1000	3000	1440	8000	1225
00324626	伍小林	机关	部门经理				800	3000	1350	7500	1125
00324627	王宇	后勤部	文员					800	540	3000	325
00324628	赵晓峰	机关	文员					3000	900	5000	625
00324629	李明明	后勤部	技工					800	540	3000	325
00324630	王应富	产品开发部	部门经理					3000	1440	8000	1225
00324631	曾冠琛	销售部	业务员					-200	396	2200	205
00324632	关俊民	技术部	总工程师					800	990	5500	725
00324633	曾丝华	技术部	工程师					300	648	3600	415
00324634	王文平	销售部	业务员					-200	450	2500	250
00324635	孙娜	人事部	部门经理					800	954	5300	685
00324636	丁怡瑾	销售部	业务员					800	630	3500	400
00324637	蔡少娜	销售部	业务员				800	2000	810	4500	550
00324638	罗建军	技术部	工程师				800	800	684	3800	445
00324639	肖羽雅	产品开发部	工程师				1000	300	594	3300	370
00324640	甘晓聪	技术部	工程师				1000	3000	1116	6200	865
00324641	姜雪	销售部	业务员	13	700	500	800	-200	324	1800	155
00324642	郑敏	销售部	业务员	16	700	500	1000	-200	360	2000	175
00324643	陈芳芳	客服中心	普通员工	20	500	700	1000	3000	936	5200	665
00324644	韩世伟	后勤部	工程师	9	1500	1000	500	800	684	3800	445
00324645	杨惠盈	产品开发部	工程师	10	1500	300	800	-200	432	2400	235
00324646	何军	销售部	业务员	19	700	700	1000	3000	972	5400	705
00324647	郑丽君	业务部	业务员	10	700	300	800	300	378	2100	190

保护工作表
保护工作表及锁定的单元格内容(C)
取消工作表保护时使用的密码(P):
删除行
确定　取消

确认密码
重新输入密码(R):
警告：如果丢失或忘记密码，则无法将其恢复。建议将密码及其相应工作簿和工作表名称的列表保存在安全的地方(请记住，密码是区分大小写的)。
确定　取消

人事表　考核情况　工资奖金对照表　工资总表　税率　所得税

图 3-88　保护工作表密码设置

要删除或更改工作表中的数据时，会弹出如图所示的提示框，提醒你工作表被保护了，如图 3-89 所示。

单击“工资总表”中有公式的单元格，从编辑栏中可以看出，公式已经被隐藏了。

2. 取消对工作表的保护

第 1 步：使被保护的工作表“工资总表”为当前工作表。

第 2 步：依次单击“审阅”选项组中的“更改”工具组中的按钮，打开“撤销工作表保护”工作表对话框。

员工工资总表

制作时间 2014/1/31

员工编号	姓名	部门	职务	工龄	职务工资	学历工资	工龄工资	奖金	社会保险	应发工资	个人所得税	实发工资
00324618	秦宁	机关	总经理	22	5000	1000	1000	-200	1224	6800	885	4591
00324619	李文	销售部	部门经理	14	3000	700	800	3000	1350	7500	1125	5025
00324620	王杰	客服中心	部门经理	14	3000	700	800	800	954	5300	685	3661
00324621	周莉	客服中心	普通员工	23	500	700	1000	3000	936	5200	665	3599
00324622	李小宇	技术部	部门经理	17	3000	700	1000	-200	810	4500	550	3140
00324623	王涛	客服中心	普通员工	17	500	1000	1000	2000	810	4500	550	3140
00324624	张明	业务部	部门经理	15	3000	1000	1000	800	1044	5800	785	3971
00324625	赵静静	后勤部	部门经理	15	3000	1000	1000	3000	1440	8000	1225	5335
00324626	伍小林	机关	部门经理	14	3000	700	800	3000	1350	7500	1125	5025
00324627	王宇	后勤部							540	3000	325	2135
00324628	赵晓峰	机关							900	5000	625	3475
00324629	李明明	后勤部							540	3000	325	2135
00324630	王应富	产品开发部							1440	8000	1225	5335
00324631	曾冠洋	销售部							396	2200	205	1599
00324632	关俊民	技术部							990	5500	725	3785
00324633	曾丝华	技术部							648	3600	415	2537
00324634	王文平	销售部							450	2500	250	1800
00324635	孙娜	人事部	部门经理	14	3000	700	800	800	954	5300	685	3661
00324636	丁怡瑾	销售部	业务员	18	700	1000	1000	800	630	3500	400	2470
00324637	蔡少娜	销售部	业务员	10	700	1000	800	2000	810	4500	550	3140
00324638	罗建军	技术部	工程师	11	1500	700	800	800	684	3800	445	2671
00324639	肖羽雅	产品开发部	工程师	18	1500	500	1000	300	594	3300	370	2336
00324640	甘晓聪	技术部	工程师	20	1500	700	1000	3000	1116	6200	865	4219
00324641	姜雪	销售部	业务员	13	700	500	800	-200	324	1800	155	1321
00324642	郑敏	销售部	业务员	16	700	500	1000	-200	360	2000	175	1465
00324643	陈芳芳	客服中心	普通员工	20	500	700	1000	3000	936	5200	665	3599
00324644	韩世伟	后勤部	工程师	9	1500	1000	500	800	684	3800	445	2671
00324645	杨惠盈	产品开发部	工程师	10	1500	300	800	-200	432	2400	235	1733
00324646	何军	销售部	业务员	19	700	700	1000	3000	972	5400	705	3723
00324647	郑丽君	业务部	业务员	10	700	300	800	300	378	2100	190	1532

Microsoft Excel

试图更改的单元格或图表在受保护的工作表中。

要进行更改，请单击"审阅"选项卡中的"撤销工作表保护"(可能需要密码)。

确定

人事表　考核情况　工资奖金对照表　工资总表　税率　所得税

图 3-89　保护工作表后修改数据

第 3 步：输入密码“123”，然后单击“确定”，工作表的保护就被取消了，如图 3-90 所示。

文件　开始　插入　页面布局　公式　数据　审阅　视图

拼写检查　信息检索　同义词库　繁转简　简转繁　简繁转换　翻译　新建批注　删除　上一条　下一条　显示所有批注　显示墨迹　撤消工作表保护　保护工作簿　共享工作簿　保护并共享工作簿　修订

校对　中文简繁转换　语言　批注　更改

G18

员工工资总表

制作时间 2014/1/31

员工编号	姓名	部门	职务	工龄	职务工资	学历工资	工龄工资	奖金	社会保险	应发工资
00324618	秦宁	机关	总经理	22	5000	1000	1000	-200	1224	6800
00324619	李文	销售部	部门经理	14	3000	700	800	3000	1350	7500
00324620	王杰	客服中心	部门经理	14	3000	700	800	800	954	5300
00324621	周莉	客服中心	普通员工	23	500	700	1000	3000	936	5200
00324622	李小宇	技术部	部门经理	17	3000	700	1000	-200	810	4500
00324623	王涛	客服中心	普通员工	17	500	1000	1000	2000	810	4500
00324624	张明	业务部	部门经理	15	3000	1000	1000	800	1044	5800
00324625	赵静静	后勤部	部门经理	15	3000	1000	1000	3000	1440	8000
00324626	伍小林	机关	部门经理	14	3000	700	800	3000	1350	7500
00324627	王宇	后勤部	文员	16	500	700	1000	800	540	3000
00324628	赵晓峰	机关	文员	18	500	500	1000	3000	900	5000
00324629	李明明	后勤部	技工					800	540	3000
00324630	王应富	产品开发部	部门经理					3000	1440	8000
00324631	曾冠洋	销售部	业务员					-200	396	2200
00324632	关俊民	技术部	总工程师					800	990	5500
00324633	曾丝华	技术部	工程师					300	648	3600
00324634	王文平	销售部	业务员					-200	450	2500
00324635	孙娜	人事部	部门经理	14	3000	700	800	800	954	5300
00324636	丁怡瑾	销售部	业务员	18	700	1000	1000	800	630	3500
00324637	蔡少娜	销售部	业务员	10	700	1000	800	2000	810	4500
00324638	罗建军	技术部	工程师	11	1500	700	800	800	684	3800
00324639	肖羽雅	产品开发部	工程师	18	1500	500	1000	300	594	3300
00324640	甘晓聪	技术部	工程师	20	1500	700	1000	3000	1116	6200
00324641	姜雪	销售部	业务员	13	700	500	800	-200	324	1800
00324642	郑敏	销售部	业务员	16	700	500	1000	-200	360	2000
00324643	陈芳芳	客服中心	普通员工	20	500	700	1000	3000	936	5200
00324644	韩世伟	后勤部	工程师	9	1500	1000	500	800	684	3800
00324645	杨惠盈	产品开发部	工程师	10	1500	300	800	-200	432	2400
00324646	何军	销售部	业务员	19	700	700	1000	3000	972	5400
00324647	郑丽君	业务部	业务员	10	700	300	800	300	378	2100

撤消工作表保护

密码(P): ***

确定　取消

人事表　考核情况　工资奖金对照表　工资总表　税率　所得税

图 3-90　撤销保护工作表

3. 保护“人事表”中的部分区域

第 1 步：使“人事表”为当前工作表。

第 2 步：依次单击“审阅”菜单中的“更改”工具组中的“允许用户编辑区域”按钮，打开“允许用户编辑区域”对话框，如图 3-91 所示。

第 3 步：单击“新建”按钮，打开“新区域”对话框，如图 3-92 所示。

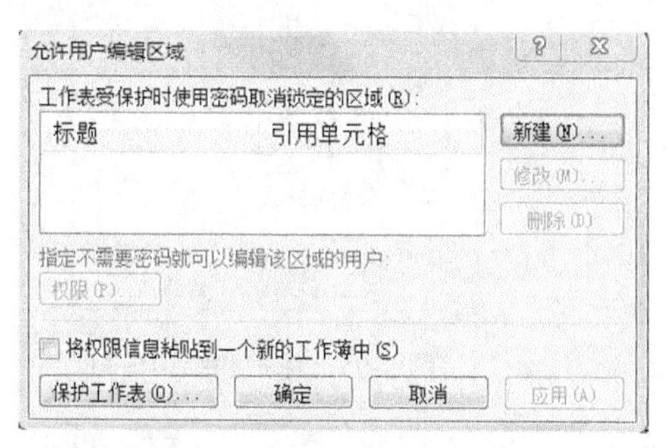

图 3-91　允许用户编辑区域窗口

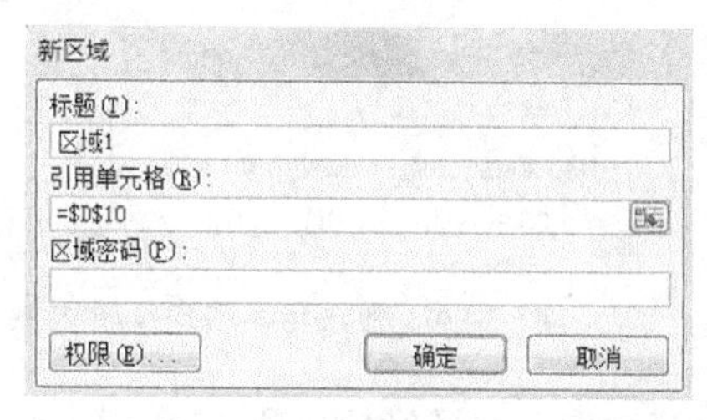

图 3-92　新区域对话框

第 4 步：在“引用单元格”文本框中输入“=F4：H168”。这里给出的是可以修改的单元格区域，剩余区域则不可以修改的。

在单元格名称的列标与行号之间

第 5 步：在“区域密码”文本框中输入“123”，单击“确定”。

第 6 步：依照提示在“确认密码”对话框中重新输入密码后，单击“确定”返回“允许用户编辑区域”对话框，如图 3-93 所示。

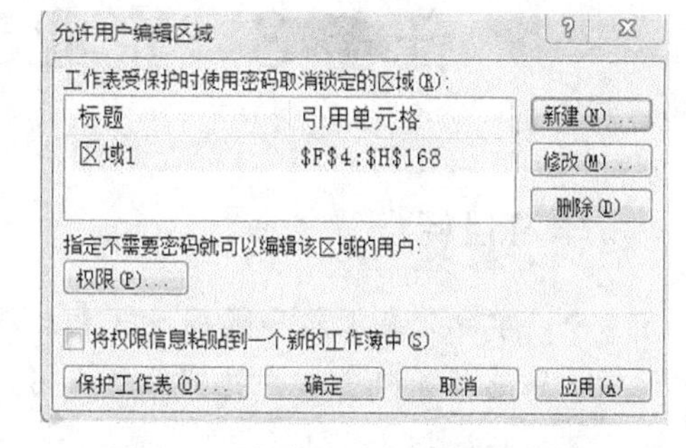

图 3-93　允许用户编辑区域对话框

第 7 步：单击“允许用户编辑区域”对话框中的“确定”。

第 8 步：按照保护“工资总表”的方法，给“人事表”设置工作表保护，密码为“123”。

此时，“人事表”中除 F4：H168 单元格区域外，其余单元格区域都被锁定了，不可以修改；当对 F4：H168 单元格区域内的数据进行修改时，Excel 2013 会弹出提示框，提醒你输入密码取消锁定，才能修改其中的数据。

4. 撤销保护单元格区域

第 1 步：先取消对工作表的保护。

第 2 步：打开“允许用户编辑区域”对话框，在对话框中间的列表中选定要取消保护的单元区域，再单击“删除”，对工作表中的部分数据进行的保护就被取消了，如图 3-94 所示。

5. 保护“新华公司人事表”工作簿不被更改

保护工作簿可防止用户在被保护的工作簿中添加或删除工作表，或是将已经隐藏的工作表重新显示出来。

第 1 步：依次单击“审阅”选项组中的“更改”工具组中的按钮，打开“保护和结构窗口”对话框，如图 3-95 所示。

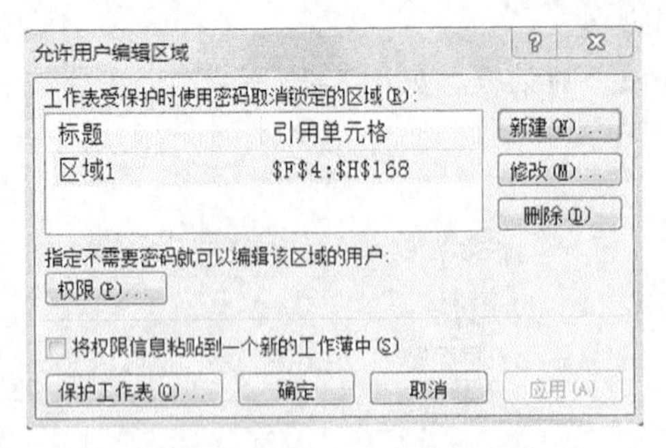

图 3-94　删除允许用户编辑区域

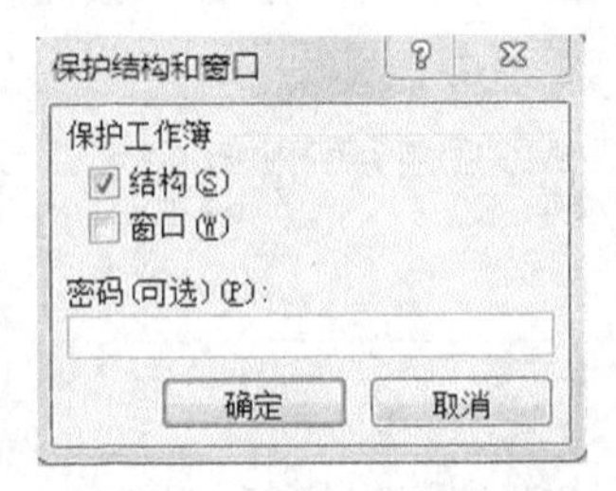

图 3-95　保护和结构窗口

第 2 步：选择保护选项。

若选中“结构”复选项，则不能再对该工作簿进行删除、移动、隐藏、取消隐藏或重命名工作表等操作，也不能增加新工作表。

若选中“窗口”复选项，则不能再对工作簿窗口进行删除、移动、隐藏、取消隐藏或关闭等操作。

第 3 步：在“密码（可选）”文本框内输入密码，单击“确定”，你所选择的保护措施就生效了。

任务 3　企业工资表的汇总和分析

学习目标：

❖　学会分类汇总和数据透视表。理解 Excel 2013 中的排序、分类字段、汇总方式、汇总项、筛选器等概念，并能够熟练应用。

教学注意事项：

❖　注意操作顺序，进行分类汇总前，必须先对分类字段进行排序。对分类字段、汇总方式、汇总项、筛选器的选取，要根据实际的需求，否则将导致结果失去实际意义。

成品展示：

❖　打开任务 3.2 所创建的工作簿，在此对“工资总表”中的信息按照部门和职务进行分类，计算各部门、各职务实发工资的总额和平均值，并存为“工资汇总表”。

❖　打开任务 3.2 所创建的工作簿，在此对“工资总表”中的信息按照学历、部门和职务进行分类，使用数据透视表显示各学历、各部门、各职务的平均工资，并存为“工资透视表”。

员工工资总表

制作时间 2014/1/31

	员工编号	姓名	部门	职务	工龄	职务工资	学历工资	工龄工资	奖金	社会保险	应发工资	个人所得税	实发工资
7				文员 汇总									4010
9				部门经理 汇总									3661
13				普通员工 汇总									3459
14			人事部 汇总										11130
16				文员 汇总									1177
33				业务员 汇总									35634
35				部门经理 汇总									3971
36			业务部 汇总										40782
40				文员 汇总									8251
42				总经理 汇总									4591
44				部门经理 汇总									5025
45			机关 汇总										17867
47				工程师 汇总									2671
50				文员 汇总									3456
63				技工 汇总									28352
65				部门经理 汇总									5335
73				普通员工 汇总									15900
74			后勤部 汇总										55714
85				工程师 汇总									29920
87				文员 汇总									1105
96				技工 汇总									15983
98				部门经理 汇总									5335
99			产品开发部 汇总										52343
123				工程师 汇总									67846
133				技工 汇总									17219
135				总工程师 汇总									3785
137				部门经理 汇总									3140
138			技术部 汇总										91990
140				部门经理 汇总									3207
144				普通员工 汇总									9085
145			财务部 汇总										12292
147				部门经理 汇总									3661
168				普通员工 汇总									44821

人事表 考核情况 工资奖金对照表 工资总表 税率 所得税

部门 (全部)

平均值项:实发工资	列标签								
行标签	部门经理	工程师	技工	普通员工	文员	业务员	总工程师	总经理	总计
本科	3888.50	2797.94	1105.00	3599.00		1957.46			2596.43
初中				2271.43	1761.57				2016.50
大专	3140.00		1930.21	2216.00	2135.00	2293.67			2193.87
研究生	4916.50	3129.63					3785.00	4591.00	3550.73
中专			2387.57	2805.00	1651.83	3106.50			2276.30
总计	**4262.22**	**2954.03**	**2122.55**	**2273.56**	**1741.21**	**2217.42**	**3785.00**	**4591.00**	**2461.50**

3.3.1 员工工资的分类汇总

1. 按照“部门”和“职务”排序

在“新华公司人事表”工作簿的“工资总表”中，在分类汇总之前，必须先对要分类的字段进行排序。根据实际需求，首先我们对“部门”和“职务”两个字段进行排序。

第 1 步：打开“新华公司人事表”工作簿，使“工资总表”为当前工作表。

第 2 步：选定 C3 和 D3 两个单元格（要排序的两个字段名），单击“数据”选项组中“排序和筛选”工具组中的“排序”按钮，在弹出的“排序提醒”对话框中选择“扩展选定区域”，点击“排序”按钮，如图 3-96 所示。

第 3 步：在接下来弹出的“排序”对话框中，将“主要关键字”列表框选为“部门”，单击“添加条件”，并将“次要关键字”列表框选为“职务”，单击“确定”，完成排序，如图 3-97 所示。

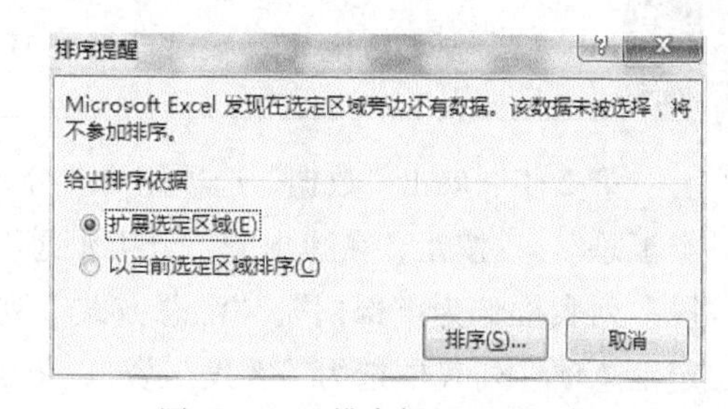

图 3-96 “排序提醒”对话框

此时默认为升序。也可以使用降序，或在“排序”对话框中也可以单击“选项”按钮，对排序方式进行细化设置。

排序后的“工资总表”如图 3-98 所示。

2. 进行分类汇总

（1）实发工资总量的分类汇总

第 1 步：选定“工资总表”中的第 3 至 168 行（字段和数据行，不包括表头）。

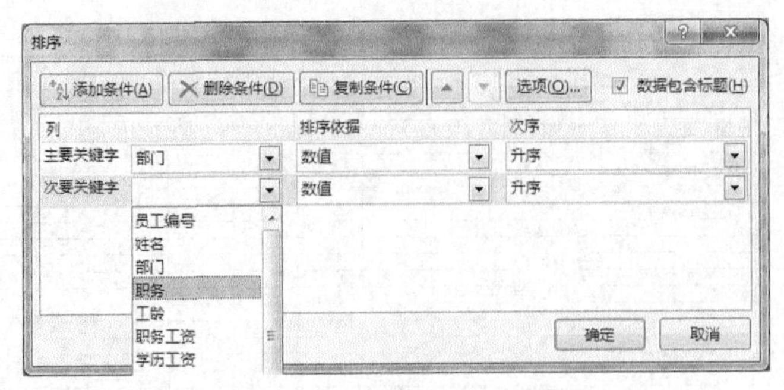

图 3-97 “排序”对话框

员工编号	姓名	部门	职务	工龄	职务工资	学历工资	工龄工资	奖金	社会保险	应发工资	个人所得税	实发工资
00324761	李智灵	人事部	文员	16	500	200	1000	800	450	2500	250	1800
00324778	刘海斌	人事部	文员	16	500	200	1000	-200	270	1500	125	1105
00324781	袁燕锋	人事部	文员	23	500	200	1000	-200	270	1500	125	1105
00324635	孙娜	人事部	部门经理	14	3000	700	800	800	954	5300	685	3661
00324678	关洪添	人事部	普通员工	22	500	300	1000	-200	288	1600	135	1177
00324746	刘开平	人事部	普通员工	22	500	300	1000	-200	288	1600	135	1177
00324748	陈娟慧	人事部	普通员工	9	500	200	500	300	270	1500	125	1105
00324767	付静静	业务部	文员	22	500	300	1000	-200	288	1600	135	1177
00324647	郑丽君	业务部	业务员	10	700	300	800	300	378	2100	190	1532
00324650	吴美英	业务部	业务员	10	700	500	800	300	414	2300	220	1666
00324655	李晓璇	业务部	业务员	10	700	1000	800	-200	414	2300	220	1666
00324661	陈曼莉	业务部	业务员	23	700	1000	1000	-200	450	2500	250	1800
00324671	张鹏举	业务部	业务员	24	700	500	1000	300	450	2500	250	1800
00324684	李丽娟	业务部	业务员	10	700	700	800	-200	360	2000	175	1465
00324687	张宇	业务部	业务员	21	700	500	1000	300	450	2500	250	1800
00324706	李育鹏	业务部	业务员	16	700	500	1000	-200	360	2000	175	1465
00324707	梁庆蕊	业务部	业务员	23	700	500	1000	2000	756	4200	505	2939
00324709	刘嫦娥	业务部	业务员	17	700	500	1000	2000	756	4200	505	2939
00324721	何湘萍	业务部	业务员	16	700	500	1000	300	450	2500	250	1800
00324734	钟卓桐	业务部	业务员	21	700	500	1000	2000	756	4200	505	2939
00324747	冯珣	业务部	业务员	11	700	500	800	2000	720	4000	475	2805
00324751	何丽铃	业务部	业务员	19	700	300	1000	2000	720	4000	475	2805
00324759	孙怡	业务部	业务员	14	700	500	800	2000	720	4000	475	2805
00324760	凌郁辉	业务部	业务员	17	700	200	1000	3000	882	4900	610	3408
00324624	张明	业务部	部门经理	15	3000	1000	1000	800	1044	5800	785	3971
00324628	赵晓峰	机关	文员	18	500	500	1000	3000	900	5000	625	3475
00324710	李平安	机关	文员	23	500	700	1000	3000	936	5200	665	3599
00324750	刘伟良	机关	文员	12	500	500	800	-200	288	1600	135	1177
00324618	秦宁	机关	总经理	22	5000	1000	1000	-200	1224	6800	985	4591
00324626	伍小林	机关	部门经理	14	3000	700	800	3000	1350	7500	1125	5025

图 3-98 按“部门”和“职务”排序后的结果

当要选定的行数过多时，可先选定首行，再按住 Shift 键选定末行。

第 2 步：单击“数据”选项组中“分级显示”工具组中的“分类汇总” 按钮，在弹出的“分类汇总”对话框中，将“分类字段”列表框选为“部门”，“汇总方式”列表框选为“求和”，“选定汇总项”列表框选为“实发工资”，单击“确定”按钮，完成第一次分类汇总，如图 3-99 所示。

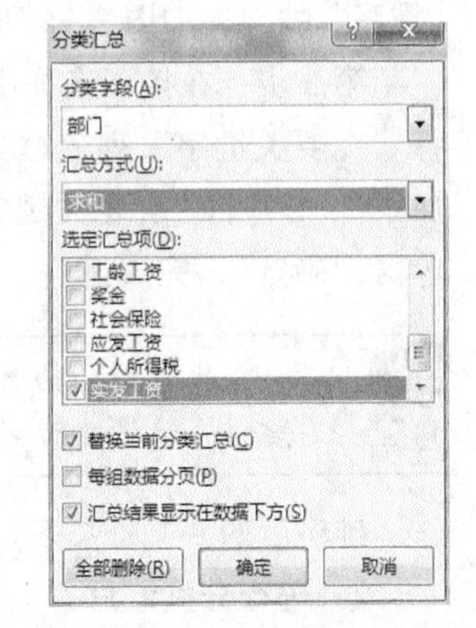

图 3-99 “分类汇总”对话框

第一次分类汇总的结果，如图 3-100 所示。

第 3 步：（类似第 1 步）重新选定“工资总表”中汇总后的字段和数据行（第 3 至 178 行）。

第 4 步：（类似第 2 步）再次单击“数据”选项组中“分级显示”工具组中的“分类汇总” 按钮，在弹出的“分类汇总”对话框中，将“分类字段”列表框改选为“职务”，去掉“替换当前分类汇总”的勾选，其他选项不变，单击“确定”按钮，完成第二次分类汇总，如图 3-101 所示。

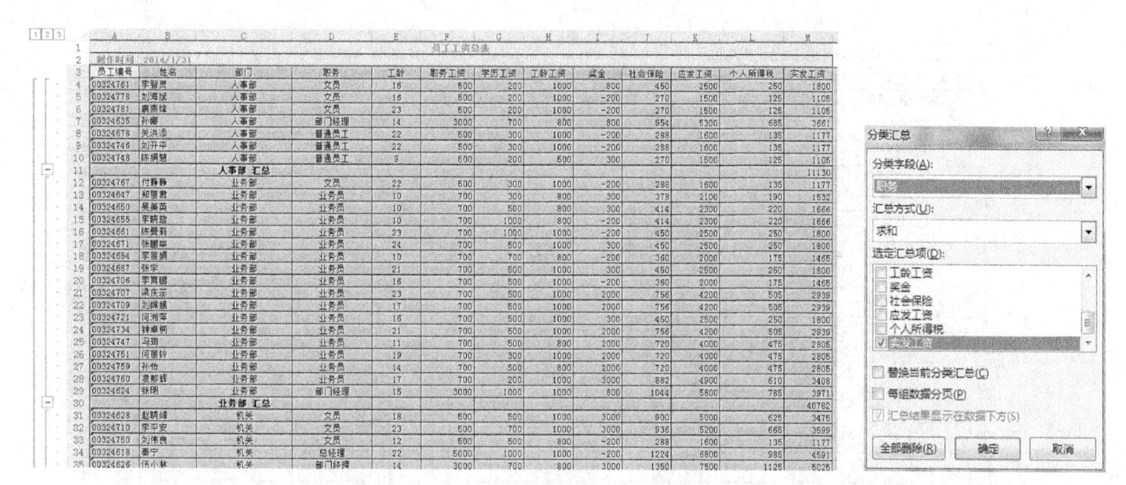

	A	B	C	D	E	F	G	H	I	J	K	L	M
1	员工工资总表												
2	制作时间	2014/1/31											
3	员工编号	姓名	部门	职务	工龄	职务工资	学历工资	工龄工资	奖金	社会保险	应发工资	个人所得税	实发工资
4	00324761	李智灵	人事部	文员	16	500	200	1000	800	450	2500	250	1800
5	00324778	刘海斌	人事部	文员	16	500	200	1000	-200	270	1500	125	1105
6	00324781	袁燕锋	人事部	文员	23	500	200	1000	-200	270	1500	125	1105
7	00324635	孙卿	人事部	部门经理	14	3000	700	800	800	954	5300	685	3661
8	00324678	关洪添	人事部	普通员工	22	500	300	1000	-200	288	1600	135	1177
9	00324746	刘开平	人事部	普通员工	22	500	300	1000	-200	288	1600	135	1177
10	00324748	陈娟慧	人事部	普通员工	9	500	200	500	300	270	1500	125	1105
11			人事部 汇总										11130
12	00324767	付静静	业务部	文员	22	500	300	1000	-200	288	1600	135	1177
13	00324647	郑丽君	业务部	业务员	10	700	300	800	300	378	2100	190	1532
14	00324650	吴美英	业务部	业务员	10	700	500	800	300	414	2300	220	1666
15	00324655	李晓璇	业务部	业务员	10	700	1000	800	-200	414	2300	220	1666
16	00324661	陈曼莉	业务部	业务员	23	700	1000	1000	-200	450	2500	250	1800
17	00324671	张鹏举	业务部	业务员	24	700	500	1000	300	450	2500	250	1800
18	00324684	李丽娟	业务部	业务员	10	700	700	800	-200	360	2000	175	1465
19	00324687	张宇	业务部	业务员	21	700	500	1000	300	450	2500	250	1800
20	00324706	李育鹏	业务部	业务员	16	700	500	1000	-200	360	2000	175	1465
21	00324707	梁庆蕊	业务部	业务员	23	700	500	1000	2000	756	4200	505	2939
22	00324709	刘嫦娥	业务部	业务员	17	700	500	1000	2000	756	4200	505	2939
23	00324721	何湘萍	业务部	业务员	16	700	500	1000	300	450	2500	250	1800
24	00324734	钟卓桐	业务部	业务员	21	700	500	1000	2000	756	4200	505	2939
25	00324747	冯珣	业务部	业务员	11	700	500	800	2000	720	4000	475	2805
26	00324751	何丽铃	业务部	业务员	19	700	300	1000	2000	720	4000	475	2805
27	00324759	孙怡	业务部	业务员	14	700	500	800	2000	720	4000	475	2805
28	00324760	凌郁辉	业务部	业务员	17	700	200	1000	3000	882	4900	610	3408
29	00324624	张明	业务部	部门经理	15	3000	1000	1000	800	1044	5800	785	3971
30			业务部 汇总										40782
31	00324628	赵晓峰	机关	文员	18	500	500	1000	3000	900	5000	625	3475
32	00324710	李平安	机关	文员	23	500	700	1000	3000	936	5200	665	3599
33	00324750	刘伟良	机关	文员	12	500	500	800	-200	288	1600	135	1177
34	00324618	秦宁	机关	总经理	22	5000	1000	1000	-200	1224	6800	985	4591
35	00324626	伍小林	机关	部门经理	14	3000	700	800	3000	1350	7500	1125	5025

图 3-100　按“部门”分类汇总结果

图 3-101　“分类汇总”对话框

第二次分类汇总的结果，如图 3-102 所示。

	A	B	C	D	E	F	G	H	I	J	K	L	M
1	员工工资总表												
2	制作时间	2014/1/31											
3	员工编号	姓名	部门	职务	工龄	职务工资	学历工资	工龄工资	奖金	社会保险	应发工资	个人所得税	实发工资
4	00324761	李智灵	人事部	文员	16	500	200	1000	800	450	2500	250	1800
5	00324778	刘海斌	人事部	文员	16	500	200	1000	-200	270	1500	125	1105
6	00324781	袁燕锋	人事部	文员	23	500	200	1000	-200	270	1500	125	1105
7				文员 汇总									4010
8	00324635	孙卿	人事部	部门经理	14	3000	700	800	800	954	5300	685	3661
9				部门经理 汇总									3661
10	00324678	关洪添	人事部	普通员工	22	500	300	1000	-200	288	1600	135	1177
11	00324746	刘开平	人事部	普通员工	22	500	300	1000	-200	288	1600	135	1177
12	00324748	陈娟慧	人事部	普通员工	9	500	200	500	300	270	1500	125	1105
13				普通员工 汇总									3459
14			人事部 汇总										11130
15	00324767	付静静	业务部	文员	22	500	300	1000	-200	288	1600	135	1177
16				文员 汇总									1177
17	00324647	郑丽君	业务部	业务员	10	700	300	800	300	378	2100	190	1532
18	00324650	吴美英	业务部	业务员	10	700	500	800	300	414	2300	220	1666
19	00324655	李晓璇	业务部	业务员	10	700	1000	800	-200	414	2300	220	1666
20	00324661	陈曼莉	业务部	业务员	23	700	1000	1000	-200	450	2500	250	1800
21	00324671	张鹏举	业务部	业务员	24	700	500	1000	300	450	2500	250	1800
22	00324684	李丽娟	业务部	业务员	10	700	700	800	-200	360	2000	175	1465
23	00324687	张宇	业务部	业务员	21	700	500	1000	300	450	2500	250	1800
24	00324706	李育鹏	业务部	业务员	16	700	500	1000	-200	360	2000	175	1465
25	00324707	梁庆蕊	业务部	业务员	23	700	500	1000	2000	756	4200	505	2939
26	00324709	刘嫦娥	业务部	业务员	17	700	500	1000	2000	756	4200	505	2939
27	00324721	何湘萍	业务部	业务员	16	700	500	1000	300	450	2500	250	1800
28	00324734	钟卓桐	业务部	业务员	21	700	500	1000	2000	756	4200	505	2939
29	00324747	冯珣	业务部	业务员	11	700	500	800	2000	720	4000	475	2805
30	00324751	何丽铃	业务部	业务员	19	700	300	1000	2000	720	4000	475	2805
31	00324759	孙怡	业务部	业务员	14	700	500	800	2000	720	4000	475	2805
32	00324760	凌郁辉	业务部	业务员	17	700	200	1000	3000	882	4900	610	3408
33				业务员 汇总									35634
34	00324624	张明	业务部	部门经理	15	3000	1000	1000	800	1044	5800	785	3971
35				部门经理 汇总									3971
36			业务部 汇总										40782

图 3-102　按“部门”和“职务”分类汇总结果

第 5 步：单击图 3-103 所示的画圈部分的分级数字，可以查看不同级别的分类汇总。

第 6 步：将“工资总表”工作表复制为“工资汇总表 1”。

第 7 步：在原“工资总表”中选定字段和数据行（第 3 至 208 行），再次单击“数据”选项组中“分级显示”工具组中的“分类汇总”按钮，在弹出的“分类汇总”对话框中，单击“全部删除”按钮，即可把“工资总表”工作表恢复到未进行分类汇总时的状态。

第 8 步：按“员工编号”重新将“工资总表”升序排序，即可把“工资总表”工作表恢复原状。

员工工资总表

制作时间 2014/1/31

员工编号	姓名	部门	职务	工龄	职务工资	学历工资	工龄工资	奖金	社会保险	应发工资	个人所得税	实发工资
			文员 汇总									4010
			部门经理 汇总									3661
			普通员工 汇总									3459
		人事部 汇总										11130
			文员 汇总									1177
			业务员 汇总									35634
			部门经理 汇总									3971
		业务部 汇总										40782
			文员 汇总									8251
			总经理 汇总									4591
			部门经理 汇总									5025
		机关 汇总										17867
			工程师 汇总									2671
			文员 汇总									3456
			技工 汇总									28352
			部门经理 汇总									5335
			普通员工 汇总									15900
		后勤部 汇总										55714
			工程师 汇总									29920
			文员 汇总									1105
			技工 汇总									15983
			部门经理 汇总									5335
		产品开发部 汇总										52343
			工程师 汇总									67846
			技工 汇总									17219
			总工程师 汇总									3785
			部门经理 汇总									3140
		技术部 汇总										91990
			部门经理 汇总									3207
			普通员工 汇总									9085
		财务部 汇总										12292
			部门经理 汇总									3661
			普通员工 汇总									44821

图 3-103　不同级别的分类汇总

（2）实发工资平均值的分类汇总

步骤与第（1）项相同，将第 2 步、第 4 步对话框中的“汇总方式”列表框改选为“平均值”即可。请自行完成。

3.3.2　员工工资的数据透视

利用数据透视表，可以更灵活地对不同学历、部门和职务的员工工资进行分析。

1. 在“工资总表”中增加字段

为了使结果符合实际需求，可以先在“工资总表”中增加“学历”字段。

第 1 步：打开“新华公司人事表”工作簿，切换“工总资表”为当前工作表。

第 2 步：在 C 列（“部门”字段）左侧插入一空列，将该列字段名改为“学历”，如图 3-104 所示。

员工编号	姓名	学历	部门	职务
00324618	秦宁		机关	总经理
00324619	李文		销售部	部门经理
00324620	王杰		客服中心	部门经理
00324621	周莉		客服中心	普通员工
00324622	李小宇		技术部	部门经理
00324623	王涛		客服中心	普通员工
00324624	张明		业务部	部门经理
00324625	赵静静		后勤部	部门经理
00324626	伍小林		机关	部门经理
00324627	王宇		后勤部	文员
00324628	赵晓峰		机关	文员
00324629	李明明		后勤部	技工
00324630	王应富		产品开发部	部门经理

图 3-104　插入新列

第 3 步：在“学历”字段（现 C 列）填充数据，数据引用自“人事表”工作表的“最后学历”字段（F 列），如图 3-105 所示。

此处应该用数据引用，而不是数据复制，以实现数据的同步更新。数据引用的操作方法参见前节。为了使大量数据实现自动填充，可在引用后的单元格的填充柄处双击鼠标。

2. 插入“数据透视表”

第 1 步：选定“工资总表”中的第 3 至 168 行（字段和数据行，不包括表头）。

第 2 步：单击“插入”选项组中“表格”工具组中的“数据透视表”按钮，在弹出的“创建数据透视表”对话框中，使用默认选项，并单击“确定”按钮，生成新的工作表，如图 3-106 所示。

C4　=人事表!F4

制作时间　2014/1/31

员工编号	姓名	学历	部门	职务
00324618	秦宁	研究生	机关	总经理
00324619	李文	研究生	销售部	部门经理
00324620	王杰	本科	客服中心	部门经理
00324621	周莉	本科	客服中心	普通员工
00324622	李小宇	大专	技术部	部门经理
00324623	王涛	大专	客服中心	普通员工
00324624	张明	研究生	业务部	部门经理
00324625	赵静静	研究生	后勤部	部门经理
00324626	伍小林	本科	机关	部门经理
00324627	王宇	大专	后勤部	文员
00324628	赵晓峰	中专	机关	文员
00324629	李明明	大专	后勤部	技工
00324630	王应富	研究生	产品开发部	部门经理
00324631	曾冠琛	本科	销售部	业务员
00324632	关俊民	研究生	技术部	总工程师
00324633	曾丝华	研究生	技术部	工程师
00324634	王文平	本科	销售部	业务员
00324635	孙娜	本科	人事部	部门经理
00324636	丁怡瑾	本科	销售部	业务员
00324637	禁少娜	本科	销售部	业务员
00324638	罗建军	研究生	技术部	工程师
00324639	肖羽雅	研究生	产品开发部	工程师
00324640	甘晓聪	研究生	技术部	工程师
00324641	姜雪	本科	销售部	业务员
00324642	郑敏	本科	销售部	业务员

图 3-105　“学历”数据的引用和填充

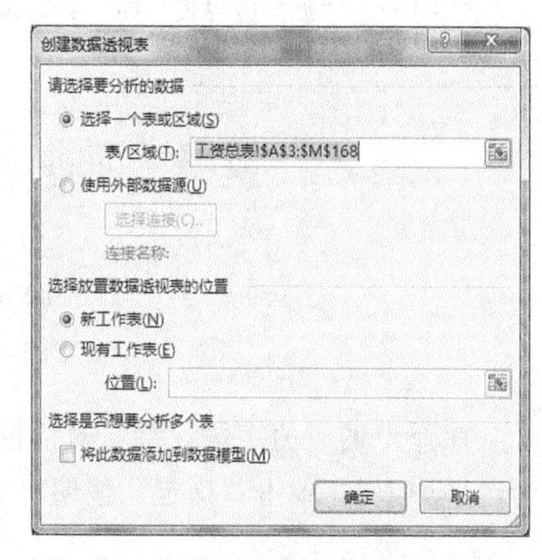

图 3-106　“创建数据透视表”对话框

如果弹出的“创建数据透视表”对话框中的选项与图 3-106 所示不一致，则需要进行修改。要保证“选择一个表或区域”中所引用的单元格范围为“工资总表”中的字段和数据（第 3 至 168 行），同时选定“新工作表”选项。

生成的新工作表分为“数据透视表”和“数据透视表字段”两部分，如图 3-107 所示。

第 3 步：根据实际需求，在“数据透视表字段”界面选择相应的字段，分别用鼠标拖动至“筛选器”、“行”、“列”和“值”区域，就会自动生成数据透视表。例如，将“部门”字段拖动至“筛选器”区域，将“学历”字段拖动至“行”区域，将“职务”字段拖动至“列”区域，将“实发工资”字段拖动至“值”区域，如图 3-108 所示。

自动生成的数据透视表如图 3-109 所示。

第 4 步：根据实际需求，应该将“求和项”改为“平均值项”。单击“数据透视表字段”界面中“值”区域，在弹出的菜单中选择“值字段设置”，如图 3-110 所示。

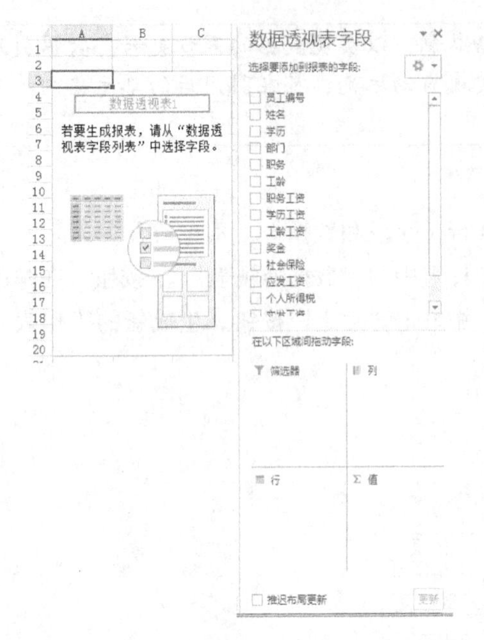

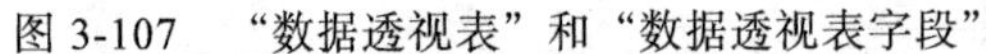

图 3-107　“数据透视表”和“数据透视表字段”

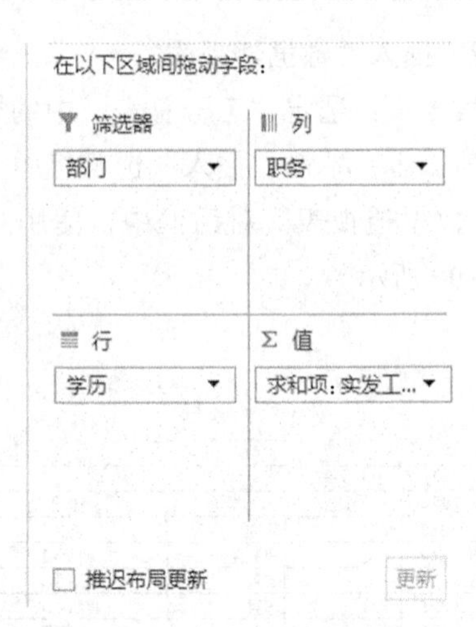

图 3-108　拖动字段至相应区域

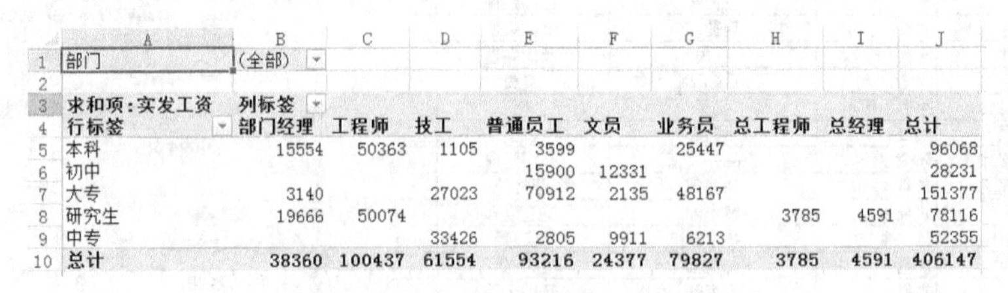

部门	(全部)								
求和项:实发工资	列标签								
行标签	部门经理	工程师	技工	普通员工	文员	业务员	总工程师	总经理	总计
本科	15554	50363	1105	3599		25447			96068
初中				15900	12331				28231
大专	3140		27023	70912	2135	48167			151377
研究生	19666	50074					3785	4591	78116
中专			33426	2805	9911	6213			52355
总计	38360	100437	61554	93216	24377	79827	3785	4591	406147

图 3-109　自动生成的数据透视表

在弹出的“值字段设置”对话框的“值汇总方式”选项卡中，将“计算类型”列表框选为“平均值”，单击“确定”按钮，如图 3-111 所示。

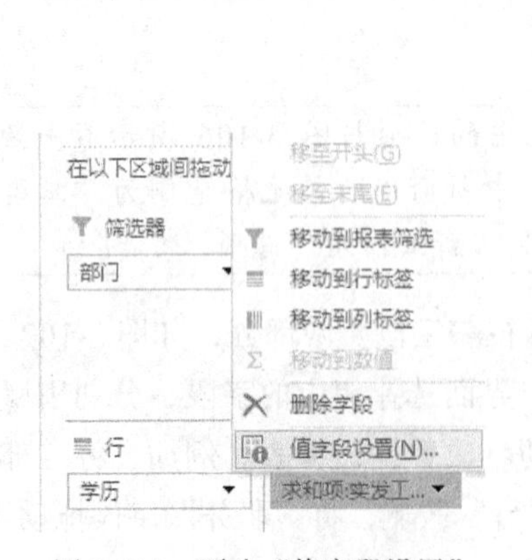

图 3-110　更改“值字段设置”

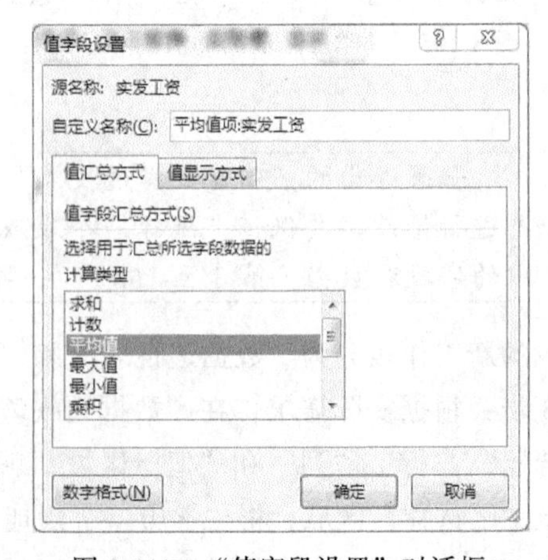

图 3-111　“值字段设置”对话框

提示　可以单击“值字段设置”对话框中的“数字格式”按钮，将数字保留两位小数显示。也可以自行设定“自定义名称”，或在“值显示方式”选项卡中设值显示方式。

自动更新的数据透视表如图 3-112 所示。

部门	(全部)								
平均值项:实发工资	列标签								
行标签	部门经理	工程师	技工	普通员工	文员	业务员	总工程师	总经理	总计
本科	3888.50	2797.94	1105.00	3599.00		1957.46			2596.43
初中				2271.43	1761.57				2016.50
大专	3140.00		1930.21	2216.00	2135.00	2293.67			2193.87
研究生	4916.50	3129.63					3785.00	4591.00	3550.73
中专			2387.57	2805.00	1651.83	3106.50			2276.30
总计	**4262.22**	**2954.03**	**2122.55**	**2273.56**	**1741.21**	**2217.42**	**3785.00**	**4591.00**	**2461.50**

图 3-112　自动更新的数据透视表

第 5 步：可以在数据透视表中单击“部门”右侧的列表框，在“部门”中进行筛选，如图 3-113 所示，既可以选择单个部门，也可以选择多个部门。单击“确定”按钮后，数据透视表会自动更新。

第 6 步：可以对“行标签”进行类似的筛选。既可以选定部分行，也可以在“标签筛选”和“值筛选”下级菜单中细化筛选设置。如图 3-114 所示，可自行完成。

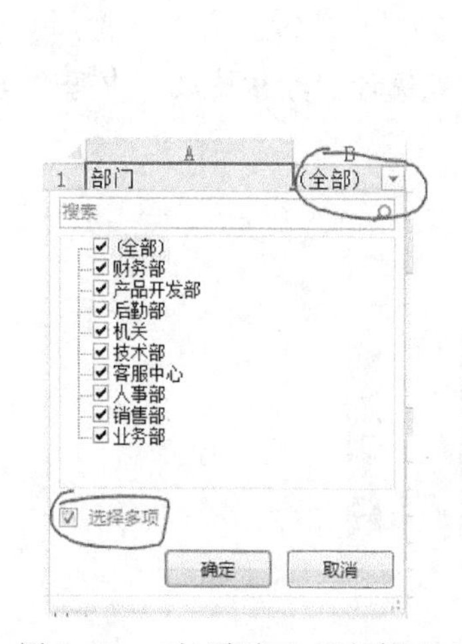

图 3-113　对“部门”进行筛选

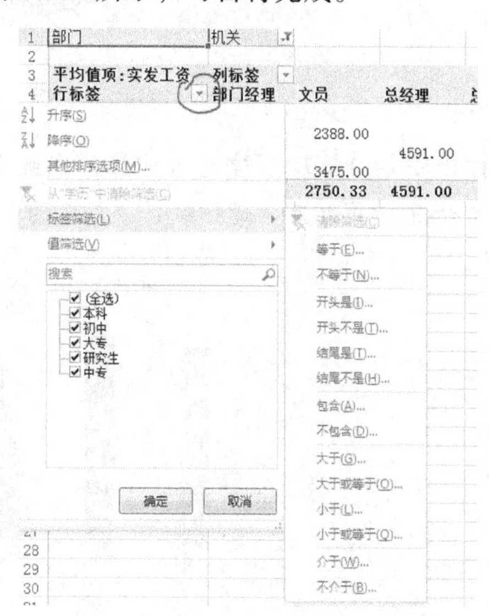

图 3-114　对“行标签”进行筛选

提示

可以在“列标签”上进行类似的筛选操作。筛选后，数据透视表会自动更新。

任务 4　企业人事和工资的统计

学习目标：

❖　学会与计数相关的函数应用，学会创建、设计图表，学会使用迷你图。理解 Excel 2013 中各类图表的使用场合和条件，根据实际需求进行合理的选择，并能够熟练应用。

教学注意事项：

❖ 注意根据不同的需求，合理地选择图表类型。必要时，先要对数据进行再加工。

成品展示：

❖ 打开任务 3.3 所创建的工作簿，在此用图形方式统计“人事表”中每个部门（或每个职位、每种学历）的人数百分比，并存为“人事统计表”。

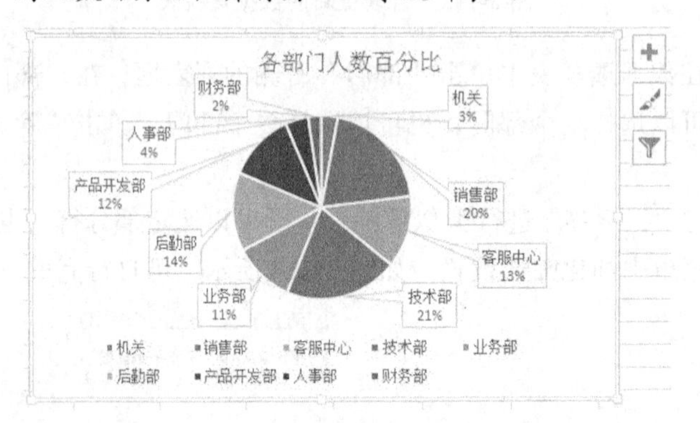

❖ 打开任务 3.3 所创建的工作簿，在此用图形方式统计“考核情况”中每个考核等级的人数分布情况，并存为“考核统计表”。

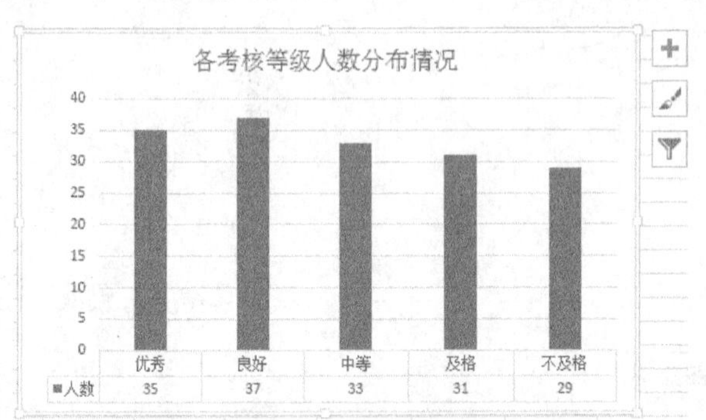

❖ 打开“新华公司工资月表”工作簿的“工资月表 2013”工作表，在此用迷你图统计每个员工 2013 年的月工资变化趋势。

	A	B	C	D	E	F	G	H	I	J	K	L	M	N	O	P	Q
1	员工工资月表																
2	制作时间 2014/1/31																
3	员工编号	姓名	部门	职务	2013-01	2013-02	2013-03	2013-04	2013-05	2013-06	2013-07	2013-08	2013-09	2013-10	2013-11	2013-12	变化趋势
4	00324618	秦宁	机关	总经理	5831	5850	5831	5856	5785	5810	5890	5852	5878	5809	5888	5793	
5	00324619	李文	销售部	部门经理	3661	3686	3629	3637	3658	3651	3722	3668	3732	3693	3619	3630	
6	00324620	王杰	客服中心	部门经理	5149	5195	5229	5108	5125	5169	5206	5129	5167	5165	5191	5183	
7	00324621	周莉	客服中心	普通员工	3274	3304	3278	3270	3315	3292	3267	3249	3262	3352	3323	3234	
8	00324622	李小宇	技术部	部门经理	3537	3607	3605	3626	3500	3547	3516	3603	3495	3567	3495	3623	
9	00324623	王涛	客服中心	普通员工	1532	1604	1497	1598	1542	1567	1554	1565	1520	1577	1562	1573	
10	00324624	张明	业务部	部门经理	4715	4774	4767	4715	4717	4734	4776	4751	4814	4806	4797	4683	
11	00324625	赵静静	后勤部	部门经理	3661	3637	3718	3629	3671	3743	3693	3729	3682	3683	3629	3758	
12	00324626	伍小林	机关	部门经理	5149	5198	5176	5241	5108	5180	5183	5217	5231	5233	5101	5115	
13	00324627	王宇	后勤部	文员	2671	2765	2741	2646	2750	2688	2631	2715	2643	2646	2715	2703	
14	00324628	赵晓峰	机关	文员	1532	1489	1587	1483	1592	1551	1617	1487	1542	1560	1626	1579	
15	00324629	李明明	后勤部	技工	1666	1742	1738	1653	1711	1729	1721	1726	1701	1751	1642	1701	
16	00324630	王应富	产品开发部	部门经理	3341	3306	3425	3401	3294	3291	3432	3354	3419	3323	3362	3401	
17	00324631	曾冠琛	销售部	业务员	2269	2298	2295	2310	2252	2301	2336	2230	2353	2237	2242	2300	
18	00324632	关俊民	技术部	总工程师	3661	3760	3661	3718	3747	3687	3663	3683	3664	3662	3656	3625	
19	00324633	曾丝华	技术部	工程师	2202	2244	2225	2220	2164	2270	2216	2153	2206	2153	2152	2226	
20	00324634	王文平	销售部	业务员	3723	3797	3739	3748	3805	3744	3796	3762	3686	3689	3708	3795	
21	00324635	孙娜	人事部	部门经理	3785	3866	3772	3884	3857	3743	3740	3856	3782	3774	3769	3786	
22	00324636	丁怡瑾	销售部	业务员	3723	3712	3769	3756	3716	3780	3810	3789	3776	3736	3778	3707	
23	00324637	蔡少娜	销售部	业务员	1465	1422	1434	1518	1528	1486	1508	1491	1464	1512	1490	1473	
24	00324638	罗建军	技术部	工程师	3785	3863	3869	3739	3774	3838	3741	3804	3736	3864	3855	3824	
25	00324639	肖羽雅	产品开发部	工程师	2872	2893	2929	2876	2899	2835	2823	2951	2972	2961	2886	2901	
26	00324640	甘晓聪	技术部	工程师	4405	4505	4471	4356	4442	4505	4371	4376	4469	4472	4459	4385	
27	00324641	姜雪	销售部	业务员	3599	3593	3666	3631	3692	3561	3563	3582	3563	3662	3654	3662	
28	00324642	郑敏	销售部	业务员	2135	2155	2099	2218	2161	2215	2191	2225	2235	2201	2131	2096	
29	00324643	陈芳芳	客服中心	普通员工	3341	3316	3402	3440	3311	3344	3348	3298	3391	3340	3359	3337	
30	00324644	韩世伟	后勤部	工程师	2671	2664	2651	2689	2655	2711	2681	2673	2654	2650	2745	2621	
31	00324645	杨惠盈	产品开发部	工程师	4281	4289	4326	4281	4280	4308	4342	4317	4307	4325	4331	4301	
32	00324646	何军	销售部	业务员	1599	1560	1653	1577	1597	1681	1567	1573	1572	1599	1681	1698	
33	00324647	郑丽君	业务部	业务员	1934	1890	2006	1896	1948	1972	1952	1955	2020	1928	1996	1950	
34	00324648	罗益美	技术部	工程师	2671	2762	2750	2638	2676	2747	2704	2761	2725	2723	2662	2627	
35	00324649	彭湃	技术部	工程师	2336	2350	2371	2364	2345	2409	2416	2397	2403	2315	2337	2333	
36	00324650	吴美茜	业务部	业务员	2269	2303	2318	2226	2357	2241	2280	2329	2286	2356	2364	2246	

3.4.1　人事统计

1. 统计每个部门的人数

本例将统计每个部门的人数。若需统计每个职位或每种学历的人数，可依据下列步骤如法炮制，相应地改变参量。

第 1 步：打开“新华公司人事表”工作簿，创建新的工作表并命名为“人事统计表”。

第 2 步：切换至“人事表”，筛选出“所在部门”字段中的所有不重复的部门列表。单击“数据”选项组中“排序和筛选”工具组中的“高级” 按钮，在弹出的“高级筛选”对话框中，选择“将筛选结果复制到其他位置”，将“列表区域”选为 H3 至 H168 单元格，将“条件区域”清空，将“复制到”选为本工作表的某个空白单元格（本例中为 J3 单元格），勾选“选择不重复的记录”，单击“确定”按钮，如图 3-115 所示。

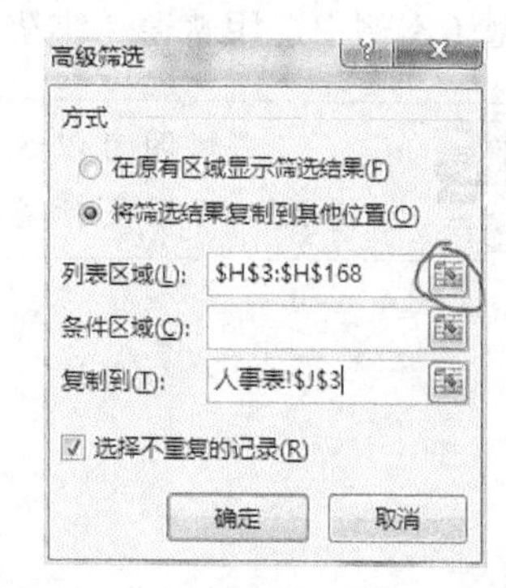

图 3-115　“高级筛选”对话框

选择“列表区域”时，一定要包含字段名“所在部门”单元格 H3。可单击输入框右边的按钮（画圈处），用鼠标选定单元格，再单击按钮确认。

筛选后的部门列表如图 3-116 所示。

第 3 步：将上一步筛选后的部门列表移动（剪切）至“人事统计表”工作表的适当位置（本例中从 A1 单元格开始），并切换至“人事统计表”。

第 4 步：使用 COUNTIF 函数在“人事统计表”统计每个部门的人数。本例中，编辑 B2 单元格，填入公式“=COUNTIF(人事表!$H$4:$H$168，A2)”并确认，利用单元格的填充柄将结果填充至 B10 单元格，完成每个部门的人数统计，如图 3-117 所示。

所在部门
机关
销售部
客服中心
技术部
业务部
后勤部
产品开发部
人事部
财务部

图 3-116　筛选后的部门列表

	A	B
1	所在部门	人数
2	机关	5
3	销售部	33
4	客服中心	21
5	技术部	34
6	业务部	18
7	后勤部	23
8	产品开发部	20
9	人事部	7
10	财务部	4

图 3-117　每个部门的人数统计

COUNTIF 函数的功能是统计符合某个条件的单元格数目。该函数有两个参数：统计范围和统计条件。本例中，统计范围为“人事表”的所有部门名称（H4 至 H168 单元格固定引用），统计条件为“人事统计表”A 列某个对应部门名称。

2. 使用图表统计每个部门的人数所占的百分比

第 1 步：选定“人事统计表”中的字段和数据（A1 至 B10 单元格），单击“插入”选项组中“图表”工具组中的“插入饼图或圆环图” 按钮，在弹出的列表框中选择适当的类型（本例中选用普通二维饼图），即可自动生成相应的图表，如图 3-118 所示。

用饼图可以统计每项数据所占的百分比，用圆环图可以统计多个数据系列的百分比。可用鼠标将图表整体拖动到工作表的适当位置，并进行缩放。

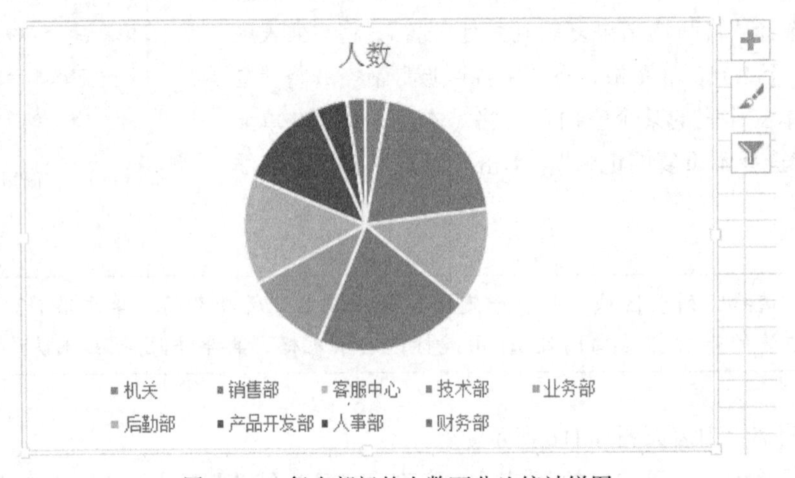

图 3-118　每个部门的人数百分比统计饼图

第 2 步：双击所生成的饼图的图表标题“人数”，将文字改为“各部门人数百分比”。

第 3 步：在饼图上右击，在弹出的菜单中选择“添加数据标签”子菜单和“添加数据标注”子菜单项，如图 3-119 所示，即可在饼图上显示出部门名称及其人数百分比。

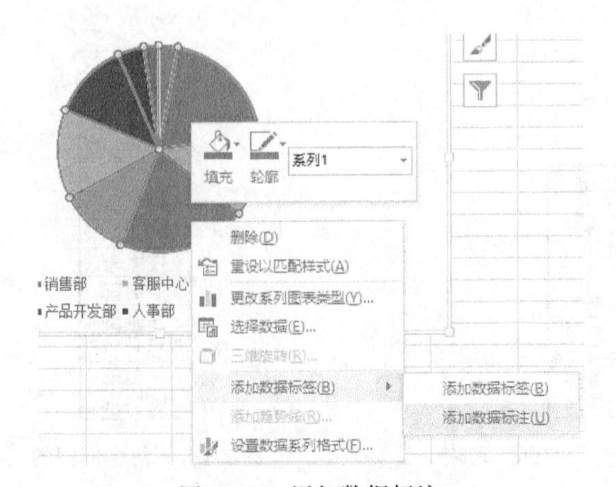

图 3-119　添加数据标注

饼图的显示结果，如图 3-120 所示。

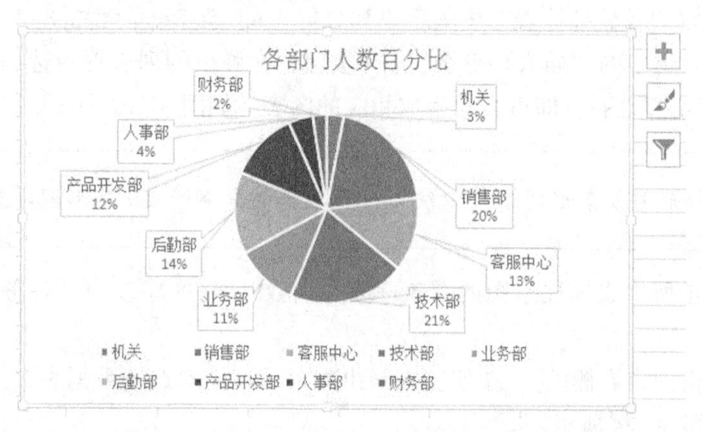

图 3-120　带数据标注的统计饼图

可以用鼠标将每个数据标注拖动到合适的位置，也可以在“图表工具”选项组中的“设计”和“格式”子选项组，单击“图表样式”和“形状样式”工具组的按钮，改变图表的样式。

3.4.2　考核统计

1. 统计每个考核等级的人数

本项操作与 3.4.1 节第一项操作类似，在此仅对不同的步骤加以说明。

第 1 步：打开“新华公司人事表”工作簿，创建新的工作表并命名为“考核统计表”。

第 2 步：切换至“考核情况”工作表，筛选出“考核等级”字段中的所有不重复的考核等级列表。操作方法可参见 3.4.1 节第一项第 2 步。

建议手动操作，将筛选结果按照“优秀”、“良好”、“中等”、“及格”和“不及格”的顺序排列。

筛选后的考核等级列表，如图 3-121 所示。

第 3 步：将上一步筛选后的等级列表移动（剪切）至“考核统计表”工作表的适当位置（本例中从 A1 单元格开始），并切换至“考核统计表”。

第 4 步：使用 COUNTIF 函数在“考核统计表”统计每个考核等级的人数，如图 3-122 所示。操作方法可参见 3.4.1 小节第一项第 4 步。

考核等级
优秀
良好
中等
及格
不及格

图 3-121　筛选后的考核等级列表

	A	B
1	考核等级	人数
2	优秀	35
3	良好	37
4	中等	33
5	及格	31
6	不及格	29

图 3-122　每个考核等级的人数统计

2. 使用图表统计每个考核等级的人数分布情况

第 1 步：选定“考核统计表”中的字段和数据（A1 至 B6 单元格），单击“插入”选项组中“图表”工具组中的“插入柱形图” 按钮，在弹出的列表框中选择适当的类型（本例中选用普通簇状柱形图），即可自动生成相应的图表，如图 3-123 所示。

用柱形图或条形图均可以统计每项数据的分布情况，条形图即为柱形图的转置。

第 2 步：双击所生成的柱形图的图表标题“人数”，将文字改为“各考核等级人数分布情况”。

第 3 步：单击图表右侧的 按钮，在弹出的提示框中勾选“数据表”，可在图表下方显示具体数据，如图 3-124 所示。

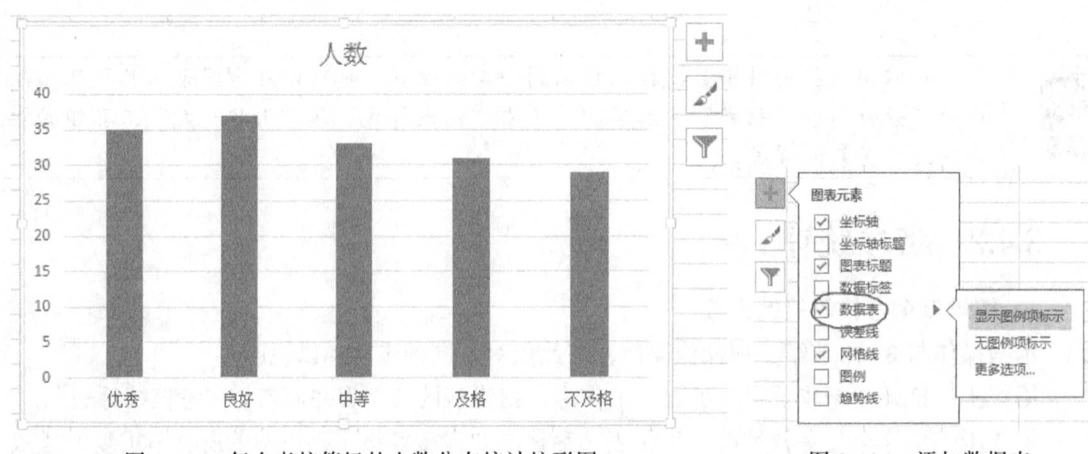

图 3-123　每个考核等级的人数分布统计柱形图　　　　图 3-124　添加数据表

可在“数据表”选项的下级菜单中进行细化设置。

柱形图的显示结果如图 3-125 所示。

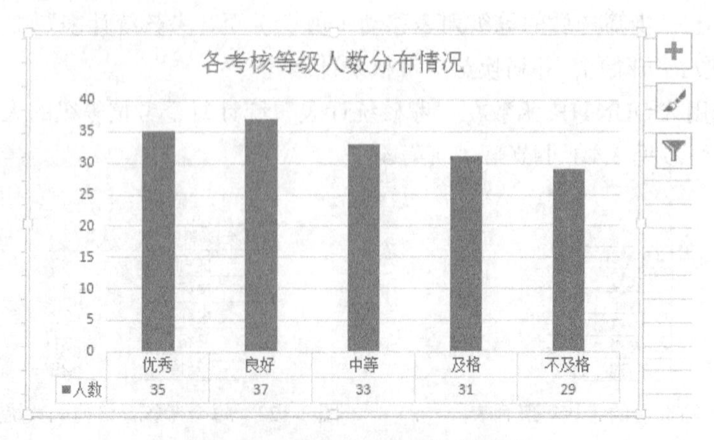

图 3-125　带数据表的统计柱形图

如果分布情况呈现为两端低、中间高的形式，则该分布情况可近似称为“正态分布”。

3.4.3　月工资统计

第 1 步：打开“新华公司工资月表”工作簿中的“工资月表 2013”工作表，添加新字段“变化趋势”。

第 2 步：单击“插入”选项组中“迷你图”工具组中的“折线图” 按钮，在弹出的“创建迷你图”对话框中，将“数据范围”设为 E4 至 P4 单元格，将“位置范围”设为 Q4 单元格，单击“确定”按钮，如图 3-126 所示。

生成的迷你图如图 3-127 所示。

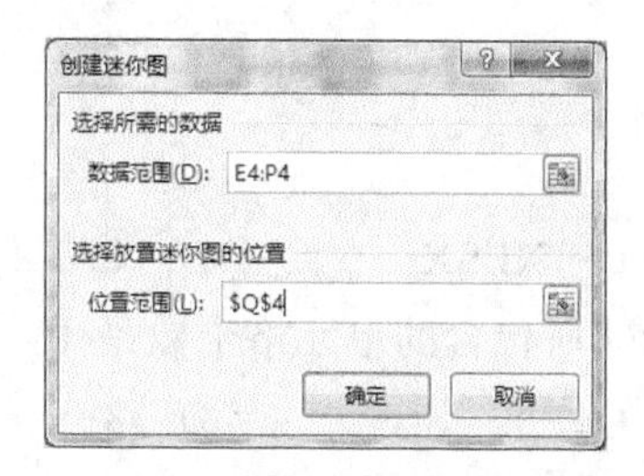

图 3-126　“创建迷你图”对话框

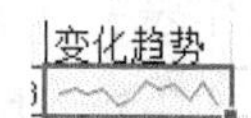

图 3-127　一个迷你图

第 3 步：将上一步生成的迷你图向下填充至 Q168 单元格，即可在每个员工的月工资后面生成迷你图，如图 3-128 所示。

	A	B	C	D	E	F	G	H	I	J	K	L	M	N	O	P	Q
148	00324762	黄嘉丽	销售部	普通员工	2805	2788	2850	2865	2770	2830	2794	2829	2785	2866	2868	2890	
149	00324763	陈柳伊	销售部	文员	1465	1502	1511	1538	1488	1509	1422	1523	1563	1534	1527	1501	
150	00324764	曾小霞	技术部	技工	1800	1815	1860	1830	1814	1825	1890	1881	1871	1898	1774	1839	
151	00324765	黄礼充	客服中心	普通员工	1321	1345	1407	1363	1389	1355	1328	1271	1401	1280	1409	1403	
152	00324766	李志成	产品开发部	技工	2805	2759	2787	2814	2792	2813	2889	2824	2867	2847	2820	2823	
153	00324767	付静静	业务部	文员	1666	1640	1760	1757	1677	1632	1659	1662	1681	1707	1648	1687	
154	00324768	文慧新	技术部	技工	1321	1410	1370	1353	1419	1403	1380	1295	1393	1365	1334	1382	
155	00324769	苏桢	客服中心	普通员工	3475	3518	3477	3488	3528	3529	3452	3444	3553	3484	3446	3449	
156	00324770	江小玲	销售部	文员	1666	1631	1624	1627	1716	1683	1627	1623	1628	1716	1700	1637	
157	00324771	吴文静	销售部	文员	1465	1491	1526	1551	1503	1419	1492	1519	1508	1415	1438	1497	
158	00324772	梁春媚	技术部	技工	3599	3640	3596	3582	3658	3681	3635	3584	3637	3579	3641	3678	
159	00324773	宋高	技术部	技工	2939	2965	2951	2944	2940	2934	2952	2967	3008	3036	3009	2973	
160	00324774	刘泽标	客服中心	普通员工	2805	2852	2850	2861	2774	2889	2767	2764	2875	2897	2785	2890	
161	00324775	廖日新	销售部	文员	3274	3253	3361	3235	3230	3300	3271	3264	3362	3248	3349	3239	
162	00324776	李立聪	后勤部	普通员工	1800	1857	1822	1829	1817	1868	1891	1775	1790	1768	1810	1752	
163	00324777	叶运南	后勤部	普通员工	2604	2687	2592	2627	2554	2574	2649	2690	2659	2588	2573	2601	
164	00324778	刘海斌	人事部	文员	3341	3376	3319	3371	3425	3322	3351	3310	3415	3427	3369	3292	
165	00324779	曾海玲	技术部	技工	3475	3524	3572	3498	3425	3572	3442	3501	3545	3545	3497	3490	
166	00324780	王盼盼	技术部	技工	2805	2763	2833	2807	2832	2758	2800	2802	2819	2844	2844	2800	
167	00324781	袁燕锋	人事部	文员	2671	2676	2634	2682	2750	2752	2670	2659	2660	2724	2653	2744	
168	00324782	彭垂鸿	产品开发部	文员	1177	1150	1188	1202	1275	1220	1191	1259	1229	1153	1142	1128	

图 3-128　每个员工的月工资变化趋势的迷你图

课　后　习　题

1. Excel 的主要功能是（　　）。

   A. 文字处理，　　B. 电子表格，　　C. 演示文稿

2. Excel 文档的 Q33 单元格表示第几行、第几列？（　　）

   A. 第 33 行、第 18 列　　　　B. 第 34 行、第 17 列

C. 第33行、第17列　　D. 第17行、第33列

3. Excel中计算平均值的函数是（　　）。

A. SUM　　B. COUNT　　C. MAX　　D. AVERAGE

4. Excel软件的SUM函数的功能是（　　）。

A. 计算总和　　B. 计算平均值　　C. 计算个数

5. 如果使用Excel图表来统计期末成绩各分数段的人数分布状况，比较好的图表类型是（　　）。

A. 圆饼图　　B. 柱状图　　C. 圆环图

D. 折线图　　E. 散点图

6. Excel图表中的“饼图”“圆环图”主要用来统计（　　）。

A. 某数值的变化趋势

B. 某数值占总量的比例

C. 某数值占总量的比例的变化趋势

7. Excel 2013文档的默认后缀名是（　　）。

A. TXT　　B. DOCX　　C. XLSX　　D. PPTX

8. 在Excel工作表中，单元格区域D2：E4所包含的单元格个数是（　　）。

A. 5　　B. 6　　C. 7　　D. 8

9. 若在数值单元格中出现一连串的“###”符号，希望正常显示则需要（　　）。

A. 重新输入数据　　B. 调整单元格的宽度

C. 删除这些符号　　D. 删除该单元格

10. 准备在一个单元格内输入一个公式，应先键入什么符号（　　）。

A. $　　B. >　　C. <　　D. =

第 4 章 PowerPoint 演示文稿实战

PowerPoint 2013 是微软公司推出的专门制作演示文稿的软件，使用它可以轻松地制作出包括文字、图片、声音、影片、表格甚至是图表的动态演示文稿，广泛应用于产品宣传、课件制作和公益宣传等领域。制作完成的演示文稿不仅可以在投影仪和计算机上进行演示，还可以打印出来，制作成胶片，以便应用到更广泛的领域。

使用 PowerPoint 2013 创建的文件称为演示文稿，其扩展名是“.pptx”，而幻灯片则是组成演示文稿的每一页，在幻灯片中可以插入文本、图片、声音和影片等对象。如何使用 PowerPoint 2013 制作出动态的、生动的、便于携带的演示文稿？本章将通过演示文稿的创建、美化和放映等相关任务来向您进行详细介绍。

任务 1　创建演示文稿

学习目标：

- ❖ 学会新建和保存演示文稿。
- ❖ 掌握新幻灯片的插入、删除、移动。
- ❖ 掌握文本、图片、艺术字、图表、视频、图形等幻灯片元素的插入方法。
- ❖ 了解幻灯片主题及幻灯片母版的设置。

教学注意事项：

- ❖ 注意介绍演示文稿中用来表达信息的多种元素类型。
- ❖ 着重讲解母版在 PowerPoint 中的使用方法。

我们首先来学习演示文稿的创建，本节任务以介绍拓展运动会为例，展示了演示文稿的制作过程，此任务涉及演示文稿的一些基本操作，完成后的效果如图 4-1 所示。

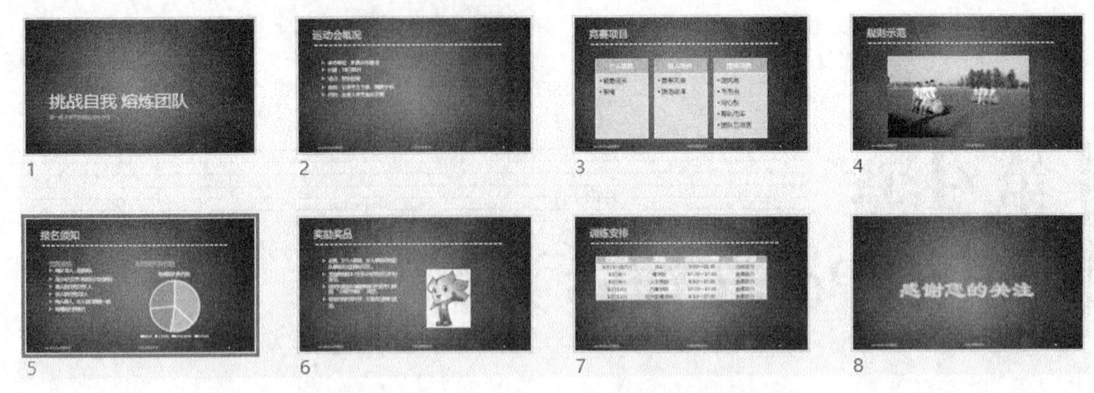

图 4-1　任务 1 成品效果图

4.1.1　制作演示文稿

1. 新建及保存演示文稿

第 1 步：在 Windows 7 系统桌面上依次单击“开始”，“程序”，“Microsoft Office 2013”，“Microsoft PowerPoint 2013”，进入 PowerPoint 2013 开始界面，如图 4-2 所示，此处可以选择打开现有演示文稿，或者从模板创建一个新演示文稿。

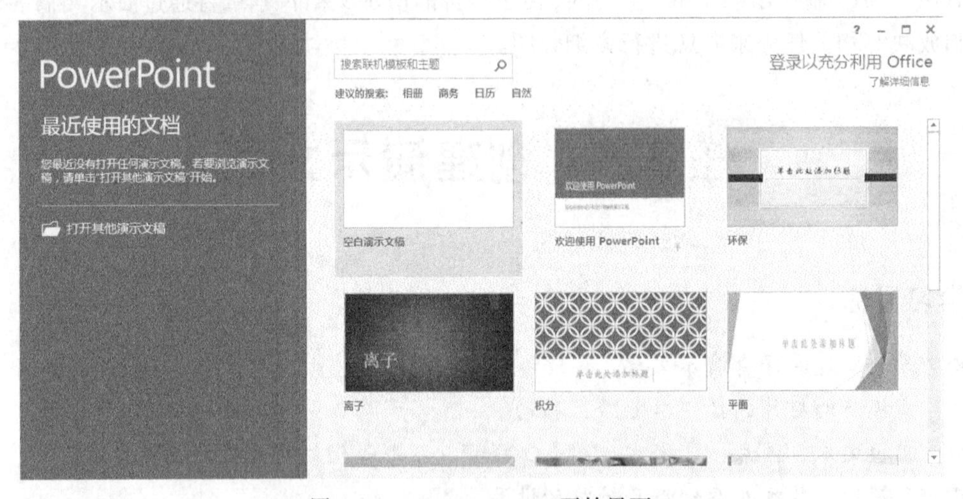

图 4-2　PowerPoint 2013 开始界面

不打开 PowerPoint 程序也可以新建 PowerPoint 文档，右键单击桌面空白处，在弹出的快捷菜单中选择“新建”中的“Microsoft PowerPoint 文档”，再双击打开该文档进行编辑即可。

第 2 步：选择点击“空白演示文稿”，系统会自动创建一个名字为“演示文稿 1.pptx”的演示文稿。

PowerPoint 2013 提供了多种创建方式，包括创建空白演示文稿、根据样本模板创建演示文稿、根据主题创建演示文稿、根据现有内容创建演示文稿等。

创建演示文稿后，根据需要即可将其保存到电脑中，以便日后查看或修改其内容。

第 3 步：单击“文件”选项卡，选择“保存”命令，由于这是启动 PowerPoint 2013 后第一次保存演示文稿，将会访问 Backstage 视图，如图 4-3 所示。

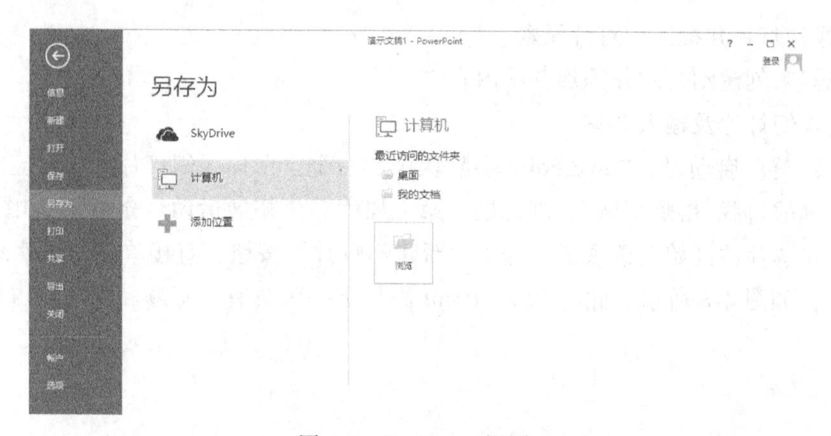

图 4-3　Backstage 视图

Microsoft Office Backstage 视图是用于对文档执行操作的命令集。打开一个文档，并单击“文件”选项卡可查看 Backstage 视图。在 Backstage 视图中可以管理文档和有关文档的相关数据：创建、保存和发送文档，检查文档中是否包含隐藏的元数据或个人信息，设置打开或关闭“记忆式键入”建议之类的选项，等等。

若要从 Backstage 视图快速返回到文档，请单击“开始”选项卡，或者按键盘上的 Esc。

第 4 步：选择保存位置，如“桌面”，或者“浏览”选择其他保存位置，在弹出的“另存为”对话框中，如图 4-4 所示，输入演示文稿名称，如“拓展运动会介绍”，然后单击保存按钮保存(S)。

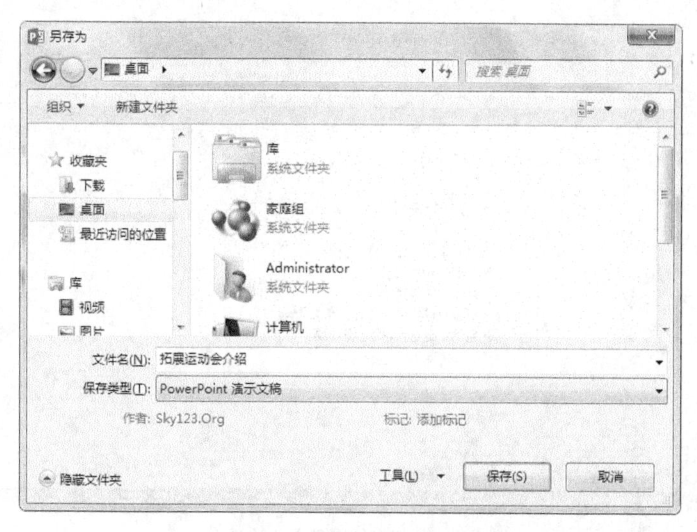

图 4-4　“另存为”对话框

PowerPoint 2013 保存文件还可以通过单击快速访问工具栏中的保存按钮，或者使用 Ctrl+ S 快捷键操作来完成。

2. 创建幻灯片并插入幻灯片元素

下面我们来创建幻灯片并添加各项内容。

（1）插入幻灯片及输入文本

第 1 步：首次启动时，PowerPoint 会默认添加一个空白标题幻灯片，在对应的占位符中输入标题“挑战自我 熔炼团队”、副标题“第一届大学生拓展运动会介绍”，如图 4-5 所示。

第 2 步：选择“开始”选项卡，选中“新建幻灯片”按钮，直接单击幻灯片图标，插入新幻灯片，如图 4-6 所示。此时 PowerPoint 添加了一张具有“标题和内容”占位符版式的幻灯片。

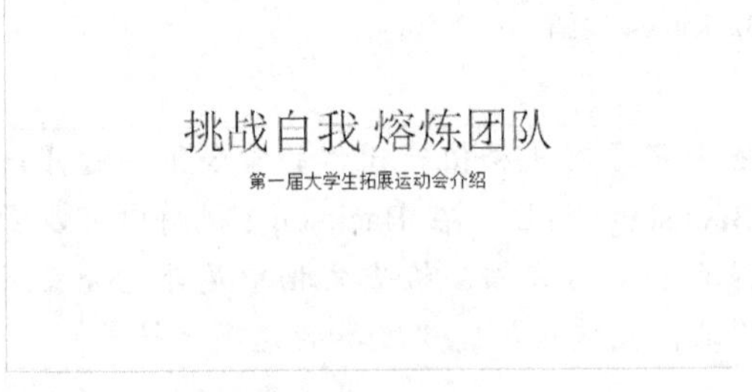

图 4-5 标题幻灯片

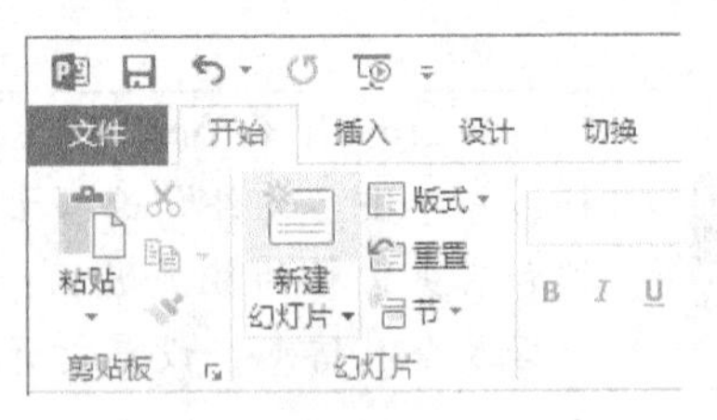

图 4-6 “新建幻灯片”按钮

第 3 步：在顶部键入幻灯片标题“运动会概况”，然后键入内容列表，PowerPoint 会自动将文本格式设置为项目符号。可打开光盘上的“文字素材.doc”，选取其中的文字复制粘贴即可。

第 4 步：单击状态栏上的“备注”按钮可打开备注窗格，添加演示期间要使用的备注。再次单击“备注”按钮可将备注窗格隐藏，如图 4-7 所示。

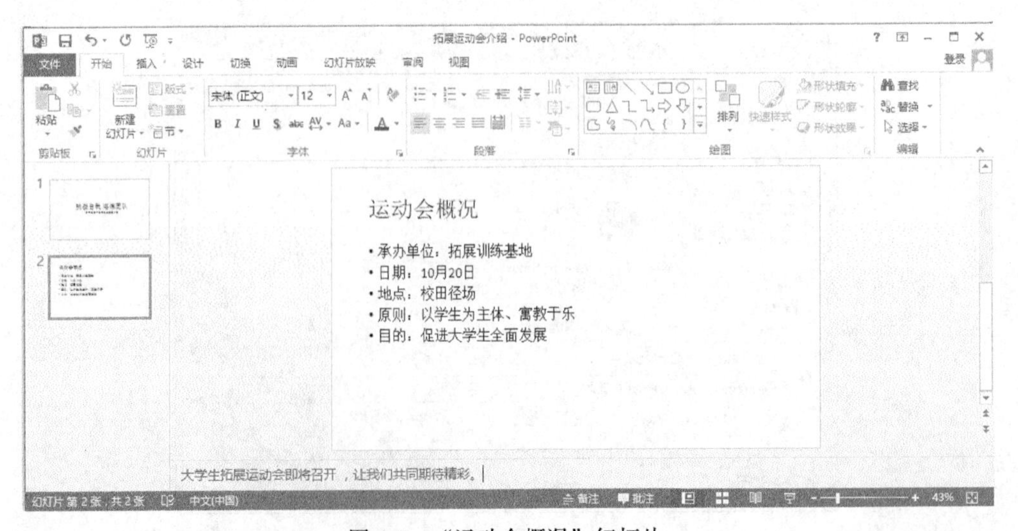

图 4-7 “运动会概况”幻灯片

将鼠标移动到备注窗格的边框上方，直至看到一个双向箭头，然后向上拖动边框，可以调整备注窗格的大小。

在放映幻灯片时，可使用演讲者视图，观众看不到备注，只是方便演讲者参考。

（2）幻灯片版式设置

幻灯片版式包含要在幻灯片上显示的全部内容的格式设置、位置和占位符。占位符是版式中的容器，可容纳如文本、表格、图表、SmartArt 图形、影片、声音、图片等内容。版式也包含幻灯片的主题。

下一张幻灯片将使用略微不同的版式，操作步骤如下。

第 1 步：选择“开始”选项卡，单击“新建幻灯片”内的箭头，打开版式选项库，选择“两栏内容”版式，如图 4-8 所示，插入第三张幻灯片。

将光标放置于某种幻灯片版式缩略图上，将显示该幻灯片版式的名称。

若对已插入的幻灯片使用不同版式，请右键单击该幻灯片缩略图，通过快捷菜单打开版式库，选择要目标版式进行更改。

第 2 步：该幻灯片采用“两栏内容”版式，在标题和左侧占位符中添加相应文本内容，如图 4-9 所示。

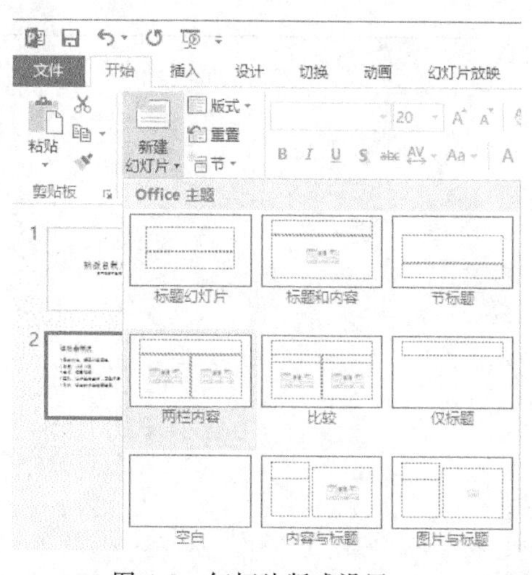

图 4-8　幻灯片版式设置

图 4-9　“奖励奖品”幻灯片

（3）插入图片

第 1 步：选择第三张幻灯片，单击右侧占位符中的“插入图片”图标，打开“插入图片”对话框。

第 2 步：在弹出的“插入图片”对话框中，选择图片所在位置，选择图片“吉祥物.jpg”，如图 4-10 所示，单击插入按钮[插入(S)▼]，即可插入图片。

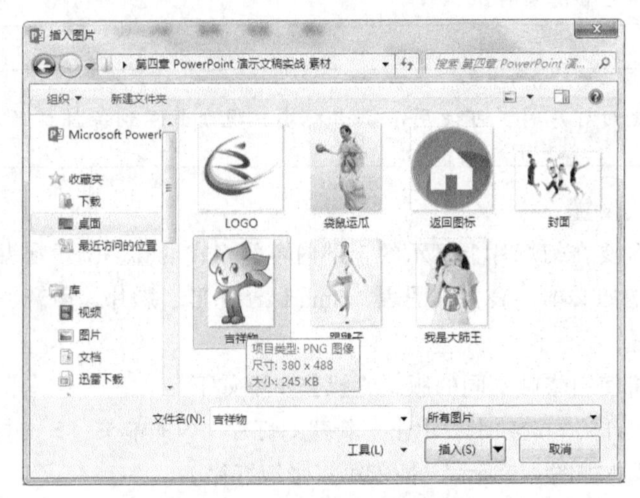

图 4-10　“插入图片”对话框

如果幻灯片版式中包括内容占位符，在占位符中单击“插入图片”图标即可进行插入图片的操作，如果幻灯片版式中没有内容占位符，则需要通过功能区的“插入”选项卡来插入图片。

PowerPoint 2013 还支持插入联机图片，即插入网络中的图片，如图 4-11 所示。这样我们就可以方便的插入互联网上面的图片，而不用先下载到本地。联机图片插入到文档后，就和本地的图片效果一样，但要注意，如果网络出错，或者图片不存在，那么显示也会出错。

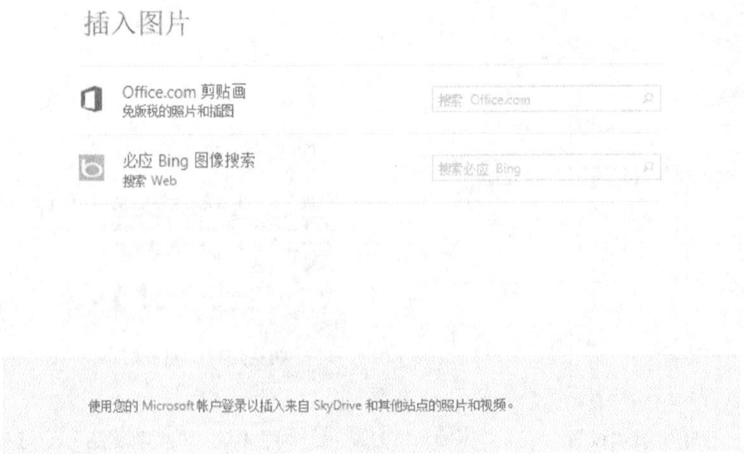

插入图片

Office.com 剪贴画
免版税的照片和插图
搜索 Office.com

必应 Bing 图像搜索
搜索 Web
搜索必应 Bing

使用您的 Microsoft 帐户登录以插入来自 SkyDrive 和其他站点的照片和视频。

图 4-11　插入联机图片

（4）插入表格

第 1 步：在左侧的幻灯片窗格空白处，单击右键，选择“新建幻灯片”命令，插入第四张幻灯片，在这里我们将会使用到表格对象。

第 2 步：右键单击该幻灯片缩略图，通过快捷菜单打开版式库，选择要“标题和内容”版式，键入标题“训练安排”。

第 3 步：在内容占位符中单击“插入表格”图标，在弹出的“插入表格”对话框中输入 6 行 4 列，如图 4-12 所示，点击确定。

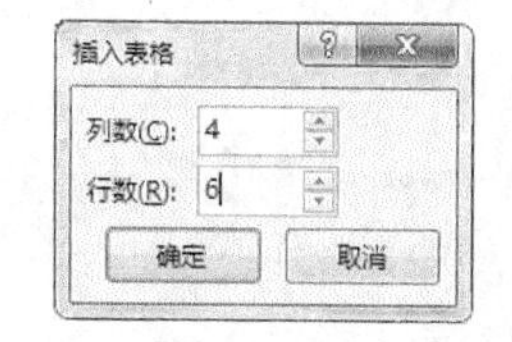

图 4-12　“插入表格”对话框

第 4 步：在表格中输入文字内容，单击表格边框以选中表格，在“开始”选项卡选择字体“微软雅黑”，字号“20”磅，文本居中对齐。选中标题文字设置字号为“24”磅，如图 4-13 所示。

（5）插入图表

第 1 步：插入第五张幻灯片“报名须知”，应用“比较”版式，在标题和左侧占位符中添加文字内容，如图 4-14 所示。

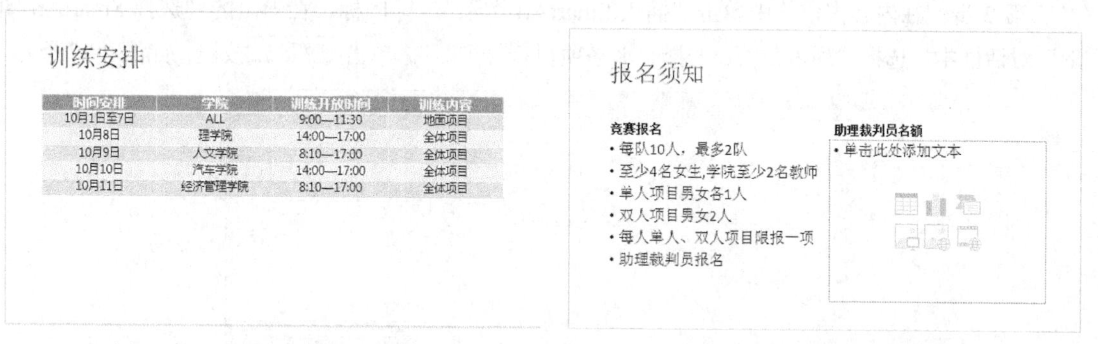

图 4-13　“训练安排”幻灯片　　　　图 4-14　“报名须知”幻灯片

第 2 步：在右侧需要添加图表，请单击“插入图表”图标，在弹出的选项卡左侧选择“饼图”，点击确定按钮，如图 4-15 所示。

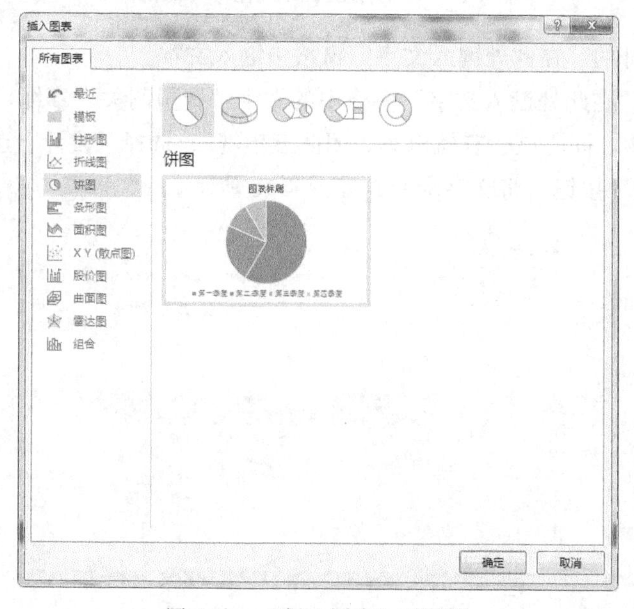

图 4-15　“插入图表”对话框

第 3 步：此时将会弹出“Microsoft PowerPoint 中的图表”图表数据网格，如图 4-16 所示，在此输入数据内容，点击关闭按钮完成图表插入。

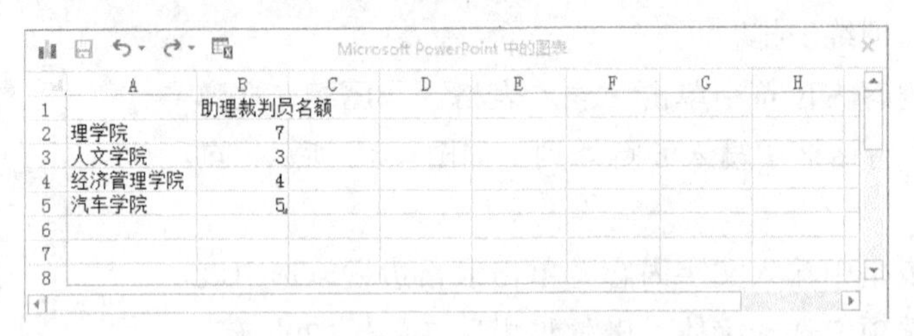

Microsoft PowerPoint 中的图表

	A	B	C	D	E	F	G	H
1		助理裁判员名额						
2	理学院	7						
3	人文学院	3						
4	经济管理学院	4						
5	汽车学院	5						
6								
7								
8								

图 4-16　“Microsoft PowerPoint 中的图表”　图表数据网格

（6）插入 SmartArt 图形

为了有更有条理地呈现信息，我们采用 SmartArt 智能图形。

第 1 步：插入第六张幻灯片，应用“标题和内容”版式，输入标题文字“竞赛项目”。

第 2 步：在内容占位符中单击“插入 SmartArt 图形”图标，在弹出的“选择 SmartArt 图形”对话框中，选择“列表”项；选择“水平项目符号列表”，单击 确定 按钮，如图 4-17 所示。

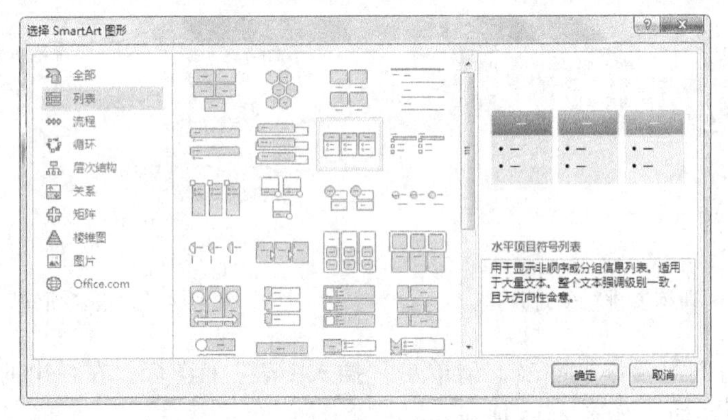

图 4-17　“选择 SmartArt 图形”对话框

第 3 步：在展开的“在此处键入文字”窗格中键入文本。

第 4 步：选择“在此处键入文字”窗格中的文字“智勇闯关、攀绳、勇攀天梯、旗语破译、旋风跑、毛毛虫、同心鼓、有轨电车、团队五项赛”，选择“设计”选项卡，选择“创建图形”组中　“降级”按钮，将文字降级，如图 4-18 所示。

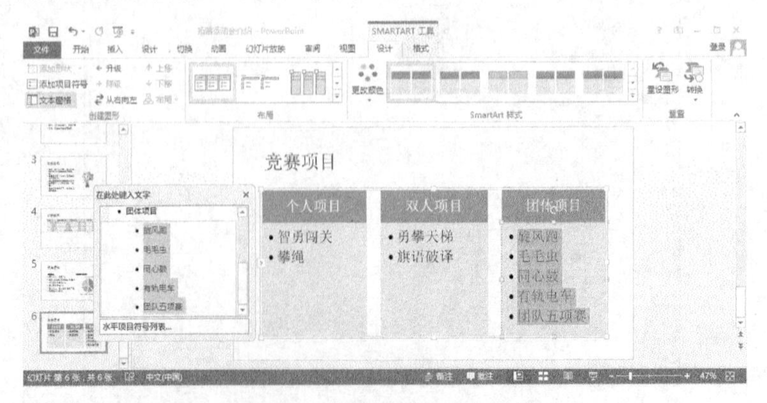

图 4-18　“竞赛项目”幻灯片

添加或删除形状。当形状不够时，可以选择“设计”选项卡，在“创建图形”组中选择“添加形状”按钮；若要删除形状，单击要删除的形状，然后按 Delete 键；若要删除整个 SmartArt 图形，单击 SmartArt 图形的边框，然后按 Delete 键。

（7）插入视频

第 1 步：插入第七张幻灯片，应用“标题和内容”版式，输入标题文字“规则示范”。

第 2 步：我们将在本幻灯片中播放视频。选中内容占位符，选择“插入”选项卡，选择“媒体”组，选择“视频”按钮，弹出的菜单中选择“PC 中的视频”，如图 4-19 所示。

图 4-19　“插入”选项卡

第 3 步：打开“插入视频文件”对话框，选择视频文件所在的位置，选择文件“规则示范.avi”，单击插入按钮，插入视频文件，如图 4-20 所示。

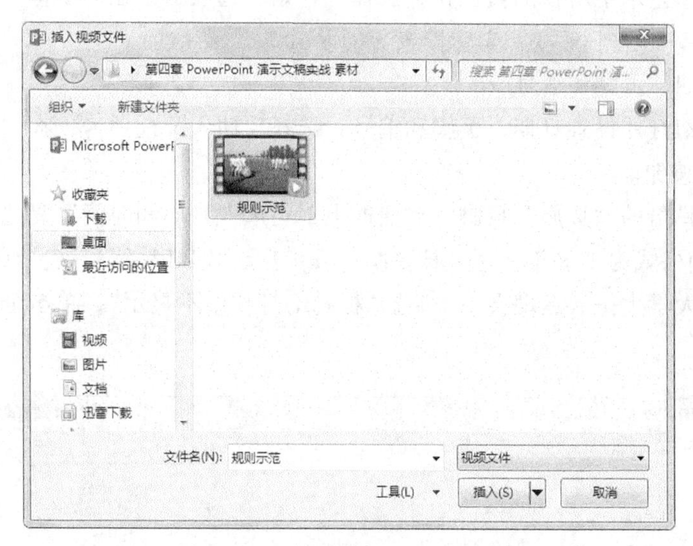

图 4-20　“插入视频文件”对话框

使用制作演示文稿时，可以通过插入声音和影片来丰富演示的内容。PowerPoint 2013 提供的剪辑管理器中包括多种声音和影片，只需通过简单的操作即可应用，另外，为了满足设计需要，PowerPoint 2013 还支持插入电脑中的声音和影片。

可以使用的音频文件格式有：.aiff、.au、.mid、.mp3、.wav、.wma，可以使用的视频文件格式有：.swf、.asf、.avi、.mpg、.mpeg、.wmv。

（8）插入艺术字

第 1 步：插入第八张幻灯片，应用“空白”版式。

第 2 步：选择“插入”选项卡，选择“文本”组中的“艺术字”按钮，在弹出的菜单中选择“渐变填充—橙色，着色 2，轮廓-着色 2”，如图 4-21 所示。

图 4-21 “艺术字”按钮

第 3 步：在幻灯片“请在此放置您的文字”占位符中输入文字“感谢您的关注”。

第 4 步：选中艺术字所在的占位符，选择“开始”选项卡，在“字体”组中选择增大字号按钮 A˄，将字号调整到 96 磅，字体设置为隶书。

（9）插入日期、页脚和编号

第 1 步：为幻灯片设置日期、页脚和编号。选择“插入”选项卡，在“文本”组中单击“页眉和页脚”按钮。

第 2 步：在弹出的“页眉和页脚”对话框中，勾选“日期和时间”复选框，选择“自动更新”，设置日期格式为“×年×月×日星期×”；勾选“幻灯片编号”、“页脚”复选框，并输入页脚内容“大学生拓展运动会”；勾选“标题幻灯片中不显示”，单击全部应用按钮，如图 4-22 所示。

图 4-22 “页眉和页脚”对话框

4.1.2　母版、模板和主题的设计应用

一个完整专业的演示文稿，有很多地方是需要统一进行设置的，如：幻灯片中统一的内容；统一的背景、统一的配色和统一的文字格式，等等。这些统一应该使用演示文稿的母版、模板或是主题进行设置。

1. 幻灯片的主题设计

PowerPoint 主题是一组统一的设计元素，包括：背景颜色、字体格式和图形效果等内容。如果需要在短时间内制作出风格统一且外观精美的演示文稿，应用幻灯片主题是最便捷的方法。

要查看主题请单击“设计”选项卡，在“主题”组中通过缩略图显示了不同主题，指向一个主题时即可在幻灯片上预览。要查看更多主题，请单击中间的箭头，这样将逐行显示主题；单击“其他”箭头，可查看主题库。

每个主题都附带一组变体，在“变体”组中提供了三个替换背景和配色方案，单击右下方的“其他”箭头将显示更多用于更改该主题的选项。在颜色中提供了一系列其他配色方案，在字体中可以看到标题和正文文本的其他字体组合，效果为形状之类的图形提供细微的样式差异，背景样式中则包含与当前配色方案相称的更多背景色。

提示　在以前版本中，幻灯片比率是 4：3，在 PowerPoint 2013 中，新的默认比率是 16：9。可以选择“设计”选项卡，选择“自定义”组中的“幻灯片大小”按钮更改此设置。

为演示文稿“拓展运动会介绍.pptx”应用内置主题并自定义主题。

第 1 步：选择“设计”选项卡，在“主题”组中选择“离子”主题，如图 4-23 所示。

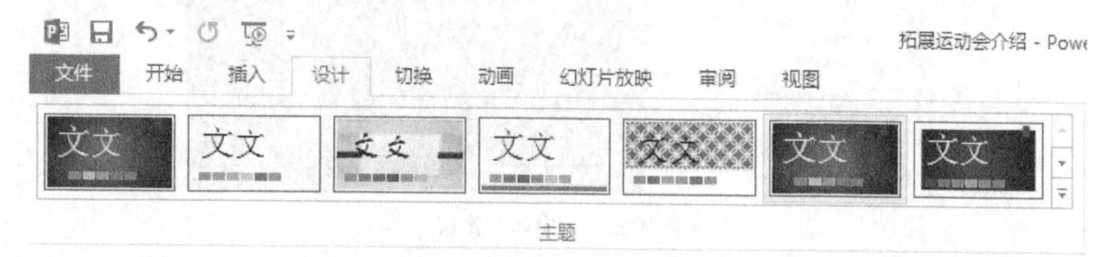

图 4-23　“离子”主题

提示　如果准备在演示文稿中应用多种主题，只需在幻灯片浏览窗格中选择准备应用主题的多张幻灯片，在功能区中选择“设计”选项卡，在“主题”组中单击“其他”按钮，在弹出的下拉列表中右击准备应用的主题，在弹出的快捷菜单中选择“应用于选定幻灯片”命令即可；另外，右击主题，在弹出的快捷菜单中选择“设置为默认主题”命令即可将主题设置为 PowerPoint 2013 默认的主题。

第 2 步：在“变体”组中选择第二个蓝色主题版本，如图 4-24 所示。

第 3 步：单击“变体”组中右下方的“其他”箭头，选择 “字体”按钮，在弹出的菜单中选择“自定义字体”，如图 4-25 所示。

第 4 步：在弹出的“新建主题字体”对话框中，将中文标题字体和正文字体都设置为“微软雅黑”，单击保存按钮，如图 4-26 所示。

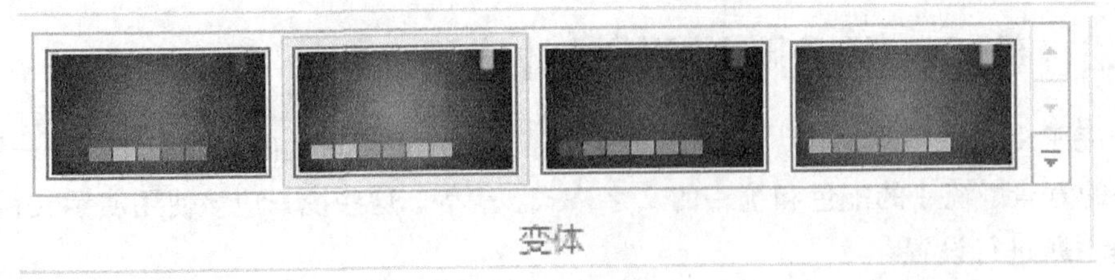

图 4-24 “变体”组

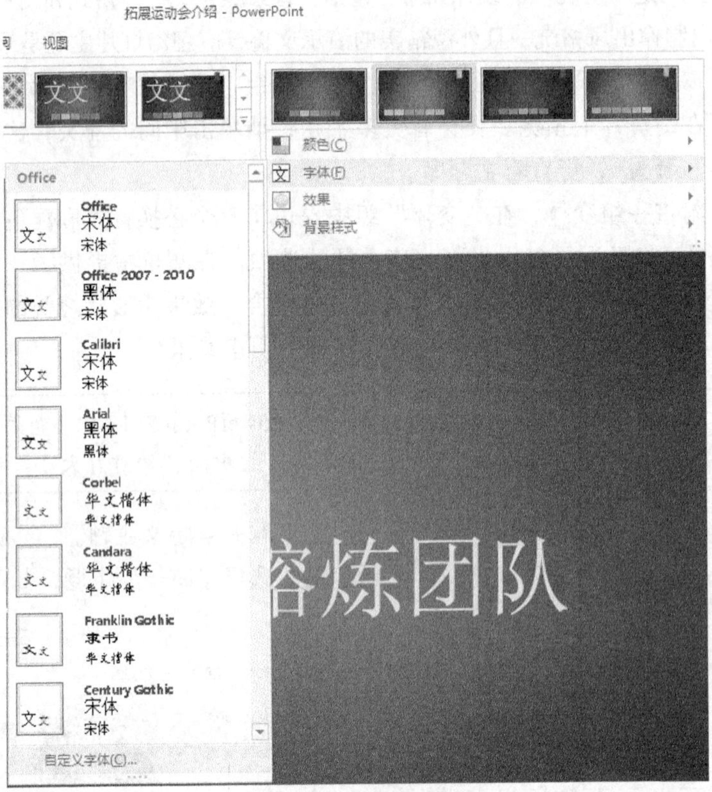

图 4-25 “字体”按钮

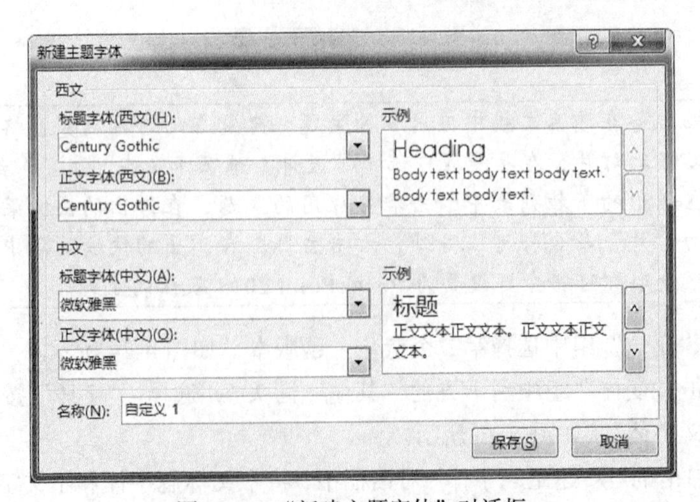

图 4-26 “新建主题字体”对话框

如果幻灯片中的占位符属性改变，无法跟随母版、主题中该类型占位符的属性，请重新应用版式。

2. 幻灯片母版的应用

幻灯片母版是模板的一部分，主要用于对演示稿进行统一设置，包括文本、图片和图表在演示文稿中的位置、文本的字形和字号、文本颜色、动画和效果等。母版主要由占位符边框、幻灯片区、显示项目符号、日期区、页脚区和数字区等组成。PowerPoint 2013 设置了“主母版”，以及为每个版式单独设置“版式母版”，还可以创建自定义的版式母版。

演示文稿的“主母版”可影响所有的“版式母版”，所以在演示文稿中若有统一的内容、图片、背景和格式，可直接在“主母版”中进行设置，其他所有的“版式母版”会自动与“主母版”一致。若演示文稿中所有的幻灯片都是一致的风格和效果，那么可以直接在“幻灯片母版”视图第 1 个“主母版”中进行设置，那么无论什么版式的幻灯片都会是一致的效果。

除了“主母版”外，PowerPoint 还为每个版式准备了各自的“版式母版”。有了这些“版式母版”，就可单独控制某一种版式幻灯片的效果。如：标题版式幻灯片、图表幻灯片、文字幻灯片等这些不同类型、内容的幻灯片，便可以单独控制它们的配色、文字和格式了。所以说，要把“主母版”看成演示文稿幻灯片共性设置的话，那么“版式母版”就是演示文稿幻灯片个性的设置。

无论是什么母版，设置完成后只能在这一个演示文稿中应用，若要想一劳永逸、长期应用母版的效果，那么还应将母版的设置保存成演示文稿模板。创建和保存演示文稿模板的方法很简单，只要将演示文稿母版设计完成，就可利用“保存”或“另存为”命令，在“另存为”的对话框中，将文档的保存类型更改成“演示文稿设计模板(*.pot)”即可。在 PowerPoint 2007 中，模板创建完成后，需要通过“主题”来进行应用。

接下来，我们继续对演示文稿“拓展运动会介绍.pptx”进行设置。

第 1 步：选择“视图”选项卡，选择“母版视图”组中的“幻灯片母版”，进入到母版的编辑环境，如图 4-27 所示。

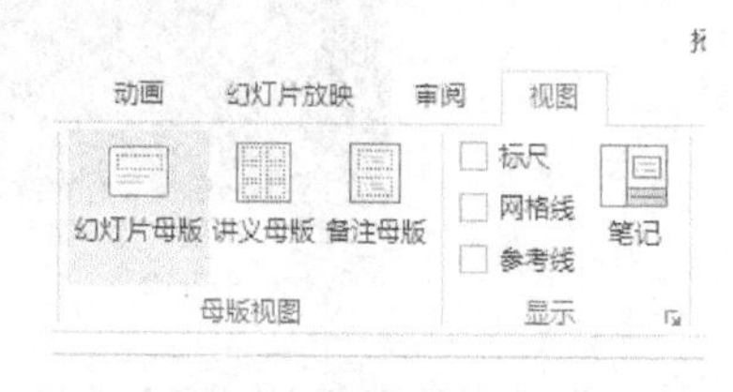

图 4-27　“母版视图”组

第 2 步：选中“主母版”，在“幻灯片区”中　“单击此处编辑母版文本样式”一段，选择“开始”选项卡，选择“段落”组中的“项目符号” 按钮，在弹出的菜单中选择“带填充效果的大圆形项目符号”，如图 4-28 所示。

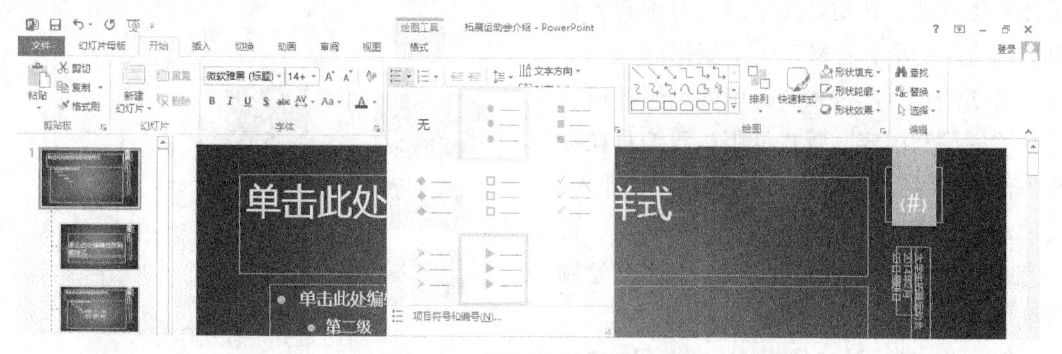

图 4-28　设置“项目符号”

第 3 步：选择“幻灯片编号”占位符下方的绿色矩形形状，按 Delete 键将其删除。选中“幻灯片编号”占位符中的文字“‹#›”，在出现的浮动工具栏中将字号设置为 11，如图 4-29 所示，然后将“幻灯片编号”占位符拖至幻灯片右下角。

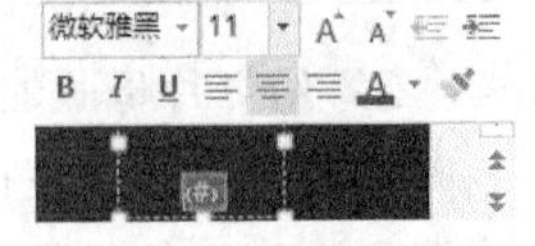

图 4-29　浮动工具栏

第 4 步：选择“日期和时间”和“页脚”占位符，选择“格式”选项卡，选择“排列”组中的“旋转”按钮，在弹出的菜单中选择“向左旋转 90 度”，适当调整“日期和时间”占位符的宽度，并将其分别拖动到幻灯片底部的左边和中间位置。

第 5 步：按 Shift 键选择“日期和时间”、“页脚”和“幻灯片编号”三个占位符，选择“格式”选项卡，选择“排列”组中的“对齐”按钮，在弹出的菜单中选择“底端对齐”，再次单击选择该菜单中的“横向分布”，如图 4-30 所示。选择“开始”选项卡，选择“段落”组中的“居中”按钮。

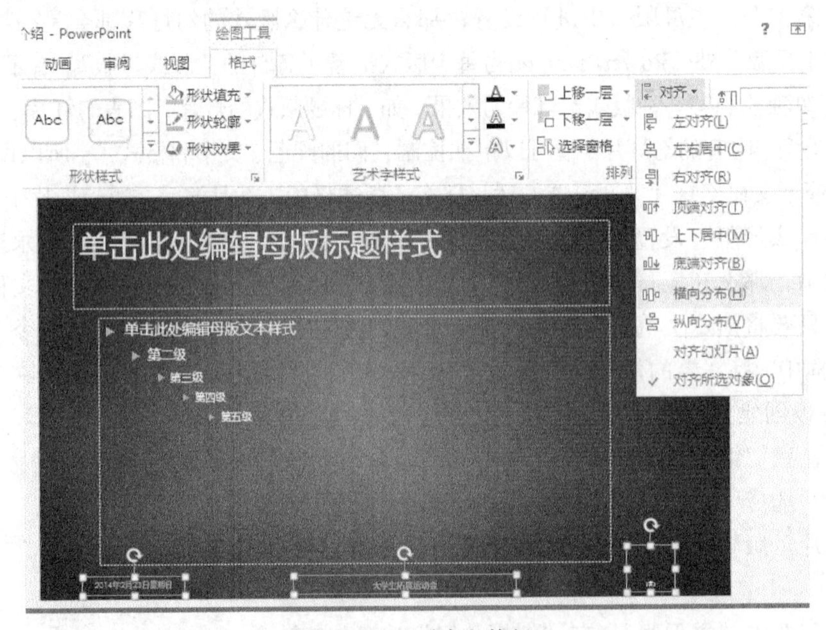

图 4-30　“对齐”按钮

第 6 步：选择“视图”选项卡，选择“演示文稿视图”组中的“普通视图”按钮，关闭母版视图。在幻灯片中能明显地看到页脚处和文字的项目符号发生了变化。

第 7 步：再次进入到母版的编辑环境，选择“标题和内容”版式母版，我们将在标题占位符文字下方添加修饰线。选择“插入”选项卡“插图”组中的“形状”按钮，选择直线，如图 4-31 所示，按住 Shift 键绘制直线。

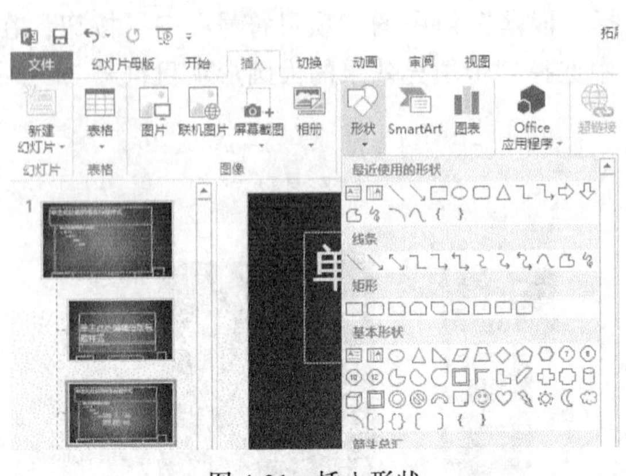

图 4-31　插入形状

第 8 步：选中该直线，在绘图工具的“格式”选项卡中，选择“形状轮廓”按钮，设置直线属性为白色、2.25 磅、方点、宽 27.2 厘米，如图 4-32 所示。

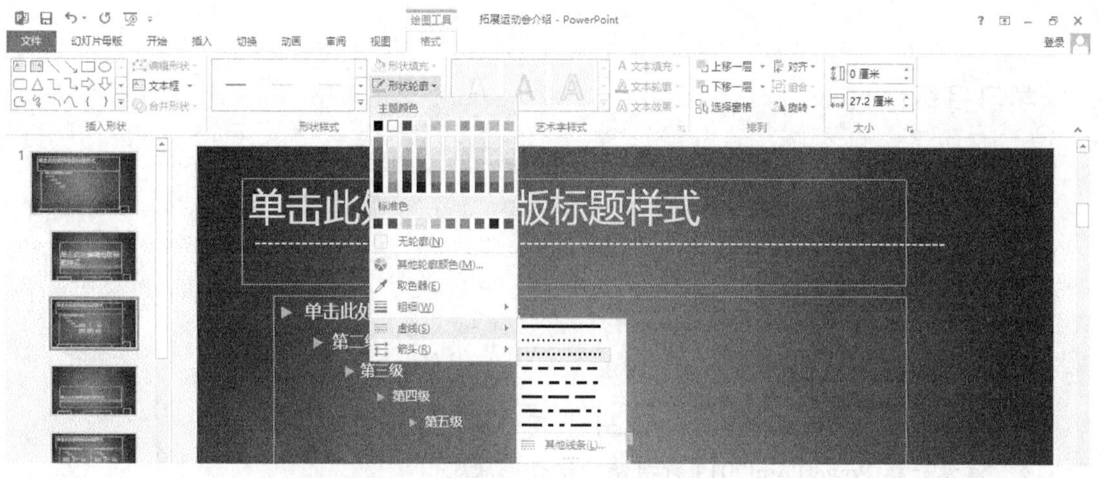

图 4-32　绘制直线

第 9 步：复制直线，切换到“两栏内容”版式母版和“比较”版式母版，执行粘贴操作。

第 10 步：选择“幻灯片母版”选项卡，点击“关闭母版视图”按钮☒，关闭母版视图。

第 11 步：单击状态栏上的“幻灯片浏览”按钮，进入“幻灯片浏览”视图，如图 4-33 所示，拖动幻灯片按照合理顺序重新排列幻灯片。单击状态栏上的“幻灯片放映”按钮，可预览幻灯片放映。

第 12 步：保存文件。

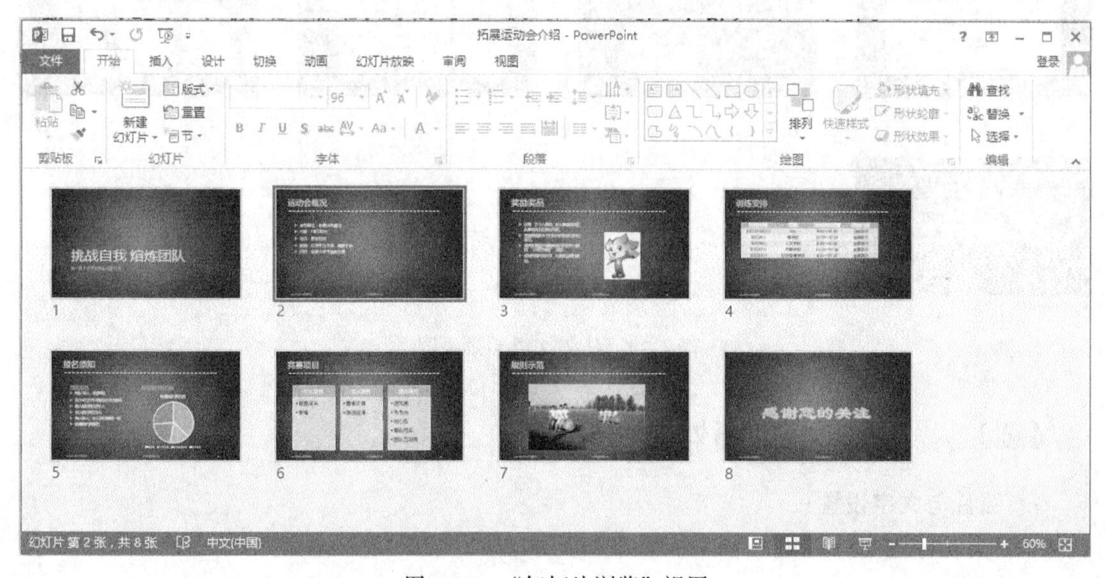

图 4-33　“幻灯片浏览”视图

任务 2　美化演示文稿

学习目标：

- ❖ 掌握幻灯片中文字、图片的格式设置方法。
- ❖ 了解图表、表格、视频等对象的设置。
- ❖ 灵活运用 SmartArt 智能图形。
- ❖ 学会创建自定义形状。

教学注意事项：

- ❖ 重点讲解图片的处理技巧和 SmartArt 图形的使用。
- ❖ 注意介绍 PowerPoint2013 新功能“组合形状”。

为使演示文稿更具视觉吸引力，我们需要设计演示文稿的外观。下面来完成第二个任务——美化演示文稿，任务完成的效果如图 4-34 所示。

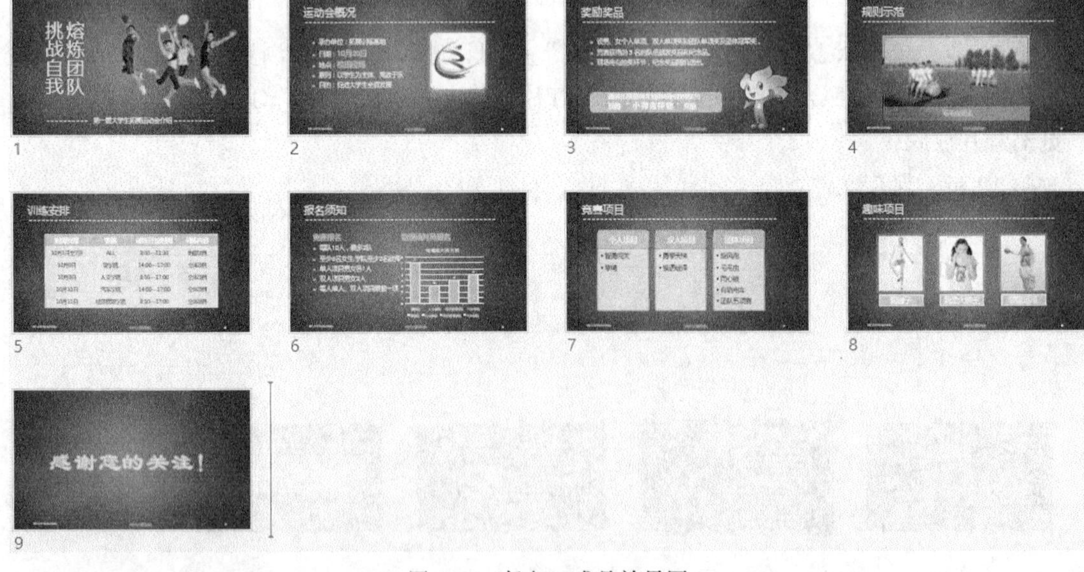

图 4-34　任务 2 成品效果图

4.2.1　设计演示文稿外观

1. 图片与文字设置

（1）美化标题幻灯片

打开演示文稿“拓展运动会介绍.pptx”，我们首先对标题幻灯片进行美化。

第 1 步：选择第一张幻灯片，选中标题占位符，选择“开始”选项卡“段落”组“文字方向”按钮，在打开的下拉列表中选择“蒙古文字竖排”命令，如图 4-35 所示。

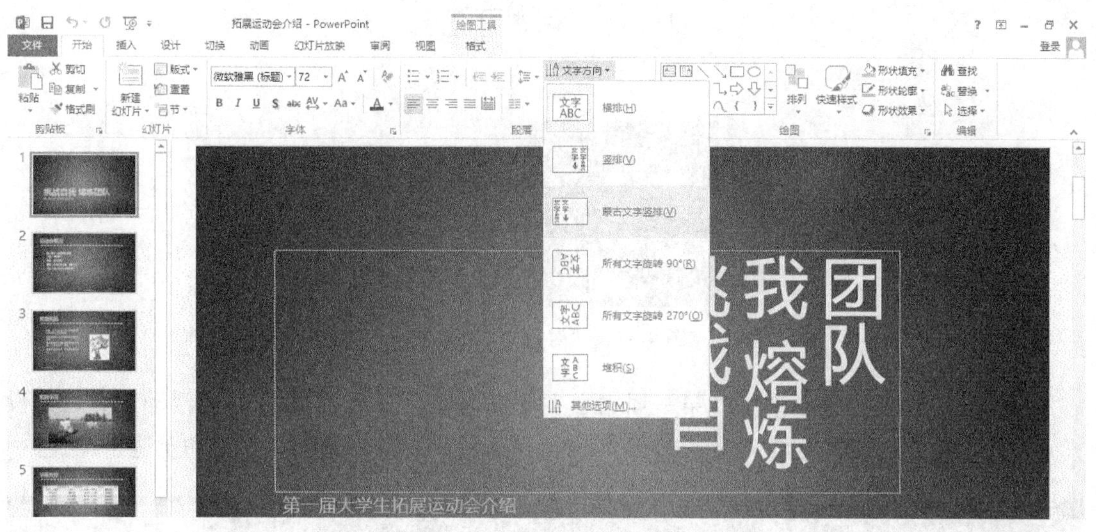

图 4-35　“文字方向”按钮

添加文本从左向右竖排功能的具体操作方法如下：先打开开始—> Microsoft Office 2013—> Microsoft Office 2013 工具—> Microsoft Office 2013 语言首选项，在出现的对话框中选择蒙古文，如图 4-36 所示，选择“添加”，单击“确定”按钮。完成上面的步骤后，我们就可以打开 PowerPoint，看到“蒙古文字竖排”的选项。

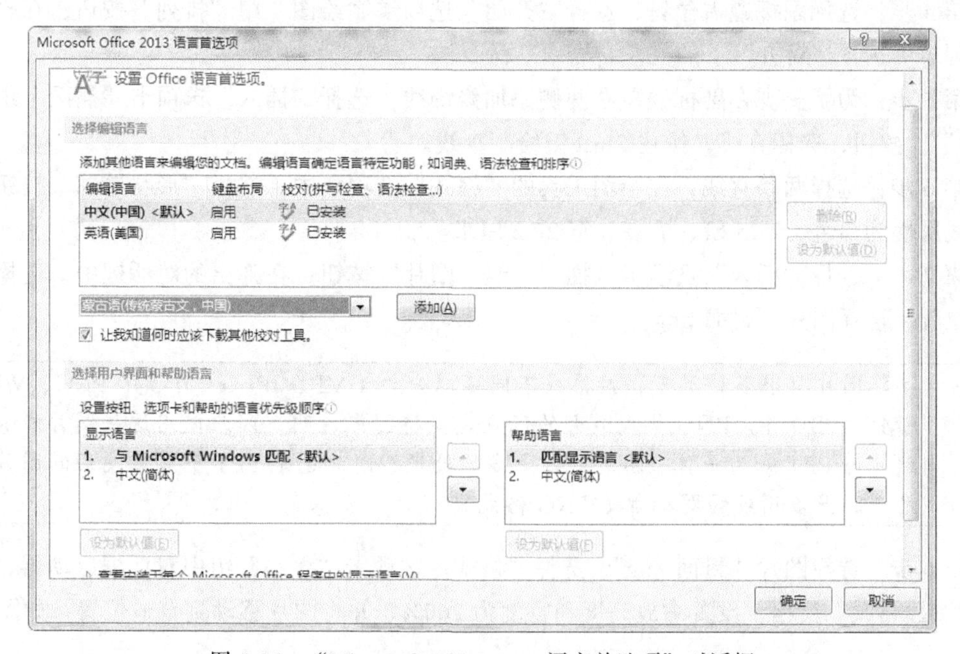

图 4-36　“Microsoft Office 2013 语言首选项”对话框

第 2 步：选择“开始”选项卡“段落”组中的“对齐文本”按钮，在打开的下拉列表中选择“右对齐”命令，如图 4-37 所示。调整标题占位符的高度使其两行显示。

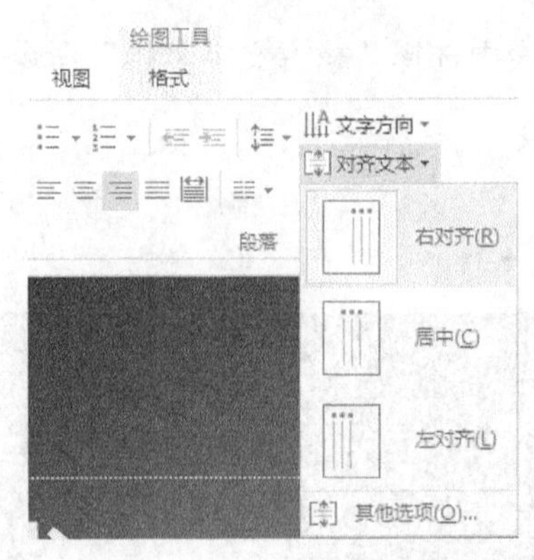

图 4-37 “对齐文本”按钮

第 3 步：选择副标题文字“第一届大学生拓展运动会介绍”，在出现的浮动工具栏中设置字号 24，颜色白色，居中对齐，如图 4-38 所示。将副标题占位符向下移动至适当位置。

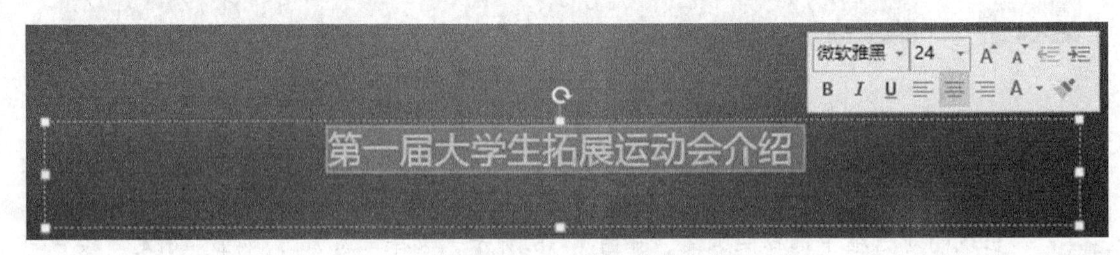

图 4-38 浮动工具栏

第 4 步：选择副标题占位符，选择“开始”选项卡“绘图”组“排列”按钮，在打开的下拉列表中选择“对齐”下的“左右居中”命令。

第 5 步：为了美观在副标题左右两侧添加修饰线。选择“插入”选项卡“插图”组中的“形状”按钮，选择直线，按住 Shift 键绘制直线。

第 6 步：选择两条直线，在绘图工具的“格式”选项卡中，选择“形状轮廓”按钮，设置直线属性为白色、2.25 磅、方点、宽 27.2 厘米。

第 7 步：选择“插入”选项卡“插图”组“图片”按钮，在弹出的对话框中，选择图片所在位置，选择图片“封面.png”。

图片有很多种类型，按格式不同可以分为 BMP、JPEG（JPG）、PNG、WMF、EMF、PSD 等。PNG 格式最大的优点是支持图像透明，因此使用这种图片能够很自然地与 PPT 融为一体，不需要做更多的处理，因此也是 PPT 中最常使用的图片格式之一。很多精致的图标都是 PNG 格式。

第 8 步：选择图片“封面.png”，选择“格式”选项卡“大小”组中对话框启动器，打开“设置图片格式”窗格，设置缩放高度和宽度为 260%，并将图片移动到合适位置，如图 4-39 所示。

（2）图文处理技巧

第 1 步：选择第二张幻灯片，选择内容占位符，选择“开始”选项卡“字体”组中的增大字号按钮，调整字号到 24 磅。

图 4-39　“设置图片格式”窗格

第 2 步：选择重点显示的文字 “10 月 20 日”，“校田径场”，设置字号 28 磅、加粗、橙色。

第 3 步：选择“插入”选项卡“图像”组中的“图片”按钮，选择插入图片“LOGO.jpg”。

第 4 步：选择 LOGO 图片，选择“格式”选项卡“大小”组中将图片宽度和高度设置为 7.7 厘米，并调整图片的位置。

第 5 步：在“格式”选项卡“图片样式”组的样式库中，选择“映像圆角矩形”，继续选择“图片效果”按钮，在弹出的菜单中选择“发光”命令，选择“浅青绿，18pt 发光，着色 5”，如图 4-40 所示。

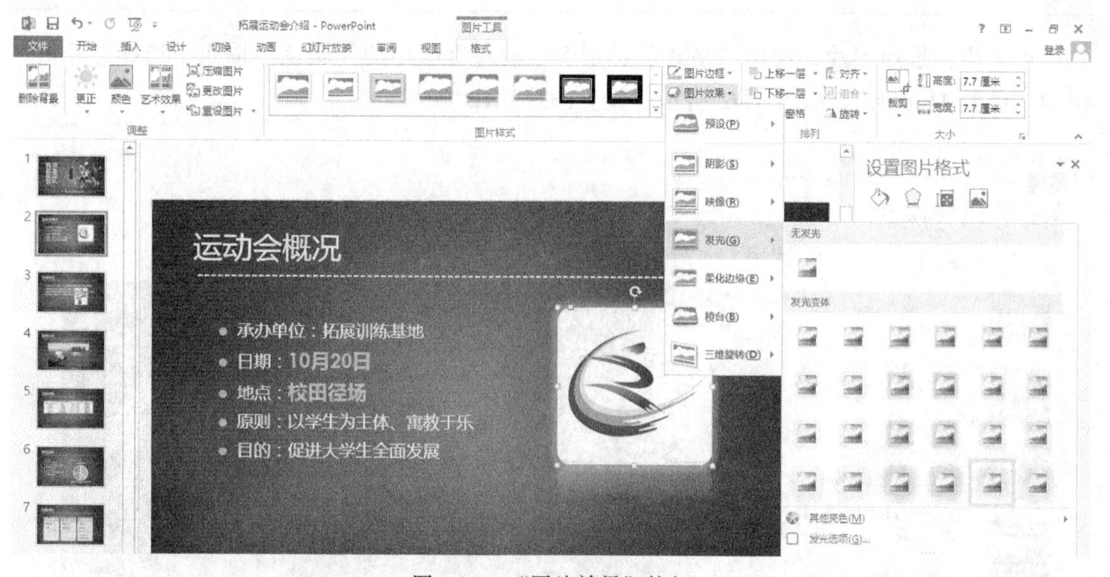

图 4-40　“图片效果”按钮

第 6 步：选择第三张幻灯片，将文字字号设置为 24 磅，将左侧占位符向右拉宽使文本不再换行显示。

第 7 步：选择吉祥物图片移动到幻灯片左下角，选择“格式”选项卡“调整”组中的“删除背景”按钮，进入“背景消除”选项卡，同时在图片中会以红色标记出将要删除的背景部分。

第 8 步：选择“标记要保留的区域”按钮，在图片未显示的对象区域单击，使用“标记要删除的区域”按钮来去除不应该显示的部分，反复修改好后，选择“保留更改”按钮完成去除背景操作，如图 4-41 所示。

图 4-41　删除背景

在此操作中可通过单击状态栏中的放大缩小按钮来改变视图大小，以方便图片选取操作。

第 9 步：选择图片，选择“格式”选项卡“调整”组中的“颜色”按钮，选择“色调”中的“色温 11200K”，如图 4-42 所示，设置图片缩放 115%。

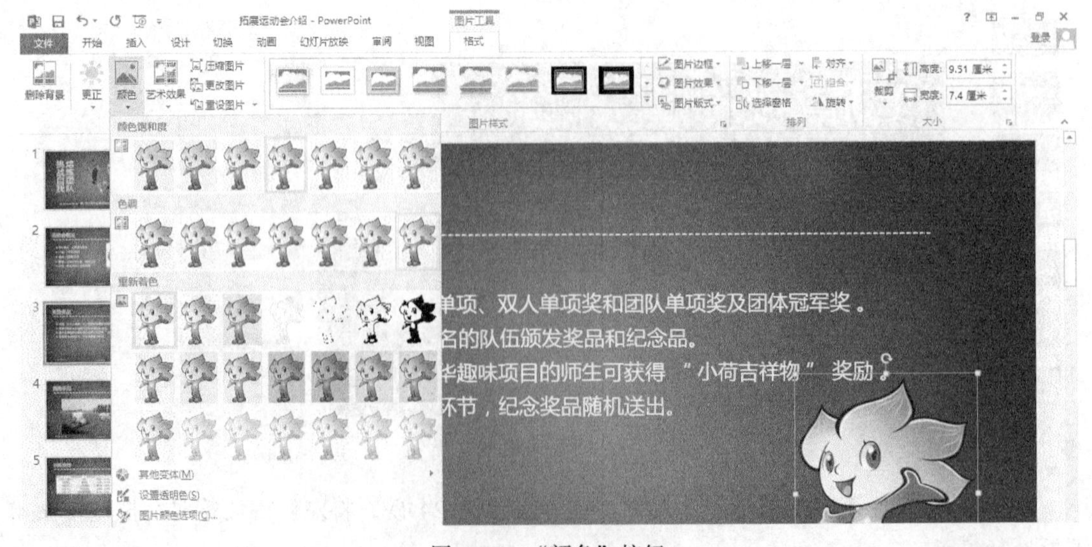

图 4-42　“颜色”按钮

（3）文本框的应用

第 1 步：选择“插入”选项卡“文本”组中的“文本框”按钮，选择“横排文本框”，如图 4-43 所示，拖动鼠标绘制出文本框占位符。

第 2 步：输入文字“通关拓展嘉年华趣味项目的师生可获得‘小荷吉祥物’奖励”，将文本设置为白色、字号 24 磅、加粗，选择“小荷吉祥物”将字号增大至 32 磅。

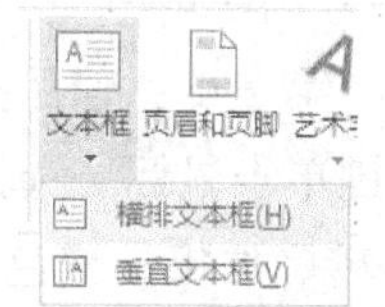

图 4-43　“文本框”按钮

第 3 步：选择“插入”选项卡“插图”组中的“形状”按钮，选择“圆角矩形”，绘制高 3 厘米、宽 18.5 厘米的圆角矩形，形状填充“橙色”，形状轮廓“无轮廓”。

第 4 步：选择圆角矩形，右击鼠标，选择“置于底层”中的“下移一层”，如图 4-44 所示。

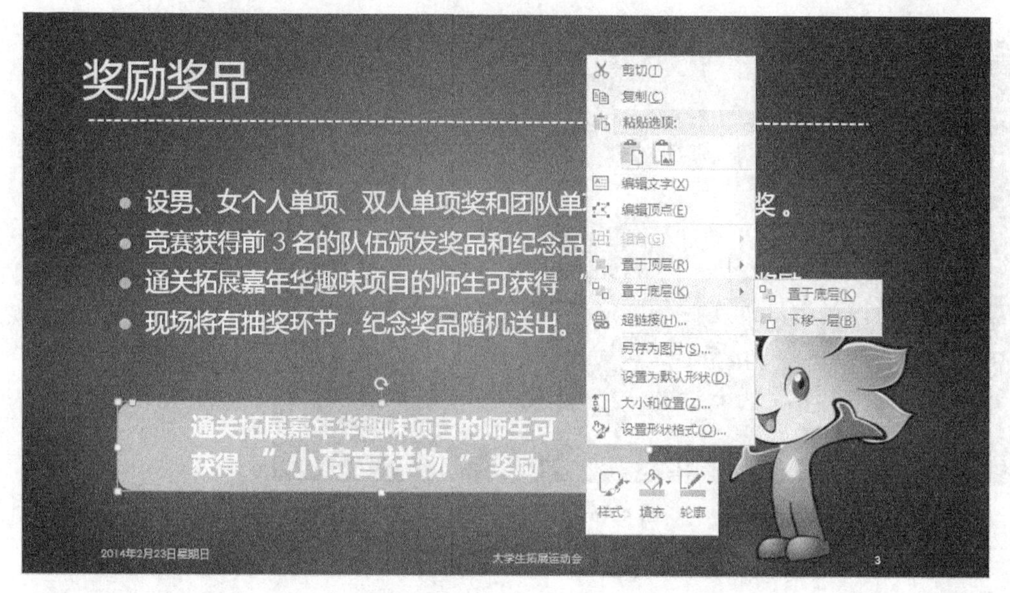

图 4-44　下移一层

第 5 步：选择横排文本框和圆角矩形，选择 “格式”选项卡中的“对齐”按钮，使两者上下、左右居中。

2. 美化视频、表格、图表

第 1 步：选择第四张幻灯片，选中视频文件，选择视频工具“格式”选项卡“视频样式”组中的“简单的棱台矩形”样式，如图 4-45 所示。

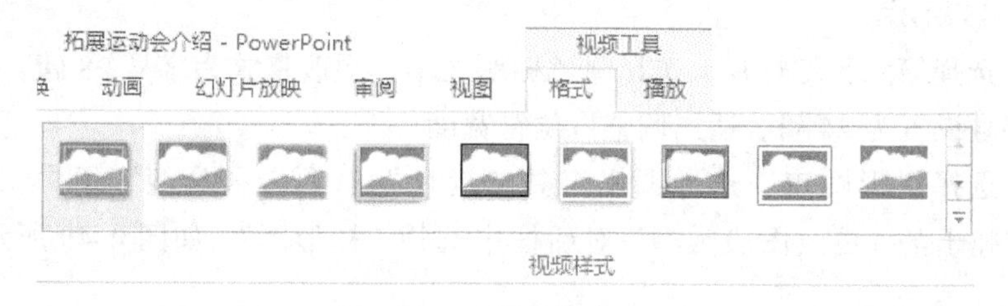

图 4-45　“视频样式”组

我们可以通过视频工具“播放”选项卡中的“视频选项”组来实现视频的全屏播放。

第 2 步：使用插入形状命令，绘制一个与视频同等宽度，高 2 厘米的矩形。选择矩形，右键单击鼠标，选择“编辑文字”，为矩形添加“毛毛虫竞速”文本内容，将文字设置为字号 24 磅、加粗、橙色。

第 3 步：选择矩形，选择“格式”选项卡“形状样式”组中的对话框启动器，打开“设置形状格式”窗格。在此窗格中将形状设置为填充颜色白色，透明度 70%，线条设置为无线条，如图 4-46 所示。

图 4-46　“规则示范”幻灯片

第 4 步：选择第五张幻灯片，单击表格边框以选中整个表格，在表格工具“布局”选项卡“表格尺寸”组中选择“高度”10 厘米，选择“对齐方式”组中“垂直居中”按钮，如图 4-47 所示。

图 4-47　对齐方式和表格尺寸

第 5 步：选中表格第一行，选择表格工具“设计”选项卡“表格样式”组中“底纹”按钮，为第一行添加“橙色”底纹，选中其他行添加“金色，着色 2，淡色 60%”底纹，如图 4-48 所示。

第 6 步：选择第六张幻灯片，选择绿色标题文本，更改格式为字号 28 磅、加粗、橙色，将正文文本字号设置为 24 磅，适当调整占位符宽度。

第 7 步：选择饼形图表，选择图表工具“设计”选项卡“类型”组中“更改图表类型”按钮，在弹出的“更改图表类型”对话框中选择“柱形图”，如图 4-49 所示，单击“确定”按钮。

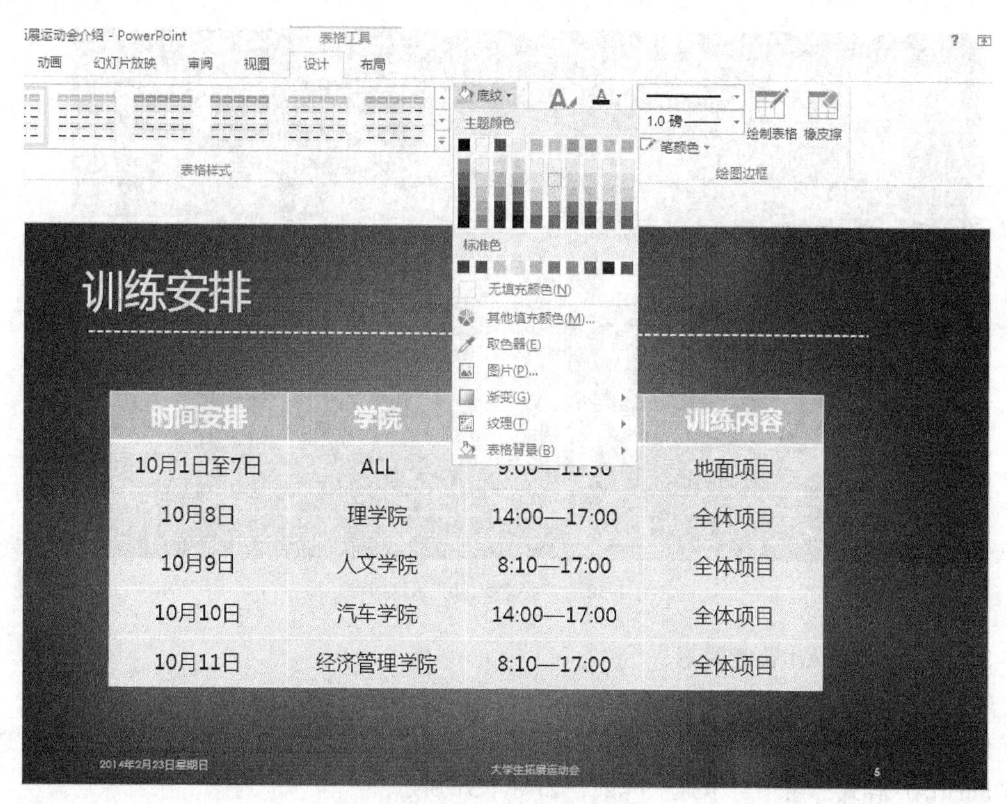

图 4-48　表格底纹颜色

图 4-49　“更改图表类型”对话框

第 8 步：选中柱形图表，选择图表右侧出现的浮动工具栏“图表元素”按钮，在展开的“图表元素”列表中勾选“数据标签”，如图 4-50 所示。

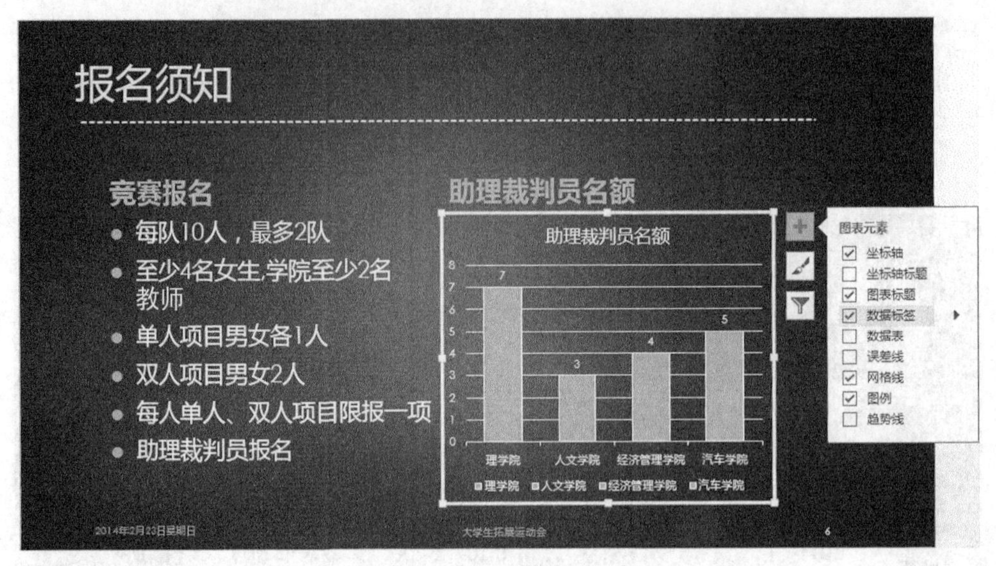

图 4-50 “报名须知”幻灯片

3. 巧用 SmartArt 智能图形

（1）SmartArt 工具

第 1 步：在第七张幻灯片中，选中 SmartArt 图形，选择 SMARTART 工具“设计”选项卡“SmartArt 样式”组中“卡通”样式，如图 4-51 所示。

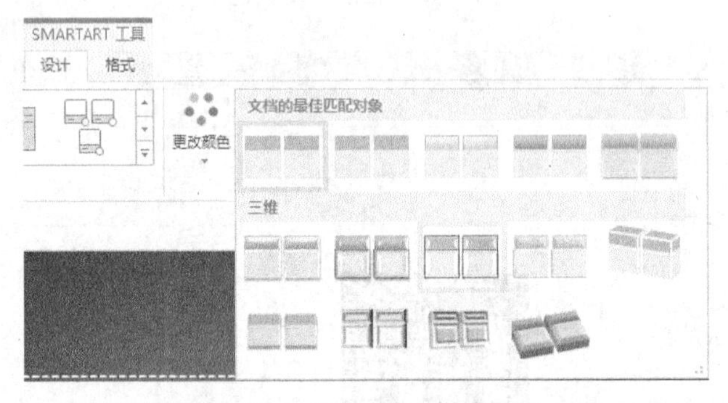

图 4-51 “SmartArt 样式”组

第 2 步：按 Shift 键选择 SmartArt 图形中的三个绿色形状，选择 SMARTART 工具“格式”选项卡“形状”组中“更改形状”按钮，在弹出的形状库中选择“单圆角矩形”，如图 4-52 所示。

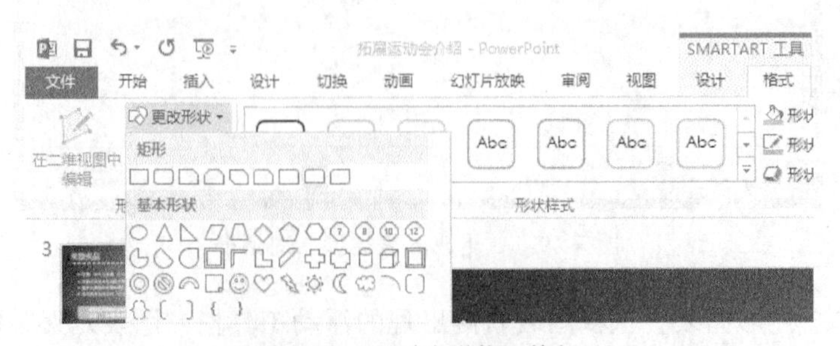

图 4-52 “更改形状”按钮

第 3 步：选择第一个绿色形状，选择 SMARTART 工具“格式”选项卡“形状样式”组中“形状填充”按钮，选择“橙色”。设置第三形状填充颜色为“浅青绿”。

第 4 步：调整 SmartArt 图形大小和位置，并将一级文本设置字号 28 磅，二级文本字号 24 磅，如图 4-53 所示。

图 4-53　“竞赛项目”幻灯片

（2）SmartArt 图形转换

第 1 步：选择第八张幻灯片，选择包含要转换的幻灯片文本的占位符，选择“开始”选项卡“段落”组中“转换为 SmartArt”按钮，如图 4-54 所示。

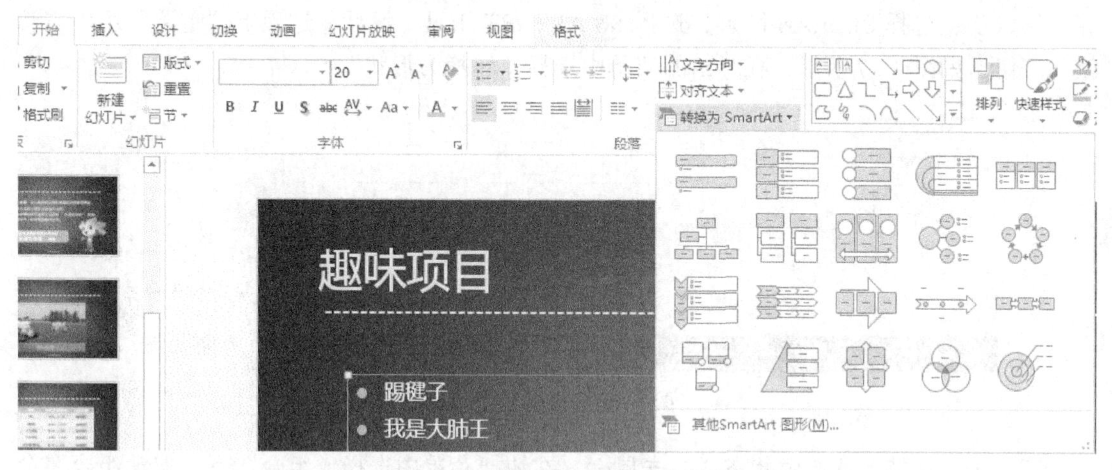

图 4-54　“转换为 SmartArt”按钮

第 2 步：选择“其他 SmartArt 图形”按钮，在弹出的“选择 SmartArt 图形” 对话框中，选择“图片”项，选择“蛇形图片题注”，单击确定按钮，如图 4-55 所示。

第 3 步：在图片占位符中分别添加图片“踢毽子”、“我是大肺王”和“袋鼠运瓜”，如图 4-56 所示。

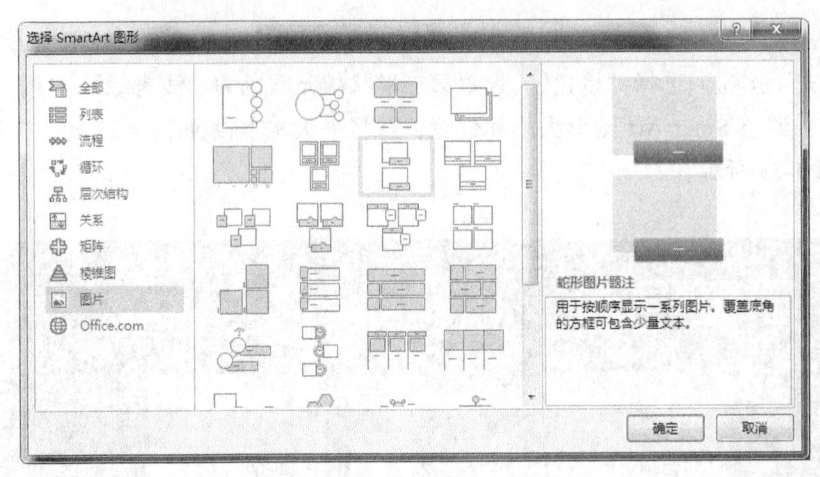

图 4-55　选择 SmartArt 图形

图 4-56　插入图片

第 4 步：选择 SmartArt 图形，选择 SMARTART 工具“设计”选项卡“重置”组中“转换”按钮，如图 4-57 所示，在弹出的菜单中选择“转换为形状”。

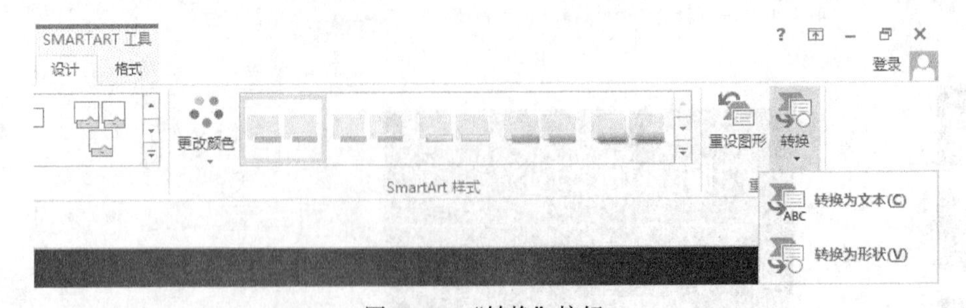

图 4-57　“转换”按钮

第 5 步：保持形状选中状态，右击鼠标，在快捷菜单中选择“组合”下“取消组合”命令，如图 4-58 所示。单击幻灯片其他处取消所有形状选中状态。

第 6 步：按 Shift 键选择三个图片形状，选择绘图工具“格式”选项卡“大小”组中对话框启动器，打开“设置形状格式”窗格，在“大小属性”选项卡中将高度设置为“7.5 厘米”，宽度“6.2 厘米”，在“填充线条”选项卡中勾选“将图片平铺为纹理”复选框，在“效果”选项卡中选择“发光”选项的“预设”效果“浅青绿，18pt 发光，着色 5”，如图 4-59 所示。

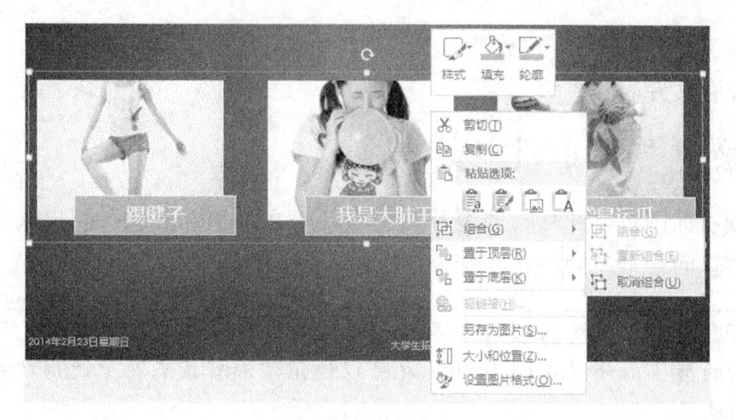

图 4-58　取消组合

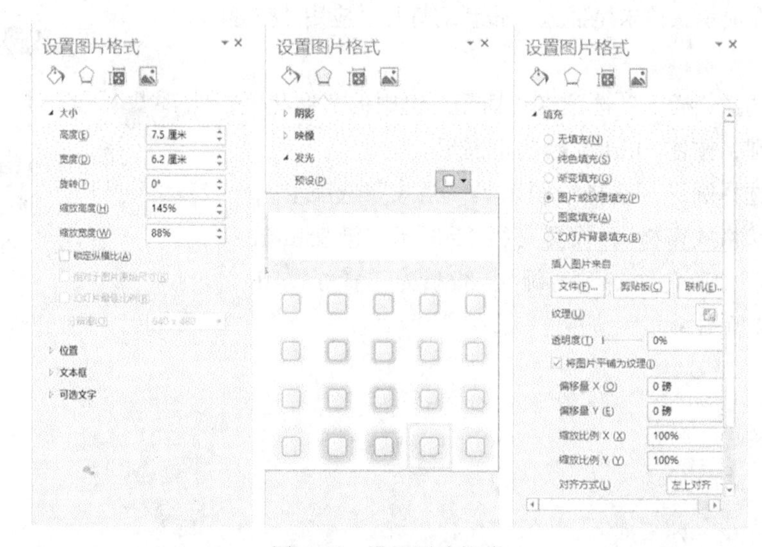

图 4-59　设置图片格式

第 7 步：按 Shift 键选择三个文本形状，选择“设置形状格式”窗格，选择“形状选项”中的“填充线条”，将纯色填充颜色设置为“橙色”，在“大小属性”选项卡中将宽度“6.2 厘米”。并将文字字号调大到 28 磅。拖动并调整图片和文本形状的排列位置，如图 4-60 所示。

图 4-60　“趣味项目”幻灯片

第 8 步：按 F5 键预览幻灯片放映。

第 9 步：保存文件。

4.2.2　绘制“返回”图标

除了使用现有的图形、图片、图表外，还可以用 PowerPoint 软件自已来绘制，下面绘制一个用来表示“返回目录”的按钮图标。

有时，内置或默认形状中不包含所需的形状。在这种情况下，可以合并形状以获取新的形状，如图 4-61 所示。也可以使用“编辑顶点”更改形状来将形状更改为所需形状。

第 1 步：在演示文稿末尾插入一张新幻灯片，应用“空白”版式。

第 2 步：选择“插入”选项卡“插图”组中的“形状”按钮，选择椭圆，按住 Shift 键绘制正圆形。

第 3 步：选择圆形，选择绘图工具“格式”选项卡，打开“设置形状格式窗格”，设置直径 15 厘米，渐变填充“线性”“90 度”“蓝色”到“青绿”，线条为“青绿”“1 磅”，如图 4-62 所示。

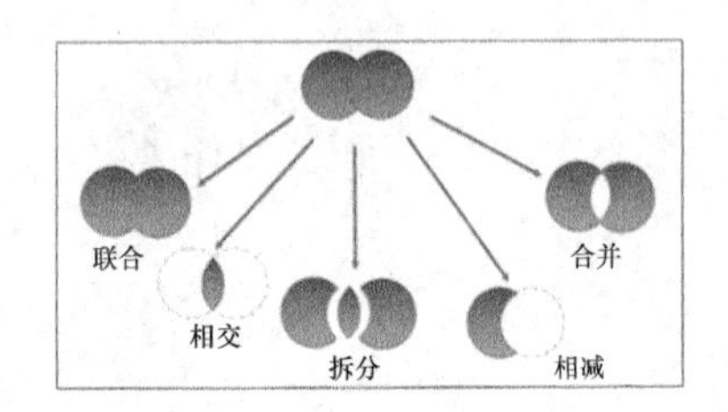

图 4-61　合并形状

图 4-62　设置形状格式

第 4 步：复制圆形，将新圆形更改为纯色填充“白色”，“无线条”。

第 5 步：再次按 Ctrl+V 快捷键，将复制的第二个圆形向右下方移动，与白色圆形错开成月牙形状，如图 4-63 所示。

图 4-63　复制圆形

第 6 步：先选择左上的白色圆形，再按 Shift 键选择左下的蓝色圆形，选择“格式”选项卡“插入形状”组中的“合并形状”按钮，选择“剪除”，如图 4-64 所示，得到按钮高光形状。

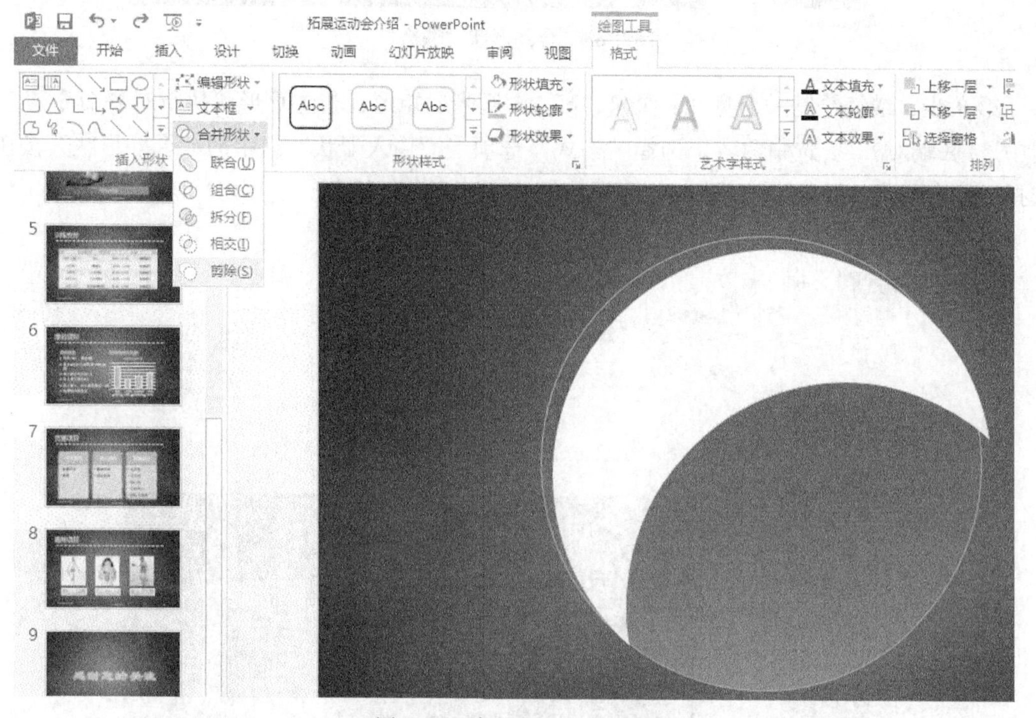

图 4-64　合并形状“剪除”

第 7 步：选择高光形状，设置填充透明度“80%”。高光形状与圆形执行对齐命令“左对齐”“顶端对齐”。

第 8 步：绘制一个宽 8 厘米、高 4 厘米的三角形和一个宽 8 厘米、高 3.7 厘米的矩形，摆放好位置。选中两者，选择“格式”选项卡“插入形状”组中的“合并形状”按钮，选择“联合”，如图 4-65 所示，得到主页形状。

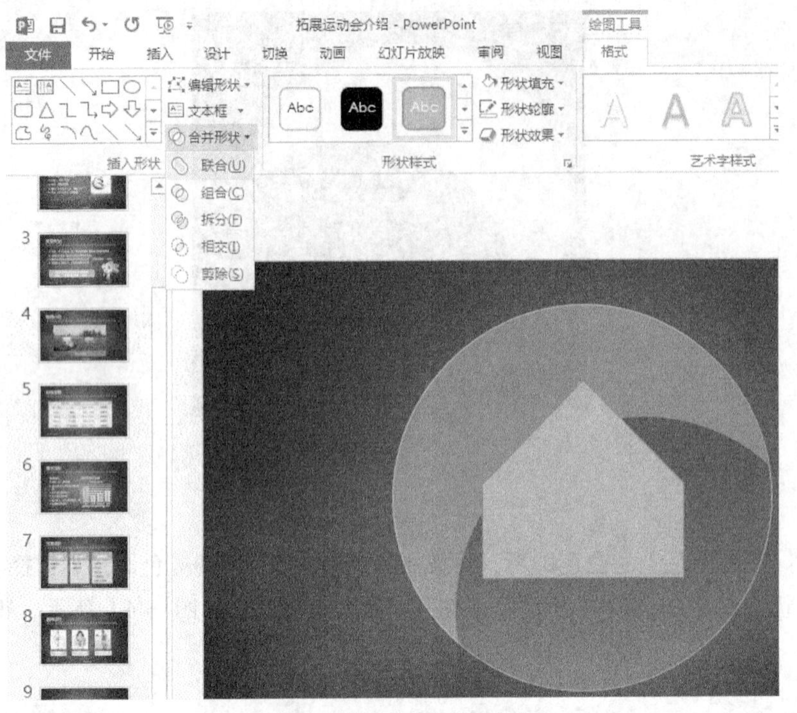

图 4-65　合并形状“联合”

第 9 步：继续绘制一个宽 2.1 厘米、高 2.5 厘米的矩形，与主页形状执行对齐命令“左右居中”“底端对齐”。选中两者，选择“格式”选项卡“插入形状”组中的“合并形状”按钮，选择“组合”或“拆分”，如图 4-66 所示，完成主页形状的绘制。

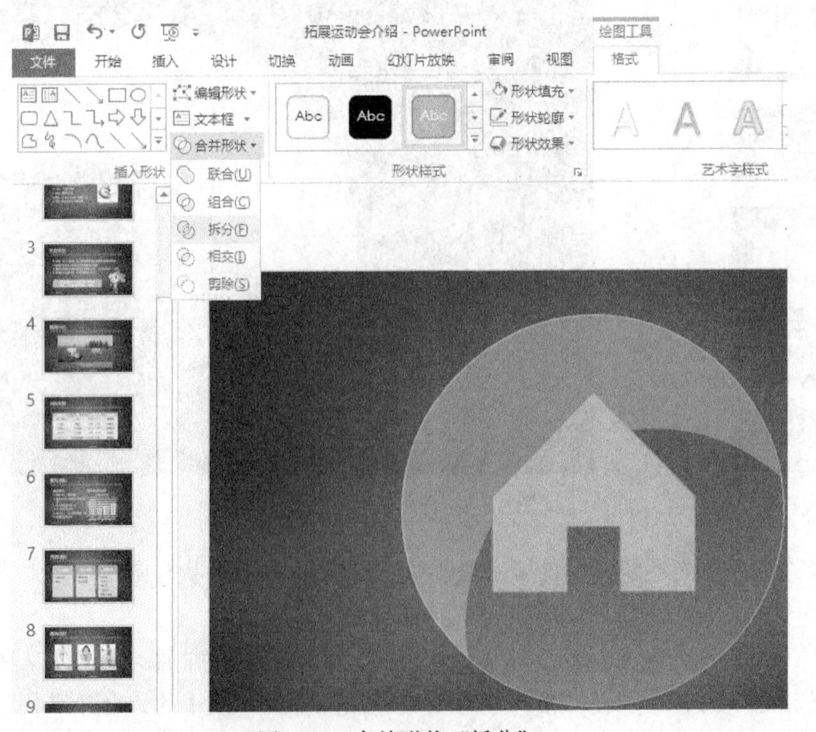

图 4-66　合并形状“拆分”

第 10 步：选择主页形状，设置填充颜色“白色”“无线条”。主页形状与圆形执行对齐命令“左右居中”“上下居中”。选中三个形状进行组合。

第 11 步：将图形按比例缩小到宽、高为 1.5 厘米。选择图形，右击鼠标，选择“另存为图片”，如图 4-67 所示。在弹出的“另存为图片”对话框中选择保存位置，并输入名称“返回图标”。

第 12 步：保存完成后，可将此幻灯片删除。

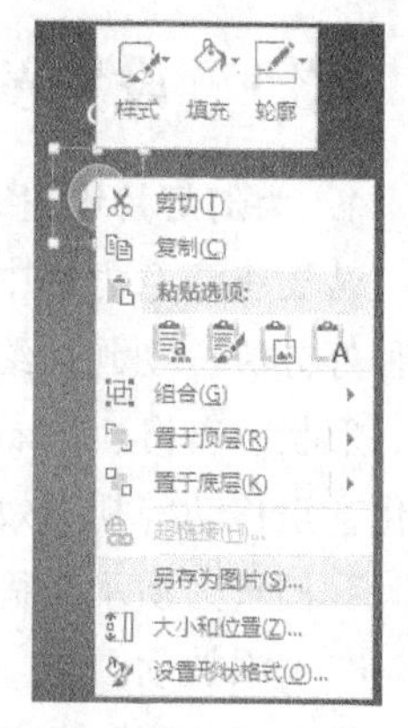

图 4-67　另存为图片

任务 3　放映演示文稿

学习目标：

- ❖ 掌握幻灯片的切换效果和动画效果的设置。
- ❖ 掌握超链接和动作按钮的设置。
- ❖ 掌握幻灯片放映的使用设置。
- ❖ 了解演示文稿的打印和输出。

教学注意事项：

- ❖ 重点讲解演示文稿的动画效果的制作。
- ❖ 注意介绍交互式演示文稿的制作。

最后我们来为演示文稿设置播放效果，包括添加动画效果、切换效果、超链接和动作，然后将演示文稿来进行放映和打印，本任务完成的效果如图 4-68 所示。

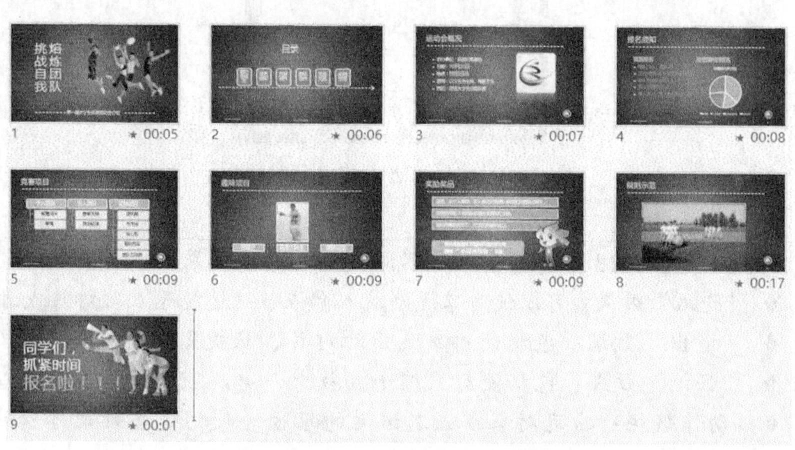

图 4-68　任务 3 成品效果图

4.3.1 设置演示文稿播放效果

1. 为幻灯片设置动画效果

若要将注意力集中在要点上、控制信息流以及提高观众对演示文稿的兴趣，使用动画是一种好方法。动画是给文本或对象添加特殊视觉或声音效果。可以将演示文稿中的文本、图片、形状、表格、SmartArt 图形和其他对象制作成动画，赋予它们进入、退出、大小或颜色变化甚至移动等视觉效果。

我们来为演示文稿“拓展运动会介绍.pptx”设置动画效果，操作步骤如下：

（1）添加动画。

第 1 步：选择第一张幻灯片，选择文字“挑战自我 熔炼团队”所在的占位符，选择“动画”选项卡，选择“动画”组中动画效果库，选择“进入”效果中的“飞入”，如图 4-69 所示。

图 4-69 “动画效果”组

如果在列表中没有飞入，请选择其他按钮，在弹出的列表中选择“更多进入效果(E)...”选项，弹出如图 4-70 所示的对话框，可进行选择更改进入效果。

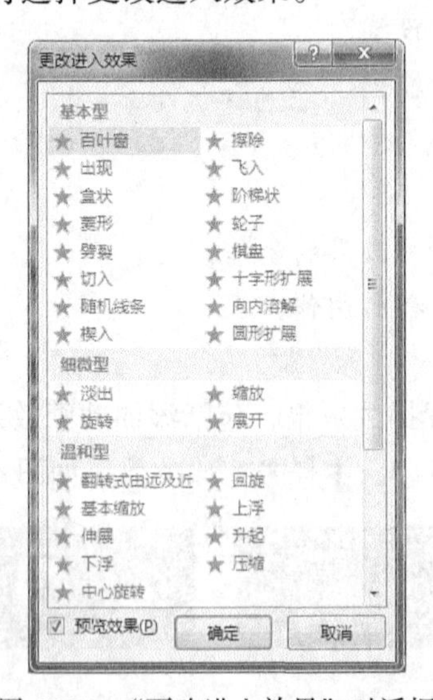

图 4-70 “更改进入效果”对话框

PowerPoint 2013 中有以下四种不同类型的动画效果：

- “进入”效果：可以使对象逐渐淡入焦点、从边缘飞入幻灯片或者跳入视图中。
- “退出”效果：包括使对象飞出幻灯片、从视图中消失或者从幻灯片旋出。
- “强调”效果：包括使对象缩小或放大、更改颜色或沿着其中心旋转。
- 动作路径：指定对象或文本运动的路径。使用这些效果可以使对象上下移动、左右移动或者沿着星形或圆形图案移动。

第 2 步：选择“动画”选项卡，选择“效果选项”按钮中的“自左侧”。然后选择“计时”组中的“开始”按钮，选择“上一动画之后”，如图 4-71 所示。

图 4-71 “飞入”动画

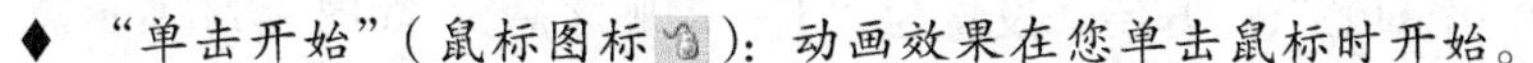

指示动画效果开始计时的图标有多种类型。包括下列选项：

♦ “单击开始”（鼠标图标）：动画效果在您单击鼠标时开始。

♦ “从上一项开始”（无图标）：动画效果开始播放的时间与列表中上一个效果的时间相同。此设置在同一时间组合多个效果。

♦ “从上一项之后开始”（时钟图标）：动画效果在列表中上一个效果完成播放后立即开始。

第 3 步：选择封面图片，选择“动画”选项卡“动画”组中的“飞入”，“效果选项”设置为 “自右侧”，“开始”设置为“与上一动画同时”。

第 4 步：选择左端修饰线，添加“擦除”进入动画，设置“自左侧”、“上一动画之后” ，如图 4-72 所示。选择右端修饰线，添加“擦除”进入动画，设置“自右侧”、“与上一动画同时”。

图 4-72 “擦除”动画

第 5 步：选择副标题占位符，添加“随机线条”进入动画，“效果选项”设置为“水平”、“作为一个对象”，开始”设置为“上一动画之后”，如图 4-73 所示。

图 4-73　“随机线条”动画

第 6 步：选择第一张幻灯片中的左端修饰线，选择“动画”选项卡“高级动画”组中的“动画刷”按钮 动画刷 。

第 7 步：切换到第二张幻灯片，在“动画刷”状态下点击箭头修饰线，复制了同样的动画和设置。

第 8 步：选择所有圆角矩形形状，添加“缩放”进入动画，“效果选项”设置为 “幻灯片中心”“作为一个对象”，“开始”设置为“上一动画之后”，如图 4-74 所示。

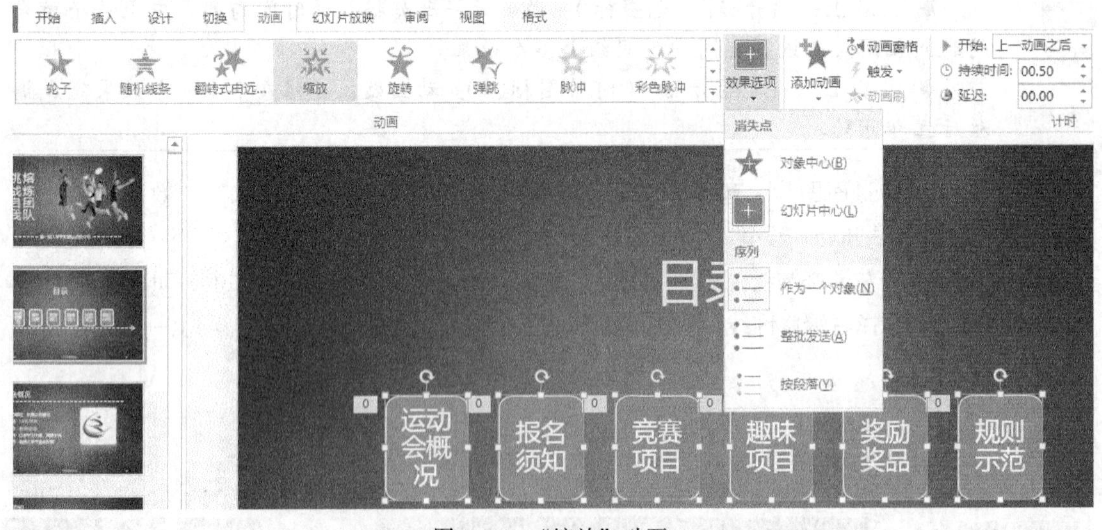

图 4-74　“缩放”动画

第 9 步：选择“动画”选项卡“预览”组中的“预览”按钮，可预览动画效果。

（2）动画窗格

第 1 步：选择第三张幻灯片，选择左侧文本占位符，添加“擦除”进入动画，“效果选项”设置为“自左侧”“按段落”。

第 2 步：选择图片，添加“淡出”进入动画，设置“持续时间”为“01.00” 秒，如图 4-75 所示。

图 4-75　“淡出”动画

第 3 步：选择“动画”选项卡“高级动画”组中的“动画窗格”按钮动画窗格，启动动画窗格。

第 4 步：在动画窗格中，按 Shift 键选择第 2 到 5 项，选择下拉菜单按钮，在弹出的菜单中选择“从上一项之后开始”，如图 4-76 所示。

图 4-76　动画窗格

第 5 步：选择第四张幻灯片，选择左侧文本占位符，添加“画笔颜色”强调动画，在“效果选项”中选择“白色”“按段落”，如图 4-77 所示。

图 4-77　“画笔颜色”动画

第 6 步：选择对话框启动器，打开“画笔颜色”的效果选项对话框，将“动画播放后”选择为“浅灰色”，如图 4-78 所示。

第 7 步：在“动画窗格”中选择第 2 到 5 项，选择下拉菜单按钮，在弹出的菜单中选择“从上一项之后开始”。

第 8 步：选择右侧小标题“助理裁判员报名”占位符，添加“缩放”进入动画。在“动画窗格”中选择该动画，选择下拉菜单中“效果选项”，如图 4-79 所示。

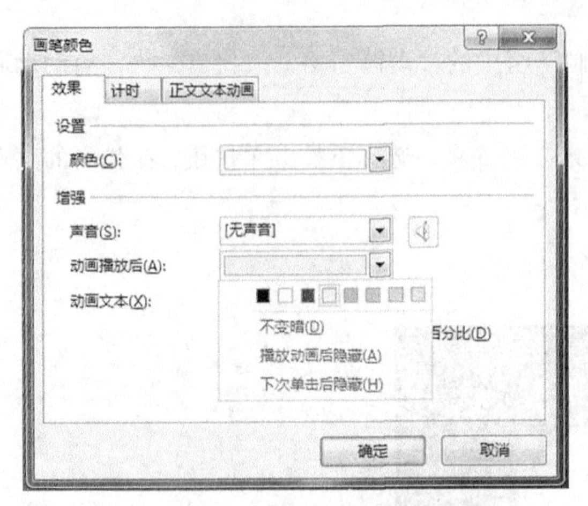

图 4-78　“画笔颜色”对话框

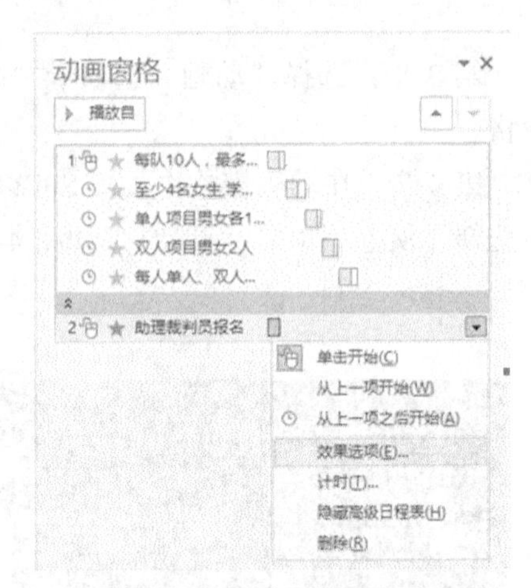

图 4-79　动画窗格

第 9 步：打开“缩放”的效果选项对话框，将“动画文本”选择为“按字母”，“字母之间延迟百分比”设置为“100”，如图 4-80 所示。

第 10 步：选择饼形图表，添加“轮子”进入动画。在“动画窗格”中选择该动画，选择下拉菜单中“计时”，打开“轮子”的计时选项对话框，将“期间”选择为“慢速（3 秒）”，如图 4-81 所示。

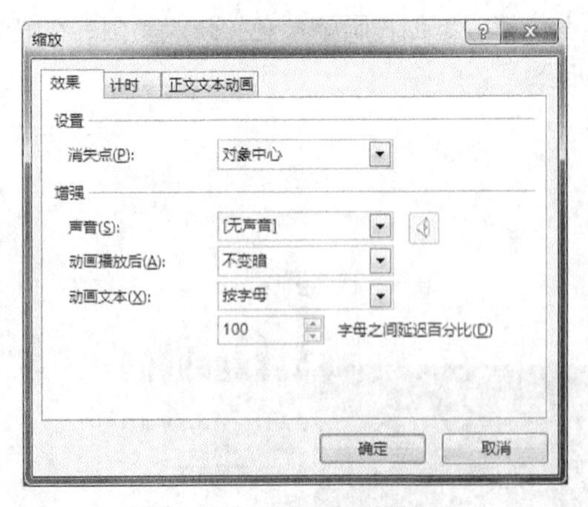

图 4-80　“缩放”对话框

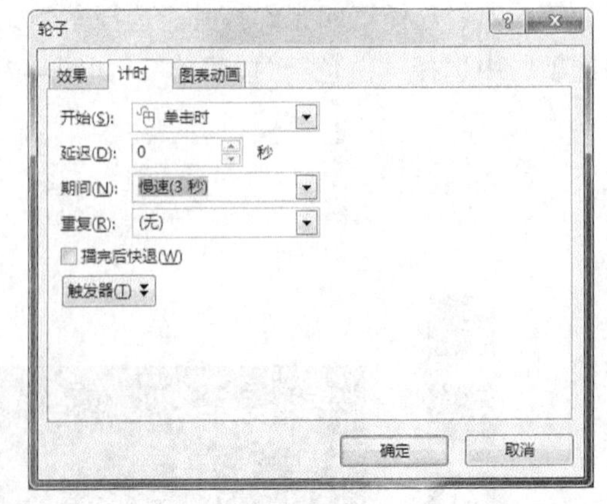

图 4-81　“轮子”对话框

要删除某个动画效果，只要在“动画窗格”中选择该动画，选择下拉菜单中“删除”即可。

第 11 步：选择第五张幻灯片，选择 SmartArt 图形占位符，添加“缩放”进入动画。

第 12 步：打开“缩放”的效果选项对话框，选择“SmartArt 动画”选项卡，在“组合图形”列表中选择“一次按级别”，如图 4-82 所示。

（3）设置动作路径

第 1 步：选择第六张幻灯片，同时选中三张图片和三个文字形状，添加“淡出”进入动画，“开始”设置为“上一动画之后”，如图 4-83 所示。

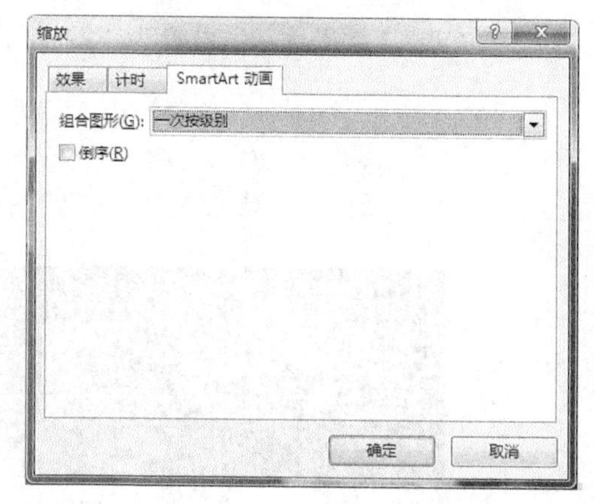

图 4-82　“缩放”对话框

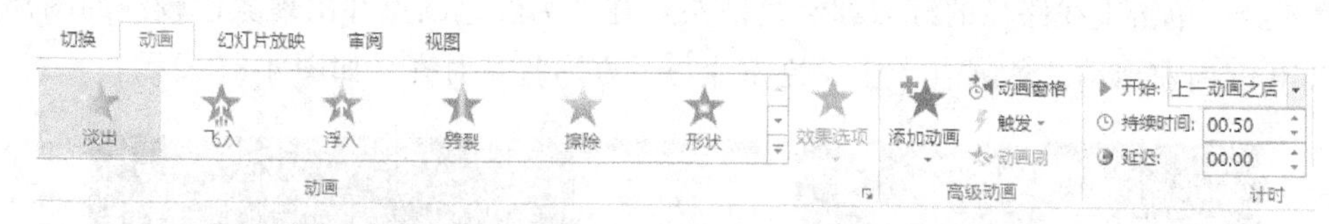

图 4-83　“淡出”动画

第 2 步：选择三张图片，选择“对齐”按钮“左右居中”，三张图片重叠在中间位置。

第 3 步：选择踢毽子图片，选择“动画”选项卡“高级动画”组中的“添加动画”按钮，选择“动作路径”效果中的“直线”，如图 4-84 所示。

图 4-84　添加动画

第 4 步："效果选项"设置为"靠左"，"开始"设置为"上一动画之后"，如图 4-85 所示。

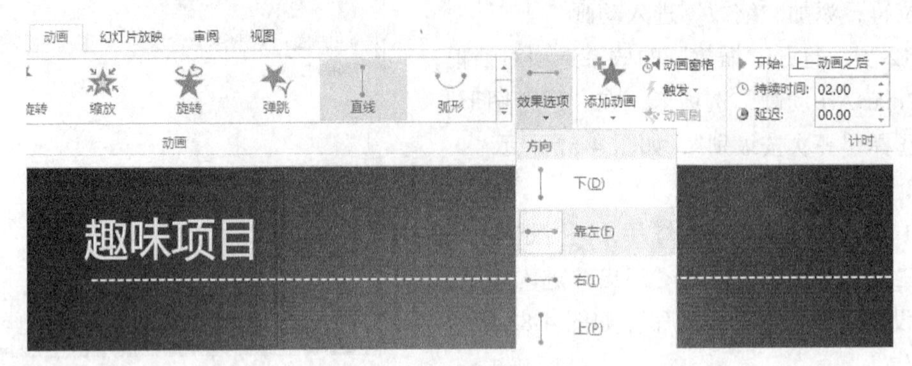

图 4-85　"直线"路径动画

第 5 步：单击直线路径的终点即红色箭头，在变为红色圆点并出现颜色较浅的图片后，按住 Shift 键向左拖动红色圆点，使浅色图片与下方形状左对齐，如图 4-86 所示。

图 4-86　"踢毽子"路径

第 6 步：选择"开始"选项卡"编辑"组中的"选择"按钮，在下拉项中选择"选择窗格"，如图 4-87 所示。

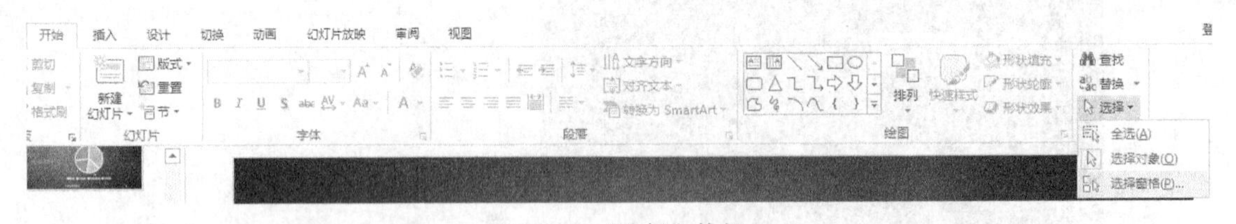

图 4-87　"选择"按钮

第 7 步：选择踢毽子图片，我们看到在"选择窗格"中"矩形 15"被高亮显示，点击右侧眼睛图标，将其隐藏。同样选择我是大肺王图片，将"矩形 17"也隐藏，如图 4-88 所示。

第 8 步：选择袋鼠运瓜图片，选择"动画"选项卡"高级动画"组中的"添加动画"按钮，选择"动作路径"效果中的"直线"，"效果选项"设置为"右"，"开始"设置为"上一动画之后"，如图 4-89 所示。

第 9 步：按住 Shift 键拖动直线路径的终点，使浅色图片与下方形状右对齐，如图 4-90 所示。

选择
全部显示　全部隐藏
矩形 15
灯片编号占位符 5
页脚占位符 4
日期占位符 3
任意多边形 20
任意多边形 18
矩形 17
任意多边形 16
标题 1
矩形 19

图 4-88　选择窗格

图 4-89　“袋鼠运瓜”路径

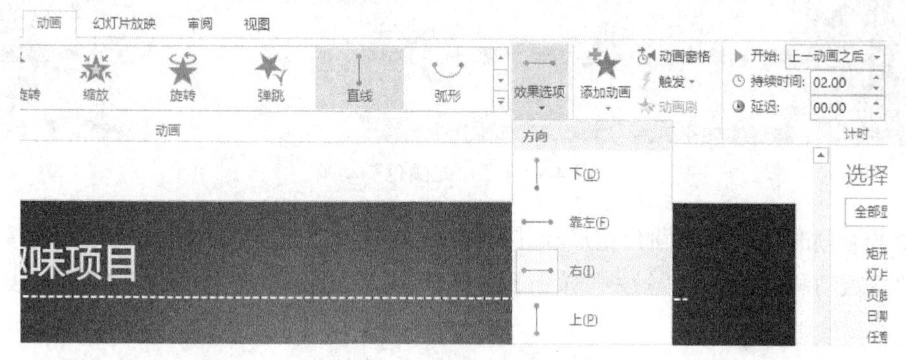

图 4-90　“直线”路径动画

第 10 步：在“选择窗格”中再次单击“矩形 15”和“矩形 17”的右侧的横线，恢复眼睛图标，将两者显示，如图 4-91 所示。关闭选择窗格。

第 11 步：在“动画窗格”中，选择“矩形 15”直线路径动画，向上拖动至“矩形 15”淡出动画下方，调整“矩形 19”直线路径动画在“矩形 19”淡出动画下方，将“矩形 17”和“任意多边形 18”淡出动画调至最后，如图 4-92 所示。

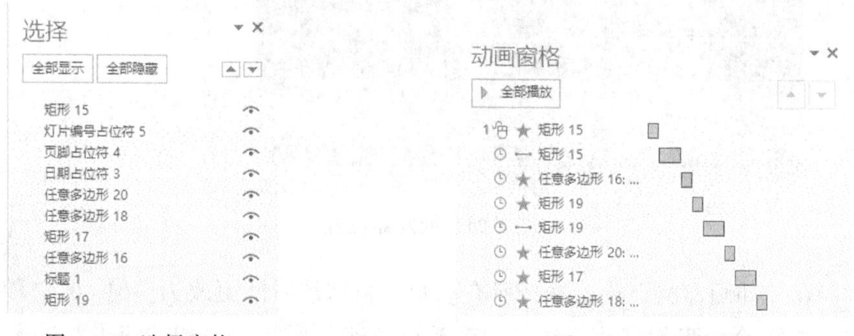

图 4-91　选择窗格　　　　　　图 4-92　动画窗格

第 12 步：将“矩形 17”淡出动画的持续时间延长到“01.00”秒。

（4）触发器

第 1 步：选择第七张幻灯片，选择三个绿色文本形状，添加“填充颜色”强调动画，“效果选项”设置为“浅蓝”，“开始”设置为“上一动画之后”，如图 4-93 所示。

图 4-93　“填充颜色”动画

第 2 步：同时选中橙色圆角矩形和其上的文本框，添加“弹跳”进入动画。选择“动画”选项卡“高级动画”组中的“触发”按钮，选择“单击”选项下的“内容占位符 9”，如图 4-94 所示。

图 4-94　触发器设置

第 3 步：在“动画窗格”中，选择所有动画，将持续时间更改为“01.00” 秒。

第 4 步：选择第八张幻灯片，选择“毛毛虫竞速”形状，添加“淡出”进入动画，“持续时间”设置为“03.00”秒。

第 5 步：选择“动画”选项卡“高级动画”组中的“添加动画”按钮，选择“淡出”退出动画，“持续时间”设置为“02.00”秒。

第 6 步：选择视频，点击“播放”按钮预览，在播放到 1s 时，选择视频工具“播放”选项“书签”组中的“添加书签”按钮，如图 4-95 所示，添加“书签 1”。

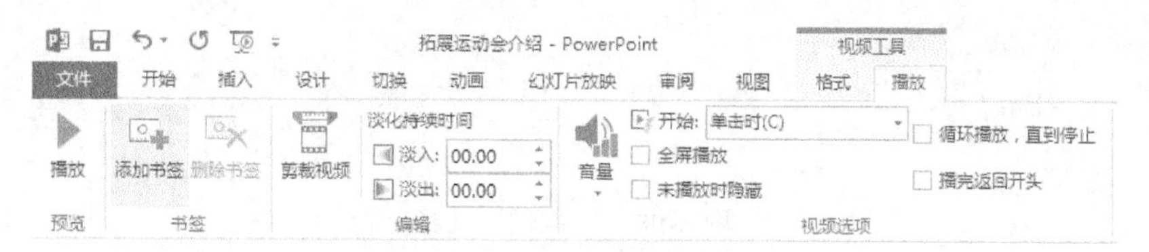

图 4-95 “添加书签”按钮

第 7 步：继续播放到 11s 时添加“书签 2”，如图 4-96 所示。

图 4-96 添加书签

第 8 步：在“动画窗格”中，选择“矩形 18 毛毛虫竞速”淡出进入动画，选择“动画”选项卡“高级动画”组中的“触发”按钮，选择“书签”选项下的“书签 1”，如图 4-97 所示。

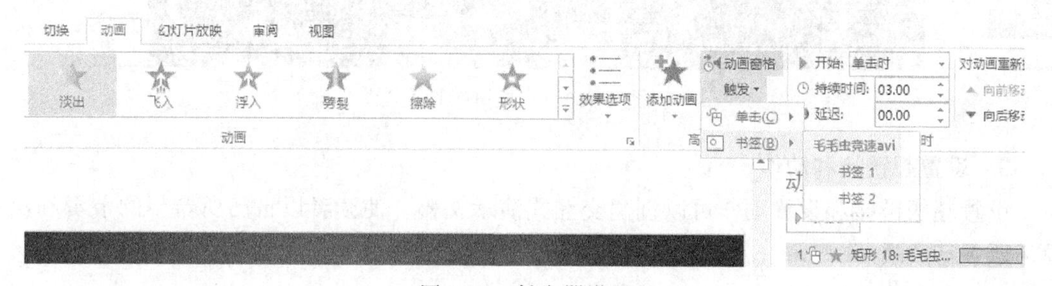

图 4-97 触发器设置

第 9 步：将“矩形 18 毛毛虫竞速”淡出退出动画的“触发”设置为“书签 2”。

第 10 步：预览幻灯片，保存文件。

2. 设置幻灯片的切换效果

幻灯片切换效果是指整张幻灯片的进入方式，PowerPoint 2013 预设了多种幻灯片切换效果，在设计过程中可以方便地预览并应用这些切换效果，从而使演示更加生动。

设置每张幻灯片的切换效果，操作方法如下：

第 1 步：选择第一张幻灯片，选择“切换”选项卡“切换到此幻灯片”组中的“其他”按钮，在弹出的菜单中选择“细微型”里的“推进”。

第 2 步：选择“切换”选项卡“计时”组中的“全部应用”按钮，如图 4-98 所示。切换效果的计时和声音设置可在“切换”选项卡上“计时”组中完成。

图 4-98 “推进”切换

第 3 步：选择第一张幻灯片，选择“切换”选项卡“切换到此幻灯片”组中的“淡出”切换效果，如图 4-99 所示。

图 4-99 “淡出”切换

第 4 步：选择最后一张幻灯片，选择“切换”选项卡“切换到此幻灯片”组中的“效果选项”按钮，选择“自右侧”，如图 4-100 所示。

图 4-100 “推进”切换

3. 设置超链接和动作

设置超级链接和设置动作可以创建交互式演示文稿，使读者以自己所希望的节奏和次序灵活地进行放映。

（1）创建超级链接

为幻灯片创建超链接，可以实现幻灯片之间、当前演示文稿与其他演示文稿、当前演示文稿与其他文档或网页之间的切换。可以为文字、图片、图形或文本框等对象插入超链接。

为第二张幻灯片的各文本设置超级链接，操作步骤如下：

第 1 步：选择第二张幻灯片，选择文本“运动会概况”所在的占位符，选择“插入”选项卡“链接”组中的“超链接”按钮，如图 4-101 所示。

图 4-101 “超链接”按钮

第 2 步：在“插入超链接”对话框中，选择“本文档中的位置”，在“请选择文档中的位置”列表框中选择“3.运动会概况”，如图 4-102 所示，单击“确定”按钮。

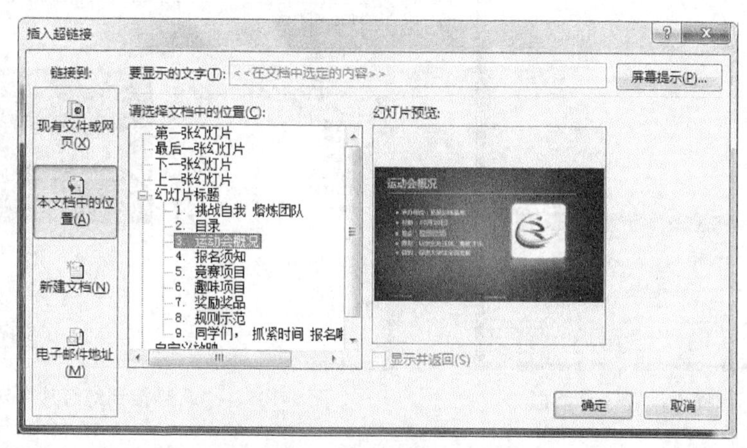

图 4-102　“插入超链接”对话框

启动幻灯片放映，移动鼠标指针指向文字“运动会概况”所在的占位符时，鼠标指针变为手型，单击该占位符，可切换到第三张幻灯片。

第二张幻灯片中的文本“报名须知”所在的占位符链接到第四张幻灯片，“竞赛项目”所在的占位符链接到第五张幻灯片，“趣味项目”所在的占位符链接到第六张幻灯片，“奖励奖品” 所在的占位符链接到第七张幻灯片，“规则示范”所在的占位符链接到第八张幻灯片，操作步骤和上面操作步骤相同。

（2）在幻灯片中设置动作

在第 3～8 页中通过设置动作返回目录页，操作步骤如下：

第 1 步：选择第三张幻灯片，插入 4.2 节绘制后另存的图片“返回图标”，放置在幻灯片右下角位置。

第 2 步：选择“返回图标”，选择“插入”选项卡“链接”组中的“动作”按钮，如图 4-103 所示。

图 4-103　“动作”按钮

第 3 步：打开“操作设置”对话框，单击“超链接到”的下拉列表，选择“幻灯片……”如图 4-104 所示。

第 4 步：在“超链接到幻灯片”对话框中选择“2.目录”，如图 4-105 所示，单击“确定”按钮。

第 5 步：选择第三张幻灯片中设置好动作的返回图标，如图 4-106 所示，按“CTRL+C”快捷键，选择第 4～8 张幻灯片，按 CTRL+V 快捷键也可。

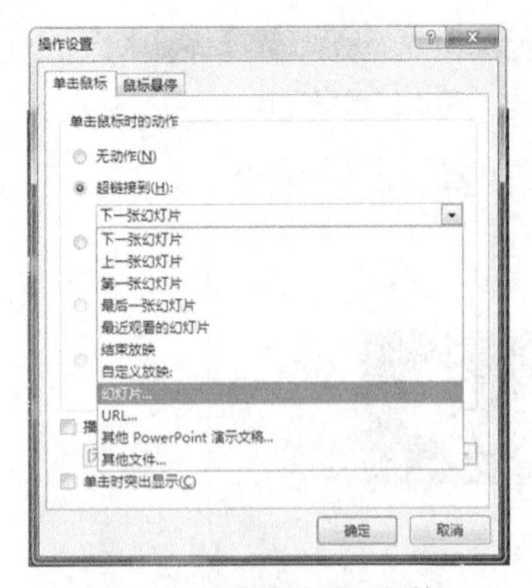

图 4-104 “操作设置”对话框

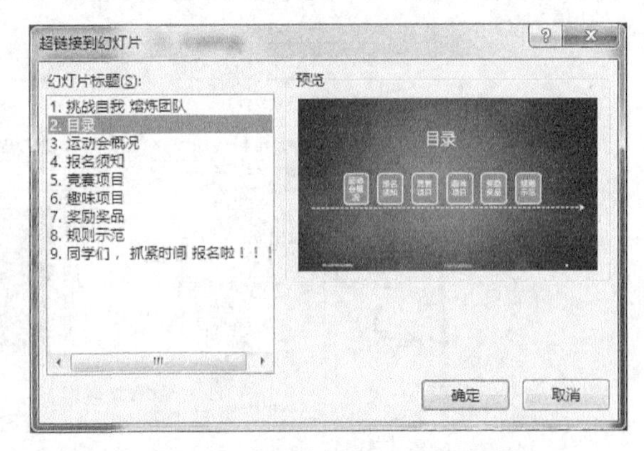

图 4-105 “超链接到幻灯片”对话框

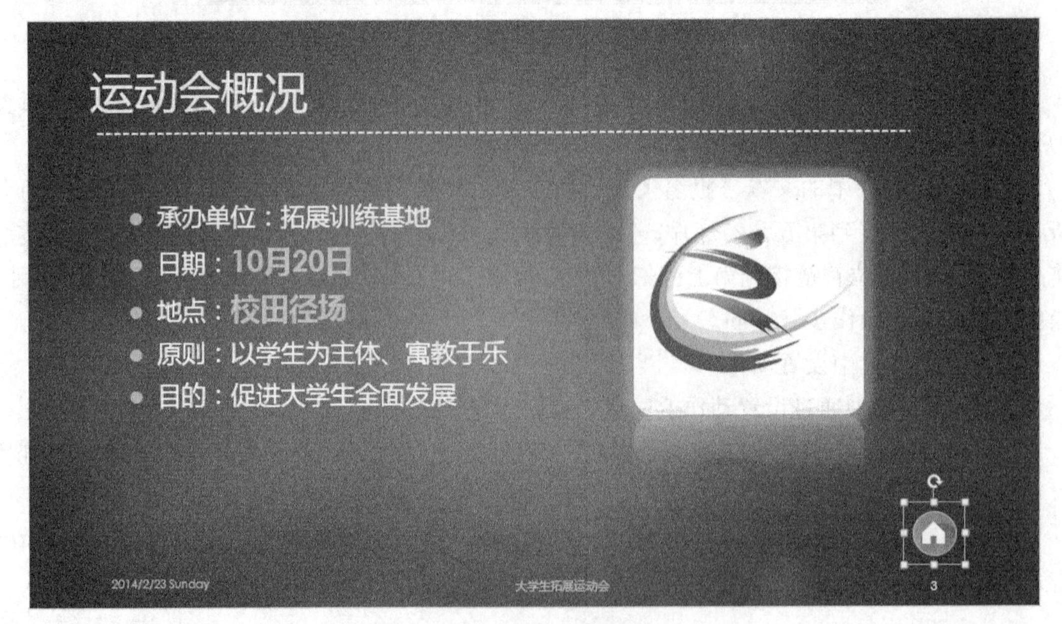

图 4-106 添加返回图标

4.3.2 幻灯片的放映

制作好演示文稿后，需要对幻灯片进行放映，以达到真实演示的目的。在幻灯片放映之前，应根据不同场合设置适当的放映效果，在演示完毕后，还可以将编辑好的演示文稿打印出来以方便携带和传阅。

1. 预演

在放映幻灯片之前，应对其进行预演，通过设置排练计时和添加旁白，以达到更好的演示效果。

排练计时是通过预演计算每一张幻灯片的播放时间，从而形成的幻灯片放映计时方案，通过排练计时可以精确地设计每一张幻灯片的持续时间。

对演示文稿“拓展运动会介绍.pptx“进行排练计时，操作步骤如下：

第 1 步：选择“幻灯片放映”选项卡，单击“排练计时”按钮，如图 4-107 所示。

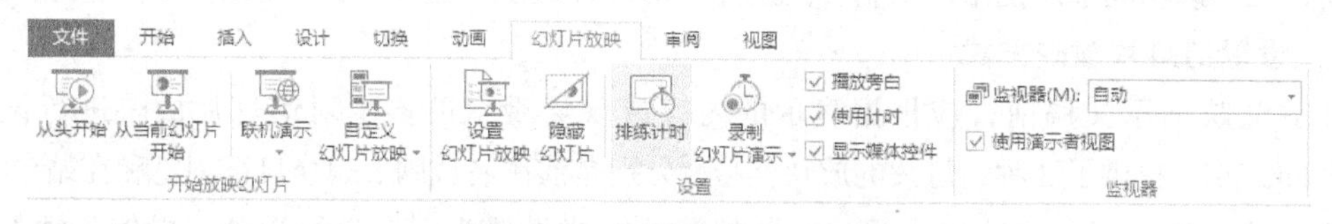

图 4-107　“排练计时”按钮

第 2 步：此时演示文稿切换到全屏模式下开始播放，并显示“预览”工具栏，其中显示当前幻灯片的持续时间，单击“下一项”按钮，如图 4-108 所示，这样即可进入下一张幻灯片的计时。

第 3 步：设计全部幻灯片的持续时间后，将弹出提示对话框，询问是否对设置的时间进行保存，单击是按钮进行保存，如图 4-109 所示。

图 4-108　“预览”工具栏

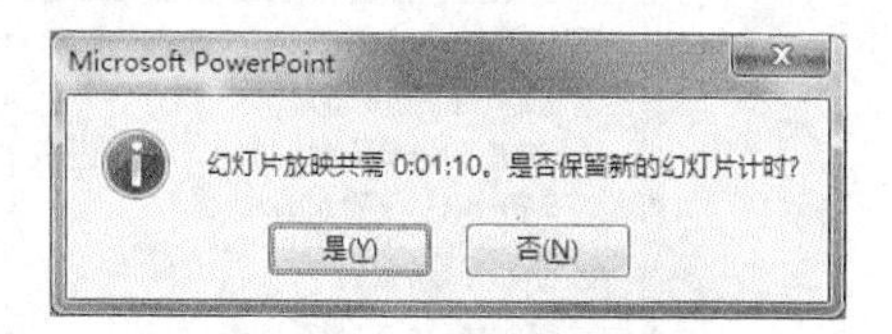

图 4-109　保存提示对话框

第 4 步：进入幻灯片浏览视图，在每一张幻灯片下方将显示已设置的持续时间，如图 4-110 所示。

图 4-110　幻灯片浏览视图

在放映过程中演示者通常会对放映内容进行讲解，根据需要可以将录制的解说内容添加到幻灯片中，使其在放映过程中自动播放。录制旁白需要计算机装有声卡或内置声音硬件及声音输入设备，否则该功能不能使用。录制旁白选择“幻灯片放映”选项卡的“录制旁白”按钮。

2. 设置幻灯片放映方式

正式放映演示文稿前，应根据演示的内容或现场观众的多少对幻灯片放映进行设置。PowerPoint 2010 提供了 3 种幻灯片的放映类型，分别是演讲者放映、观众自行浏览和在站台浏览。

将演示文稿“拓展运动会介绍.pptx”的放映方式设置为观众自行浏览，操作步骤如下：

第 1 步：选择“幻灯片放映”选项卡，单击“设置”组中的“设置幻灯片放映”按钮，如图 4-111 所示。

第 2 步：在“设置放映方式”对话框中，在放映类型中选择“观众自行浏览”单选按钮，单击确定按钮，如图 4-112 所示。

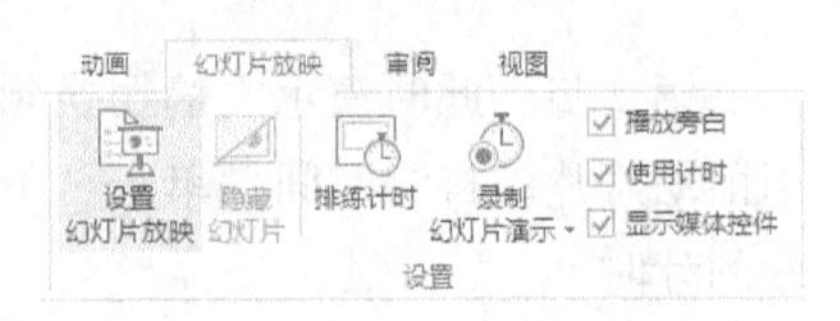

图 4-111　“设置幻灯片放映”按钮

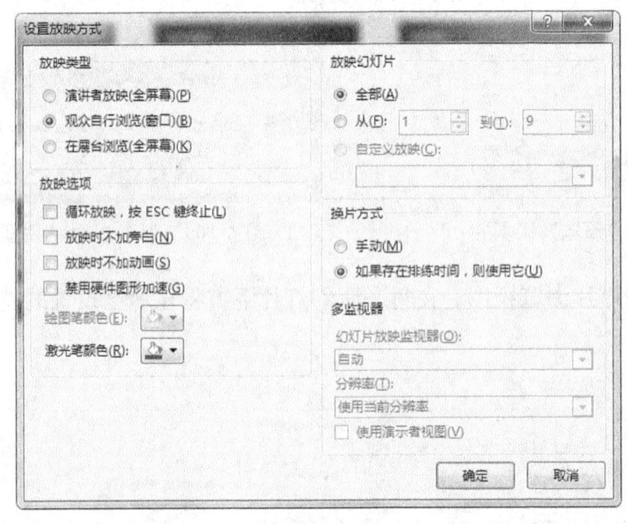

图 4-112　“设置放映方式”对话框

第 3 步：返回到幻灯片编辑区，单击“开始放映幻灯片”组中的 “从头开始”按钮，如图 4-113 所示。

第 4 步：通过上述操作后，观众在放映过程中将可以自行浏览幻灯片。

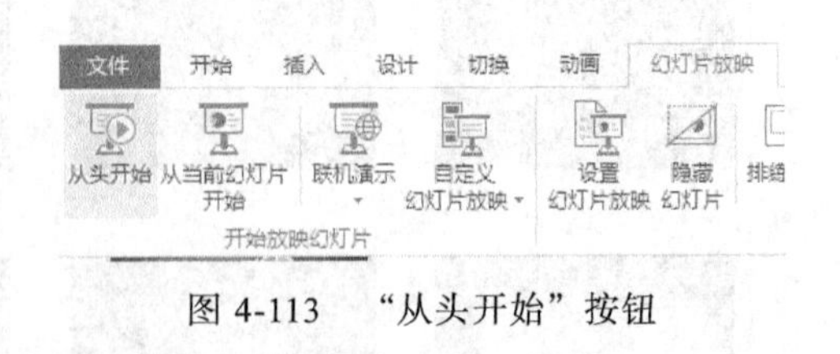

图 4-113　“从头开始”按钮

PowerPoint 2010 提供的幻灯片的 3 种放映类型：

- 演讲者放映：该类型是 PowerPoint 2010 的默认放映类型，在该放映模式中，演讲者控制演示文稿的放映，放映时幻灯片将占据电脑的整个屏幕。
- 观众自行浏览：该类型是在窗口内放映幻灯片，在该放映模式中，PowerPoint 2010 提供常用的操作命令，如打印、复制和编辑幻灯片等。
- 在展台浏览：如果采用在站台浏览放映类型，那么演示文稿将自动根据排练计时播放，演讲者无法控制幻灯片的放映。

3. 自定义放映设置

自定义放映是将演示文稿中的部分幻灯片创建为一组，从而实现为特定观众播放幻灯片，或向全部观众播放特定幻灯片。方法为：

第 1 步：选择“幻灯片放映”选项卡，单击“开始放映幻灯片”组中的“自定义幻灯片放映”按钮，选择“自定义放映”命令，如图 4-114 所示。

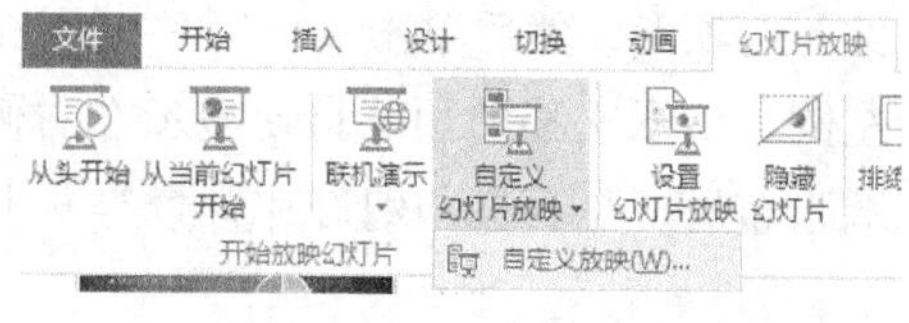

图 4-114　“自定义幻灯片放映”按钮

第 2 步：在“自定义放映”对话框中，单击“新建(N)...”按钮，在“定义自定义放映”对话框中，输入自定义放映的名称，如：“了解大学生拓展运动会”，选择准备添加的幻灯片，单击添加按钮，添加的幻灯片将显示在“自定义放映中的幻灯片”列表框中，单击“确定”按钮，如图 4-115 所示。

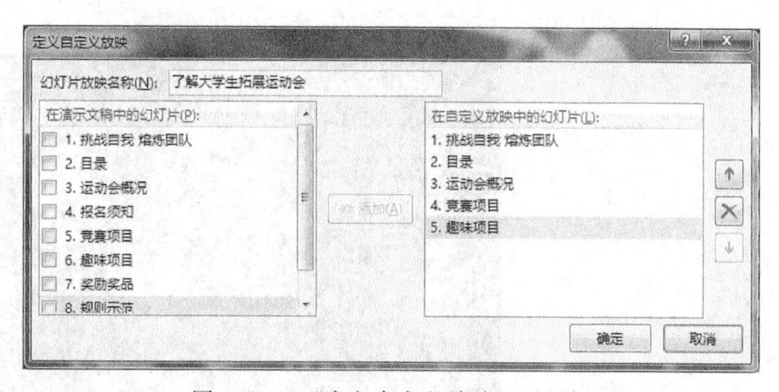

图 4-115　“定义自定义放映”对话框

第 3 步：返回到“自定义放映”对话框，单击关闭按钮即可完成创建自定义放映的操作，如图 4-116 所示。

图 4-116　自定义放映”对话框

4. 放映幻灯片

使用下列方法之一，观看演示文稿的放映效果。

♦ 单击状态栏右侧的“视图”工具栏中“幻灯片放映”按钮。

♦ 在功能区中选择“幻灯片放映”选项卡，在“开始放映幻灯片”组中单击“从头开始”按钮或单击“从当前幻灯片开始”按钮。

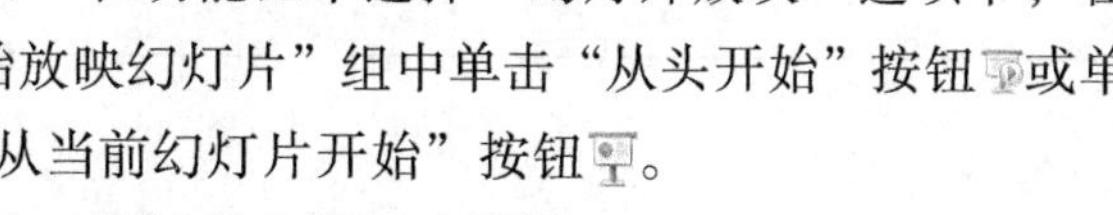

♦ 从键盘上按下功能键 F5。

不启动 PowerPoint 2010 的情况也可以播放演示文稿：打开演示文稿所在的文件夹窗口，右击准备放映的演示文稿图标，在弹出的快捷菜单中选择“显示”命令即可直接启动幻灯片放映，如图 3-72 所示。

使用下列方法之一，结束放映过程：

♦ 启动幻灯片放映，放映至演示文稿结尾时将显示黑屏，同时出现提示信息“放映结束，单击鼠标退出”，此时单击即可。

♦ 在放映过程中，在键盘上按下“Esc”键即可退出幻灯片放映。

♦ 在幻灯片放映过程中，右击屏幕，在弹出的快捷菜单中选择“结束放映”命令。

4.3.3 幻灯片的打印

放映演示文稿后，可以将幻灯片打印出来以方便保存或传阅，具体操作步骤为：选择“文件”选项卡，然后单击 “打印”命令，在“打印”选项卡上，默认打印机的属性自动显示在左侧，演示文稿的预览自动显示在右侧。在左侧可设置打印属性，如打印份数、打印范围、纸张布局、是否打印幻灯片背景等，上述属性都设置好了之后，单击🖨如图 4-117 所示。

图 4-117 幻灯片打印

若要在打印前返回演示文稿并进行更改，单击“文件”选项卡；如果打印机的属性以及演示文稿均符合要求，单击“打印”；若要更改打印机的属性，单击该打印机名称下的“打印机属性”。

课 后 习 题

1. 在 PowerPoint 中，为了在切换幻灯片时添加声音，可以使用（　　）菜单。

   A. 幻灯片放映　　B. 工具　　C. 插入　　D. 编辑

2. 在 PowerPoint 2013【幻灯片版式】中，有（　　）种类型的版式。

   A. 13　　B. 14　　C. 15　　D. 16

3. 在 PowerPoint 2013 中，若想对幻灯片设置不同的颜色、阴影、图案或纹理的背景，可使用（　　）菜单中的背景命令。

A. 视图　　B. 格式　　C. 设计　　D. 工具

4. 在 PowerPoint 2013 软件中，可以为文本、图形等对象设置动画效果，以突出重点或增加演示文稿的趣味性。设置动画效果可采用（　　）菜单的“预设动画”命令。

A. 设计　　B. 切换　　C. 动画　　D. 视图

5. 在 PowerPoint 的幻灯片浏览视图中，用户可以进行________。

A. 插入幻灯片　　B. 删除幻灯片　　C. 移动幻灯片

D. 复制幻灯片　　E. 修改幻灯片内容

F. 隐藏幻灯片

G. 设置幻灯片中图片的动画效果

6. 结束幻灯片放映，可以使用________操作。

A. 按 Esc 键

B. 按 Ctrl+Break 快捷键

C. 单击鼠标右键，在快捷菜单中选择“结束放映”

D. 单击放映屏幕左下角按钮，在菜单中选择“结束放映”

E. 按 Break 键

7. 在 PowerPoint 中，以下叙述正确的有________。

A. 一个演示文稿中只能有一张应用“标题幻灯片”母版的幻灯片

B. 在任一时刻，幻灯片窗格内只能查看或编辑一张幻灯片

C. 在幻灯片上可以插入多种对象，除了可以插入图形、图表外，还可以插入公式、声音和视频等

D. 备注页的内容与幻灯片内容分别存储在两个不同的文件中

8. PowerPoint 中可以对幻灯片进行移动、删除、添加、复制、设置动画效果，但不能编辑幻灯片中具体内容的视图是（　　）。

A. 普通视图　　B. 幻灯片浏览视图

C. 阅读视图　　D. 大纲视图

9. 在幻灯片放映时，用户可以利用绘图笔在幻灯片上写字或画画，这些内容（　　）。

A. 自动保存在演示文稿中　　B. 可以保存在演示文稿中

C. 在本次演示中不可擦除　　D. 在本次演示中可以擦除

10. 在 PowerPoint 中，采用“另存为”命令，不能将文件保存为________。

A. 文本文件（*.txt）　　B. Web 页（*.htm）

C. 大纲/RTF 文件（*.rtf）　　D. PowerPoint 放映（*.pps）

第5章 常用软件应用

“工欲善其事，必先利其器”，在使用计算机的过程中，利用工具软件可以帮助我们事半功倍、快速地解决问题。无论是计算机的使用、管理和维护，还是工作、学习与娱乐，工具软件都发挥着不可替代的重要作用。

任务1 保持电脑健康

学习目标：

- ❖ 学会使用360安全卫士进行电脑体检并修复。
- ❖ 掌握360杀毒软件的使用方法和操作技巧。

教学注意事项：

- ❖ 学习软件使用时，注意介绍垃圾文件、临时文件、流氓软件、病毒等相关概念。

由于电脑经常下载网络资源、收发公共资料，很容易感染病毒。病毒一旦发作，轻则破坏文件、损害系统，重则造成网络瘫痪。电脑安全重在防患于未然，需要定期为电脑做体检，保持电脑清洁和健康。再者，Windows系统使用时间久了，会产生大量的垃圾文件，如果不及时清理，会造成电脑系统磁盘的可用空间一天天减少，严重时还会使系统运行慢如蜗牛。应及时清理系统的垃圾文件的淤塞，保持系统的“苗条”身材，轻松流畅上网。

360安全卫士是当前功能较强、效果较好、较受用户欢迎的上网安全软件之一，拥有查杀木马、清理插件、修复漏洞、电脑体检等多种功能。并且360杀毒软件是完全免费的杀毒软件，为用户提供全时全面的病毒防护，我们可以从360安全中心的官方网站http://www.360.cn下载软件的最新版。

本任务我们就来使用360安全卫士进行电脑体检，对Windows系统进行优化设置，学习使用360杀毒软件定期查杀计算机病毒，保障计算机系统的安全，防止操作系统被破坏。

5.1.1 下载并安装360安全卫士和杀毒软件

360 安全卫士是个比较好的防毒软件，具有防毒以及系统维护等功能，只要预防病毒做得好，电脑健康就没有问题。当然，我们也需要一款杀毒软件，因为一旦染毒，安全卫士就束手无策了，还是得靠专业杀毒软件来查杀病毒。

第 1 步：登陆 360 安全中心的官方网站 http://www.360.cn，在首页即可看到产品下载信息，选择最新版本的 360 安全卫士和 360 杀毒软件，选择“下载”按钮进行软件的下载，如图 5-1 所示。

图 5-1　360 产品下载页面

第 2 步：双击运行已下载的安装程序，根据安装向导提示完成 360 安全卫士、360 杀毒软件的安装。

5.1.2　使用 360 安全卫士进行电脑体检

第 1 步：启动 360 安全卫士，在如图 5-2 所示的界面中，选择“立即体检”按钮，该软件将执行系统体检，自动扫描注册表、IE 浏览器、系统关键文件夹、系统漏洞等，对系统的安全性进行全面深入的检查，并自动把结果显示出来。

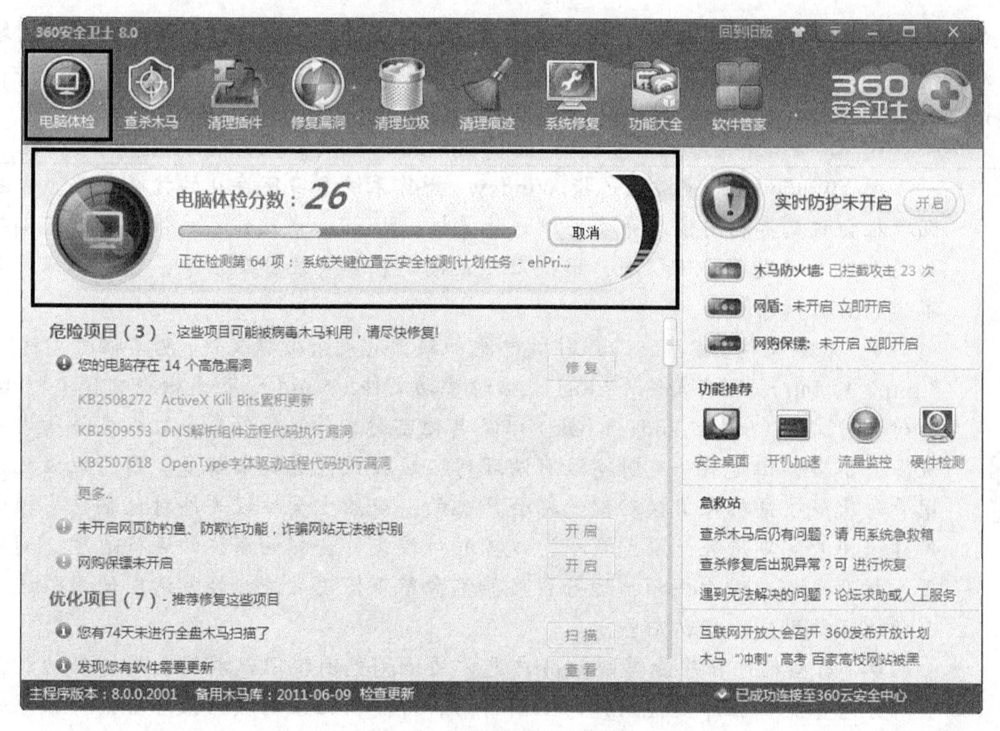

图 5-2　360 安全卫士界面

第 2 步：根据软件的提示，我们可以很方便的清除系统垃圾、弥补系统漏洞。如图 5-3 所示。单击“一键修复”按钮，即可自动对危险项目、优化项目、安全项目进行修复设置。

此过程可能耗时较长，请耐心等待。

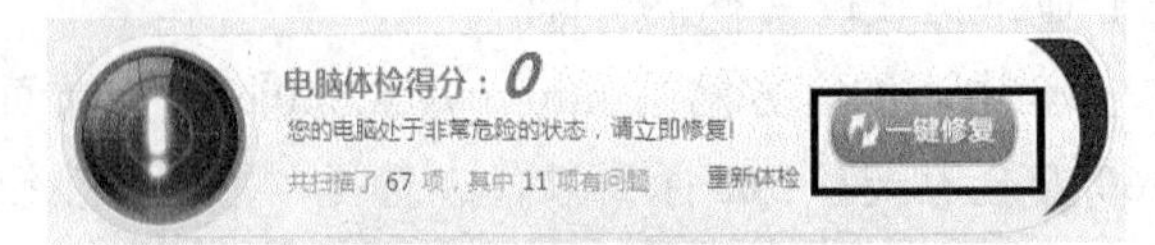

图 5-3　电脑体检界面

第 3 步：经过“一键修复”已完成了大部分的修复项目，但有些还需手动完成，比如查杀木马、软件更新等。如图 5-4 所示，选择修复项目列表右边的按钮，根据提示完成所有修复。

第 4 步：重新体检，如图 5-5 所示。电脑得到满分 100 分，说明电脑很健康，可以放心使用了。

图 5-4　手动修复项目图　　　　图 5-5　电脑体检 100 分

当然，也可以针对电脑的不同情况，自行选择查杀木马、清理插件、修复漏洞、清理垃圾、清理痕迹、系统修复等项目。选择对应的选项卡，进入相应界面，根据提示先进行扫描，扫描完毕，360 安全卫士会将扫描结果列出，执行清理或修复操作即可。

◆ Windows 系统漏洞是指 Windows 操作系统本身所存在的技术缺陷。系统漏洞往往会被病毒利用侵入并攻击用户计算机。Windows 操作系统供应商将定期对已知的系统漏洞发布补丁程序，用户只要定期下载并安装补丁程序，可以保证计算机不会轻易被病毒入侵。

◆ 垃圾文件，指系统工作时所过滤加载出的剩余数据文件，包括临时文件（如：*.tmp、*._mp）、日志文件（*.log）、临时帮助文件（*.gid）、磁盘检查文件（*. chk）、临时备份文件（如：*. old、*.bak）以及其他临时文件。虽然每个垃圾文件所占系统资源并不多，但是有一定时间没有清理时，垃圾文件会越来越多。因为垃圾文件是用户每次点击鼠标每次按动键盘都会产生的，虽然少量垃圾文件对电脑伤害较小，但建议用户定期清理，避免累积，过多的垃圾文件会影响系统的运行速度。浏览网页，打开文档，观看视频，运行程序等都会留下使用痕迹，经常清理使用痕迹可以有效地保障用户的隐私安全。

◆ 有些插件程序能够帮助用户更方便地浏览因特网或调用上网辅助功能，也有部分恶意插件程序监视用户的上网行为，并把所记录的数据报告给插件程序的创建者，以达到投放广告，盗取游戏或银行账号密码等非法目的。过多的插件会拖慢电脑及浏览器的速度，可以根据每个插件的情况酌情删除。

5.1.3　使用 360 杀毒软件查杀病毒

完成电脑体检后，我们来查杀一下电脑病毒。

第 1 步：启动 360 杀毒软件，默认进入“病毒查杀”模块，如图 5-6 所示。360 杀毒提供了三种手动病毒扫描方式：快速扫描、全盘扫描、指定位置扫描。选择主界面中 “快速扫描”选项，启动扫描。

图 5-6　360 杀毒“病毒查杀”界面

360 杀毒还可以采用右键扫描的方式。当用户在文件或文件夹上单击鼠标右键时，可以选择“使用 360 杀毒扫描”对选中文件或文件夹进行扫描。

第 2 步：启动扫描之后，会显示扫描进度窗口，如图 5-7 所示。在这个窗口中可看到正在扫描的文件、总体进度，以及发现问题的文件。

勾选“自动处理扫描出的病毒威胁”选项，360 杀毒扫描到病毒后，会首先尝试清除文件所感染的病毒，如果无法清除，则会提示用户删除感染病毒的文件。木马和间谍软件由于并不采用感染其他文件的形式，而是其自身即为恶意软件，因此会被直接删除。

第 3 步：查杀结束后，扫描结果将自动保存到 360 杀毒查杀日志中，查看可以了解 360 杀毒运行的历史记录及其详细信息。

第 4 步：选择 360 杀毒的“实时防护”按钮，进入“实时防护”模块，360 杀毒提供了文件系统防护、聊天软件防护、下载软件防护、U 盘病毒防护四个保护项。开启四个保护项，这样，360 杀毒能在文件被访问时对文件进行扫描，及时拦截活动的病毒。在发现病毒时会通过提示窗口警告用户。

图 5-7　360 杀毒“快速扫描”界面

第 5 步：最后，选择主界面右上角的“设置”，打开 360 杀毒的设置对话框，如图 5-8 所示。

在“常规设置”选项中勾选“启动定时查毒”，选择“扫描类型”、“扫描时间”。设置完毕，360 杀毒软件将会启动定时查杀病毒功能。

切换至“升级设置”选项卡，选择“自动升级病毒特征库及程序”，360 杀毒会在有升级可用时自动下载并安装升级文件。自动升级完成后会通过气泡窗口提示。

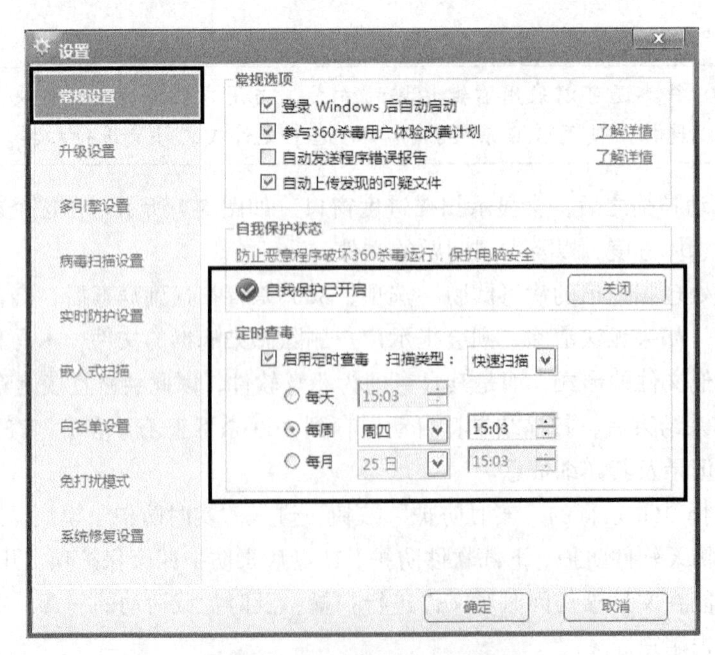

图 5-8　360 杀毒“设置”界面

表 5-1 列出 360 杀毒扫描完成后显示的恶意软件名称及其含义，供用户参考。

表 5-1　　恶意软件说明

名称	说明
病毒程序	病毒是指通过复制自身感染其他正常文件的恶意程序，被感染的文件可以通过清除病毒后恢复正常，也有部分被感染的文件无法进行清除，此时建议删除该文件，重新安装应用程序
木马程序	木马是一种伪装成正常文件的恶意软件，通常通过隐蔽的手段获得运行权限，然后盗窃用户的隐私信息，或进行其他恶意行为
盗号木马	这是一种以盗取在线游戏、银行、信用卡等账号为主要目的的木马程序
广告软件	广告软件通常用于通过弹窗或打开浏览器页面向用户显示广告，此外，它还会监测用户的广告浏览行为，从而弹出更“相关”的广告。广告软件通常捆绑在免费软件中，在安装免费软件时被一起安装
蠕虫病毒	蠕虫病毒是指通过网络将自身复制到网络中其他计算机上的恶意程序，有别于普通病毒，蠕虫病毒通常并不感染计算机上的其他程序，而是窃取其他计算机上的机密信息
后门程序	后门程序是指在用户不知情的情况下远程连接到用户计算机，并获取操作权限的程序
可疑程序	可疑程序是指有第三方安装并具有潜在风险的程序。虽然程序本身无害，但是经验表明，此类程序比正常程序具有更高的可能性被用作恶意目的，常见的有 HTTP 及 SOCKS 代理、远程管理程序等。此类程序通常可在用户不知情的情况下安装，并且在安装后会完全对用户隐藏
测试代码	被检测出的文件是用于测试安全软件是否正常工作的测试代码，本身无害
恶意程序	其他不宜归类为以上类别的恶意软件，会被归类到“恶意程序”类别

任务 2　文件压缩与解压缩

学习目标：

- ❖ 了解常用解压缩软件。
- ❖ 掌握文件及文件夹的压缩与解压缩方法。

教学注意事项：

- ❖ 学习文件及文件夹的压缩和解压缩时，应使学生了解数据压缩概念和技术。
- ❖ 可适当介绍不同压缩软件的用法。
- ❖ 压缩文件的后缀区别。

5.2.1　常用解压缩软件

我们平时上网都会下载一些资料，但我们下载的文件有些是经过压缩的文件，比如文件后缀是.rar . zip 等，都需要经过解压缩软件才能得到正常的文件。常用压缩软件有 WINRAR、WinZip、7-Zip，2345 好压、360 压缩等。

1. WinRAR 软件

WinRAR 软件是目前流行的压缩工具，界面友好，使用方便，在压缩率和速度方面都有很好的表现。其压缩率比高，3.x 采用了更先进的压缩算法，是现在压缩率较大、压缩速度较快的格式之一。WinRAR 在 DOS 时代就一直具备这种优势，经过多次试验证明，WinRAR 的 RAR 格式一般要比 WinZIP 的 ZIP 格式高出 10%～30% 的压缩率。但 WinRAR 就不同了，不但能解压多数压缩格式，且不需外挂程序支持就可直接建立 ZIP 格式的压缩文件。

WinRAR 软件的主要特点：

① 对 RAR 和 ZIP 的完全支持；

② 支持 ARJ、CAB、LZH、ACE、TAR、GZ、UUE、BZ2、JAR、ISO 类型文件的解压；

③ 多卷压缩功能；

④ 创建自解压文件，可以制作简单的安装程序，使用方便；

⑤ 压缩文件大小可以达到 8,589,934 TB；

⑥ 锁定和强大的数据恢复记录功能，对数据的保护无微不至，新增的恢复卷的使用功能更强大；

⑦ 强大的压缩文件修复功能，最大限度恢复损坏的 rar 和 zip 压缩文件中的数据，如果设置了恢复记录，甚至可能完全恢复。

2. WinZip 软件

我们在网上下载文件时或是日常操作过程中，都会时不时地碰到以 ZIP 为扩展名的文件，目前压缩和解压缩 ZIP 文件的工具很多，但是应用得最广泛的还是 Nico Mak Computing 公司开发的著名 ZIP 压缩文件管理器——WINZIP7.0。WinZip 作为首创且最为流行的面向 Windows 的压缩工具，更是一个强大而易用的工具。支持 ZIP、CAB、TAR、GZIP、MIME，以及更多格式的压缩文件，几乎支持目前所有常见的压缩文件格式。

其特点是紧密地与 Windows 资源管理器拖放集成，不用留开资源管理器而进行压缩/解压缩，包括 WinZip 向导 和 WinZip 自解压缩器个人版本。它是一个共享软件，我们可以下载此软件的最新版本。WINZIP 还全面支持 Windows 中的鼠标拖放操作，用户用鼠标将压缩文件拖拽到 WinZip 程序窗口，即可快速打开该压缩文件。同样，将欲压缩的文件拖曳到 Winzip 窗口，便可对此文件压缩。WinZip 12.0 针对照片和图形文件的压缩进行了改进，可以直接将相机内的照片自动打包出来，可以在 ZIP 里面直接查看照片的缩略图。增加了对 ISO、IMZ 等新格式的支持。改进了加密算法和用户界面。

WinZip 软件使用技巧：

① 开启多个压缩窗口；

② 对系统进行扫描病毒；

③ 对大文件进行分卷压缩；

④ 修复 EXE 文件；

⑤ 加密压缩重要资料；

⑥ 发送压缩邮件；

⑦ 查看邮件乱码。

3. 360 压缩软件

360 压缩软件是新一代的压缩软件。360 压缩相比传统压缩软件更快更轻巧，支持解压主流的 RAR、ZIP、7Z、ISO 等多达 37 种压缩文件。360 压缩内置云安全引擎，可以检测木马，更安全。大幅简化了传统软件的繁琐操作，还改进了超过 20 项的使用细节，拥有全新的界面。360 压缩的主要特点是快速轻巧、兼容性好、更安全、更漂亮，而且是永久免费的。

360 压缩软件的特点：

① 双核引擎：为了兼容更多压缩格式，360 压缩 2.0 增加了插件开放平台。首次加入 RAR 内核，7Z 和 RAR 双内核完美结合，无缝兼容 RAR 格式。

② 永久免费：再也不用担心传统压缩的共享版、40 天试用期、购买许可、破解版、修正版这些东西了，360 压缩永久免费。

③ 极速轻巧：经过上千次的人工压缩试验，特别优化的默认压缩设置，比传统软件的压缩速度提升了 2 倍以上。

④ 兼容性好：360 压缩能够解压 Winrar 等生成的所有压缩包，支持解压多达 42 种压缩文件，生成的 zip 文件也可被所有压缩软件打开。

⑤ 木马检测：很多木马藏在各类热门事件的压缩包内进行传播，用 360 压缩打开会自动为您扫描木马，让木马在压缩包内无处可藏，更加安全。

⑥ 易用设计：360 压缩改进了传统压缩软件中至少 20 个以上的细节，从右键菜单到地址栏，对于每一个细节，都力求最易用。

⑦ 漂亮外观：看腻了万年不变的系统界面，来试一试全新设计的压缩界面吧，未来还将支持多彩皮肤。

4. 2345 好压压缩软件

好压压缩软件（HaoZip）是强大的压缩文件管理器，是完全免费的新一代压缩软件，相比其他压缩软件系统资源占用更少，兼容性更好，压缩率比较高。软件功能包括强力压缩、分卷、加密、自解压模块、智能图片转换、智能媒体文件合并等。完美支持鼠标拖放及外壳扩展。使用简便，配置选项不多，仅在资源管理器中就可完成你想做的所有工作；具有估计压缩功能，可以在压缩文件之前得到用 ZIP、7Z 两种压缩工具各三种压缩方式下的大概压缩率；还有强大的历史记录功能；强大的固实压缩、智能图片压缩和多媒体文件处理功能是大多压缩工具所不具备的。

2345 好压压缩软件的特点：

① 支持格式：2345 好压压缩软件提供了对 ZIP、7Z 和 RAR 格式完整的压缩支持，能解压 RAR、ZIPX、ACE、UUE、JAR、XPI、BZ2、BZIP2、TBZ2、TBZ、GZ、GZIP、TGZ、TPZ、LZMA、Z、TAZ、LZH、LZA、WIM、SWM、CPIO、CAB、ISO、ARJ、XAR、RPM、DEB、DMG、HFS 等超过 50 种格式文件，这是同类软件无法比拟的。

② 能解压多种格式的压缩包：2345 好压（HaoZip）可以支持 RAR、ARJ、CAB、LZH、ACE、GZ、UUE、BZ2、JAR、ISO 等多达 50 种算法和类型文件的解压，远超同类其他压缩软件支持的解压格式，通用性更强。

2345 好压软件完美支持 ZIPX（由 WinZIP 研发，首创的 JPEG 图片高压缩率算法）格式的解压，并且速度比 WinZIP 更快！这项功能的突破使得好压成为第一款 Windows 平台完整支持 ZIPX 的压缩软件。

③ 能完善地支持 ZIP、7Z 和 TAR 格式：2345 好压压缩软件可直接建立 ZIP、7Z 和 TAR 格式的压缩文件，所以我们不必担心离开了 WinZIP 如何处理 ZIP 格式的问题。并且支持 ZIP 格式最新标准，完美解决了 ZIP 格式只能压缩 4GB 以上大文件的限制问题。

2345 好压压缩软件独家支持 TAR、WIM、XZ、GZ、BZ2 格式压缩。

④ 优秀的兼容性：2345 好压压缩软件支持 Win2000 以上全部 32/64 位系统，并且完美支持 Windows 7 和 Windows 8。

⑤ 卓越的通用性：2345 好压压缩软件完全支持行业标准，使用好压软件生成的压缩文件，同类软件仍可正常识别，保证了通用性。

⑥ 开放源码

5.2.2　利用 WinRAR 压缩并解压缩文件

1. WinRAR 软件界面

WinRAR 软件主界面的上半部分是菜单栏和工具栏。工具栏主要包括“添加”、“解压到”、“测试”、“查看”、“删除”、“查找”、“向导”、“信息”、“修复”等常用功能。下半部分是压缩和解压缩文件的显示窗口，压缩和解压缩的文件都显示在此区域内，可以看到压缩和解压缩文件的“名称”、“大小”、“类型”以及“修改时间”，如图 5-9 所示。

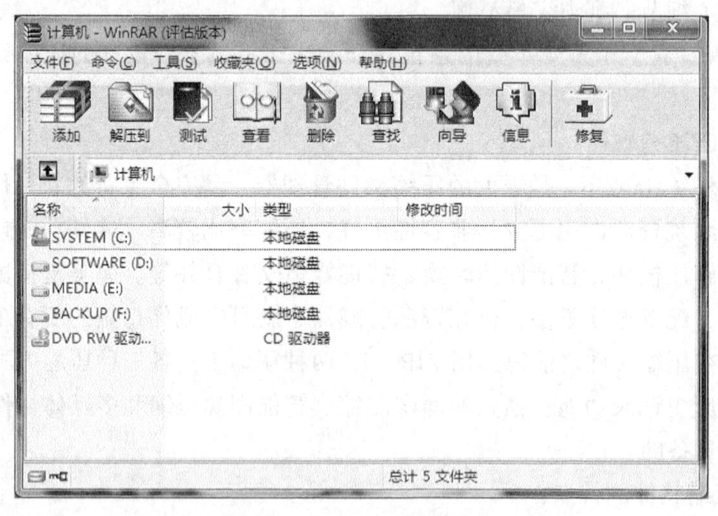

图 5-9　WinRAR 软件界面

2. 使用 WinRAR 快速压缩和解压

WinRAR 软件支持在右键菜单中快速压缩和解压文件，操作十分简单。

（1）快速压缩

当在需要压缩的文件或文件夹上单击鼠标右键时，就会看见 WinRAR 在右键中创建的快捷菜单，如图 5-10 所示。

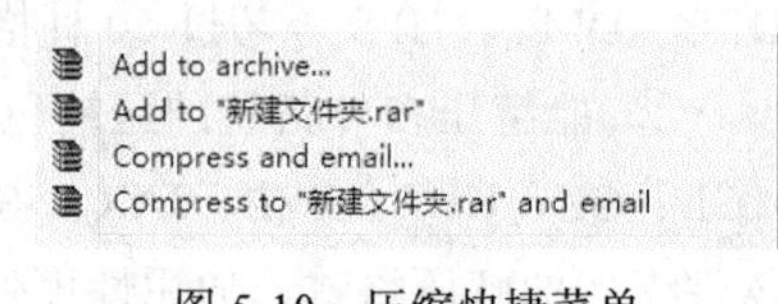

图 5-10　压缩快捷菜单

压缩文件时，在文件上单击右键并选择“Add to archive…”，会出现图 5-11 界面，在图 5-11 界面的最上部可以看见 7 个选项，这里是选择“常规”选项时出现的界面。

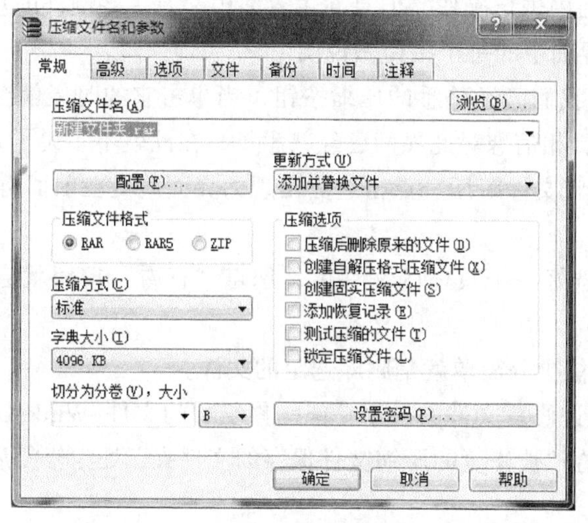

图 5-11　压缩界面

压缩文件名是以原文件为名字，自动默认.rar 后缀，也可以选择自己需要的压缩文件格式、设置压缩文件的密码等，可尝试本界面下的各个选项卡下的内容。选择好后单击“确定”按钮即可完成压缩。

（2）快速解压

在压缩文件上单击右键后，会出现如图 5-12 所示解压快捷菜单。

Extract files...
Extract Here
Extract to 新建文件夹\

图 5-12　解压快捷菜单

解压文件时，在文件上单击右键并选择“Extract files…”，会出现图 5-13，“目标路径”处选择出解压缩后的文件将被安排至的路径和名称。没有什么问题，点击“确定”按钮就可以解压了。

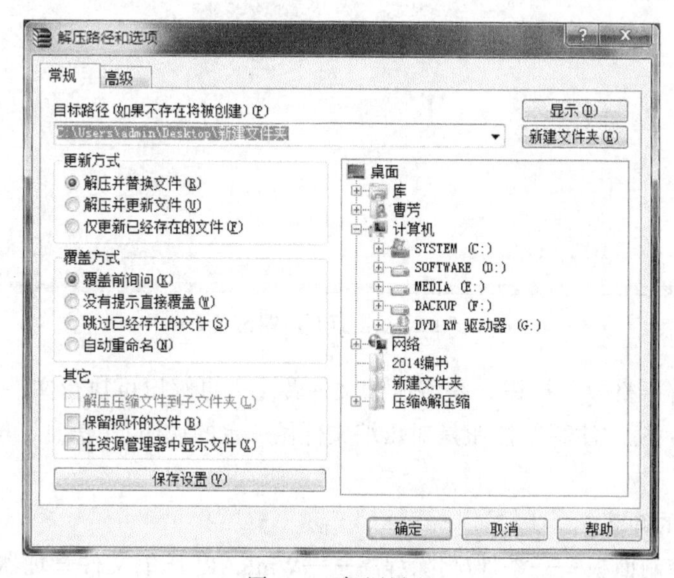

图 5-13　解压界面

3. WinRAR 软件主界面压缩

其实对文件进行压缩和解压的操作，在右键菜单中的功能就足以胜任了，一般不用在WinRAR 软件的主界面中进行操作，但是在主界面中又有一些额外的功能有必要对它进行了解，下面我们将对主界面中的每个按钮做说明。

“添加”按钮就是我们已经熟悉的压缩按钮，当单击它的时候就会出现前面我们已经解释过的图 5-11 的界面，相信您对此界面已经熟悉了，在此就不多说了。

“解压到”按钮是将文件解压，点击它后出现的界面就是在前面解释过的图 5-13，您一定会使用此功能了。

当下面的窗口中选好一个具体的文件后，您点“查看”按钮就会显示文件中的内容代码等。

“删除”按钮的功能十分简单就是删除选定的文件。

“修复”按钮是允许修复文件的一个功能。修复后的文件 WinRAR 会自动为它起名为_reconst.rar，所以只要在“被修复的压缩文件保存的文件夹”处为修复后的文件找好路径就可以了，也可为它起名。

“测试”按钮是允许对选定的文件进行测试，它会提示是否有错误测试结果。

当在 WinRAR 的主界面中双击打开一个压缩包的时候，又会出现几个新的按钮，如图 5-14 所示。

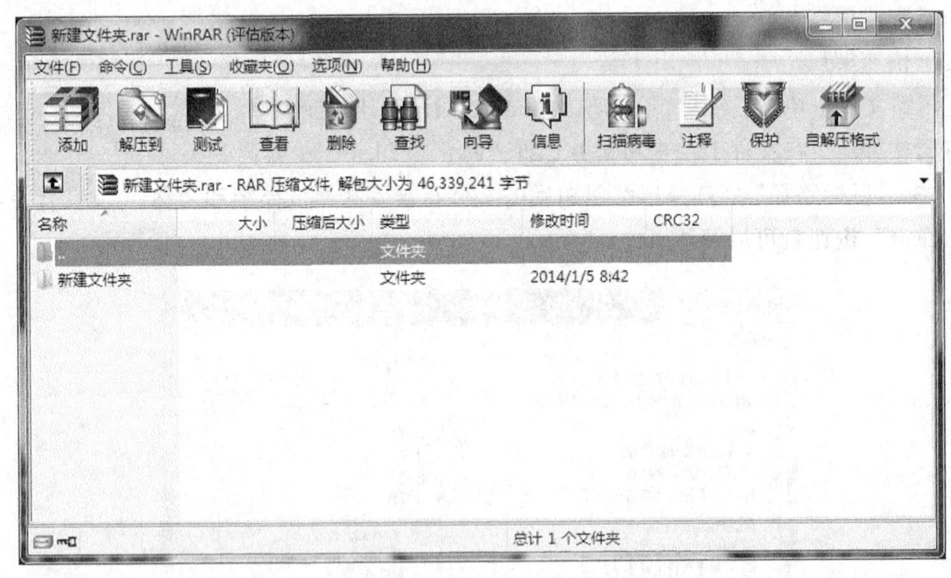

图 5-14　双击打开压缩包界面

其中有“自解压格式”按钮，是将压缩文件转化为自解压可执行文件，“保护”按钮是防止压缩包受到损害。“注释”按钮是对压缩文件做一定的说明。“信息”按钮是显示压缩文件的一些信息。

4. WinRAR 的卸载

卸载只要在控制面板——添加/删除程序——WinRAR 压缩文件管理器——添加/删除就可以了。

任务 3　下载网际快车

学习目标：

- ❖ 了解常用下载软件。
- ❖ 掌握通过下载软件下载文件的方法。

教学注意事项：

- ❖ 在实际教学中注重培养学生动手操作的能力。

5.3.1　下载网际快车

本节的任务要求同学们下载“网际快车”下载工具，并用使用它下载对应的文件（一首歌曲）。

1. 打开 IE 浏览器

在 www.baidu.com 中输入关键词“网际快车下载”，然后按 Enter 键。

在查询结果中，单击相关链接，打开下载网站，如图 5-15 所示，有本下载工具的一些介绍。

图 5-15　下载网际快车

2. 下载

选择一个下载地址进行下载，出现“文件下载”对话框，单击“保存”按钮，如图 5-16

所示，并指定下载文件放在本机的位置（如本机的桌面），开始下载，如图 5-17 所示。

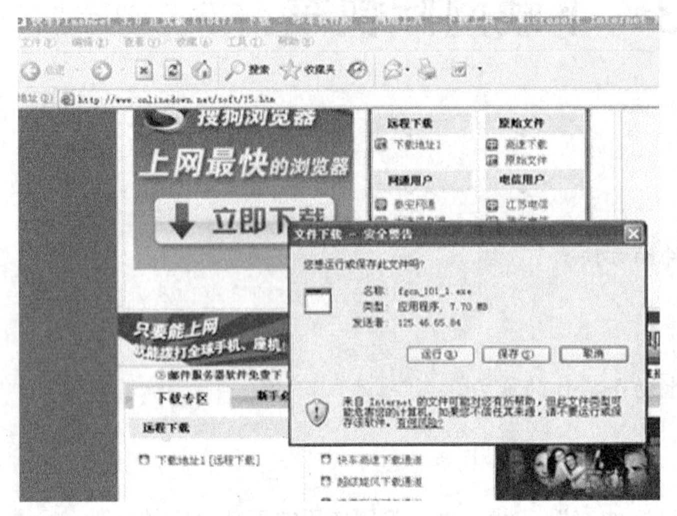

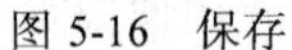
图 5-16　保存

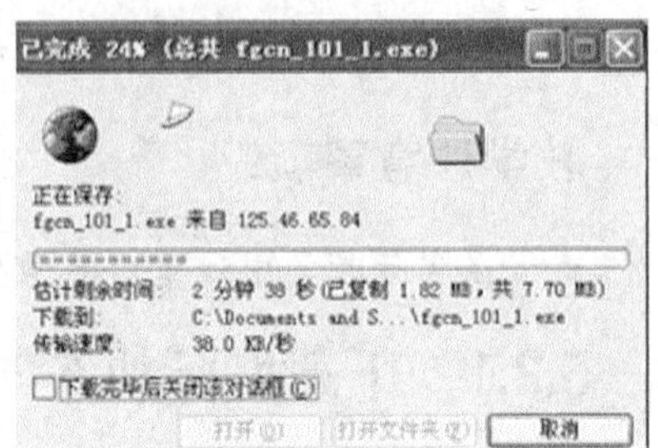

图 5-17　开始下载

3. 下载完毕，进行安装

双击下载的安装程序，依次进行“许可验证”、“安装选项”、“选择目录”、“正在安装”、“完成安装”等步骤。

在“许可验证”部分，我们要选择“我接受”按钮，同意安装，并遵从相关协议，如图 5-18 所示。

图 5-18　接受协议

完成“许可验证”后，就进入到“安装选项”，如图 5-19 所示，进行相关选择后，单击“下一步”按钮，就进入到“选择目录”，如图 5-20 所示。

在“选择目录”部分，要为网际快车指定安装的目录（如 C:\Program Files\FlashGet Network\FlashGet 3）。然后单击“下一步”按钮，进行安装，如图 5-21 所示，直到安装完毕。

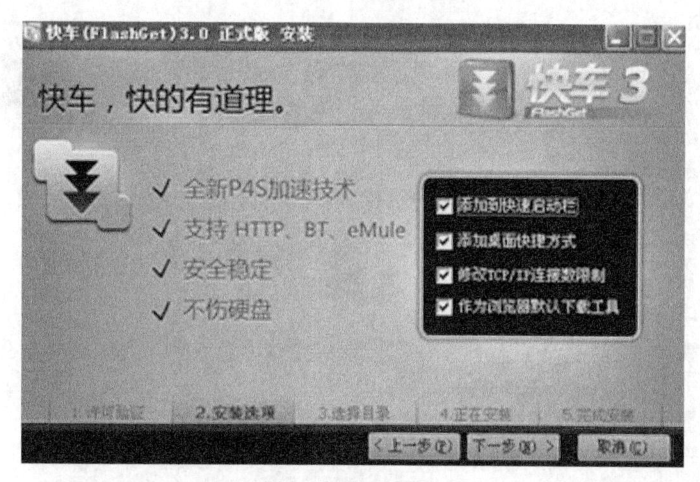

图 5-19　安装选项

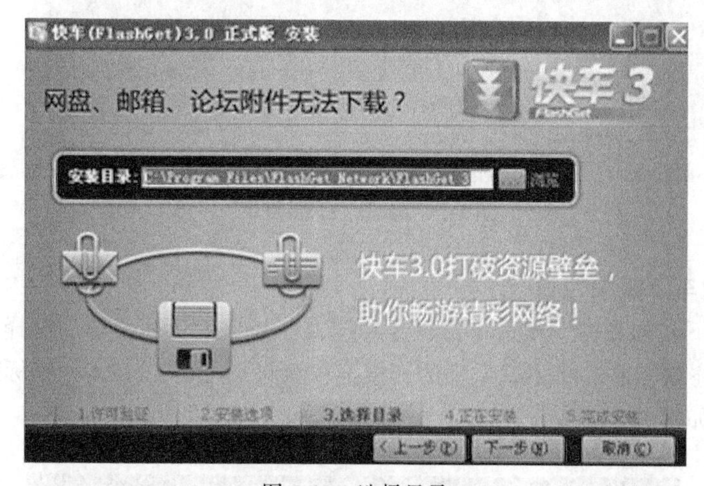

图 5-20　选择目录

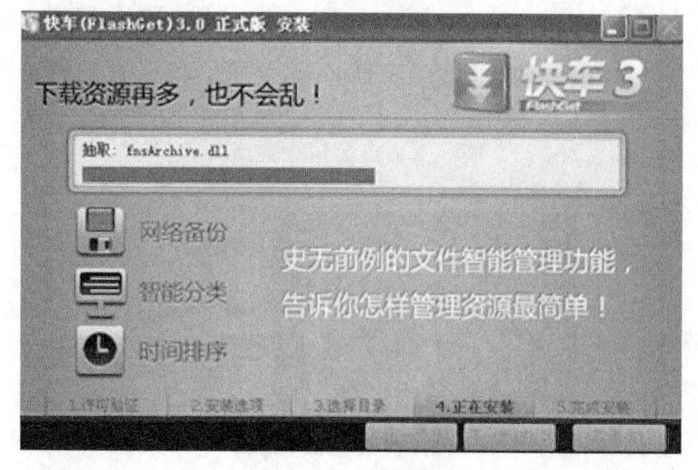

图 5-21　安装过程

当网际快车下载完毕后，会在计算机桌面形成快捷方式，并且会自动运行，如图 5-22 所示，并要求对“下载目录”进行设置，也就说要求指定用快车下载的文件放在什么地方。

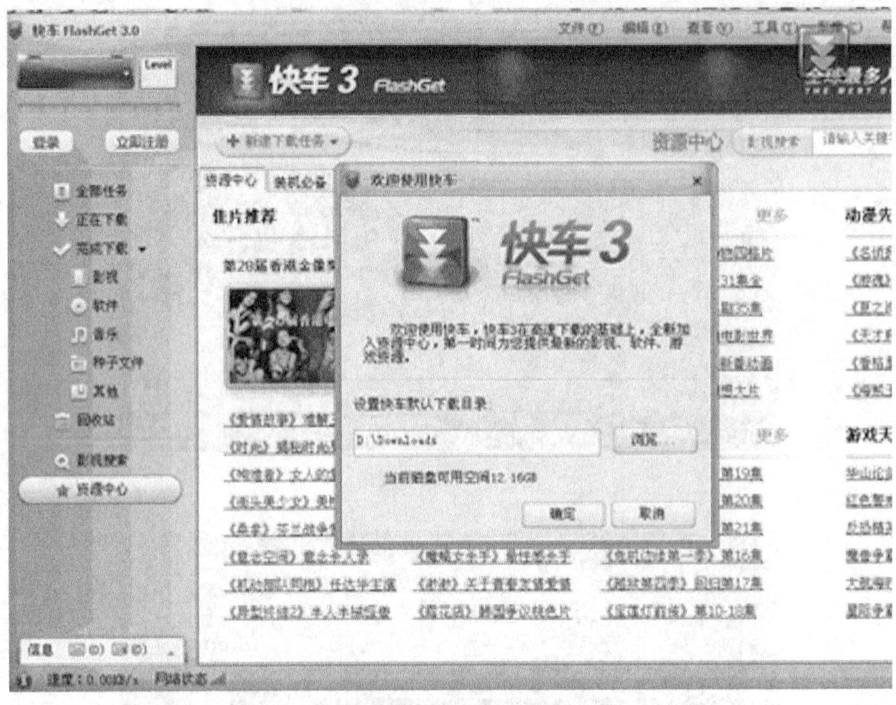

图 5-22 设置“下载目录”

4. 用网际快车下载文件

首先选择要下载的文件，然后单击鼠标右键，在弹出的快捷菜单中选择“使用快车 3 下载”命令；或按住鼠标左键将下载文件的链接拖曳至桌面上的 FlashGet 图标中，自动弹出快车的对话框，如图 5-23 所示。

图 5-23 使用快车下载

在“分类”下拉列表框中，选择下载文件类型，在“下载到”中设置下载路径，最后单击“立刻下载”按钮，就开始下载，如图 5-24 所示。在任务窗体中显示正在下载文件的名称、文件大小、下载速度、剩余时间等信息，如图 5-25 所示。

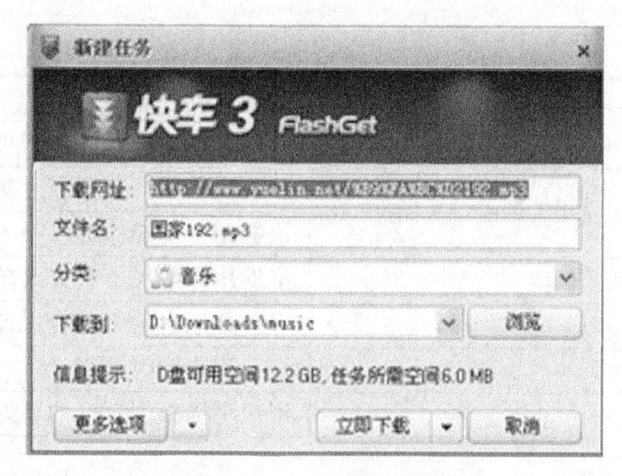

图 5-24　下载对话框

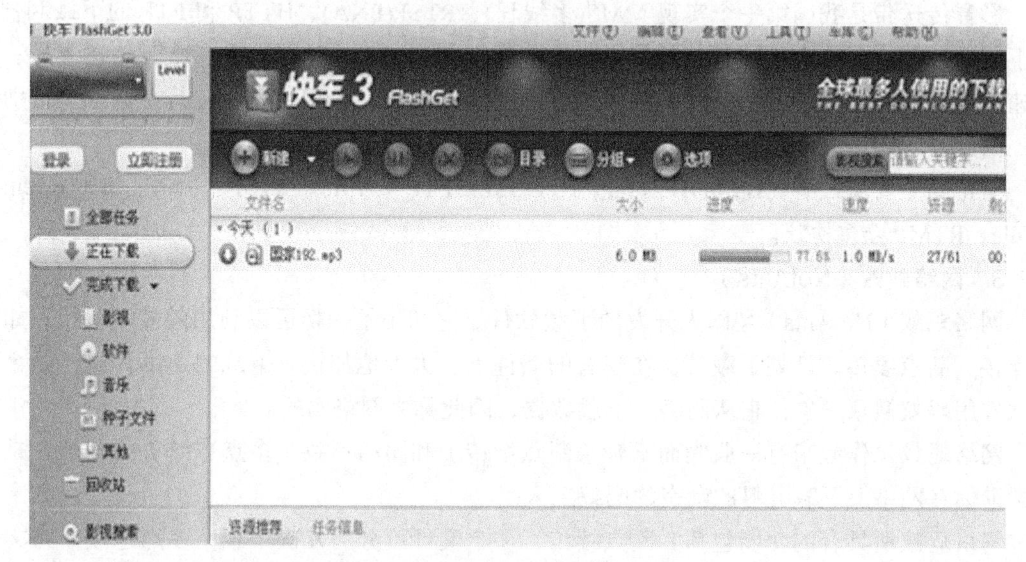

图 5-25　下载视图

5.3.2　知名下载网站介绍（见表 5-2）

表 5-2　下载网站

名称	网址	备注
天极网	http://mydown.yesky.com/	提供分类下载，常用软件下载
太平洋电脑网	http://dl.pconline.com.cn/	提供各种专业软件下载
新浪下载中心	http://tech.sina.com.cn/down/	资源丰富，如电子图书的下载
教育在线	http://www.educity.cn/data/	大量学习资源

5.3.3　常用下载软件一览

1. 迅雷（Thunder）

专业下载的工具软件。它支持多协议下载：HTTP/ FTP/ MMS/ RTSP/ BT/ EMULE，功能强大（见表 5-3）。

表 5-3　　迅雷功能列表

全新的多资源超线程技术	显著提升下载速度
功能强大的任务管理功能	可以选择不同的任务管理模式
智能磁盘缓存技术	有效防止了高速下载时对硬盘的损伤
智能的信息提示系统	根据用户的操作提供相关的提示和操作建议
独有的错误诊断功能	帮助用户解决下载失败的问题
病毒防护功能	可以和杀毒软件配合保证下载文件的安全性
自动检测新版本	提示用户及时升级
提供多种皮肤	用户可以根据自己的喜好进行选择

2. 影音传送带（Net Transport）

影音传送带是我国第一个实现 MMS(多线程)、RTSP(PNA)、HTTP 和 FTP 的下载利器。流下载是它的主要特点，同时下载普通文件速度也堪称一流，鲜有对手。影音传送带是一个快速稳定功能强大的下载工具。优点：下载速度一流，CPU 占用率低，尤其在宽带上特别明显；内建易于使用的文件管理器，轻松实现按类别存放下载的文件。

支持的主要协议有：HTTP/HTTPS、FTP/SSL/SFTP、MMS、RTSP、PNM、BitTorrent、eMule、RTMP 众多协议。

3. 网络蚂蚁（NetAnts）

网络蚂蚁（NetAnts）是国人开发的下载软件，它利用了一切可以利用的技术手段，如多点连接、断点续传、计划下载等，在现有的条件下，大大地加快了下载的速度。由于这个下载软件用蚂蚁搬家来象征它从网络上下载数据，因此称为网络蚂蚁。

网络蚂蚁工作起来有一股锲而不舍（断点续传）和团结一致（多点连结）的精神，是一个帮助你在网络上下载资料的勤奋的蚂蚁工人。

网络蚂蚁所具有的功能包括：断点续传，一个文件可分为几次下载；多点连接，将文件分块同时下载；剪贴板监视下载，监视剪贴板的链接地址，自动开始下载；链接地址拖动下载，方便地调用网络蚂蚁下载文件；配合浏览器自动下载，直接取代浏览器的下载程序；批量下载，可以方便地同时下载多个文件；自动拨号，定时下载，方便夜间快速下载；下载任务编辑、管理，任务调整和重新排队；支持代理服务器，方便利用特殊的网络渠道；配置第三方来检测下载文件是否带有病毒。

思　考　题

1. 360 杀毒软件有哪些主要功能？

2. WinRAR 能解压哪些格式的文件？

3. 如何利用 WinZip 工具压缩并解压缩多个文件？

4. “迅雷”采用了多资源超线程技术，该技术对下载速率有何影响？

5. “网络蚂蚁”是一款用于下载文件的软件。该软件是否支持断点续传和多点连接功能？能同时下载多个文件吗？

6. “网际快车”软件有哪些主要功能？

附录 1 别人都以为你已经会的知识

关于鼠标的知识

鼠标是图形化操作界面的定位工具，它可以指向图形界面中的某一处位置，通过单击、拖曳、双击等操作激活某个功能。鼠标一般有三个主要按键，左键、右键和中间的滚轮（滚轮可当做按键按下，也称为中键）。左键和右键可以在 Windows 7 中进行功能对换，以适应不同用手习惯的人。很多鼠标都是为惯用右手的人群设计的，本书也是按照惯用右手的人群的习惯编写。

对鼠标的各种操作，我们通常有这样一些约定术语：

♦ 指向，将鼠标指针移动到将要操作的项目上。指向某一项目时，通常会显示一些项目相关的提示信息。

♦ 单击，指向屏幕上的某个位置，按下鼠标左键后释放左键。如果单击的是一个文件图标，则会选中该文件。如果单击的是一个网页中的超链接，则会打开相应网页。

♦ 双击，指向屏幕上的某个位置，然后连续地快速点击两下鼠标左键。双击某个应用程序的快捷方式图标，则打开该程序。慢速的双击文件或者文件夹的名称，会使文件或文件夹名称处于被编辑状态。

♦ 右键单击，指按下鼠标右键后释放右键。对某项目右击时，通常会出现控制菜单，有时我们称为“快捷菜单”或“右键菜单”。该菜单中包含了我们可以对该项目进行的操作。当单击该菜单某一命令项时，则执行相应的命令。

♦ 拖曳，将鼠标指向屏幕上的某个项目，按下鼠标左键不要松开，移动鼠标直至鼠标和被移动项目到达目的位置，松开鼠标左键。通常，你可以在桌面或文件夹中通过鼠标拖曳出一个矩形框来选择多个项目。

♦ 右键拖曳，将鼠标指向屏幕上的某个项目，按下鼠标右键不要松开，移动鼠标直至鼠标和被移动项目到达目的位置，松开鼠标右键，此时会出现右键控制菜单，选择相应项则执行相应命令。

♦ 中键单击，没错，鼠标中间的滚轮也是可以按下的。比如在 Internet Explorer 浏览器中，对着浏览器标签按下鼠标中键，会关闭当前正在浏览的标签。

关于资源浏览器（Windows Explorer）窗口的说明

资源浏览器窗口是 Windows 7 中显示文件夹信息的主要图形界面。窗口可以占据整个屏幕（最大化），也可以缩小到屏幕的某一区域。但不管窗口尺寸如何变化，每个窗口都有固定的组成部分。

附图 1　资源浏览器窗口

1. 标题栏

标题栏是窗口最上方的矩形长条。通常在标题栏上显示正在窗口运行的程序的名称，或者在某个程序窗口中打开的文件名称，我们可以通过双击标题栏实现最大化窗口或缩小窗口。当一个窗口不是处于最大化状态时，我们可以通过拖曳标题栏来移动窗口的位置。当移动窗口的鼠标移动到屏幕的左右两侧边沿时，会显示窗口半屏提示，此时松开鼠标，窗口会占据屏幕一半的区域显示。单击标题栏最左侧，会弹出窗口控制菜单。

2. 导航按钮

Windows 7 的资源浏览器窗口记录了用户在当前窗口中浏览的历史记录，返回和前进按钮的功能就是返回和前进到用户在浏览历史中查看的某个文件夹位置。

3. 地址栏

地址栏是显示当前浏览的文件夹路径。最左侧以一个图标开始，该图标表示当前文件夹浏览活动的根位置类型，单击该图标右侧的箭头，在下拉菜单中一般有计算机、控制面板、用户目录、库、回收站等根位置。

◆ 如果当前浏览的文件夹存在子文件夹，则可以单击地址栏文件夹名称右侧的箭头，打开子文件夹列表，选择想要浏览的子文件夹。

◆ 当地址栏的文件夹路径过长，不能完整显示时，路径左侧的部分会隐藏并显示为向左的双箭头按钮 «，单击该箭头，便能定位到路径左端的位置。

◆ 当单击最左侧的图标时，地址栏用标准方式显示当前文件夹路径（绝对路径）。

4. 菜单栏

通常显示为一排文字，单击文字会弹出一个命令列表，称为“下拉菜单”。单击菜单项，会对窗口或窗口中的对象执行相应的命令。

5. 工具条

通常显示在菜单栏下方，它将菜单栏中的常用命令，以图形化按钮的方式显示出来，方便用户使用最常用的命令。

6. 搜索栏（框）

在搜索栏的输入框中输入任意字母、词或词组，Windows 将开始在当前文件夹中搜索文件名或文件信息中包含输入内容的项目。单击搜索框右侧的叉图标 ×，清除当前搜索结果，显示原文件夹内容。

7. 导航窗格

其中以树形结构显示计算机、网络中的文件夹层次、库中的类别及类别包含的文件夹层次、收藏夹列表层次等。我们可以将经常访问的文件夹拖曳到收藏夹下创建一个快捷链接，方便以后快速访问。

8. 内容窗格

显示当前文件中的具体内容。显示的形式可以通过工具栏的视图选择按钮进行切换，可以将文件夹内容以图标、缩略图、列表等形式来显示。

9. 预览窗格

默认情况下，预览窗格是关闭的。单击工具栏预览“显示预览窗格按钮”即可显示预览窗格。顾名思义，当在内容窗格中选择了某个 Windows 能够直接查看内容或进行操作的文件时，预览窗格中会显示文件内容或操作选项。

10. 细节窗格

当在内容窗格中选中一个或多个文件或时，细节窗格会显示文件或文件夹的相关信息。

关于菜单的说明

附表 1　　关于菜单的说明

项目	说明
呈暗灰色命令项	该项命令此时不具备执行条件
命令项右侧按键提示	不通过菜单直接执行该命令的快捷（组合）键
开关选项	被激活的命令项左端会显示选勾√标记
组合选项	一组命令项，同一时刻只能选择一种状态，被激活的选项前有一个圆形●标记
命令项名称后有…	表示选择该命令会弹出一个对话框进行具体设置

关于文件类型的说明

文件的类型数以万计，文件可以被划入两个类别中：

1. 程序文件

程序文件通常不是计算机用户创建的，一般包含双击后可运行的可执行文件和被程序自己创建或使用的相关文件。处于保护程序或 Windows 7 系统的目的，此类中的有些文件默认情况下是隐藏不显示的。

当文件或文件夹被隐藏不显示时，将无法选择这些项目。想要找到这些项目，可以单击文件夹窗口工具栏的“组织”按钮，在下拉列表中选择“文件夹和搜索选项”，选择“查看”标签，在高级设置列表中，选中“显示隐藏的文件、文件夹和驱动器”即可。

2. 文档文件

诸如 Word 文档、Excel 电子表格表格文档、图片、视频等用户自己创建或复制，可以打开浏览或编辑的文件。

关于系统文件夹的说明：

Program Files 文件夹，Windows 7 捆绑的一些工具软件或大部分应用程序会默认被安装在这个文件夹相应的子文件中，有时为了节省某一个磁盘分区的空间，我们还可以在其他的磁盘分区建立同样名称的文件夹用来安装应用程序。将应用程序安装在此文件夹不是硬性规定，只是一种习惯，便于统一管理。在安装完应用程序后，我们最好不要随意移动程序的安装目录，有一些程序在安装目录移动后会引起运行、卸载程序等各种问题。

1. 用户文件夹

当 Windows 7 的某个账户第一次登录 Windows 7 时，系统会在“用户”文件夹中创建与账户名相同名称的文件夹，用来保存账户的文档、桌面文件、程序设置信息等。另外，在“用户”文件夹中还有一个“公用”文件夹，其中存放的文件时 Windows 所有用户共享使用的文件，譬如出现在“公用”文件夹中“桌面”子文件夹的文件将出现在所有用户的桌面

2. Windows 文件夹

Windows 7 操作系统的大部分重要文件被安装在此文件夹中，除非特别清楚自己要做什么，否则最好不要改动这个文件夹和其中的内容。

附录 2 认识 Office 2013

学习一个软件的应用，必须对该软件的启动、界面组成、视图方式、相关概念有所了解，新版本的 Microsoft Office 2013 软件与原来流行的 Microsoft Office 2003 相比有比较大的界面变化，由于 Office 软件中的 Word、PowerPoint、Excel 界面比较类似，所以在这里我们以 Word 2013 为例来认识一下新软件的界面。

1. 启动

我们可以通过 Windows 系统的开始菜单内单击运行相关软件，选择其中的 Microsoft Word 2013，也可以直接双击桌面上 Microsoft Word 2013 的快捷方式图标打开 Word 2013 程序。

首次启动 Word 时，可能会显示“Microsoft 软件许可协议”。

2. 退出

单击 Word 2013 窗口右上角的“关闭”按钮，或在“文件”选项卡上选择“退出”按钮，或按快捷键 Alt+F4 就可以退出 Word 程序。

如果在上次保存文档之后进行了任意更改，则将显示一个消息框，询问您是否要保存更改。若要保存更改，请单击“是”。若要退出而不保存更改，请单击“否”。如果错误地单击了“退出”按钮，请单击“取消”。

3. 界面介绍

打开 Word 2013 后，我们即可看到软件的主界面，与以往的 Word 版本相比较，Word 2013 上的选项卡分别为文件、开始、插入、页面布局、引用、邮件、审阅、视图等，点击相关的功能按钮后，其相关区域内便会显示详细信息，如附图 2-1 所示。

（1）标题栏

显示正在编辑的文档的文件名以及所使用的软件名。其中还包括标准的“最小化”、“还原”和“关闭”按钮。

（2）快速访问工具栏

在标题栏左侧显示的是快速访问工具栏，常用命令位于此处，例如“保存”、“撤消”和“恢复”。在快速访问工具栏的末尾是一个下拉菜单，在其中可以添加其他常用命令或经常需要用到的命令，如附图 2-2 所示。

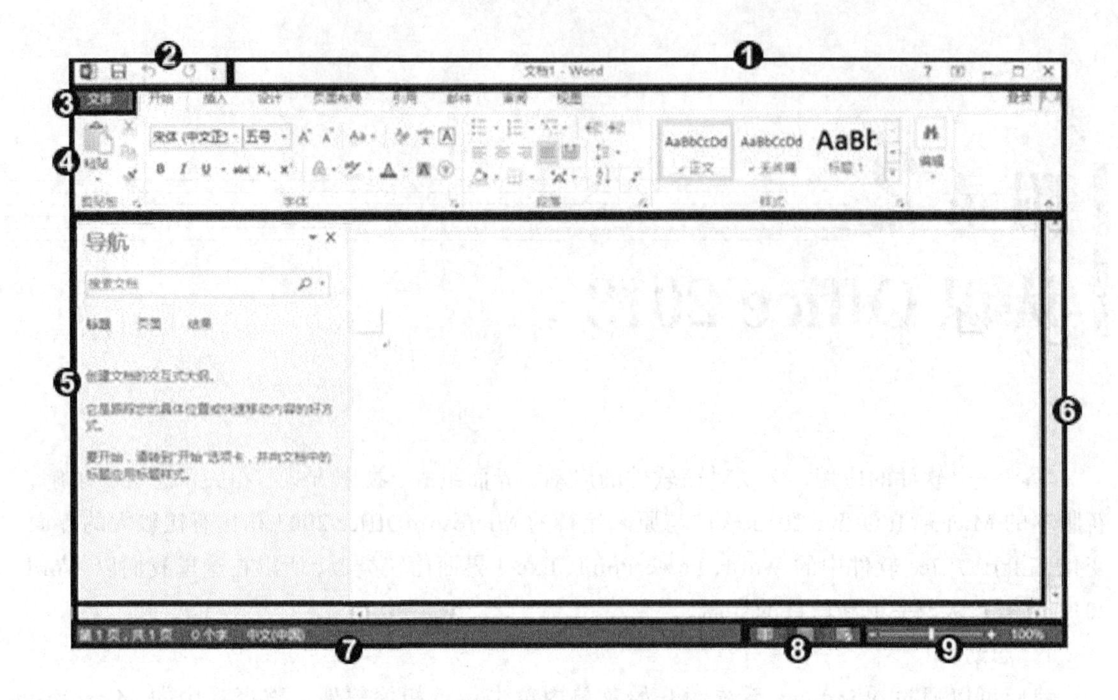

附图 2-1　Word 2013 界面

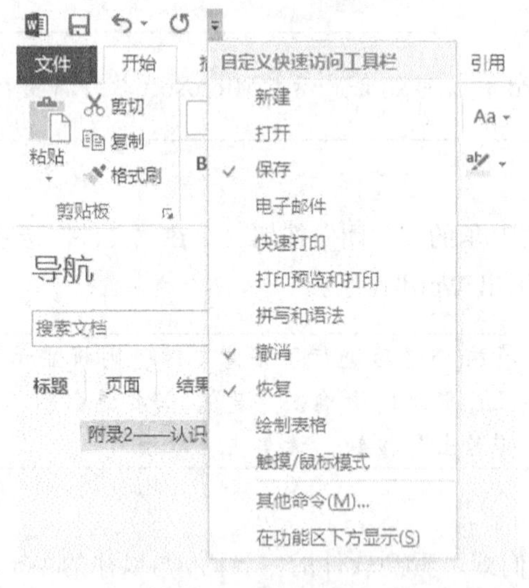

附图 2-2　快速访问工具栏

（3）“文件”选项卡

单击此按钮可以查找对文档本身而非对文档内容进行操作的命令，例如“新建”、“打开”、“另存为”、“打印”和“关闭”。

（4）功能区

工作时需要用到的命令位于此处。功能区的外观会根据监视器的大小改变。Word 2013 通过更改控件的排列来压缩功能区，以便适应较小的监视器。

（5）编辑窗口

显示正在编辑的文档的内容，Word 编辑窗口默认是一张页面。

在编辑窗口中 Excel、PowerPoint 与 Word 差别较大，Excel 编辑窗口中是三张单元格组成的工作表，PowerPoint 编辑窗口有左、右两部分，左侧是多张幻灯片的浏览页面，右侧是其中一张幻灯片的编辑窗口，请进一步了解。

（6）滚动条

可用于更改正在编辑的文档的显示位置。

（7）状态栏

显示正在编辑的文档的相关信息。

（8）“视图”按钮

可用于更改正在编辑的文档的显示模式以符合您的要求。

（9）显示比例

可用于更改正在编辑的文档的显示比例设置。

4. 视图

视图指软件的外观，主要用来对当前文档以不同的形式进行显示，实现不同操作的目的。Word 2013 提供了五种视图：页面视图、阅读版式视图、Web 版式视图、大纲视图、草稿视图。用户可以通过单击水平滚动条下方的“视图切换”按钮进行各种视图的切换，或者也以使用“视图”选项卡，单击“文档视图”组中的按钮进行切换。

（1）页面视图

页面视图具有“所见即所得”效果，显示全部排版效果，也就是打印外观。如附图 2-3 所示。

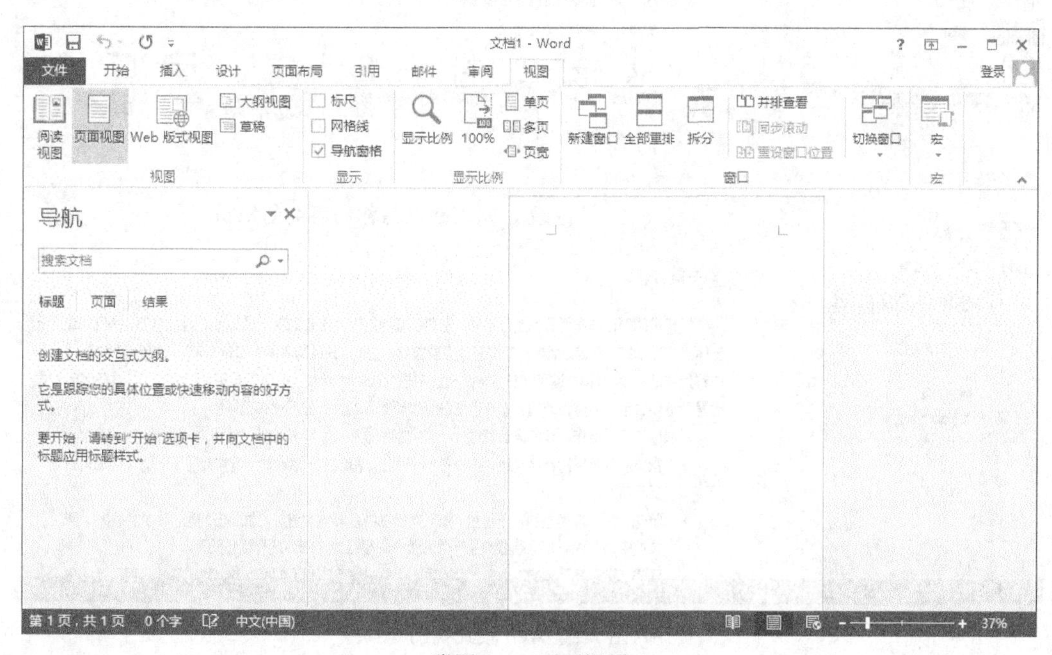

附图 2-3　页面视图

（2）阅读版式视图

阅读版式视图主要用于文档内容的阅读、修订和审阅，如附图 2-4 所示。

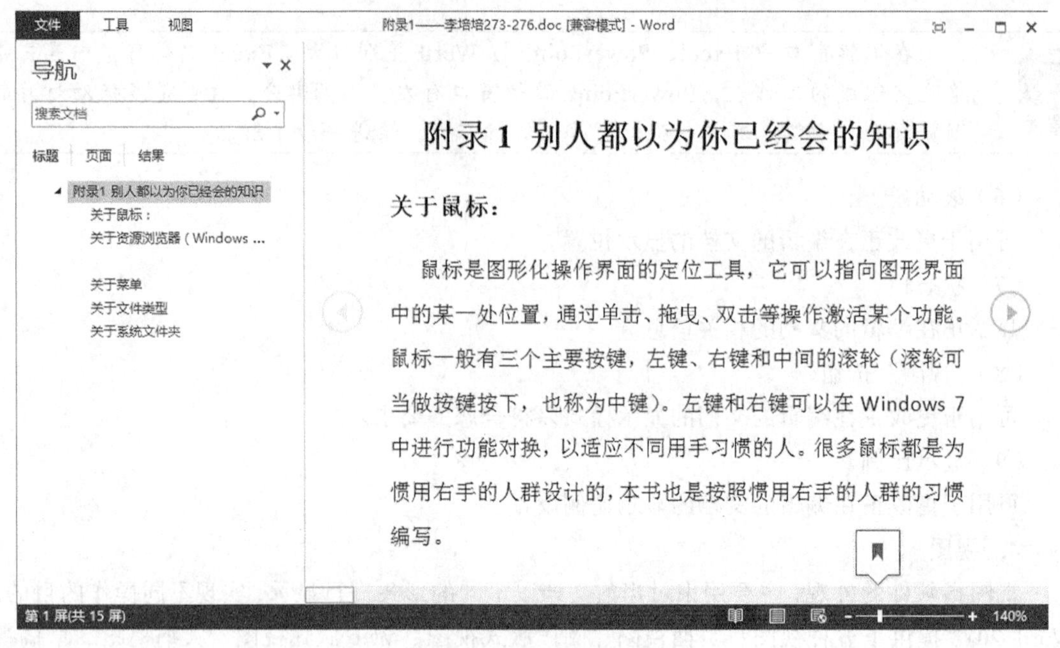

附图 2-4　阅读版式视图

（3）Web 版式视图

Web 版式视图主要用于网页编辑，可以看作是当前文档在网页上的预览，如附图 2-5 所示。

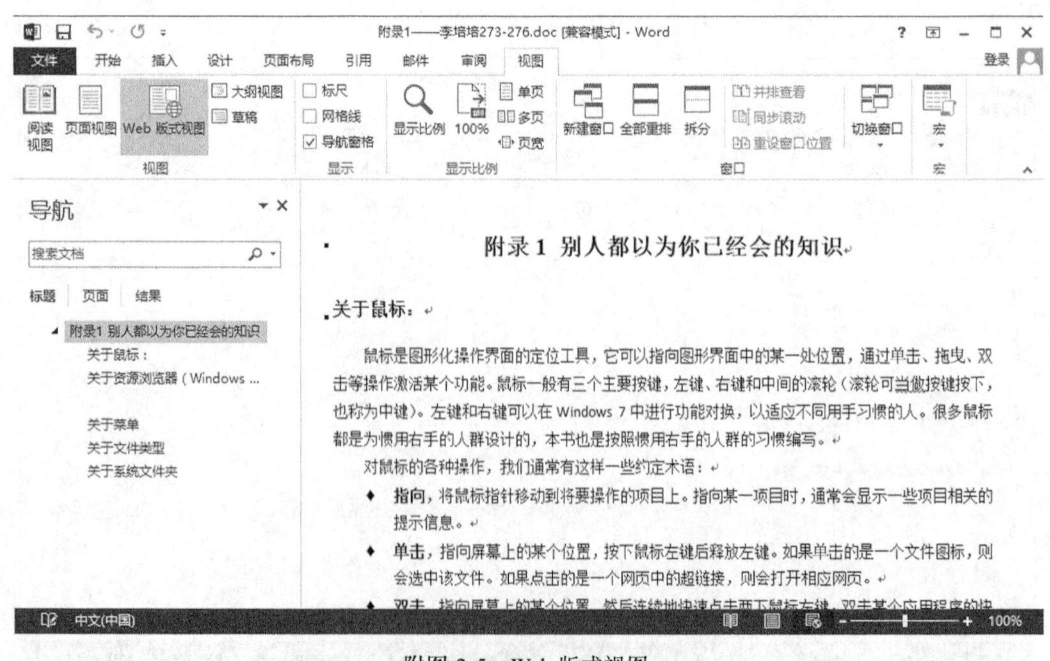

附图 2-5　Web 版式视图

（4）大纲视图

大纲视图主要用来撰写提纲，快速进行整章节的复制、移动、删除等操作，如附图 2-6

所示。

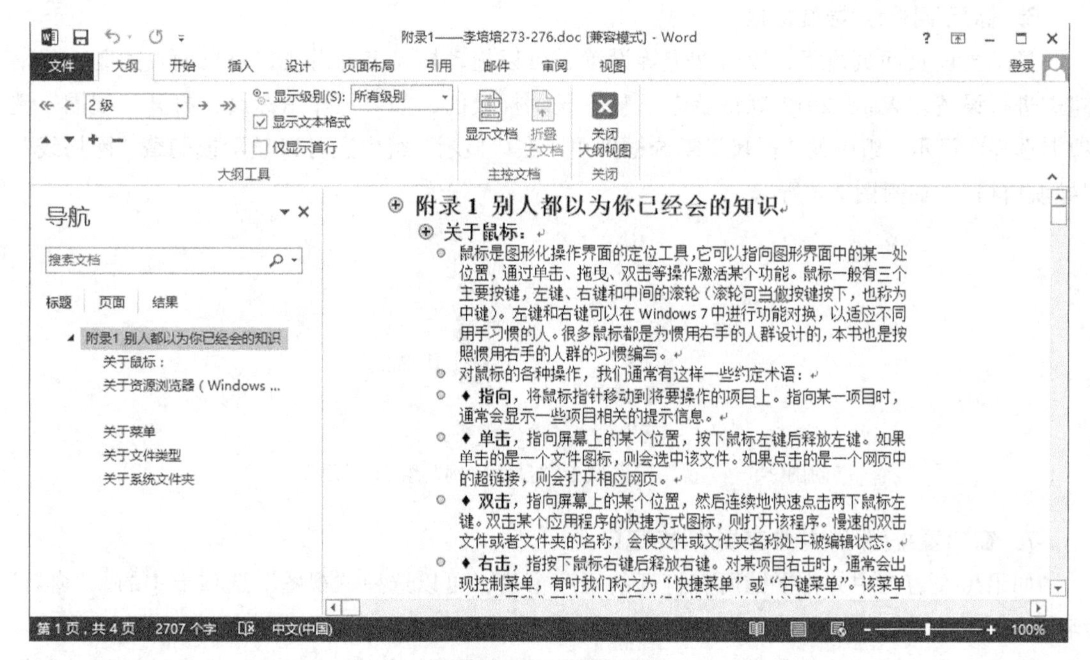

附图 2-6　大纲视图

（5）草稿视图

草稿视图是查看草稿形式的文档，以便快速编辑文本。在此视图中，不会显示某些元素，例如，页眉页脚等，如附图 2-7 所示。

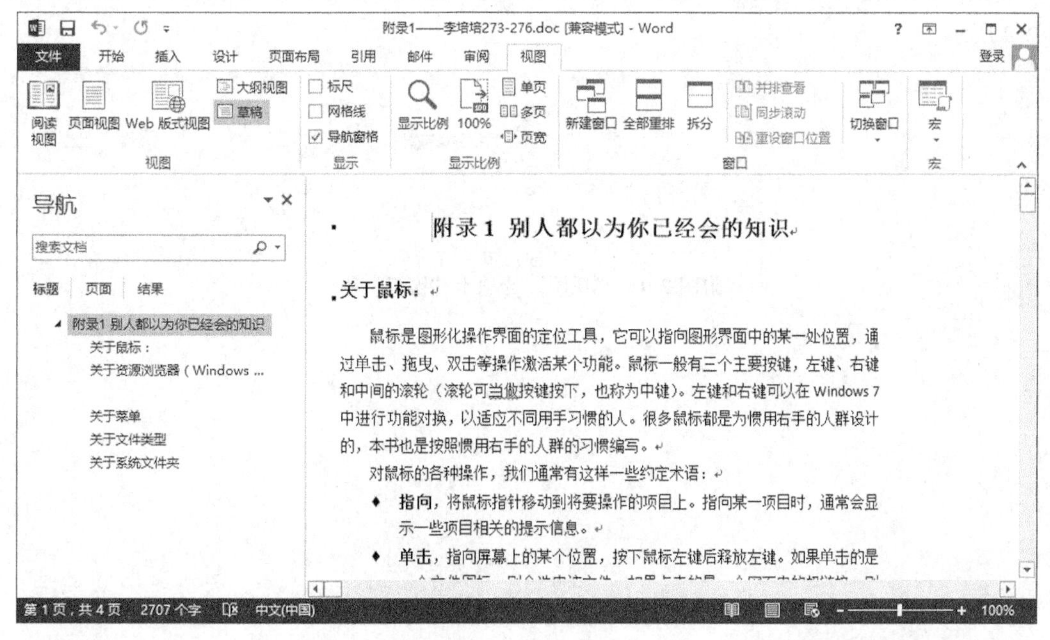

附图 2-7　草稿视图

5. 显示比例

拖动窗口右下角的“显示比例”滑块即可调整窗口的显示比例，还可以打开“视图”选项卡选择“显示比例”组中的按钮进行调整，如附图 2-8 所示。

6. 标尺/网格线/导航窗格

显示当前页面页边距、段落缩进等设置，可以拖动标尺上的滑块，对页面页边距、段落缩进进行设置。Word 2013 默认状态下是不显示标尺的，如果想显示标尺，打开“视图”选项卡选择“显示”组中的“标尺”复选框即可。在“显示”组中还可以显示或隐藏“网格线”、“导航窗格”，如附图 2-8 所示。

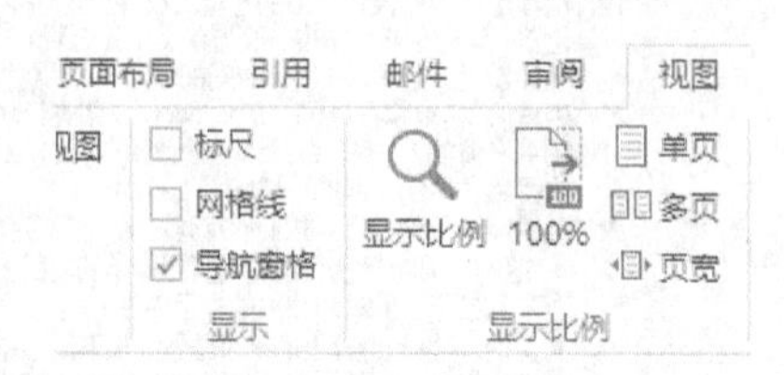

附图 2-8　“视图”选项卡“显示比例”组、“显示”组

7. 窗口重排/拆分/并排查看/切换窗口

如果想在窗口中并排平铺所有打开的程序窗口，可以选择“视图”选项卡中的 “窗口”组中的“全部重排”按钮。

将当前窗口拆分成两部分，可以选择“视图”选项卡中的 “窗口”组中的“拆分”按钮，以便同时查看同一文档的不同部分。

如果想同时查看两个文档，以便比较其中的内容，可以选择“视图”选项卡中的 “窗口”组中的“并排查看”按钮。

切换到其他窗口可以选择“视图”选项卡中的“窗口”组中的“切换窗口”按钮。如附图 2-9 所示。

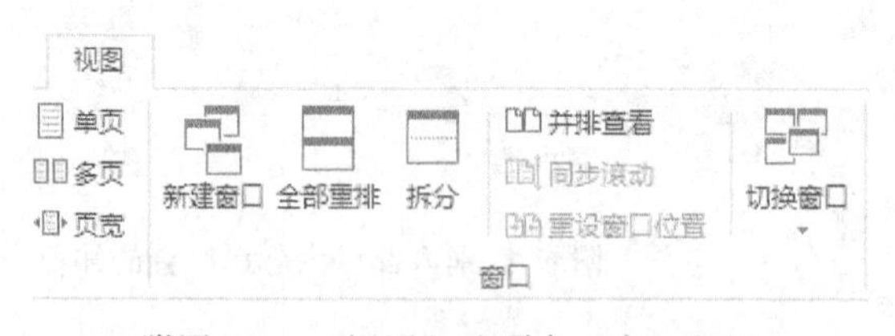

附图 2-9　“视图”选项卡“窗口”组